经典教材辅导用书

信号与系统同步辅导

高教版《信号与系统》(第3版)(郑君里等)

宋 琪 陆三兰

U0363373

华中科技大学出版社

中国·武汉

内 容 提 要

本书是与由郑君里等编著的、高等教育出版社出版的《信号与系统》(第3版)一书配套的学习辅导用书。

根据该教材前言部分推荐的组课方案1,本书针对第1～5章以及第7、8、12章进行辅导:首先归纳总结知识点,然后分析讲解重点和难点,最后给出所有习题的详细解答。本书注重在习题解答过程中体现信号分析、线性时不变系统分析以及确定性信号经线性时不变系统传输与处理的基本概念和基本分析方法,同时亦强调技巧的运用。

本书可作为高等学校本科学生的辅导教材,也可作为报考电子信息、通信类专业及其他相关专业硕士研究生的考生的复习参考用书。

图书在版编目(CIP)数据

信号与系统同步辅导/宋　琪,陆三兰.—武汉:华中科技大学出版社,
2013.12

ISBN 978-7-5609-8395-0

Ⅰ.①信…　Ⅱ.①宋…　②陆…　Ⅲ.①信号系统-高等学校-教学参考资料　Ⅳ.①TN911.6

中国版本图书馆CIP数据核字(2013)第318130号

信号与系统同步辅导　　　　　　　　　　　　　　　　　　　　　　宋　琪　陆三兰

策划编辑:周芬娜
责任编辑:周芬娜
封面设计:刘　卉
责任校对:封力煊
责任监印:周治超
出版发行:华中科技大学出版社(中国·武汉)
　　　　　武昌喻家山　　邮编:430074　　电话:(027)81321915
录　　排:武汉市洪山区佳年华文印部
印　　刷:华中理工大学印刷厂
开　　本:850mm×1168mm　1/32
印　　张:11.875
字　　数:415千字
版　　次:2014年2月第1版第1次印刷
定　　价:24.00元

前　言

由郑君里主编的《信号与系统》自 1981 年出第 1 版之后,到 2011 年出第 3 版,历经三十年,一直是国内信号与系统课程的经典教材之一。我们曾分别于 2003 年及 2006 年编写出版过该教材第 2 版的部分及全部章节的学习辅导书,受到了读者的一致好评。该教材的第 3 版与第 2 版相比,在内容上并无太大变化,甚至章目结构都完全相同,主要由于信号与系统课程介绍的是确定性信号经线性时不变系统传输与处理的研究方法,而该研究方法已相当成熟,所以教材的教学目标与基本内容保持相对稳定。但与第 2 版相比,第 3 版在某些内容的论述方面,在应用实例的引入方面,在习题的设计方面都有不少更新之处,这也使得该教材的"经典理论分析与最新技术密切融合"的特点更加突出。

作为电子、通信类专业以及相关专业的重要基础课程,信号与系统是必修课程,同时也是不少高校这类专业的考研科目之一。我们编写与该教材配套的辅导书,目的是为了加深学生对信号与系统课程中基本概念和基本理论的理解,认识这些理论在实际中的应用。通过对每章知识点的归纳小结以及重、难点的解析,为学生梳理这些基本概念和分析方法的关系,揭示它们之间的关联性及相似性;通过对课后习题的详细解答,加深学生的理解和一些解题技巧的运用与掌握。

本书第 1、2、4、8 章由陆三兰老师编写,第 3、5、6、7 章由宋琪老师编写,全书由宋琪老师统稿。

感谢华中科技大学出版社周芬娜老师以及其他工作人员的大

力支持和辛勤工作。限于编者水平,书中难免有疏漏和错误之处,恳请读者批评指正。

编　者

2013 年 11 月

目　录

第1章　绪论 ……………………………………………… (1)

  1.1　知识点归纳 ………………………………………… (1)

  1.2　释疑解惑 …………………………………………… (7)

  1.3　习题详解 …………………………………………… (8)

第2章　连续时间系统的时域分析 ………………………… (29)

  2.1　知识点归纳 ………………………………………… (29)

  2.2　释疑解惑 …………………………………………… (33)

  2.3　习题详解 …………………………………………… (33)

第3章　傅里叶变换 ………………………………………… (66)

  3.1　知识点归纳 ………………………………………… (66)

  3.2　释疑解惑 …………………………………………… (71)

  3.3　习题详解 …………………………………………… (72)

第4章　拉普拉斯变换、连续时间系统的 s 域分析 ……… (138)

  4.1　知识点归纳 ………………………………………… (138)

  4.2　释疑解惑 …………………………………………… (144)

  4.3　习题详解 …………………………………………… (145)

第5章　傅里叶变换应用于通信系统——滤波、调制与抽样

  …………………………………………………………… (216)

  5.1　知识点归纳 ………………………………………… (216)

  5.2　释疑解惑 …………………………………………… (218)

  5.3　习题详解 …………………………………………… (219)

第6章　离散时间系统的时域分析 ………………………… (254)

  6.1　知识点归纳 ………………………………………… (254)

  6.2　释疑解惑 …………………………………………… (257)

  6.3　习题详解 …………………………………………… (258)

第 7 章　z 变换、离散时间系统的 z 域分析 ················· (291)

　7.1　知识点归纳 ·· (291)

　7.2　释疑解惑 ··· (295)

　7.3　习题详解 ··· (298)

第 8 章　系统的状态变量分析 ·································· (340)

　8.1　知识点归纳 ·· (340)

　8.2　释疑解惑 ··· (344)

　8.3　习题详解 ··· (345)

第 1 章 绪 论

1.1 知识点归纳

1. 信号的定义、描述与分类

（1）信号的定义

信号是带有信息（如语言、音乐、图象、数据等）的随时间（和空间）变化的物理量或物理现象。

（2）信号的描述

信号可用数学表达式来描述，常表示为一个时间的函数 $f(t)$，故信号与函数两词常互相通用。函数的图象称为信号的波形。

（3）信号的分类

信号的形式多种多样，可以从不同的角度进行分类：

① 按函数值的确定性可分为确定信号与随机信号；

② 确定信号按函数值的重复性可分为周期信号和非周期信号；

③ 确定信号按时间是否连续可分为连续时间信号和离散时间信号；

④ 确定信号按自变量是一个还是多个可分为一维信号和多维信号；

⑤ 根据能量特性，信号还可分为能量信号和功率信号。

2. 典型信号

（1）指数信号 $f(t)=Ke^{\alpha t}, \alpha \in \mathbf{R}$

指数信号的一个重要特性是它对时间的微分与积分仍然是指数形式。

（2）正弦信号 $f(t)=K\sin(\omega t+\theta)$

正弦信号和余弦信号二者仅在相位上相差 $\dfrac{\pi}{2}$，经常统称为正弦信号。正弦信号对时间的微分与积分仍为同频率的正弦信号。

（3）复指数信号 $f(t)=Ke^{st}, s=\alpha+\mathrm{j}\omega$

虽然实际中不能产生复指数信号，但它概括了多种情况，可以利用它描述各种基本信号。

当 $\omega=0$ 时，$f(t)=Ke^{\alpha t}$，即 $f(t)$ 为一般的指数信号。

当 $\alpha=0$ 时，$f(t)=Ke^{j\omega t}=K\cos\omega t+jK\sin\omega t$，即 $f(t)$ 的实部和虚部均为正弦信号。

当 $\alpha=0,\omega=0$ 时，$f(t)=K$，即 $f(t)$ 为直流信号。

（4）抽样信号 $\mathrm{Sa}(t)=\dfrac{\sin t}{t}$

抽样信号是偶函数，同时具有以下性质：

$$\int_0^\infty \mathrm{Sa}(t)\mathrm{d}t = \frac{\pi}{2}, \qquad \int_{-\infty}^\infty \mathrm{Sa}(t)\mathrm{d}t = \pi$$

（5）钟形信号（高斯函数）$f(t)=Ee^{-\left(\frac{t}{\tau}\right)^2}$

函数式中的参数 τ 是当 $f(t)$ 由最大值 E 下降为 $0.78E$ 时所占据的时间宽度。钟形信号在随机信号分析中占有重要的地位。

3. 信号的运算

（1）信号的时移

$$f(t)\rightarrow f(t-t_0)$$

① $t_0>0$ 表示信号 $f(t-t_0)$ 滞后于 $f(t)$，其波形由 $f(t)$ 的波形沿时间轴右移 t_0 得到。

② $t_0<0$ 表示信号 $f(t-t_0)$ 超前于 $f(t)$，其波形由 $f(t)$ 的波形沿时间轴左移 t_0 得到。

（2）信号的尺度变换与反褶

$$f(t)\rightarrow f(at)$$

① 若 $a>1$，则表示信号 $f(at)$ 是由 $f(t)$ 沿时间轴压缩而得到的。

② 若 $0<a<1$，则表示信号 $f(at)$ 是由 $f(t)$ 沿时间轴展宽而得到的。

③ 若 $a=-1$，则 $f(at)=f(-t)$，其波形是由 $f(t)$ 的波形沿纵轴反褶而得到的。

④ 若 $a<0$ 且 $a\neq-1$，则信号 $f(at)$ 是由 $f(t)$ 同时进行尺度变换和反褶得到的。

（3）信号的微分与积分

① 微分 $f'(t)=\dfrac{\mathrm{d}f(t)}{\mathrm{d}t}$，信号经微分后会突出它的变化部分。

② 积分 $\displaystyle\int_{-\infty}^t f(\tau)\mathrm{d}\tau$，信号经积分后其突变部分会变得平滑。

（4）信号的相加与相乘

两个信号的相加（乘）即为两个信号的时间函数相加（乘），反映在波形上则是将两信号相同时刻对应的函数值相加（乘）。

① 相加：$f(t) = f_1(t) + f_2(t)$

② 相乘：$f(t) = f_1(t) \cdot f_2(t)$

4. 奇异信号

本身或其导数与积分有不连续点（或跳变点）的函数称为奇异函数。

（1）单位斜变信号

$$f(t) = \begin{cases} 0, & t < 0 \\ t, & t \geqslant 0 \end{cases}$$

单位斜变信号从 0 时刻开始随时间增长，增长的变化率为 1。

（2）单位阶跃信号

$$u(t) = \begin{cases} 0, & t < 0 \\ 1, & t > 0 \end{cases}$$

在跳变点 $t = 0$ 处，函数值未定义。

（3）单位冲激信号

$$\begin{cases} \delta(t) = \begin{cases} \infty, & t = 0 \\ 0, & t \neq 0 \end{cases} \\ \int_{-\infty}^{\infty} \delta(t) \mathrm{d}t = 1 \end{cases}$$

单位冲激信号的性质：

① 抽样性：$\int_{-\infty}^{\infty} \delta(t) f(t) \mathrm{d}t = \int_{-\infty}^{\infty} \delta(t) f(0) \mathrm{d}t = f(0)$

$$\int_{-\infty}^{\infty} \delta(t - t_0) f(t) \mathrm{d}t = \int_{-\infty}^{\infty} \delta(t - t_0) f(t_0) \mathrm{d}t = f(t_0)$$

$$f(t) \delta(t) = f(0) \delta(t)$$

$$f(t) \delta(t - t_0) = f(t_0) \delta(t - t_0)$$

② 偶对称性：$\delta(t) = \delta(-t), \quad \delta(t - t_0) = \delta[-(t - t_0)]$

③ 尺度变换：$\delta(at) = \dfrac{1}{|a|} \delta(t), \quad \delta(at - t_0) = \dfrac{1}{|a|} \delta\left(t - \dfrac{t_0}{a}\right)$

④ 与单位阶跃函数的关系：$\delta(t) = \dfrac{\mathrm{d}u(t)}{\mathrm{d}t}, \quad \int_{-\infty}^{t} \delta(\tau) \mathrm{d}\tau = u(t)$

(4) 单位冲激偶

$$\delta'(t) = \frac{\mathrm{d}\delta(t)}{\mathrm{d}t}$$

单位冲激偶的性质：

$$\delta'(t) = -\delta'(-t)$$

$$\delta'(t-t_0) = -\delta'[-(t-t_0)]$$

$$\int_{-\infty}^{\infty} \delta'(t)\mathrm{d}t = 0$$

$$\int_{-\infty}^{t} \delta'(\tau)\mathrm{d}\tau = \delta(t)$$

$$f(t)\delta'(t) = f(0)\delta'(t) - f'(0)\delta(t)$$

$$f(t)\delta'(t-t_0) = f(t_0)\delta'(t-t_0) - f'(t_0)\delta(t-t_0)$$

$$\int_{-\infty}^{\infty} f(t)\delta^{(n)}(t)\mathrm{d}t = (-1)^n f^{(n)}(0)$$

$$\int_{-\infty}^{\infty} f(t)\delta^{(n)}(t-t_0)\mathrm{d}t = (-1)^n f^{(n)}(t_0)$$

5. 信号的分解

(1) 信号 $f(t)$ 可分解为直流分量 f_D 和交流分量 $f_A(t)$ 之和，即

$$f(t) = f_D + f_A(t)$$

其中

$$f_D = \lim_{T \to \infty} \frac{1}{2T} \int_{-T}^{T} f(t)\mathrm{d}t$$

(2) 信号 $f(t)$ 可分解为偶分量 $f_e(t)$ 和奇分量 $f_o(t)$ 之和，即

$$f(t) = f_e(t) + f_o(t)$$

其中

$$f_e(t) = \frac{1}{2}[f(t) + f(-t)], \quad f_o(t) = \frac{1}{2}[f(t) - f(-t)]$$

(3) 任意信号 $f(t)$ 可分解为在不同时刻出现的具有不同强度的任意多个冲激函数的连续和，即

$$f(t) = \int_{-\infty}^{\infty} f(\tau)\delta(t-\tau)\mathrm{d}\tau \approx \sum_{k=-\infty}^{\infty} f(k\Delta\tau)\delta(t-\Delta\tau)\Delta\tau$$

(4) 任意信号 $f(t)$ 可分解为在不同时刻具有不同阶跃幅度的任意多个阶跃函数的连续和，即

$$f(t) = \int_{-\infty}^{\infty} f'(\tau)u(t-\tau)\mathrm{d}\tau \approx \sum_{k=-\infty}^{\infty} f'(k\Delta\tau)u(t-\Delta\tau)\Delta\tau$$

6. 系统的概念与分类

（1）系统的定义

系统是由若干相互关联和相互作用的事物按一定规则组合而成的具有特定功能，以用来达到某些特定目的的有机整体。

系统的功能是对输入信号进行"加工"、"处理"并发送输出信号。

（2）系统模型

系统模型是系统物理特性的数学抽象，以数学表达式或具有理想特性的符号组合图形来表征系统特征。

具体而言，电路、数学方程和方框图都是系统模型的表达形式。

（3）系统的分类

系统的分类错综复杂，主要考虑其数学模型的差异，可以划分为：

① 连续时间系统和离散时间系统；

② 即时系统与动态系统；

③ 集总参数系统与分布参数系统；

④ 线性系统与非线性系统；

⑤ 时变系统与时不变系统；

⑥ 可逆系统与不可逆系统；

除此之外，还可按系统的性质划分为：

⑦ 因果系统与非因果系统；

⑧ 稳定系统与不稳定系统。

7. 系统的性质

系统的主要性质有以下 4 种，它们之间是相互独立的。

（1）线性：是指系统同时具有齐次性和叠加性（可加性）。

① 齐次性

若 $e(t) \rightarrow r(t)$，则 $ke(t) \rightarrow kr(t)$

② 叠加性（可加性）

若 $e_1(t) \rightarrow r_1(t)$，$e_2(t) \rightarrow r_2(t)$，则 $e_1(t) + e_2(t) \rightarrow r_1(t) + r_2(t)$

③ 线性

若 $e_1(t) \rightarrow r_1(t)$，$e_2(t) \rightarrow r_2(t)$，则 $k_1 e_1(t) + k_2 e_2(t) \rightarrow k_1 r_1(t) + k_2 r_2(t)$

（2）时不变性：表现为系统响应的波形形状不随激励施加的时间不同而改变。

若 $e(t) \rightarrow r(t)$，则 $e(t-t_0) \rightarrow r(t-t_0)$

线性时不变系统：

若 $e_1(t) \rightarrow r_1(t), e_2(t) \rightarrow r_2(t)$，则

$$k_1 e_1(t-t_1) + k_2 e_2(t-t_2) \rightarrow k_1 r_1(t-t_1) + k_2 r_2(t-t_2)$$

（3）因果性：是指系统的响应不应出现在激励之前，只对自变量是时间的系统有意义。

若 $e(t) = 0, t < t_0$，则 $r(t) = 0, t < t_0$

（4）稳定性：是指对有界的激励，系统的零状态响应也是有界的。

当 $|e(t)| < \infty$ 时，$|r(t)| < \infty$（零状态响应）

线性时不变系统还具有如下特性：

微分特性：若 $e(t) \rightarrow r(t)$，则 $\dfrac{de(t)}{dt} \rightarrow \dfrac{dr(t)}{dt}$

积分特性：若 $e(t) \rightarrow r(t)$，则 $\displaystyle\int_0^t e(\tau) d\tau \rightarrow \int_0^t r(\tau) d\tau$

8. 线性时不变系统的分析方法

系统分析的中心任务是：已知激励信号和系统，求其响应。具体来说，就是要建立系统的数学模型并求其解答。

（1）建立系统模型的方法

① 输入-输出法：直接建立响应与激励之间的关系，适合于单输入-单输出系统。

② 状态变量分析法：不仅给出系统的响应，还可提供系统内部各变量的情况，适合于多输入-多输出系统的分析。

（2）系统数学模型的求解方法

① 时间域方法：包括经典法求解系统常系数微分方程或差分方程；求解状态变量矩阵方程；卷积积分与卷积和求解系统响应；计算机数值求解方法等。

② 变换域方法：利用傅里叶变换分析系统频率特性；利用拉普拉斯变换和 z 变换分析系统的零极点特性；根据卷积定理，把卷积运算变成乘法运算等。

线性时不变系统的研究，都是基于叠加性、齐次性和时不变特性。以此为基础，时域分析法和变换域分析法的本质是一样的，两者都是把激励信号分解为某种基本单元，先求得这些单元信号分别作用下的响应，然后叠加得总响应。

1.2 释疑解惑

本章的难点一是信号周期性的判断;二是系统基本特性的判断。

判断信号的周期性时,一定要注意:

(1) 要对自变量的所有取值进行考察,即对连续时间信号 $f(t)$,在 $-\infty < t < \infty$ 区间上,如果均满足 $f(t) = f(t+T)$,则可断定 $f(t)$ 具有周期性;对离散信号 $f(k)$,在区间 $-\infty < k < \infty$ 上,如果均满足 $f(k) = f(K+N)$,且 K 为整数,N 为正整数,则可断定 $f(k)$ 具有周期性;如果函数值只在自变量的部分区间上具有重复性,这样的信号不能称其为周期信号。

(2) 连续的正弦信号 $f(t) = \sin(\omega_0 t)$ 一定是最小周期为 $T = \dfrac{2\pi}{\omega_0}$ 的周期信号,但离散的正弦信号 $f(k) = \sin(\omega_0 k)$ 只有在 $\dfrac{2\pi}{\omega_0} = \dfrac{N}{M}$ (其中 M 和 N 是没有公因子的两个整数)的时候才是最小周期为 $N\left(=M\dfrac{2\pi}{\omega_0}\right)$ 的周期信号,如果 $\dfrac{2\pi}{\omega_0}$ 是无理数,则对应的正弦序列不具备周期性。

(3) 包含有多个不同频率的正弦信号的复合信号,只有当它们的频率或周期之比为整数之比时,复合信号才具有周期性,其最小周期为各分量信号最小周期的最小公倍数。

判断系统是否具有线性、时不变性、因果性和稳定性等特性时,首先要正确理解各特性的含义,然后根据输入输出关系验证各特性。

判断线性特性时,一定要同时验证齐次性和叠加性,只有两者同时满足的系统才是线性系统。

判断时不变特性时,可分三步:

(1) 设系统输入为 $e_1(t)$,根据系统输入输出关系得出系统此时的输出 $r_1(t)$;

(2) 设系统输入为 $e_2(t) = e_1(t-t_0)$,根据系统输入输出关系得出系统此时的输出 $r_2(t)$;

(3) 验证 $r_2(t) = r_1(t-t_0)$ 是否成立,若成立,则系统具有时不变性,否则系统是时变的。

判断因果特性时,一定要针对所有的时刻考察系统的输出是否只与当前时刻及在此之前的输入有关,若是,则系统就是因果的,只要有一个时刻的输出与未来时刻的输入有关,即可断定系统是非因果的。

判断稳定特性时,要考察系统是否对所有有界的输入都产生有界的输出。如果怀疑某一系统是不稳定的,那么可寻找一个特殊的反例来证明系统是不稳定的。如可试图用一个常数或阶跃信号作为系统的输入来验证系统此时的输出是否有界,如果输出是无界的,则系统就是不稳定的。

1.3　习题详解

1-1　分别判断题图 1-1 所示各波形是连续时间信号还是离散时间信号,若是离散时间信号,是否为数字信号?

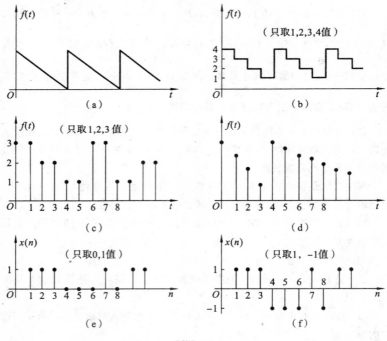

题图 1-1

解　根据自变量是否连续,信号可分为连续信号和离散信号。连续时间信号是连续时间变量的函数,离散时间信号是离散时间变量的函数。连续时间信号根据函数值是否连续又可分为模拟信号和量化信号,即自变量和函数值均连续的时间信号称为模拟信号,自变量连续而函数值不连续的时间信号称为量化信号。同样,在离散时间信号中,函数的取值也是离散的则为数字信号。

由此可知,题图 1-1 中,图(a)、(b)所示波形是连续时间信号,其中图(a)所示波形是模拟信号,图(b)所示波形是量化信号,而图(c)、(d)、(e)、(f)所示波形是离散时间信号,其中图(c)、(e)、(f)所示波形又是数字信号。

1-2 分别判断下列各函数式属于何种信号。(重复习题 1-1 所问)

(1) $e^{-at}\sin(\omega t)$ (2) e^{-nT} (3) $\cos(n\pi)$

(4) $\sin(n\omega_0)$ (ω_0 为任意值)   (5) $\left(\dfrac{1}{2}\right)^n$

解 根据题 1-1 的分析可知,

(1) $e^{-at}\sin(\omega t)$ 是连续时间变量 t 的函数,且函数值也是连续变化的,故其为连续时间信号,且为模拟信号。

(2) e^{-nT} 中自变量的取值为所有整数值,即为离散的,故其为离散时间信号。

(3) $\cos(n\pi)$ 中自变量的取值为所有整数值,函数值为 $1,-1,1,-1,\cdots$,故其为数字信号。

(4) $\sin(n\omega_0)$ 为离散时间信号。

(5) $\left(\dfrac{1}{2}\right)^n$ 为离散时间信号。

1-3 分别求下列各周期信号的周期。

(1) $\cos(10t)-\cos(30t)$ (2) e^{j10t} (3) $[5\sin(8t)]^2$

(4) $\displaystyle\sum_{n=0}^{\infty}(-1)^n[u(t-nT)-u(t-nT-T)]$ (n 为正整数)

解 (1) $f_1(t)=\cos(10t)-\cos(30t)$

(2) $f_2(t)=e^{j10t}=\cos(10t)+j\sin(10t)$

(3) $f_3(t)=[5\sin(8t)]^2=25\sin^2(8t)=\dfrac{25}{2}[1-\cos(16t)]$

(4) $\begin{aligned}f_4(t)&=\sum_{n=0}^{\infty}(-1)^n[u(t-nT)-u(t-nT-T)]\\&=[u(t)-u(t-T)]-[u(t-T)-u(t-2T)]\\&\quad+[u(t-2T)-u(t-3T)]-\cdots\end{aligned}$

如果包含有 n 个不同频率余弦分量的复合信号是一个周期为 T 的周期

信号,则其周期 T 必为各分量信号周期 $T_i(i=1,2,\cdots,n)$ 的整数倍,即有 $T=m_iT_i$ 或 $\omega_i=m_i\omega$。式中 $\omega_i=\dfrac{2\pi}{T_i}$ 为各余弦分量的角频率,$\omega=\dfrac{2\pi}{T}$ 为复合信号的基波频率,m_i 为正整数。因此只要能找到 n 个不含整数公因子的正整数 $m_1,m_2,m_3,\cdots,m_n$,使

$$\omega_1:\omega_2:\omega_3:\cdots:\omega_n=m_1:m_2:m_3:\cdots:m_n$$

成立,就可判定该信号为周期信号,其周期为

$$T=m_iT_i=m_i\frac{2\pi}{\omega_i}$$

据此可知:

(1) $\omega_1=10$ rad/s,$\omega_2=30$ rad/s,$\omega_1:\omega_2=1:3$,即 $m_1:m_2=1:3$,所以 $f_1(t)$ 为周期信号,其周期为

$$T=m_1T_1=m_1\frac{2\pi}{\omega_1}=\frac{\pi}{5}$$

(2) $\omega=10$ rad/s,所以 $f_2(t)$ 的周期为

$$T=\frac{2\pi}{\omega}=\frac{\pi}{5}$$

(3) $\omega=16$ rad/s,所以 $f_3(t)$ 的周期为

$$T=\frac{2\pi}{\omega}=\frac{\pi}{8}$$

(4) $f_4(t)$ 的波形如题图 1-3 所示。

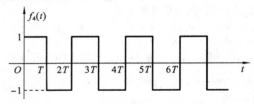

题图 1-3

由波形可知,$f_4(t)$ 为周期等于 $2T$ 的周期信号。

1-4　对于教材中例 1-1 所示信号 $f(t)$(其波形如题图 1-4 所示),分别用两种不同于例中所示运算次序,由 $f(t)$ 的波形求 $f(-3t-2)$ 的波形。

解　$f(-3t-2)=f\left[-3\left(t+\dfrac{2}{3}\right)\right]$ 涉及反褶、尺度倍乘和时移三种运算,不管先考虑何种运算,但都需要三个步骤。

（a）方法一：

（1）首先考虑尺度倍乘，求得 $f(3t)$ 的波形如题图 1-4(a_1) 所示。

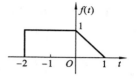

（2）$f(3t-2) = f\left[3\left(t - \dfrac{2}{3}\right)\right]$，将 $f(3t)$ 延时 $\dfrac{2}{3}$ 得 $f(3t-2)$ 的波形如题图 1-4(a_2) 所示。

（3）将 $f(3t-2)$ 反褶得 $f(-3t-2)$ 的波形如题图 1-4(a_3) 所示。

（b）方法二：

（1）首先考虑反褶，得 $f(-t)$ 的波形如题图 1-4(b_1) 所示。

（2）$f(-t-2) = f[-(t+2)]$，将 $f(-t)$ 向左平移 2 得 $f(-t-2)$ 的波形如题图 1-4(b_2) 所示。

（3）将 $f(-t-2)$ 作尺度倍乘得 $f(-3t-2)$ 的波形如题图 1-4(b_3) 所示。

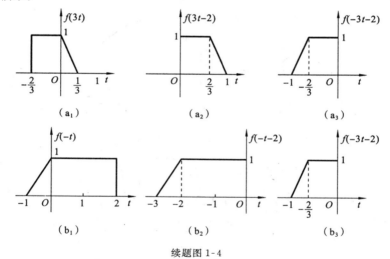

续题图 1-4

1-5 已知 $f(t)$，为求 $f(t_0 - at)$ 应该按下列哪种顺序求得正确结果（式中 t_0、a 都为正值）？

（1）$f(-at)$ 左移 t_0 （2）$f(at)$ 右移 t_0

（3）$f(at)$ 左移 $\dfrac{t_0}{a}$ （4）$f(-at)$ 右移 $\dfrac{t_0}{a}$

解　$f(t_0 - at) = f(-at + t_0) = f\left[-a\left(t - \dfrac{t_0}{a}\right)\right]$

可见，$f(t_0 - at)$ 是由 $f(t)$ 进行反褶得到 $f(-t)$，然后进行尺度倍乘得到 $f(-at)$，最后再进行右移 $\dfrac{t_0}{a}$ 得到的。因此，为求 $f(t_0 - at)$ 应按（4）中所示顺序而求得。故 $f(t_0 - at)$ 是由 $f(-at)$ 右移 $\dfrac{t_0}{a}$ 而得到的。

1-6　绘出下列各信号的波形。

（1）$\left[1 + \dfrac{1}{2}\sin(\Omega t)\right]\sin(8\Omega t)$　　（2）$\left[1 + \sin(\Omega t)\right]\sin(8\Omega t)$

解　（1）设 $f_1(t) = 1 + \dfrac{1}{2}\sin(\Omega t)$，$f_2(t) = \sin(8\Omega t)$，则

$$f(t) = f_1(t) \cdot f_2(t)$$

$f_1(t)$、$f_2(t)$、$f(t)$ 的波形分别如题图 1-6(a_1)、(a_2)、(a_3)所示。

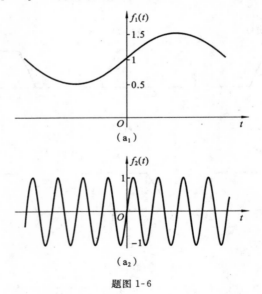

（a_1）

（a_2）

题图 1-6

（2）设 $f_3(t) = 1 + \sin(\Omega t)$，则

$$f(t) = f_3(t) \cdot f_2(t)$$

$f(t)$ 的波形如题图 1-6(b)所示。

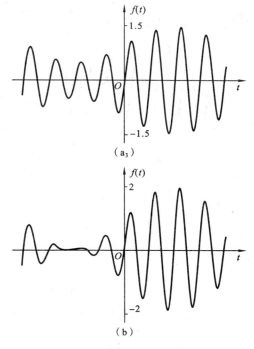

（a₃）

（b）

续题图 1-6

1-7　绘出下列各信号的波形。

(1) $[u(t)-u(t-T)]\sin\left(\dfrac{4\pi}{T}t\right)$

(2) $[u(t)-2u(t-T)+u(t-2T)]\sin\left(\dfrac{4\pi}{T}t\right)$

解　设 $f(t)=\sin\left(\dfrac{4\pi}{T}t\right)=\sin(\omega t)$, $\omega=\dfrac{4\pi}{T}$,则 $f(t)$ 为周期等于 $\dfrac{2\pi}{\omega}=\dfrac{T}{2}$ 的

正弦周期信号。

(1) $f_1(t)=[u(t)-u(t-T)]\sin\left(\dfrac{4\pi}{T}t\right)=[u(t)-u(t-T)]\cdot f(t)$

(2) $f_2(t)=[u(t)-2u(t-T)+u(t-2T)]\sin\left(\dfrac{4\pi}{T}t\right)$

$\qquad\quad =[u(t)-2u(t-T)+u(t-2T)]\cdot f(t)$

$$= \{[u(t)-u(t-T)]-[u(t-T)-u(t-2T)]\} \cdot f(t)$$

$f(t)$、$f_1(t)$、$f_2(t)$ 的波形分别如题图 1-7(a)、(b)、(c)所示。

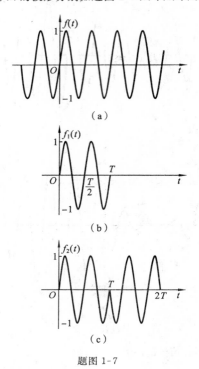

题图 1-7

1-8　试将教材中描述如图 1-15 所示波形的式(1-16)和式(1-17)改用阶跃信号表示。

解　表达式(1-16)为

$$f(t)=\begin{cases} e^{-at}, & 0<t<t_0 \\ e^{-at}-e^{-a(t-t_0)}, & t_0 \leqslant t<\infty \end{cases}$$

这是一个分段函数。用阶跃信号可表示为

$$f(t)=e^{-at}[u(t)-u(t-t_0)]+[e^{-at}-e^{-a(t-t_0)}]u(t-t_0)$$

$$=e^{-at}u(t)-e^{-a(t-t_0)}u(t-t_0)$$

表达式(1-17)为

$$\int_{-\infty}^{t} f(\tau)\,d\tau = \begin{cases} \dfrac{1}{\alpha}(1-e^{-\alpha t}), & 0 < t < t_0 \\ \dfrac{1}{\alpha}(1-e^{-\alpha t}) - \dfrac{1}{\alpha}[1-e^{-\alpha(t-t_0)}], & t_0 \leqslant t < \infty \end{cases}$$

用阶跃信号可表示为

$$f(t) = e^{-\alpha t}[u(t) - u(t-t_0)] + [e^{-\alpha t} - e^{-\alpha(t-t_0)}]u(t-t_0)$$
$$= e^{-\alpha t}u(t) - e^{-\alpha(t-t_0)}u(t-t_0)$$

1-9 粗略绘出下列各函数式的波形图。

(1) $f(t) = (2 - e^{-t})u(t)$

(2) $f(t) = (3e^{-t} + 6e^{-2t})u(t)$

(3) $f(t) = (5e^{-t} - 5e^{-3t})u(t)$

(4) $f(t) = e^{-t}\cos(10\pi t)[u(t-1) - u(t-2)]$

解 (1) $f(t) = (2 - e^{-t})u(t) = 2u(t) - e^{-t}u(t)$，波形如题图 1-9(a) 所示。

(2) $f(t) = (3e^{-t} + 6e^{-2t})u(t) = 3e^{-t}u(t) + 6e^{-2t}u(t)$，波形如题图 1-9 (b)所示。

(3) $f(t) = (5e^{-t} - 5e^{-3t})u(t) = 5e^{-t}u(t) - 5e^{-3t}u(t)$，波形如题图 1-9

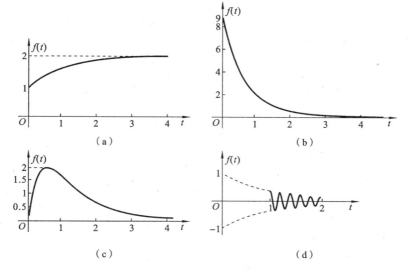

(a)

(b)

(c)

(d)

题图 1-9

(c)所示。

(4) $f(t) = e^{-t} \cos(10\pi t)[u(t-1) - u(t-2)] =$
$\begin{cases} e^{-t}\cos(10\pi t), & 1 \leqslant t < 2 \\ 0, & \text{其他} \end{cases}$,波形如题图 1-9(d)所示。

1-10 写出题图 1-10(a)、(b)、(c)所示各波形的表达式。

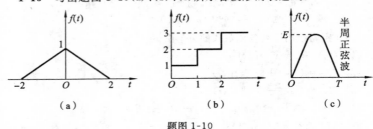

题图 1-10

解 (a) $f(t)$可分段表示为

$$f(t) = \begin{cases} \left(1 + \dfrac{1}{2}t\right), & -2 \leqslant t \leqslant 0 \\ \left(1 - \dfrac{1}{2}t\right), & 0 \leqslant t \leqslant 2 \\ 0, & \text{其他} \end{cases}$$

或用阶跃信号表示为

$$f(t) = \left(1 - \frac{1}{2}|t|\right)[u(t+2) - u(t-2)]$$

(b) $f(t)$可分段表示为

$$f(t) = \begin{cases} 0, & t \leqslant 0 \\ 1, & 0 < t \leqslant 1 \\ 2, & 1 < t \leqslant 2 \\ 3, & t > 3 \end{cases}$$

或用阶跃信号表示为

$$f(t) = [u(t) - u(t-1)] + 2[u(t-1) - u(t-2)] + 3u(t-2)$$
$$= u(t) + u(t-1) + u(t-2)$$

(c) $f(t)$可分段表示为

$$f(t) = \begin{cases} E\sin\left(\dfrac{\pi}{T}t\right), & 0 \leqslant t \leqslant T \\ 0, & \text{其他} \end{cases}$$

或用阶跃信号表示为

$$f(t) = E\sin\left(\frac{\pi}{T}t\right)[u(t) - u(t-T)]$$

1-11 绘出下列各时间函数的波形图。

(1) $te^{-t}u(t)$

(2) $e^{-(t-1)}[u(t-1) - u(t-2)]$

(3) $[1+\cos(\pi t)][u(t) - u(t-2)]$

(4) $u(t) - 2u(t-1) + u(t-2)$

(5) $\dfrac{\sin[a(t-t_0)]}{a(t-t_0)}$

(6) $\dfrac{\mathrm{d}}{\mathrm{d}t}[e^{-t}\sin(t)u(t)]$

解 (1) $f(t) = te^{-t}u(t)$

波形如题图 1-11(a)所示。

(2) $f(t) = e^{-(t-1)}[u(t-1) - u(t-2)]$

波形如题图 1-11(b)所示。

(3) $f(t) = [1+\cos(\pi t)][u(t) - u(t-2)]$

波形如题图 1-11(c)所示。

(4) $f(t) = u(t) - 2u(t-1) + u(t-2)$

$\qquad = [u(t) - u(t-1)] - [u(t-1) - u(t-2)]$

波形如题图 1-11(d)所示。

(5) $f(t) = \dfrac{\sin[a(t-t_0)]}{a(t-t_0)}$

波形如题图 1-11(e)所示。

(6) $f(t) = \dfrac{\mathrm{d}}{\mathrm{d}t}[e^{-t}\sin(t)u(t)] = e^{-t}[\cos(t) - \sin(t)]u(t)$

$\qquad = -\sqrt{2}e^{-t}\sin\left(t - \dfrac{\pi}{4}\right)u(t)$

波形如题图 1-11(f)所示。

1-12 绘出下列各时间函数的波形图,注意它们的区别。

(1) $t[u(t) - u(t-1)]$

(2) $t \cdot u(t-1)$

(3) $t[u(t) - u(t-1)] + u(t-1)$

(4) $(t-1)u(t-1)$

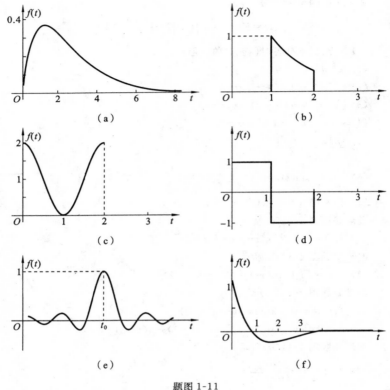

题图 1-11

(5) $-(t-1)[u(t)-u(t-1)]$

(6) $t[u(t-2)-u(t-3)]$

(7) $(t-2)[u(t-2)-u(t-3)]$

解 (1) $f_1(t)=t[u(t)-u(t-1)]$，$f_1(t)$ 是单位斜变函数只取 $t=0\sim1$ 区间的值，其波形如题图 1-12(a)所示。

(2) $f_2(t)=t\cdot u(t-1)$，$f_2(t)$ 是单位斜变函数只取 $t\geqslant1$ 区间的值，其波形如题图 1-12(b)所示。

(3) $f_3(t)=t[u(t)-u(t-1)]+u(t-1)$，$f_3(t)$ 在 $t=0\sim1$ 区间上取单位斜变函数的值，在 $t>1$ 区间上取单位阶跃函数的值，其波形如题图 1-12(c)所示。

(4) $f_4(t) = (t-1)u(t-1)$，$f_4(t)$ 是由单位斜变函数延时 1 个单位后得到的，其波形如题图 1-12(d)所示。

(5) $f_5(t) = -(t-1)[u(t)-u(t-1)]$，$f_5(t)$ 是 $f_1(t)$ 反相之后再向上平移一个单位后得到的，其波形如题图 1-12(e)所示。

(6) $f_6(t) = t[u(t-2)-u(t-3)]$，$f_6(t)$ 是单位斜变函数只取 $t=2\sim3$ 区间的值，其波形如题图 1-12(f)所示。

(7) $f_7(t) = (t-2)[u(t-2)-u(t-3)]$，$f_7(t)$ 是由 $f_1(t)$ 延时 2 个单位后得到的，其波形如题图 1-12(g)所示。

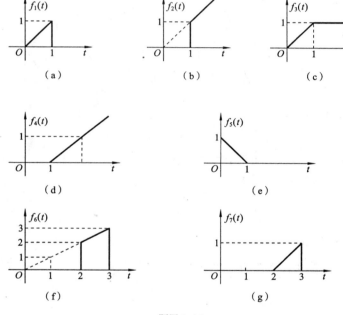

题图 1-12

1-13 绘出下列各时间函数的波形图，注意它们的区别。

(1) $f_1(t) = \sin(\omega t)u(t)$ (2) $f_2(t) = \sin[\omega(t-t_0)]u(t)$

(3) $f_3(t) = \sin(\omega t)u(t-t_0)$ (4) $f_4(t) = \sin[\omega(t-t_0)]u(t-t_0)$

解 (1) $f_1(t)$ 是正弦函数 $\sin(\omega t)$ 只取 $t \geqslant 0$ 区间的值，其波形如题图 1-13(a)所示。

（2）$f_2(t)$ 是正弦函数 $\sin(\omega t)$ 延时 t_0 后只取 $t \geqslant 0$ 区间的值，其波形如题图 1-13(b)所示。

（3）$f_3(t)$ 是正弦函数 $\sin(\omega t)$ 只取 $t \geqslant t_0$ 区间的值，其波形如题图 1-13(c)所示。

（4）$f_4(t)$ 是由 $f_1(t)$ 延时 t_0 后得到的，其波形如题图 1-13(d)所示。

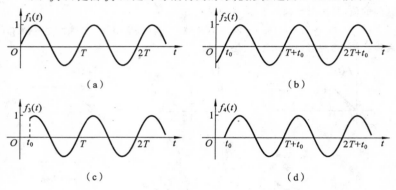

题图 1-13

1-14　应用冲激信号的抽样特性，求下列表示式的函数值。

（1）$\displaystyle\int_{-\infty}^{\infty} f(t-t_0)\delta(t)\mathrm{d}t$

（2）$\displaystyle\int_{-\infty}^{\infty} f(t_0-t)\delta(t)\mathrm{d}t$

（3）$\displaystyle\int_{-\infty}^{\infty} \delta(t-t_0)u\left(t-\frac{t_0}{2}\right)\mathrm{d}t$

（4）$\displaystyle\int_{-\infty}^{\infty} \delta(t-t_0)u(t-2t_0)\mathrm{d}t$

（5）$\displaystyle\int_{-\infty}^{\infty} (\mathrm{e}^{-t}+t)\delta(t+2)\mathrm{d}t$

（6）$\displaystyle\int_{-\infty}^{\infty} (t+\sin t)\delta\left(t-\frac{\pi}{6}\right)\mathrm{d}t$

（7）$\displaystyle\int_{-\infty}^{\infty} \mathrm{e}^{-\mathrm{j}\omega t}[\delta(t)-\delta(t-t_0)]\mathrm{d}t$

解　（1）$\displaystyle\int_{-\infty}^{\infty} f(t-t_0)\delta(t)\mathrm{d}t = \int_{-\infty}^{\infty} f(-t_0)\delta(t)\mathrm{d}t = f(-t_0)$

（2）$\displaystyle\int_{-\infty}^{\infty} f(t_0-t)\delta(t)\mathrm{d}t = \int_{-\infty}^{\infty} f(t_0)\delta(t)\mathrm{d}t = f(t_0)$

(3) $\int_{-\infty}^{\infty} \delta(t-t_0) u\left(t-\dfrac{t_0}{2}\right) dt = \int_{-\infty}^{\infty} \delta(t-t_0) u\left(\dfrac{t_0}{2}\right) dt = u\left(\dfrac{t_0}{2}\right)$

$$= \begin{cases} 1, & t_0 > 0 \\ 0, & t_0 < 0 \end{cases}$$

(4) $\int_{-\infty}^{\infty} \delta(t-t_0) u(t-2t_0) dt = \int_{-\infty}^{\infty} \delta(t-t_0) u(-t_0) dt = u(-t_0)$

$$= \begin{cases} 0, & t_0 > 0 \\ 1, & t_0 < 0 \end{cases}$$

(5) $\int_{-\infty}^{\infty} (e^{-t}+t) \delta(t+2) dt = \int_{-\infty}^{\infty} (e^2-2) \delta(t+2) dt = e^2-2$

(6) $\int_{-\infty}^{\infty} (t+\sin t) \delta\left(t-\dfrac{\pi}{6}\right) dt = \int_{-\infty}^{\infty} \left(\dfrac{\pi}{6}+\sin\dfrac{\pi}{6}\right) \delta\left(t-\dfrac{\pi}{6}\right) dt$

$$= \dfrac{\pi}{6}+\dfrac{1}{2}$$

(7) $\int_{-\infty}^{\infty} e^{-j\omega t} [\delta(t)-\delta(t-t_0)] dt = \int_{-\infty}^{\infty} e^{-j\omega t} \delta(t) dt - \int_{-\infty}^{\infty} e^{-j\omega t} \delta(t-t_0) dt$

$$= 1 - e^{-j\omega t_0}$$

1-15　电容 C_1 与 C_2 串联,以阶跃电压源 $v(t)=Eu(t)$ 串联接入,试分别写出回路中的电流 $i(t)$、每个电容两端电压 $v_{C_1}(t)$、$v_{C_2}(t)$ 的表示式。

解　由题意可画出如题图 1-15 所示的电路图。据 KVL,有

$$v_{C_1}(t) + v_{C_2}(t) = v(t) = Eu(t) \quad ①$$

又

$$i(t) = C_1 \dfrac{dv_{C_1}(t)}{dt} = C_2 \dfrac{dv_{C_2}(t)}{dt} \quad ②$$

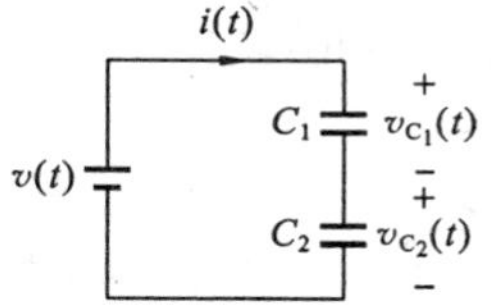

题图 1-15

①式两边微分,有

$$\dfrac{dv_{C_1}(t)}{dt} + \dfrac{dv_{C_2}(t)}{dt} = E\delta(t) \quad ③$$

由②式得

$$\dfrac{dv_{C_1}(t)}{dt} = \dfrac{C_2}{C_1} \dfrac{dv_{C_2}(t)}{dt} \quad ④$$

将④式代入③式,得

$$\dfrac{dv_{C_2}(t)}{dt} = \dfrac{C_1 E}{C_1+C_2} \delta(t) \quad ⑤$$

对⑤式积分,得

$$v_{C_2}(t) = \dfrac{C_1 E}{C_1+C_2} u(t) \quad ⑥$$

由⑥式和①式可得

$$v_{C_1}(t) = \dfrac{C_2 E}{C_1+C_2} u(t)$$

于是 $\qquad\qquad\qquad\qquad i(t)=\dfrac{C_1 C_2 E}{C_1+C_2}\delta(t)$

1-16 电感 L_1 与 L_2 串联,以阶跃电流源 $i(t)=Iu(t)$ 并联接入,试分别写出电感两端电压 $v(t)$、每个电感支路电流 $i_{L_1}(t)$、$i_{L_2}(t)$ 的表示式。

解 由题意可画出如题图 1-16 所示的电路图。据 KCL,有

$$i_{L_1}(t)+i_{L_2}(t)=i(t)=Iu(t) \qquad ①$$

又 $\qquad v(t)=L_1\dfrac{\mathrm{d}i_{L_1}(t)}{\mathrm{d}t}=L_2\dfrac{\mathrm{d}i_{L_2}(t)}{\mathrm{d}t} \qquad ②$

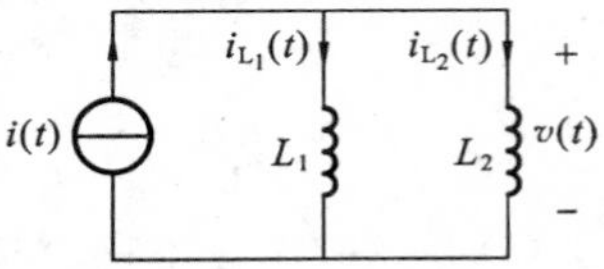

①式两边微分,有

$$\dfrac{\mathrm{d}i_{L_1}(t)}{\mathrm{d}t}+\dfrac{\mathrm{d}i_{L_2}(t)}{\mathrm{d}t}=I\delta(t) \qquad ③$$

题图 1-16

由②式得

$$\dfrac{\mathrm{d}i_{L_1}(t)}{\mathrm{d}t}=\dfrac{L_2}{L_1}\dfrac{\mathrm{d}i_{L_2}(t)}{\mathrm{d}t} \qquad\qquad ④$$

将④式代入③式,得 $\qquad \dfrac{\mathrm{d}i_{L_2}(t)}{\mathrm{d}t}=\dfrac{L_1 I}{L_1+L_2}\delta(t) \qquad\qquad ⑤$

对⑤式积分,得 $\qquad\qquad i_{L_2}(t)=\dfrac{L_1 I}{L_1+L_2}u(t) \qquad\qquad\quad ⑥$

由⑥式和①式可得 $\qquad\quad i_{L_1}(t)=\dfrac{L_2 I}{L_1+L_2}u(t)$

于是 $\qquad\qquad\qquad\qquad v(t)=\dfrac{L_1 L_2 I}{L_1+L_2}\delta(t)$

1-17 分别指出下列各波形的直流分量等于多少。

(1) 全波整流 $f(t)=|\sin(\omega t)|$ 　　　(2) $f(t)=\sin^2(\omega t)$

(3) $f(t)=\cos(\omega t)+\sin(\omega t)$ 　　　(4) 升余弦 $f(t)=K[1+\cos(\omega t)]$

解 信号的平均值就是信号的直流分量,且 $\overline{f(t)}=\dfrac{1}{T}\displaystyle\int_{-\frac{T}{2}}^{\frac{T}{2}}f(t)\mathrm{d}t$。

(1) $f(t)=|\sin(\omega t)|$, $\quad\omega=\dfrac{2\pi}{T}$

$$\overline{f(t)}=\dfrac{1}{T}\int_{-\frac{T}{2}}^{\frac{T}{2}}|\sin(\omega t)|\mathrm{d}t=\dfrac{2}{T}\int_0^{\frac{T}{2}}\sin\left(\dfrac{2\pi}{T}t\right)\mathrm{d}t=\dfrac{2}{\pi}$$

(2) $f(t)=\sin^2(\omega t)=\dfrac{1-\cos(2\omega t)}{2}=\dfrac{1}{2}-\dfrac{1}{2}\cos(2\omega t)$

$$\overline{f(t)}=\dfrac{1}{T}\int_{-\frac{T}{2}}^{\frac{T}{2}}\left[\dfrac{1}{2}-\dfrac{1}{2}\cos(2\omega t)\right]\mathrm{d}t=\dfrac{1}{2}$$

(3) $\overline{f(t)} = \dfrac{1}{T}\displaystyle\int_{-\frac{T}{2}}^{\frac{T}{2}}\left[\cos(\omega t)+\sin(\omega t)\right]\mathrm{d}t = 0$

(4) $\overline{f(t)} = \dfrac{1}{T}\displaystyle\int_{-\frac{T}{2}}^{\frac{T}{2}}K\left[1+\cos(\omega t)\right]\mathrm{d}t = K$

1-18 粗略绘出题图 1-18 所示各波形的偶分量和奇分量。

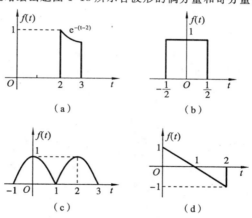

题图 1-18

解 设信号 $f(t)$ 的偶分量为 $f_e(t)$，奇分量为 $f_o(t)$，则

$$f_e(t)=\frac{1}{2}\left[f(t)+f(-t)\right],\qquad f_o(t)=\frac{1}{2}\left[f(t)-f(-t)\right]$$

（a）信号 $f(t)$ 的反褶 $f(-t)$ 及其偶、奇分量 $f_e(t)$、$f_o(t)$ 的波形分别如题图 1-18(a_1)、(a_2)、(a_3)所示。

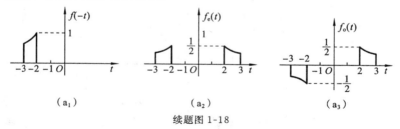

续题图 1-18

（b）由于 $f(t)$ 为偶函数，所以其偶分量就是 $f(t)$ 本身，没有奇分量。

（c）信号 $f(t)$ 的反褶 $f(-t)$ 及其偶、奇分量 $f_e(t)$、$f_o(t)$ 的波形分别如题图 1-18(c_1)、(c_2)、(c_3)所示。

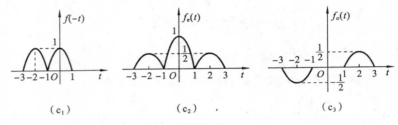

（c₁） （c₂） （c₃）

续题图 1-18

(d) 信号 $f(t)$ 的反褶 $f(-t)$ 及其偶、奇分量 $f_e(t)$、$f_o(t)$ 的波形分别如题图 1-18(d₁)、(d₂)、(d₃)所示。

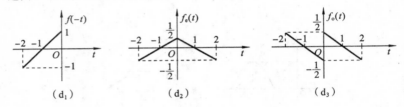

（d₁） （d₂） （d₃）

续题图 1-18

1-19 绘出下列系统的仿真框图。

(1) $\dfrac{\mathrm{d}r(t)}{\mathrm{d}t} + a_0 r(t) = b_0 e(t) + b_1 \dfrac{\mathrm{d}e(t)}{\mathrm{d}t}$

(2) $\dfrac{\mathrm{d}^2 r(t)}{\mathrm{d}t^2} + a_1 \dfrac{\mathrm{d}r(t)}{\mathrm{d}t} + a_0 r(t) = b_0 e(t) + b_1 \dfrac{\mathrm{d}e(t)}{\mathrm{d}t}$

解 (1) 系统方程的算子形式为

$$(p + a_0) r(t) = (b_1 p + b_0) e(t)$$

系统转移算子为

$$H(p) = \frac{b_1 p + b_0}{p + a_0}$$

引入辅助函数 $q(t)$，令

$$\begin{cases} e(t) = (p + a_0) q(t) = q'(t) + a_0 q(t) & \text{①} \\ r(t) = (b_1 p + b_0) q(t) = b_1 q'(t) + b_0 q(t) & \text{②} \end{cases}$$

由①式得 $\qquad\qquad q'(t) = -a_0 q(t) + e(t) \qquad\qquad$ ③

由②、③式可得系统仿真框图如题图 1-19(a)所示。

(2) 系统方程的算子形式为

$$(p^2 + a_1 p + a_0) r(t) = (b_1 p + b_0) e(t)$$

系统转移算子为

$$H(p) = \frac{b_1 p + b_0}{p^2 + a_1 p + a_0}$$

引入辅助函数 $q(t)$，令

$$\begin{cases} e(t) = (p^2 + a_1 p + a_0) q(t) = q''(t) + a_1 q'(t) + a_0 q(t) & \text{①} \\ r(t) = (b_1 p + b_0) q(t) = b_1 q'(t) + b_0 q(t) & \text{②} \end{cases}$$

由①式得
$$q''(t) = -a_1 q'(t) - a_0 q(t) + e(t) \qquad \text{③}$$

由②、③式可得系统仿真框图如题图 1-19(b)所示。

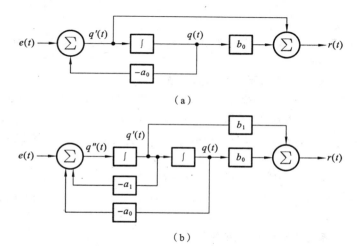

（a）

（b）

题图 1-19

1-20 判断下列系统是否为线性的、时不变的、因果的。

(1) $r(t) = \dfrac{\mathrm{d}e(t)}{\mathrm{d}t}$　　　　(2) $r(t) = e(t) u(t)$

(3) $r(t) = \sin[e(t)] u(t)$　　(4) $r(t) = e(1-t)$

(5) $r(t) = e(2t)$　　　　(6) $r(t) = e^2(t)$

(7) $r(t) = \displaystyle\int_{-\infty}^{t} e(\tau) \mathrm{d}\tau$　　(8) $r(t) = \displaystyle\int_{-\infty}^{5t} e(\tau) \mathrm{d}\tau$

解 线性、时不变性和因果性是系统的三个互不相关的性质，一个系统可能具备其中一个或多个性质。线性是指系统同时具备齐次性和可加性；时不变性是指系统响应波形的形状不随激励施加的时间不同而改变;因果性是指系统的响应不会在激励施加之前出现。

判断系统是否具备线性特性的方法如下:

假若系统在 $e_1(t)$、$e_2(t)$ 分别激励下的响应为 $r_1(t)$、$r_2(t)$。将激励 $e(t)=k_1 e_1(t)+k_2 e_2(t)$ 代入系统方程,若系统响应 $r(t)=k_1 r_1(t)+k_2 r_2(t)$,则该方程所示系统是线性的,否则是非线性的。

据此可知在(1)中,$r_1(t)=\dfrac{\mathrm{d}e_1(t)}{\mathrm{d}t}$,$r_2(t)=\dfrac{\mathrm{d}e_2(t)}{\mathrm{d}t}$,当 $e(t)=k_1 e_1(t)+k_2 e_2(t)$ 时,$r(t)=\dfrac{\mathrm{d}e(t)}{\mathrm{d}t}=k_1\dfrac{\mathrm{d}e_1(t)}{\mathrm{d}t}+k_2\dfrac{\mathrm{d}e_2(t)}{\mathrm{d}t}=k_1 r_1(t)+k_2 r_2(t)$,可见(1)所示系统是线性的。

同理可知,(2)、(4)、(5)、(7)、(8)所示系统也是线性的,(3)、(6)所示系统是非线性的。

判断系统是否为时不变系统的方法如下:

设激励为 $e(t)$ 时,系统的响应为 $r(t)$,若激励为 $e(t-\tau)$ 时,系统的响应为 $r(t-\tau)$,则该方程所示系统就是时不变的,否则是时变的。

如在(1)中,$r(t)=\dfrac{\mathrm{d}e(t)}{\mathrm{d}t}$,激励为 $e(t-\tau)$ 时,系统响应为 $\dfrac{\mathrm{d}e(t-\tau)}{\mathrm{d}t}=\dfrac{\mathrm{d}e(t-\tau)}{\mathrm{d}(t-\tau)}=r(t-\tau)$,故该方程所示系统是时不变的。

同理可知,(6)、(7)所示系统是时不变的,(2)、(3)、(4)、(5)、(8)所示系统是时变的。

判断系统是否为因果系统的方法如下:

观察系统在 t_0 时刻的响应 $r(t_0)$ 是否只与 $t=t_0$ 和 $t<t_0$ 时刻的激励有关,若是,则该方程所示系统是因果的,否则是非因果的。

如(4)中 $r(t_0)=e(1-t_0)$,当 $t_0=0$ 时,响应为 $e(1)$,这就说明 $t=0$ 时刻的响应要由 $t=1$ 时刻的激励决定,因此,该系统是非因果的。

同理可知(5)中 $r(t_0)=e(2t_0)$,(8)中 $r(t_0)=\displaystyle\int_{-\infty}^{5t_0}e(\tau)\mathrm{d}\tau$,而当 $t_0>0$ 时,$2t_0$ 和 $5t_0$ 相对于 t_0 都是未来时刻,这就说明 t_0 时刻的响应要由未来时刻的激励决定,因此,(5)和(8)所示系统也都是非因果的。

而(1)、(2)、(3)、(6)、(7)所示系统在 t_0 时刻的响应 $r(t_0)$ 都只与 $t=t_0$ 和 $t<t_0$ 时刻的激励有关,因此,这些方程所示系统都是因果的。

1-21 判断下列系统是否是可逆的。若可逆,给出它的逆系统;若不可逆,指出使该系统产生相同输出的两个输入信号。

(1) $r(t) = e(t-5)$　　　(2) $r(t) = \dfrac{\mathrm{d}e(t)}{\mathrm{d}t}$

(3) $r(t) = \displaystyle\int_{-\infty}^{t} e(\tau)\mathrm{d}\tau$　　　(4) $r(t) = e(2t)$

解 如果某系统在不同的输入下产生的输出也不相同,则该系统具有可逆性,否则该系统是不可逆的。对于可逆的系统总存在一个逆系统,当可逆系统与其逆系统级联组合时,总的输出信号就等于输入信号。

由以上分析可知:

(1) 该系统可逆,且其逆系统为 $r(t) = e(t+5)$。

(2) 该系统不可逆。因为当输入为两个不同的常数时,输出都等于零。如 $e_1(t) = 1, e_2(t) = 2, r_1(t) = r_2(t) = 0$。

(3) 该系统可逆,且其逆系统为 $r(t) = \dfrac{\mathrm{d}e(t)}{\mathrm{d}t}$。

(4) 该系统可逆,且其逆系统为 $r(t) = e\left(\dfrac{1}{2}t\right)$。

1-22 若输入信号为 $\cos(\omega_0 t)$,为使输出信号中分别包含以下频率成分:

(1) $\cos(2\omega_0 t)$,　(2) $\cos(3\omega_0 t)$,　(3) 直流

请你分别设计相应的系统(尽可能简单)满足此要求,给出系统输出与输入的约束关系式。讨论这三种要求有何共同性,相应的系统有何共同性。

解 $e(t) = \cos(\omega_0 t)$,这三种要求都可以通过系统 $r(t) = e(at)$ 实现。

对于(1),$a = 2$,$r_1(t) = e(2t)$。

对于(2),$a = 3$,$r_2(t) = e(3t)$。

对于(3),$a = 0$,$r_3(t) = 1$。

这三种要求的共同性是输入信号经过系统传输后,产生了新的频率成分,因此,在设计系统时要考虑改变信号的频率成分或增加新的频率成分,此即三个系统的共同性。

1-23 有一线性时不变系统,已知当激励 $e_1(t) = u(t)$ 时,响应 $r_1(t) = \mathrm{e}^{-at}u(t)$,试求当激励为 $e_2(t) = \delta(t)$ 时,响应 $r_2(t)$ 的表示式。(假定起始时刻系统无储能。)

解 因为起始时刻系统无储能,所以系统的响应为零状态响应。

又因为系统为线性时不变系统，所以该系统具有微分特性。即当 $e(t)$ 作用下的响应为 $r(t)$ 时，$\dfrac{\mathrm{d}e(t)}{\mathrm{d}t}$ 作用下的响应则为 $\dfrac{\mathrm{d}r(t)}{\mathrm{d}t}$。而 $\delta(t)=\dfrac{\mathrm{d}u(t)}{\mathrm{d}t}$，即 $e_2(t)=\dfrac{\mathrm{d}e_1(t)}{\mathrm{d}t}$，所以

$$r_2(t)=\frac{\mathrm{d}r_1(t)}{\mathrm{d}t}=\frac{\mathrm{d}\left[e^{-at}u(t)\right]}{\mathrm{d}t}=-ae^{-at}u(t)+e^{-at}\delta(t)=\delta(t)-ae^{-at}u(t)$$

1-24　证明 δ 函数的尺度运算特性满足 $\delta(at)=\dfrac{1}{|a|}\delta(t)$。

证明　令 $\tau=at$，则 $\mathrm{d}t=\dfrac{1}{a}\mathrm{d}\tau$。

(1) 设 $a>0$，则 $t=-\infty\to\infty$；$\tau=-\infty\to\infty$，于是

$$\int_{-\infty}^{\infty}\delta(at)\mathrm{d}t=\int_{-\infty}^{\infty}\delta(\tau)\frac{1}{a}\mathrm{d}\tau=\int_{-\infty}^{\infty}\frac{1}{a}\delta(\tau)\mathrm{d}\tau$$

可见
$$\delta(at)=\frac{1}{a}\delta(t)$$

(2) 设 $a<0$，则 $t=-\infty\to\infty$；$\tau=\infty\to-\infty$，于是

$$\int_{-\infty}^{\infty}\delta(at)\mathrm{d}t=\int_{\infty}^{-\infty}\delta(\tau)\frac{1}{a}\mathrm{d}\tau=-\int_{-\infty}^{\infty}\frac{1}{a}\delta(\tau)\mathrm{d}\tau$$

此时
$$\delta(at)=-\frac{1}{a}\delta(t)$$

综合(1)、(2)可得

$$\delta(at)=\frac{1}{|a|}\delta(t)$$

第2章 连续时间系统的时域分析

2.1 知识点归纳

1. 描述连续时间系统的微分方程及其算子表示法

设 $e(t)$ 为激励，$r(t)$ 为响应，则描述 n 阶线性时不变连续时间系统的数学模型为 n 阶线性常系数微分方程：

$$\frac{\mathrm{d}^n r(t)}{\mathrm{d}t^n} + a_{n-1}\frac{\mathrm{d}^{n-1}r(t)}{\mathrm{d}t^{n-1}} + \cdots + a_0 r(t) = b_m\frac{\mathrm{d}^m e(t)}{\mathrm{d}t^m} + b_{m-1}\frac{\mathrm{d}^{m-1}e(t)}{\mathrm{d}t^{m-1}} + \cdots + b_0 e(t)$$

其算子方程为

$$(p^n + a_{n-1}p^{n-1} + \cdots + a_1 p + a_0)r(t) = (b_m p^m + b_{m-1}p^{m-1} + \cdots + b_1 p + b_0)e(t)$$

或
$$D(p)r(t) = N(p)e(t)$$

转移算子

$$H(p) = \frac{r(t)}{e(t)} = \frac{N(p)}{D(p)}$$

2. 系统的冲激响应和阶跃响应

（1）冲激响应

系统在单位冲激信号 $\delta(t)$ 作用下的零状态响应称为系统的单位冲激响应，简称冲激响应，用 $h(t)$ 表示。

（2）阶跃响应

系统在单位阶跃信号 $u(t)$ 作用下的零状态响应称为系统的单位阶跃响应，简称阶跃响应，用 $g(t)$ 表示。

（3）冲激响应与阶跃响应的关系

冲激响应与阶跃响应完全由系统本身决定，与外界因素无关，因此，两者都可以用来表征系统的特性。对于线性时不变系统，冲激响应与阶跃响应之间存在如下关系：

$$h(t) = \frac{\mathrm{d}g(t)}{\mathrm{d}t}, \qquad \int_{-\infty}^{t} h(\tau)\mathrm{d}\tau = g(t)$$

3. 系统的状态及全响应的求解

(1) 系统的状态

在系统分析中,一般认为激励 $e(t)$ 是在 $t=0$ 时刻加入,这样系统的响应区间就为 $[0_+,+\infty)$。系统在 $e(t)$ 加入之前瞬间的一组状态 $r(0_-)$,$r'(0_-)$,$\cdots$,$r^{(n-1)}(0_-)$ 就是系统的起始状态(即 0_- 状态)。加入 $e(t)$ 之后,由于受激励的影响,这组状态从 $t=0_-$ 到 $t=0_+$ 时刻可能发生变化,0_+ 时刻的这组状态 $r(0_+)$, $r'(0_+)$,$\cdots$,$r^{(n-1)}(0_+)$ 就是系统的初始条件(亦称为 0_+ 状态)。由 0_- 状态求 0_+ 状态可用冲激函数匹配法。

(2) 常系数微分方程的经典解法

$$\text{完全解 } r(t) = \text{齐次解 } r_h(t) + \text{特解 } r_p(t)$$

特征根 α_i 均为单根时

$$r_h(t) = \sum_{i=1}^{n} A_i e^{\alpha_i t}$$

若 α_1 为 k 重根,其余特征根均为单根,则

$$r_h(t) = \sum_{i=1}^{k} A_i t^{i-1} e^{\alpha_1 t} + \sum_{i=k+1}^{n} A_i e^{\alpha_i t}$$

式中,A_i 为待定系数,可利用给定的边界条件代入完全解中求得。

特解 $r_p(t)$ 的求解方法:将激励 $e(t)$ 代入微分方程右端,得"自由项",依据自由项的形式在表 2.1 中试选特解函数 $B(t)$,并代入方程左端,根据方程两端对应系数相等的原则,求出特解的待定系数。

n 阶微分方程的完全解 $r(t) = \sum\limits_{i=1}^{n} A_i e^{\alpha_i t} + B(t)$(特征根 α_i 均为单根时)

表 2.1　激励函数与特解的对应关系

激励函数 $e(t)$	响应函数 $r(t)$ 的特解形式 $B(t)$
E(常数)	B
t^p	$B_1 t^p + B_2 t^{p-1} + \cdots + B_p t + B_{p+1}$
$e^{\alpha t}$	$B e^{\alpha t}$(特解与齐次解形式不同时)
$\cos(\omega t)$ 或 $\sin(\omega t)$	$B_1 \cos(\omega t) + B_2 \sin(\omega t)$
$t^p e^{\alpha t} \cos(\omega t)$ 或	$(B_1 t^p + \cdots + B_p t + B_{p+1}) e^{\alpha t} \cos(\omega t) +$
$t^p e^{\alpha t} \sin(\omega t)$	$(D_1 t^p + \cdots + D_p t + D_{p+1}) e^{\alpha t} \sin(\omega t)$

一般情况下,用时域经典法求得微分方程的解应限于 $0_+ \leqslant t < +\infty$ 的时

间范围。因而,边界条件应用 0_+ 状态,即应将 $r(0_+),r'(0_+),\cdots,r^{(n-1)}(0_+)$ 代入 $r(t)$ 中来确定待定系数 A_i。

（3）卷积积分法

$$\text{全响应 } r(t)=\text{零输入响应 } r_{zi}(t)+\text{零状态 } r_{zs}(t)$$

特征根 α_i 均为单根时

$$r_{zi}(t)=\sum_{i=1}^{n}c_i e^{\alpha_i t}$$

若 α_1 为 k 重根,其余特征根均为单根,则

$$r_{zi}(t)=\sum_{i=1}^{k}c_i t^{i-1}e^{\alpha_1 t}+\sum_{i=k+1}^{n}c_i e^{\alpha_i t}$$

式中,c_i 为待定系数。将系统的起始状态 $r(0_-),r'(0_-),\cdots,r^{(n-1)}(0_-)$ 分别代入 $r_{zi}(t)$ 表达式中求得 $c_1,c_2,\cdots,c_n$。

$$r_{zs}(t)=e(t)*h(t)$$

式中,$h(t)$ 为系统的单位冲激响应。

可由转移算子 $H(p)$ 求 $h(t)$:

当 $m<n$ 时,$H(p)=\dfrac{N(p)}{D(p)}=\sum_{i=1}^{n}\dfrac{k_i}{p-\alpha_i}$

则

$$h(t)=\sum_{i=1}^{n}k_i e^{\alpha_i t}u(t)$$

当 $m=n$ 时,$H(p)=\dfrac{N(p)}{D(p)}=b_m+\sum_{i=1}^{n}\dfrac{k_i}{p-\alpha_i}$

则

$$h(t)=b_m\delta(t)+\sum_{i=1}^{n}k_i e^{\alpha_i t}u(t)$$

（4）输出响应分量的分解

系统全响应可按三种方式分解:

$$\text{全响应 } r(t)=\text{零输入响应 } r_{zi}(t)+\text{零状态响应 } r_{zs}(t)$$
$$\text{全响应 } r(t)=\text{自由响应}+\text{受迫响应}$$
$$\text{全响应 } r(t)=\text{瞬态响应}+\text{稳态响应}$$

零输入响应是系统在没有外加激励的情况下,由起始状态引起的那部分响应;零状态响应是仅由激励所引起的那部分响应。自由响应就是经典解法中的齐次解;受迫响应就是特解。当 $t\to\infty$ 时,响应中趋于零的那部分分量称为瞬态响应;$t\to\infty$ 时仍保留下来的那部分响应分量称为稳态响应。

对于线性时不变系统,当起始状态为零时,系统的零状态响应对于各激

励信号呈线性;当激励为零时,系统的零输入响应对于各起始状态呈线性;把激励信号与起始状态都视为系统的外施作用,则系统的完全响应对两种外施作用也呈线性。

4. 卷积积分及其性质

(1) 卷积积分的定义

$$f(t) = f_1(t) * f_2(t) = \int_{-\infty}^{\infty} f_1(\tau) f_2(t-\tau) \mathrm{d}\tau$$

(2) 卷积积分的性质

① 交换律:$f_1(t) * f_2(t) = f_2(t) * f_1(t)$

② 分配律:$f_1(t) * [f_2(t) + f_3(t)] = f_1(t) * f_2(t) + f_1(t) * f_3(t)$

③ 结合律:$[f_1(t) * f_2(t)] * f_3(t) = f_1(t) * [f_2(t) * f_3(t)]$

④ 函数卷积后的微分:

$$\frac{\mathrm{d}}{\mathrm{d}t}[f_1(t) * f_2(t)] = f_1(t) * \frac{\mathrm{d}f_2(t)}{\mathrm{d}t} = \frac{\mathrm{d}f_1(t)}{\mathrm{d}t} * f_2(t)$$

⑤ 函数卷积后的积分:

$$\int_{-\infty}^{t} [f_1(\tau) * f_2(\tau)] \mathrm{d}\tau = f_1(t) * \int_{-\infty}^{t} f_2(\tau) \mathrm{d}\tau = \int_{-\infty}^{t} f_1(\tau) \mathrm{d}\tau * f_2(t)$$

由④、⑤推得

$$\int_{-\infty}^{t} f_1(\tau) \mathrm{d}\tau * \frac{\mathrm{d}f_2(t)}{\mathrm{d}t} = \frac{\mathrm{d}f_1(t)}{\mathrm{d}t} * \int_{-\infty}^{t} f_2(\tau) \mathrm{d}\tau = f_1(t) * f_2(t)$$

⑥ 函数延时后的卷积:

若 $f_1(t) * f_2(t) = f(t)$,则

$$f_1(t-t_1) * f_2(t-t_2) = f_1(t-t_2) * f_1(t-t_1) = f(t-t_1-t_2)$$

⑦ 任意时间函数 $f(t)$ 与 $\delta(t)$ 的卷积:

$$f(t) * \delta(t) = f(t)$$

推论:
$$f(t) * \delta(t-t_0) = f(t-t_0)$$

$$f(t-t_1) * \delta(t-t_2) = f(t-t_2) * \delta(t-t_1) = f(t-t_1-t_2)$$

$$\delta(t-t_1) * \delta(t-t_2) = \delta(t-t_1-t_2)$$

⑧ 任意时间函数 $f(t)$ 与 $u(t)$ 的卷积:

$$f(t) * u(t) = \int_{-\infty}^{t} f(\tau) \mathrm{d}\tau$$

$$f(t) * u(t-t_0) = \int_{-\infty}^{t} f(\tau-t_0) \mathrm{d}\tau$$

即任意函数 $f(t)$ 与阶跃函数的卷积相当于信号 $f(t)$ 通过积分器的响应。

⑨ 任意时间函数 $f(t)$ 与 $\delta'(t)$ 的卷积：

$$f(t) * \delta'(t) = f'(t) * \delta(t) = f'(t)$$

即任意函数 $f(t)$ 与冲激偶的卷积相当于信号 $f(t)$ 通过微分器的响应。

推论：
$$f(t) * \delta^{(n)}(t) = f^{(n)}(t)$$
$$f(t) * \delta^{(n)}(t - t_0) = f^{(n)}(t - t_0)$$

2.2　释疑解惑

本章的难点，一是零输入响应、零状态响应与自由响应、受迫响应以及瞬态响应、稳态响应之间的关系，二是卷积积分的计算。

零输入响应和自由响应都满足齐次方程的解，但它们的系数完全不同。零输入响应的系数 c_i 仅由系统的起始状态 $r(0_-), r'(0_-), \cdots, r^{(n-1)}(0_-)$ 决定，而自由响应的系数 A_i 要同时依从于系统的起始状态和激励信号。因此，零输入响应是自由响应的一部分。零状态响应是系统在激励作用下所产生的那部分响应，受迫响应只是零状态响应的一部分。自由响应中除了零输入响应之外的那部分加上受迫响应就是零状态响应。

对稳定的因果系统而言，自由响应一定是瞬态响应，受迫响应与激励同形式，可能是瞬态响应，也可能是稳态响应；零输入响应一定是瞬态响应，零状态响应一定含瞬态响应，同时可能含稳态响应。

计算卷积积分一般有图解法、解析法及利用卷积性质三种方法。

图解法可分四步：反褶→平移→相乘→积分，其中最关键的就是确定积分的上、下限，通常要进行分段积分。由于对函数积分的实质就是计算函数表示的曲线下的面积，所以，用图解法常常可很方便地通过几何方法直接得到积分的结果。

解析法就是直接利用卷积积分的定义计算积分，其中最关键的也是确定积分的上、下限，通常都是利用阶跃信号的特点进行分段积分。

当进行卷积的两信号都是有始信号，并且其中一个信号经过微分都能变成冲激信号时，利用卷积的微分积分性质，同时考虑到 $f(t) * \delta(t - t_0) = f(t - t_0)$，常常可使卷积积分变得更加简便。

2.3　习题详解

2-1　对题图 2-1 所示电路图分别列写求电压 $v_o(t)$ 的微分方程表示。

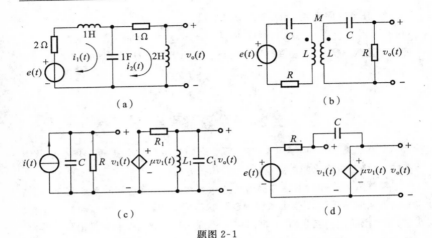

题图 2-1

解　(a) 由网孔法,有

$$\begin{cases} 2i_1(t)+\dfrac{\mathrm{d}i_1(t)}{\mathrm{d}t}+\displaystyle\int_{-\infty}^{t}[i_1(\tau)-i_2(\tau)]\mathrm{d}\tau=e(t) \\[3mm] \displaystyle\int_{-\infty}^{t}[i_1(\tau)-i_2(\tau)]\mathrm{d}\tau-i_2(t)-2\dfrac{\mathrm{d}i_2(t)}{\mathrm{d}t}=0 \end{cases}$$

用算子形式表示为

$$\begin{cases} \left(2+p+\dfrac{1}{p}\right)i_1(t)-\dfrac{1}{p}i_2(t)=e(t) \\[3mm] \dfrac{1}{p}i_1(t)-\left(2p+1+\dfrac{1}{p}\right)i_2(t)=0 \end{cases}$$

解算子方程得

$$i_2(t)=\begin{vmatrix} 2+p+\dfrac{1}{p} & e(t) \\[3mm] \dfrac{1}{p} & 0 \end{vmatrix}\Bigg/\begin{vmatrix} 2+p+\dfrac{1}{p} & -\dfrac{1}{p} \\[3mm] \dfrac{1}{p} & -\left(2p+1+\dfrac{1}{p}\right) \end{vmatrix}$$

$$=\frac{1}{2p^3+5p^2+5p+3}e(t)$$

又

$$v_o(t)=2\frac{\mathrm{d}i_2(t)}{\mathrm{d}t}=2pi_2(t)$$

由上式得

$$i_2(t)=\frac{1}{2p}v_o(t)$$

于是,有
$$\frac{1}{2p}v_o(t)=\frac{1}{2p^3+5p^2+5p+3}e(t)$$

即有算子方程
$$(2p^3+5p^2+5p+3)v_o(t)=2pe(t)$$

故得微分方程如下
$$2\frac{d^3v_o(t)}{dt^3}+5\frac{d^2v_o(t)}{dt^2}+5\frac{dv_o(t)}{dt}+3v_o(t)=2\frac{de(t)}{dt}$$

(b) 设左边网孔电流为 $i_1(t)$,右边网孔电流为 $i_2(t)$,方向均为顺时针方向,则由网孔法,有
$$\begin{cases} Ri_1(t)+L\dfrac{di_1(t)}{dt}+\dfrac{1}{C}\displaystyle\int_{-\infty}^{t}i_1(\tau)d\tau-M\dfrac{di_2(t)}{dt}=e(t) \\ \dfrac{1}{C}\displaystyle\int_{-\infty}^{t}i_2(\tau)d\tau+Ri_2(t)+L\dfrac{di_2(t)}{dt}-M\dfrac{di_1(t)}{dt}=0 \end{cases}$$

用算子形式表示为
$$\begin{cases} \left(R+Lp+\dfrac{1}{Cp}\right)i_1(t)-Mpi_2(t)=e(t) \\ -Mpi_1(t)+\left(R+Lp+\dfrac{1}{Cp}\right)i_2(t)=0 \end{cases}$$

解算子方程得
$$i_2(t)=\begin{vmatrix} R+Lp+\dfrac{1}{Cp} & e(t) \\ -Mp & 0 \end{vmatrix} \Bigg/ \begin{vmatrix} R+Lp+\dfrac{1}{Cp} & -Mp \\ -Mp & R+Lp+\dfrac{1}{Cp} \end{vmatrix}$$

$$=\frac{Mp^3}{(L^2-M^2)p^4+2RLp^3+(R^2+2L/C)p^2+(2R/C)p+1/C^2}e(t)$$

又
$$v_o(t)=Ri_2(t)$$

由上式得
$$i_2(t)=\frac{1}{R}v_o(t)$$

于是,有
$$[(L^2-M^2)p^4+2RLp^3+(R^2+2L/C)p^2+(2R/C)p+1/C^2]v_o(t)$$
$$=RMp^3e(t)$$

故得微分方程如下
$$(L^2-M^2)\frac{d^4v_o(t)}{dt^4}+2RL\frac{d^3v_o(t)}{dt^3}+(R^2+2L/C)\frac{d^2v_o(t)}{dt^2}$$
$$+2R/C\frac{dv_o(t)}{dt}+1/C^2v_o(t)=RM\frac{d^3e(t)}{dt^3}$$

(c) 由电路图可得

$$\begin{cases} i(t) = C\dfrac{\mathrm{d}v_1(t)}{\mathrm{d}t} + \dfrac{v_1(t)}{R} \\ v_o(t) + R_1\left[\dfrac{1}{L_1}\displaystyle\int_{-\infty}^{t} v_o(\tau)\mathrm{d}\tau + C_1\dfrac{\mathrm{d}v_o(t)}{\mathrm{d}t}\right] = \mu v_1(t) \end{cases}$$

用算子形式表示为

$$\begin{cases} i(t) = \left(Cp + \dfrac{1}{R}\right)v_1(t) \\ \left(1 + \dfrac{R_1}{L_1 p} + R_1 C_1 p\right)v_o(t) = \mu v_1(t) \end{cases}$$

解算子方程得

$$\left[CC_1 p^3 + \left(\dfrac{C_1}{R} + \dfrac{C}{R_1}\right)p^2 + \left(\dfrac{1}{RR_1} + \dfrac{C}{L_1}\right)p + \dfrac{1}{L_1 R}\right]v_o(t) = \dfrac{\mu}{R_1}pi(t)$$

故得微分方程如下

$$CC_1\dfrac{\mathrm{d}^3 v_o(t)}{\mathrm{d}t^3} + \left(\dfrac{C_1}{R} + \dfrac{C}{R_1}\right)\dfrac{\mathrm{d}^2 v_o(t)}{\mathrm{d}t^2} + \left(\dfrac{1}{RR_1} + \dfrac{C}{L_1}\right)\dfrac{\mathrm{d}v_o(t)}{\mathrm{d}t} + \dfrac{1}{L_1 R}v_o(t) = \dfrac{\mu}{R_1}\dfrac{\mathrm{d}i(t)}{\mathrm{d}t}$$

(d) 设流过 R 的电流为 $i(t)$，方向自左向右，则由电路图可得

$$\begin{cases} Ri(t) + v_1(t) = e(t) \\ Ri(t) + \dfrac{1}{C}\displaystyle\int_{-\infty}^{t} i(\tau)\mathrm{d}\tau + \mu v_1(t) = e(t) \\ v_o(t) = \mu v_1(t) \end{cases}$$

用算子形式表示为

$$\begin{cases} Ri(t) + v_1(t) = e(t) \\ \left(R + \dfrac{1}{Cp}\right)i(t) + \mu v_1(t) = e(t) \\ v_o(t) = \mu v_1(t) \end{cases}$$

化简得

$$\begin{cases} R\mu i(t) + v_o(t) = \mu e(t) \\ (RCp + 1)i(t) + Cpv_o(t) = Cpe(t) \end{cases}$$

解算子方程得

$$v_o(t) = \begin{vmatrix} R\mu & \mu e(t) \\ RCp+1 & Cpe(t) \end{vmatrix} \Bigg/ \begin{vmatrix} R\mu & 1 \\ RCp+1 & Cp \end{vmatrix} = \dfrac{\mu}{(1-\mu)RCp+1}e(t)$$

故得微分方程如下

$$(1-\mu)RC\dfrac{\mathrm{d}v_o(t)}{\mathrm{d}t} + v_o(t) = \mu e(t)$$

2-2　题图 2-2(a)所示为理想火箭推动器模型。火箭质量为 m_1，荷载舱质量为 m_2，两者中间用刚度系数为 k 的弹簧相连接。火箭和荷载舱各自受到摩擦力的作用，摩擦系数分别为 f_1 和 f_2。求火箭推进力 $e(t)$ 与荷载舱运动速度 $v_2(t)$ 之间的微分方程表示。

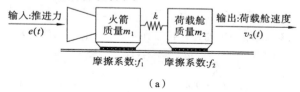

（a）

题图 2-2

解　设 m_1 的速度为 $v_1(t)$，m_1、m_2 的受力情况分别如题图 2-2(b)、(c)所示。

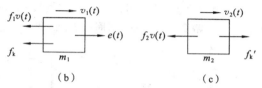

（b）　　　　　　　　（c）

续题图 2-2

由题可知 f_k 与 f_k' 大小相等，均为

$$k\int_{-\infty}^{t}\left[v_1(\tau)-v_2(\tau)\right]\mathrm{d}\tau$$

对 m_1 可建立如下方程

$$e(t)-f_1 v_1(t)-k\int_{-\infty}^{t}\left[v_1(\tau)-v_2(\tau)\right]\mathrm{d}\tau=m_1\frac{\mathrm{d}v_1(t)}{\mathrm{d}t} \qquad ①$$

对 m_2 可建立如下方程

$$k\int_{-\infty}^{t}\left[v_1(\tau)-v_2(\tau)\right]\mathrm{d}\tau-f_2 v_2(t)=m_2\frac{\mathrm{d}v_2(t)}{\mathrm{d}t} \qquad ②$$

①、②式用算子形式表示为

$$\begin{cases}\left(f_1+\dfrac{k}{p}+m_1 p\right)v_1(t)-\dfrac{k}{p}v_2(t)=e(t)\\[2mm]\dfrac{k}{p}v_1(t)-\left(f_2+\dfrac{k}{p}+m_2 p\right)v_2(t)=0\end{cases}$$

解算子方程，得

$$v_2(t) = \begin{vmatrix} f_1 + \dfrac{k}{p} + m_1 p & e(t) \\[3mm] \dfrac{k}{p} & 0 \end{vmatrix} \Bigg/ \begin{vmatrix} f_1 + \dfrac{k}{p} + m_1 p & -\dfrac{k}{p} \\[3mm] \dfrac{k}{p} & -\left(f_2 + \dfrac{k}{p} + m_2 p\right) \end{vmatrix}$$

$$= \frac{k}{m_1 m_2 p^3 + (f_1 m_2 + f_2 m_1) p^2 + (m_1 k + m_2 k + f_1 f_2) p + f_1 k + f_2 k} e(t)$$

由此可得火箭推进力 $e(t)$ 与荷载舱运动速度 $v_2(t)$ 之间的微分方程为

$$m_1 m_2 \frac{\mathrm{d}^3 v_2(t)}{\mathrm{d}t^3} + (f_1 m_2 + f_2 m_1) \frac{\mathrm{d}^2 v_2(t)}{\mathrm{d}t^2} + (m_1 k + m_2 k + f_1 f_2) \frac{\mathrm{d}v_2(t)}{\mathrm{d}t}$$

$$+ (f_1 k + f_2 k) v_2(t) = k e(t)$$

2-3　题图 2-3(a)是汽车底盘缓冲装置模型图,汽车底盘的高度 $z(t) = y(t) + y_0$,其中 y_0 是弹簧不受任何力时的位置。缓冲器等效为弹簧与减震器并联组成,刚度系数和阻尼系数分别为 k 和 f。由于路面的凹凸不平(表示为 $x(t)$ 的起伏)通过缓冲器间接作用到汽车底盘,使汽车震动减弱。求汽车底盘的位移量 $y(t)$ 和路面不平度 $x(t)$ 之间的微分方程。

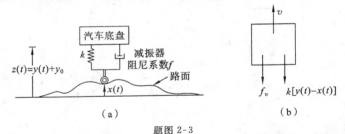

题图 2-3

解　设由于路面不平,汽车底盘的颠簸速度为 v,则汽车受力情况如题图 2-3(b)所示(平衡时的平衡力未考虑)。

由弹簧引起的力为 $-k[y(t) - x(t)]$,阻尼力为

$$-fv = -f\frac{\mathrm{d}[y(t) - x(t)]}{\mathrm{d}t}$$

其中负号表示力与速度方向相反。所以阻尼方程为

$$-k[y(t) - x(t)] - f\frac{\mathrm{d}[y(t) - x(t)]}{\mathrm{d}t} = m\frac{\mathrm{d}^2 y(t)}{\mathrm{d}t^2}$$

整理得

$$\frac{\mathrm{d}^2 y(t)}{\mathrm{d}t^2} + \frac{f}{m}\frac{\mathrm{d}y(t)}{\mathrm{d}t} + \frac{k}{m}y(t) = \frac{f}{m}\frac{\mathrm{d}x(t)}{\mathrm{d}t} + \frac{k}{m}x(t)$$

2-4　已知系统相应的齐次方程及其对应的 0_+ 状态条件,求系统的零输入响应。

(1)　$\dfrac{\mathrm{d}^2 r(t)}{\mathrm{d}t^2}+2\dfrac{\mathrm{d}r(t)}{\mathrm{d}t}+2r(t)=0$,给定:$r(0_+)=1,r'(0_+)=2$

(2)　$\dfrac{\mathrm{d}^2 r(t)}{\mathrm{d}t^2}+2\dfrac{\mathrm{d}r(t)}{\mathrm{d}t}+r(t)=0$,给定:$r(0_+)=1,r'(0_+)=2$

(3)　$\dfrac{\mathrm{d}^3 r(t)}{\mathrm{d}t^3}+2\dfrac{\mathrm{d}^2 r(t)}{\mathrm{d}t^2}+\dfrac{\mathrm{d}r(t)}{\mathrm{d}t}=0$,给定:$r(0_+)=r'(0_+)=0,r''(0_+)=1$

解　系统的零输入响应是指系统没有外加激励的作用,只有起始状态作用所产生的响应。零输入响应 $r_{zi}(t)$ 满足系统相应的齐次方程及起始状态 $r^{(k)}(0_-)(k=0,1,\cdots,n-1)$。由于没有外加激励作用,因而系统的状态不会发生变化,即 $r^{(k)}(0_+)=r^{(k)}(0_-)$。

(1)系统的特征方程为

$$\lambda^2+2\lambda+2=(\lambda+1)^2+1=0$$

特征根为　　　　　$\lambda_1=-1+j,\quad \lambda_2=-1-j$

系统的零输入响应为

$$r_{zi}(t)=\mathrm{e}^{-t}(c_1\mathrm{e}^{jt}+c_2\mathrm{e}^{-jt}),\quad t>0$$

代入初始条件求常数 c_1、c_2:

$$\begin{cases} r_{zi}(0)=c_1+c_2=r(0_+)=1 \\ r'_{zi}(0)=(j-1)c_1-(1+j)c_2=r'(0_+)=2 \end{cases} \Rightarrow \begin{cases} c_1=\dfrac{1}{2}-j\dfrac{3}{2} \\ c_2=\dfrac{1}{2}+j\dfrac{3}{2} \end{cases}$$

故系统的零输入响应为

$$r_{zi}(t)=\mathrm{e}^{-t}\left[\left(\dfrac{1}{2}-j\dfrac{3}{2}\right)\mathrm{e}^{jt}+\left(\dfrac{1}{2}+j\dfrac{3}{2}\right)\mathrm{e}^{-jt}\right]=\mathrm{e}^{-t}(\cos t+3\sin t),\quad t>0$$

(2)系统的特征方程为

$$\lambda^2+2\lambda+1=(\lambda+1)^2=0$$

特征根为　　　　　$\lambda_1=\lambda_2=-1$

系统的零输入响应为

$$r_{zi}(t)=\mathrm{e}^{-t}(c_1+c_2 t),\quad t>0$$

代入初始条件求常数 c_1、c_2:

$$\begin{cases} r_{zi}(0)=c_1=r(0_+)=1 \\ r'_{zi}(0)=-c_1+c_2=r'(0_+)=2 \end{cases} \Rightarrow \begin{cases} c_1=1 \\ c_2=3 \end{cases}$$

故系统的零输入响应为
$$r_{zi}(t)=e^{-t}(1+3t), \quad t>0$$

（3）系统的特征方程为
$$\lambda^3+2\lambda^2+\lambda=\lambda(\lambda+1)^2=0$$

特征根为
$$\lambda_1=\lambda_2=-1, \quad \lambda_3=0$$

系统的零输入响应为
$$r_{zi}(t)=(c_1+c_2t)e^{-t}+c_3, \quad t>0$$

代入初始条件求常数 c_1、c_2、c_3：
$$\begin{cases} r_{zi}(0)=c_1+c_3=r(0_+)=0 \\ r'_{zi}(0)=-c_1+c_2=r'(0_+)=0 \\ r''_{zi}(0)=c_1-2c_2=r''(0_+)=1 \end{cases} \Rightarrow \begin{cases} c_1=-1 \\ c_2=-1 \\ c_3=1 \end{cases}$$

故系统的零输入响应为
$$r_{zi}(t)=1-(1+t)e^{-t}, \quad t>0$$

2-5 给定系统微分方程、起始状态以及激励信号分别为以下两种情况：

（1）$\dfrac{dr(t)}{dt}+2r(t)=e(t)$, $r(0_-)=0$, $e(t)=u(t)$

（2）$\dfrac{dr(t)}{dt}+2r(t)=3\dfrac{de(t)}{dt}$, $r(0_-)=0$, $e(t)=u(t)$

试判断在起始点是否发生跳变，据此对（1）、（2）分别写出其 $r(0_+)$ 值。

解　（1）当系统已经用微分方程表示时，系统在起始点有没有跳变取决于微分方程右端自由项是否包含 $\delta(t)$ 及其各阶导数。如果包含有 $\delta(t)$ 及其各阶导数，说明起始点发生了跳变，即 $r^{(k)}(0_+)\neq r^{(k)}(0_-)(k=0,1,\cdots,n)$，这时为确定 $r^{(k)}(0_+)(k=0,1,\cdots,n)$，可用冲激函数匹配法。它的原理是根据 $t=0$ 时刻微分方程左右两端的 $\delta(t)$ 及其各阶导数应该平衡相等。

（1）方程为
$$\frac{dr(t)}{dt}+2r(t)=u(t)$$

方程右端不包含 $\delta(t)$ 及其各阶导数，所以在起始点没发生跳变，即 $r(0_+)=r(0_-)=0$。

（2）方程为
$$\frac{dr(t)}{dt}+2r(t)=3\delta(t)$$

可见方程右端包含 $\delta(t)$，故在起始点会发生跳变，即 $r(0_+)\neq r(0_-)$。用冲激函数匹配法求 $r(0_+)$，方程右端冲激函数项最高阶为 $\delta(t)$，故而可设

$$\begin{cases} \dfrac{\mathrm{d}r(t)}{\mathrm{d}t} = a\delta(t) + b\Delta u(t) \\ r(t) = a\Delta u(t) \end{cases} \quad (0_- < t < 0_+)$$

式中，$\Delta u(t)$ 表示 0_- 到 0_+ 相对单位跳变函数。代入方程中得

$$a\delta(t) + b\Delta u(t) + 2a\Delta u(t) = 3\delta(t)$$

根据 $t=0$ 时刻微分方程左右两端的 $\delta(t)$ 及其各阶导数应该平衡相等，有

$$\begin{cases} a = 3 \\ b + 2a = 0 \end{cases} \Rightarrow \begin{cases} a = 3 \\ b = -6 \end{cases}$$

于是
$$r(0_+) - r(0_-) = a$$

故
$$r(0_+) = r(0_-) + 3 = 3$$

2-6　给定系统微分方程

$$\frac{\mathrm{d}^2 r(t)}{\mathrm{d}t^2} + 3\frac{\mathrm{d}r(t)}{\mathrm{d}t} + 2r(t) = \frac{\mathrm{d}e(t)}{\mathrm{d}t} + 3e(t)$$

若激励信号和起始状态为 $e(t) = u(t)$，$r(0_-) = 1$，$r'(0_-) = 2$。试求它的完全响应，并指出其零输入响应、零状态响应、自由响应、强迫响应各分量。

解　系统的特征方程为　$\lambda^2 + 3\lambda + 2 = (\lambda + 2)(\lambda + 1) = 0$

特征根为　　　　　　$\lambda_1 = -2$，　$\lambda_2 = -1$

系统的零输入响应为

$$r_{zi}(t) = c_1 \mathrm{e}^{-2t} + c_2 \mathrm{e}^{-t}, \quad t > 0$$

没有外加激励时　　　$r(0_+) = r(0_-)$，　　$r'(0_+) = r'(0_-)$

故 c_1、c_2 由 $r(0_-)$、$r'(0_-)$ 决定。

$$\begin{cases} r_{zi}(0) = c_1 + c_2 = r(0_-) = 1 \\ r'_{zi}(0) = -2c_1 - c_2 = r'(0_-) = 2 \end{cases} \Rightarrow \begin{cases} c_1 = -3 \\ c_2 = 4 \end{cases}$$

故零输入响应为　　　$r_{zi}(t) = 4\mathrm{e}^{-t} - 3\mathrm{e}^{-2t}$，　$t > 0$

为求零状态响应，先求系统的冲激响应 $h(t)$。

由于系统的转移算子为

$$H(p) = \frac{p+3}{(p+1)(p+2)} = \frac{2}{p+1} - \frac{1}{p+2}$$

因此　　　　　　　　$h(t) = (2\mathrm{e}^{-t} - \mathrm{e}^{-2t})u(t)$

系统的零状态响应

$$r_{zs}(t) = h(t) * e(t) = (2\mathrm{e}^{-t} - \mathrm{e}^{-2t})u(t) * u(t)$$

$$= \int_{0_+}^{t} (2\mathrm{e}^{-\tau} - \mathrm{e}^{-2\tau})\mathrm{d}\tau = \left(\frac{3}{2} - 2\mathrm{e}^{-t} + \frac{1}{2}\mathrm{e}^{-2t}\right)u(t)$$

系统全响应为

$$r(t) = r_{zi}(t) + r_{zs}(t) = \left(\frac{3}{2} + 2e^{-t} - \frac{5}{2}e^{-2t} \right) u(t)$$

其中，零输入响应为 $(4e^{-t} - 3e^{-2t})u(t)$；零状态响应为 $\left(\frac{3}{2} - 2e^{-t} + \frac{1}{2}e^{-2t} \right) u(t)$；

自由响应为 $\left(2e^{-t} - \frac{5}{2}e^{-2t} \right) u(t)$；强迫响应为 $\frac{3}{2}u(t)$。

2-7　电路如题图 2-7 所示，$t = 0$ 以前开关位于"1"，已进入稳态，$t = 0$ 时刻，S_1 与 S_2 同时由"1"转至"2"，求输出电压 $v_o(t)$ 的完全响应，并指出其零输入、零状态、自由、强迫各响应分量（E 和 I_S 各为常量）。

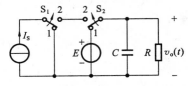

题图 2-7

解　此类题目应先根据换路前的状态确定系统的初始条件，由换路后的状态得到系统方程，再分别求零输入响应和零状态响应。零输入响应是系统自由响应的一部分，而零状态响应则由自由响应分量的另一部分和系统方程的特解组成。

（1）求初始条件 $v_o(0_+)$

由 $t < 0$ 时的电路可知

$$v_o(0_-) = v_C(0_-) = E$$

又由换路定则 $v_C(0_+) = v_C(0_-)$ 即 $t > 0$ 的电路可得

$$v_o(0_+) = v_C(0_+) = E$$

（2）求零输入响应 $v_{ozi}(t)$

由 $t > 0$ 的电路可得系统方程

$$C\frac{dv_o(t)}{dt} + \frac{1}{R}v_o(t) = e(t), \quad e(t) = I_S u(t)$$

该系统的特征方程为

$$C\lambda + \frac{1}{R} = 0$$

特征根为

$$\lambda = -\frac{1}{RC}$$

则

$$v_{ozi}(t) = ce^{\lambda t} = v_o(0_+)e^{\lambda t} = Ee^{-\frac{1}{RC}t}, \quad t > 0$$

（3）求零状态响应 $v_{\mathrm{ozs}}(t)$

由于系统的转移算子为

$$H(p)=\frac{1}{Cp+1/R}=\frac{1/C}{p+1/RC}$$

因此

$$h(t)=\frac{1}{C}\mathrm{e}^{-\frac{1}{RC}t}u(t)$$

系统的零状态响应

$$v_{\mathrm{ozs}}(t)=h(t)*e(t)=\frac{1}{C}\mathrm{e}^{-\frac{1}{RC}t}u(t)*I_{\mathrm{S}}u(t)$$

$$=\frac{I_{\mathrm{S}}}{C}\int_{0_{+}}^{t}\mathrm{e}^{-\frac{1}{RC}\tau}\mathrm{d}\tau=RI_{\mathrm{S}}(1-\mathrm{e}^{-\frac{1}{RC}t})u(t)$$

系统全响应为 $v_{\mathrm{o}}(t)=v_{\mathrm{ozi}}(t)+v_{\mathrm{ozs}}(t)=(E-RI_{\mathrm{S}})\mathrm{e}^{-\frac{1}{RC}t}u(t)+RI_{\mathrm{S}}u(t)$

其中，零输入响应为 $E\mathrm{e}^{-\frac{1}{RC}t}u(t)$；零状态响应为 $RI_{\mathrm{S}}(1-\mathrm{e}^{-\frac{1}{RC}t})u(t)$；自由响应为 $(E-RI_{\mathrm{S}})\mathrm{e}^{-\frac{1}{RC}t}u(t)$；强迫响应为 $RI_{\mathrm{S}}u(t)$。

2-8 题图 2-8 所示电路，$t<0$ 时，开关位于"1"且已达到稳态，$t=0$ 时刻，开关自"1"转至"2"。

（1）试从物理概念判断 $i(0_{-})$，$i'(0_{-})$ 和 $i(0_{+})$，$i'(0_{+})$；

（2）写出 $t\geqslant 0_{+}$ 时间内描述系统的微分方程表示，求 $i(t)$ 的完全响应。

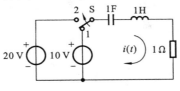

题图 2-8

解 （1）$t<0$ 时，由于电路在直流电压的作用下已达稳态，说明电路中电感处于短路状态，电容处于开路状态，故有

$$i(0_{-})=i_{\mathrm{C}}(0_{-})=0,\quad v_{\mathrm{L}}(0_{-})=0,\quad v_{\mathrm{C}}(0_{-})=10\ \mathrm{V}$$

又因为 $v_{\mathrm{L}}(t)=Li'(t)=i'(t)$，所以

$$i'(0_{-})=0$$

$t=0_{+}$ 瞬间，由 KVL 有

$$v_{\mathrm{C}}(0_{+})+v_{\mathrm{L}}(0_{+})+i(0_{+})=20$$

在换路瞬间，电路中没有冲激激励，系统遵循能量守恒原则，因此电容两端的

电压和电感中的电流都不会突变,即

$$v_C(0_+) = v_C(0_-) = 10, \quad i_L(0_+) = i_L(0_-) = i(0_-) = 0$$

故
$$i(0_+) = i_L(0_+) = 0$$

由以上各项可知 $10 + i'(0_+) = 20$,故

$$i'(0_+) = 10, \quad 即 \quad i(0_-) = 0, i'(0_-) = 0, i(0_+) = 0, i'(0_+) = 10$$

(2) 由电路可得换路后的系统方程为

$$\frac{1}{C}\int_0^t i(\tau)\mathrm{d}\tau + L\frac{\mathrm{d}i(t)}{\mathrm{d}t} + Ri(t) = e(t), \quad e(t) = 20u(t)$$

方程两边微分并代入参数,得

$$\frac{\mathrm{d}^2 i(t)}{\mathrm{d}t^2} + \frac{\mathrm{d}i(t)}{\mathrm{d}t} + i(t) = 20\delta(t)$$

由于 $t \geqslant 0_+$ 时,$\delta(t) = 0$,所以 $t \geqslant 0_+$ 时,描述系统的微分方程为

$$\frac{\mathrm{d}^2 i(t)}{\mathrm{d}t^2} + \frac{\mathrm{d}i(t)}{\mathrm{d}t} + i(t) = 0$$

这是一个齐次微分方程,其特征根为

$$\lambda_1 = -\frac{1}{2} + \mathrm{j}\frac{\sqrt{3}}{2}, \quad \lambda_2 = -\frac{1}{2} - \mathrm{j}\frac{\sqrt{3}}{2}$$

系统只有零输入响应,且

$$i_{zi}(t) = c_1 e^{\lambda_1 t} + c_2 e^{\lambda_2 t} = c_1 e^{\left(-\frac{1}{2} + \mathrm{j}\frac{\sqrt{3}}{2}\right)t} + c_2 e^{\left(-\frac{1}{2} - \mathrm{j}\frac{\sqrt{3}}{2}\right)t}, \quad t > 0$$

利用 $i(0_+) = 0, i'(0_+) = 10$,可求得 $c_1 = -\mathrm{j}\frac{10}{\sqrt{3}}, c_2 = \mathrm{j}\frac{10}{\sqrt{3}}$,故 $i(t)$ 的完全响

应为

$$i(t) = i_{zi}(t) = \left[-\mathrm{j}\frac{10}{\sqrt{3}} e^{\left(-\frac{1}{2} + \mathrm{j}\frac{\sqrt{3}}{2}\right)t} + \mathrm{j}\frac{10}{\sqrt{3}} e^{\left(-\frac{1}{2} - \mathrm{j}\frac{\sqrt{3}}{2}\right)t}\right] u(t)$$

$$= \frac{20}{\sqrt{3}} e^{-\frac{1}{2}t} \sin\left(\frac{\sqrt{3}}{2}t\right) u(t)$$

2-9 求下列微分方程描述的系统冲激响应 $h(t)$ 和阶跃响应 $g(t)$。

(1) $\dfrac{\mathrm{d}r(t)}{\mathrm{d}t} + 3r(t) = 2\dfrac{\mathrm{d}e(t)}{\mathrm{d}t}$

(2) $\dfrac{\mathrm{d}^2 r(t)}{\mathrm{d}t^2} + \dfrac{\mathrm{d}r(t)}{\mathrm{d}t} + r(t) = \dfrac{\mathrm{d}e(t)}{\mathrm{d}t} + e(t)$

(3) $\dfrac{\mathrm{d}r(t)}{\mathrm{d}t} + 2r(t) = \dfrac{\mathrm{d}^2 e(t)}{\mathrm{d}t^2} + 3\dfrac{\mathrm{d}e(t)}{\mathrm{d}t} + 3e(t)$

解 (1) 系统的冲激响应 $h(t)$ 满足

$$\frac{\mathrm{d}h(t)}{\mathrm{d}t} + 3h(t) = 2\delta'(t)$$

它的齐次解为　　　　　　$h(t) = A\mathrm{e}^{-3t}$，　$t \geqslant 0_+$

由冲激匹配法求 $h(0_+)$。由于方程右端自由项 $\delta(t)$ 的最高阶导数为 $\delta'(t)$，
故可设

$$\begin{cases} h'(t) = a\delta'(t) + b\delta(t) + c\Delta u(t) \\ h(t) = a\delta(t) + b\Delta u(t) \end{cases} \quad (0_- < t < 0_+)$$

代入方程

$$[a\delta'(t) + b\delta(t) + c\Delta u(t)] + 3[a\delta(t) + b\Delta u(t)] = 2\delta'(t)$$

得　　　　$\begin{cases} a = 2 \\ b + 3a = 0 \\ c + 3b = 0 \end{cases} \Rightarrow \begin{cases} a = 2 \\ b = -6 \\ c = -18 \end{cases}$

$$h(0_+) = h(0_-) + b = -6$$

将 $h(0_+)$ 代入齐次解中解得

$$A = -6$$

考虑到 $a = 2$，即 $h(t)$ 中有一项 $a\delta(t)$，因而可得出要求的冲激响应为

$$h(t) = 2\delta(t) - 6\mathrm{e}^{-3t}u(t)$$

阶跃响应为

$$g(t) = \int_0^t h(\tau)\,\mathrm{d}\tau = \int_0^t [2\delta(\tau) - 6\mathrm{e}^{-3\tau}]\,\mathrm{d}\tau = 2\mathrm{e}^{-3t}u(t)$$

　(2) 系统的冲激响应 $h(t)$ 满足

$$\frac{\mathrm{d}^2 h(t)}{\mathrm{d}t^2} + \frac{\mathrm{d}h(t)}{\mathrm{d}t} + h(t) = \frac{\mathrm{d}\delta(t)}{\mathrm{d}t} + \delta(t)$$

它的齐次解为　　$h(t) = A\mathrm{e}^{\left(-\frac{1}{2} + j\frac{\sqrt{3}}{2}\right)t} + B\mathrm{e}^{\left(-\frac{1}{2} - j\frac{\sqrt{3}}{2}\right)t}$，　$t \geqslant 0_+$

由冲激匹配法求 $h(0_+)$，$h'(0_+)$，可设

$$\begin{cases} h''(t) = a\delta'(t) + b\delta(t) + c\Delta u(t) \\ h'(t) = a\delta(t) + b\Delta u(t) \quad\quad (0_- < t < 0_+) \\ h(t) = a\Delta u(t) \end{cases}$$

代入方程

$$[a\delta'(t) + b\delta(t) + c\Delta u(t)] + [a\delta(t) + b\Delta u(t)] + a\Delta u(t) = \delta'(t) + \delta(t)$$

得

$$\begin{cases} a=1 \\ b+a=1 \\ c+b+a=0 \end{cases} \Rightarrow \begin{cases} a=1 \\ b=0 \\ c=-1 \end{cases}$$

$$\begin{cases} h(0_+)=h(0_-)+a=1 \\ h'(0_+)=h'(0_-)+b=0 \end{cases}$$

将 $h(0_+),h'(0_+)$ 代入齐次解中解得

$$A=\frac{1}{2}-\mathrm{j}\frac{\sqrt{3}}{6}, \quad B=\frac{1}{2}+\mathrm{j}\frac{\sqrt{3}}{6}$$

由于 $h(t)$ 中不含 $\delta(t)$,因而要求的冲激响应为

$$h(t)=\left(\frac{1}{2}-\mathrm{j}\frac{\sqrt{3}}{6}\right)\mathrm{e}^{\left(-\frac{1}{2}+\mathrm{j}\frac{\sqrt{3}}{2}\right)t}+\left(\frac{1}{2}+\mathrm{j}\frac{\sqrt{3}}{6}\right)\mathrm{e}^{\left(-\frac{1}{2}-\mathrm{j}\frac{\sqrt{3}}{2}\right)t}$$

$$=\mathrm{e}^{-\frac{1}{2}t}\left(\cos\frac{\sqrt{3}}{2}t+\frac{\sqrt{3}}{3}\sin\frac{\sqrt{3}}{2}t\right)u(t)$$

阶跃响应为

$$g(t)=\int_0^t h(\tau)\mathrm{d}\tau=\left[1-\mathrm{e}^{-\frac{1}{2}t}\left(\cos\frac{\sqrt{3}}{2}t-\frac{\sqrt{3}}{3}\sin\frac{\sqrt{3}}{2}t\right)\right]u(t)$$

（3）系统的冲激响应 $h(t)$ 满足

$$\frac{\mathrm{d}h(t)}{\mathrm{d}t}+2h(t)=\frac{\mathrm{d}^2\delta(t)}{\mathrm{d}t^2}+3\frac{\mathrm{d}\delta(t)}{\mathrm{d}t}+3\delta(t)$$

它的齐次解为　　　　　　　　　　$h(t)=A\mathrm{e}^{-2t}, \quad t\geqslant 0_+$

由冲激匹配法求 $h(0_+),h'(0_+)$,由于方程右端自由项 $\delta(t)$ 的最高阶导数为 $\delta''(t)$,故可设

$$\begin{cases} h'(t)=a\delta''(t)+b\delta'(t)+c\delta(t)+d\Delta u(t) \\ h(t)=a\delta'(t)+b\delta(t)+c\Delta u(t) \end{cases} \quad (0_-<t<0_+)$$

代入方程

$$[a\delta''(t)+b\delta'(t)+c\delta(t)+d\Delta u(t)]+2[a\delta'(t)+b\delta(t)+c\Delta u(t)]$$
$$=\delta''(t)+3\delta'(t)+3\delta(t)$$

得　　　　　　　$$\begin{cases} a=1 \\ b+2a=3 \\ c+2b=3 \\ d+2c=0 \end{cases} \Rightarrow \begin{cases} a=1 \\ b=1 \\ c=1 \\ d=-2 \end{cases}$$

$$\begin{cases} h(0_+)=h(0_-)+c=1 \\ h'(0_+)=h'(0_-)+d=-2 \end{cases}$$

将 $h(0_+)$ 代入齐次解中解得

$$A = 1$$

由于 $h(t)$ 中含有 $a\delta'(t) + b\delta(t)$，因而要求的冲激响应为

$$h(t) = \delta(t) + \delta'(t) + e^{-2t}u(t)$$

阶跃响应为　　$g(t) = \int_0^t h(\tau)\mathrm{d}\tau = \left(\frac{3}{2} - \frac{1}{2}e^{-2t}\right)u(t) + \delta(t)$

2-10　一因果性的 LTI 系统，其输入、输出用下列微分-积分方程表示：

$$\frac{\mathrm{d}r(t)}{\mathrm{d}t} + 5r(t) = \int_{-\infty}^{\infty} e(\tau)f(t-\tau)\mathrm{d}\tau - e(t)$$

其中 $f(t) = e^{-t}u(t) + 3\delta(t)$，求该系统的单位冲激响应 $h(t)$。

解　系统的冲激响应 $h(t)$ 满足

$$\frac{\mathrm{d}h(t)}{\mathrm{d}t} + 5h(t) = \int_{-\infty}^{\infty} \delta(\tau)f(t-\tau)\mathrm{d}\tau - \delta(t)$$

因为

$$\int_{-\infty}^{\infty} \delta(\tau)f(t-\tau)\mathrm{d}\tau = f(t)$$

所以上述方程为

$$\frac{\mathrm{d}h(t)}{\mathrm{d}t} + 5h(t) = e^{-t}u(t) + 2\delta(t)$$

它的齐次解为　　　　　　$h(t) = Ae^{-5t}, \quad t \geqslant 0_+$

设 $h_1(t)$ 满足　　　　　$\dfrac{\mathrm{d}h_1(t)}{\mathrm{d}t} + 5h_1(t) = \delta(t)$ 　　　　　①

$h_2(t)$ 满足　　　　　　$\dfrac{\mathrm{d}h_2(t)}{\mathrm{d}t} + 5h_2(t) = e^{-t}u(t)$ 　　　　　②

则要求的冲激响应　　　　$h(t) = 2h_1(t) + h_2(t)$

先求 $h_1(t)$：由方程①和冲激匹配法可得

$$h_1(t) = e^{-5t}u(t)$$

再求 $h_2(t)$：$h_2(t) =$ 对应齐次方程的通解＋特解，即

$$h_2(t) = Ae^{-5t} + Be^{-t}, \quad t \geqslant 0_+$$

将特解代入方程②，得 $B = \dfrac{1}{4}$，所以

$$h_2(t) = Ae^{-5t} + \frac{1}{4}e^{-t}, \quad t \geqslant 0_+$$

又由方程②可知 $h_2'(t)$ 不含 $\delta(t)$ 项，说明 $h_2(t)$ 在 $t = 0$ 处连续，所以

$$h_2(0_+) = h_2(0_-) = 0$$

由此可得 $\qquad\qquad A + \dfrac{1}{4} = 0 \Rightarrow A = -\dfrac{1}{4}$

$$h_2(t) = -\frac{1}{4}e^{-5t} + \frac{1}{4}e^{-t}, \quad t \geqslant 0_+$$

故 $\qquad\qquad h(t) = 2h_1(t) + h_2(t) = \dfrac{1}{4}(e^{-t} + 7e^{-5t})u(t)$

2-11 设系统的微分方程表示为

$$\frac{d^2 r(t)}{dt^2} + 5\frac{dr(t)}{dt} + 6r(t) = e^{-t}u(t)$$

求使完全响应为 $r(t) = Ce^{-t}u(t)$ 时系统的起始状态 $r(0_-)$ 和 $r'(0_-)$，并确定常数 C 值。

解　系统方程为

$$\frac{d^2 r(t)}{dt^2} + 5\frac{dr(t)}{dt} + 6r(t) = e(t), \quad e(t) = e^{-t}u(t)$$

系统的转移算子为

$$H(p) = \frac{1}{p^2 + 5p + 6} = \frac{1}{p+2} - \frac{1}{p+3}$$

则系统的冲激响应为

$$h(t) = (e^{-2t} - e^{-3t})u(t)$$

系统的零状态响应为

$$r_{zs}(t) = h(t) * e(t) = (e^{-2t} - e^{-3t})u(t) * e^{-t}u(t)$$

$$= \int_{0_+}^{t} (e^{-2\tau} - e^{-3\tau})e^{-(t-\tau)}\,d\tau = e^{-t}\int_{0_+}^{t} (e^{-\tau} - e^{-2\tau})\,d\tau$$

$$= \left(\frac{1}{2}e^{-t} - e^{-2t} + \frac{1}{2}e^{-3t}\right)u(t)$$

又由系统方程知，系统的特征根为 $\lambda_1 = -2, \lambda_2 = -3$，于是系统的零输入响应为

$$r_{zi}(t) = (Ae^{-2t} - Be^{-3t})u(t)$$

系统的全响应 $\qquad\qquad r(t) = r_{zi}(t) + r_{zs}(t)$

即 $\quad Ce^{-t}u(t) = (Ae^{-2t} - Be^{-3t})u(t) + \left(\dfrac{1}{2}e^{-t} - e^{-2t} + \dfrac{1}{2}e^{-3t}\right)u(t)$

比较系数可得

$$A = 1, \quad B = \frac{1}{2}, \quad C = \frac{1}{2}$$

由
$$r_{zi}(t)=\left(e^{-2t}-\frac{1}{2}e^{-3t}\right)u(t)$$

可得
$$r(0_-)=r_{zi}(0_+)=\frac{1}{2},\quad r'(0_-)=r'_{zi}(0_+)=-\frac{1}{2}$$

2-12 有一系统对激励为 $e_1(t)=u(t)$ 时的完全响应为 $r_1(t)=2e^{-t}u(t)$，对激励为 $e_2(t)=\delta(t)$ 时的完全响应为 $r_2(t)=\delta(t)$。

(1) 求该系统的零输入响应 $r_{zi}(t)$；

(2) 系统的起始状态保持不变，求其对于激励为 $e_3(t)=e^{-t}u(t)$ 的完全响应 $r_3(t)$。

解 (1) 设系统在相同起始状态下的零输入响应为 $r_{zi}(t)$，在 $e_1(t)$ 和 $e_2(t)$ 激励下的零状态响应分别为 $r_{zs1}(t)$ 和 $r_{zs2}(t)$，则有

$$\begin{cases} r_1(t)=r_{zi}(t)+r_{zs1}(t)=2e^{-t}u(t) & ① \\ r_2(t)=r_{zi}(t)+r_{zs2}(t)=\delta(t) & ② \end{cases}$$

因为 $e_2(t)=\dfrac{de_1(t)}{dt}$，所以

$$r_{zs2}(t)=\frac{dr_{zs1}(t)}{dt} \qquad ③$$

由式①、②、③，得

$$\frac{dr_{zs1}(t)}{dt}-r_{zs1}(t)=\delta(t)-2e^{-t}u(t)$$

及
$$\frac{dr_{zi}(t)}{dt}-r_{zs1}(t)=\delta(t)-2e^{-t}u(t)$$

可见 $r_{zi}(t)=r_{zs1}(t)$，代入式①可得

$$r_{zi}(t)=e^{-t}u(t)$$

(2) 据题意可知 $r_2(t)=r_{zi}(t)+h(t)*\delta(t)=r_{zi}(t)+h(t)$

故可得
$$h(t)=r_2(t)-r_{zi}(t)=\delta(t)-e^{-t}u(t)$$

则在激励 $e_3(t)=e^{-t}u(t)$ 作用下的零状态响应 $r_{zs3}(t)$ 为

$$r_{zs3}(t)=h(t)*e_3(t)=[\delta(t)-e^{-t}u(t)]*e^{-t}u(t)$$
$$=e^{-t}u(t)-te^{-t}u(t)$$

全响应
$$r_3(t)=r_{zi}(t)+r_{zs3}(t)=(2-t)e^{-t}u(t)$$

2-13 求下列各函数 $f_1(t)$ 与 $f_2(t)$ 的卷积 $f_1(t)*f_2(t)$。

(1) $f_1(t)=u(t)$，$f_2(t)=e^{-\alpha t}u(t)$

(2) $f_1(t)=\delta(t)$，$f_2(t)=\cos(\omega t+45°)$

(3) $f_1(t) = (1+t)[u(t) - u(t-1)]$, $f_2(t) = u(t-1) - u(t-2)$

(4) $f_1(t) = \cos(\omega t)$, $f_2(t) = \delta(t+1) - \delta(t-1)$

(5) $f_1(t) = e^{-\alpha t}u(t)$, $f_2(t) = (\sin t)u(t)$

解 (1) $f_1(t) * f_2(t) = \int_{-\infty}^{\infty} u(\tau)e^{-\alpha(t-\tau)}u(t-\tau)d\tau = e^{-\alpha t}\int_0^t e^{\alpha\tau}d\tau$

$$= \frac{1}{\alpha}(1 - e^{-\alpha t})u(t)$$

(2) $f_1(t) * f_2(t) = \delta(t) * f_2(t) = f_2(t) = \cos(\omega t + 45°)$

(3) $f_1(t) * f_2(t)$

$$= \int_{-\infty}^{\infty} (1+\tau)[u(\tau) - u(\tau-1)][u(t-\tau-1) - u(t-\tau-2)]d\tau$$

$$= \int_0^{t-1} (1+\tau)d\tau - \int_0^{t-2} (1+\tau)d\tau - \int_1^{t-1} (1+\tau)d\tau + \int_1^{t-2} (1+\tau)d\tau$$

$$= \left[(t-1) + \frac{1}{2}(t-1)^2\right]u(t-1) - \left[(t-2) + \frac{1}{2}(t-2)^2\right]u(t-2)$$

$$- \left[(t-1) + \frac{1}{2}(t-1)^2 - \frac{3}{2}\right]u(t-2)$$

$$+ \left[(t-2) + \frac{1}{2}(t-2)^2 - \frac{3}{2}\right]u(t-3)$$

$$= \left(\frac{1}{2}t^2 - \frac{1}{2}\right)u(t-1) + (-t^2 + t + 2)u(t-2)$$

$$+ \left(\frac{1}{2}t^2 - t - \frac{3}{2}\right)u(t-3)$$

(4) $f_1(t) * f_2(t) = \cos(\omega t) * [\delta(t+1) - \delta(t-1)]$

$$= \cos[\omega(t+1)] - \cos[\omega(t-1)]$$

(5) 因为 $f_1(t) * f_2(t) = e^{-\alpha t}u(t) * (\sin t)u(t) = \int_0^t (\sin\tau)e^{-\alpha(t-\tau)}d\tau$

$$= e^{-\alpha t}\int_0^t (\sin\tau)e^{\alpha\tau}d\tau$$

$$\int_0^t (\sin\tau)e^{\alpha\tau}d\tau = \frac{1}{\alpha}\left[(\sin t)e^{\alpha t} - \int_0^t (\cos\tau)e^{\alpha\tau}d\tau\right]$$

$$= \left[\frac{1}{\alpha}(\sin t)e^{\alpha t} - \frac{1}{\alpha^2}(\cos t)e^{\alpha t} + \frac{1}{\alpha^2}\right]u(t) - \frac{1}{\alpha^2}\int_0^t (\sin\tau)e^{\alpha\tau}d\tau$$

$$\int_0^t (\sin\tau)e^{\alpha\tau}d\tau = \frac{e^{\alpha t}(\alpha\sin t - \cos t) + 1}{1 + \alpha^2}u(t)$$

所以 $$f_1(t) * f_2(t) = \frac{\alpha\sin t - \cos t + e^{-\alpha t}}{1 + \alpha^2}u(t)$$

2-14 求下列两组卷积,并注意相互间的区别。

(1) $f(t) = u(t) - u(t-1)$,求 $s(t) = f(t) * f(t)$。

(2) $f(t) = u(t-1) - u(t-2)$,求 $s(t) = f(t) * f(t)$。

解 利用卷积性质: $s(t) = f(t) * f(t) = \int_{-\infty}^{t} f(\tau) d\tau * \dfrac{df(t)}{dt}$

(1) 令 $f_1(t) = u(t) - u(t-1)$,$\dfrac{df_1(t)}{dt} = \delta(t) - \delta(t-1)$,则

$$\int_{-\infty}^{t} f_1(\tau) d\tau = t[u(t) - u(t-1)] + u(t-1) = tu(t) - (t-1)u(t-1)$$

$$\begin{aligned} s_1(t) &= f_1(t) * f_1(t) = [tu(t) - (t-1)u(t-1)] * [\delta(t) - \delta(t-1)] \\ &= tu(t) - (t-1)u(t-1) - [(t-1)u(t-1) - (t-2)u(t-2)] \\ &= tu(t) - 2(t-1)u(t-1) + (t-2)u(t-2) \\ &= t[u(t) - u(t-1)] - (t-2)[u(t-1) - u(t-2)] \end{aligned}$$

(2) 令 $f_2(t) = u(t-1) - u(t-2) = f_1(t-1)$,则

$$\begin{aligned} s_2(t) &= f_2(t) * f_2(t) = f_1(t-1) * f_1(t-1) = s_1(t-2) \\ &= (t-2)[u(t-2) - u(t-3)] - (t-4)[u(t-3) - u(t-4)] \end{aligned}$$

2-15 已知 $f_1(t) = u(t+1) - u(t-1)$,$f_2(t) = \delta(t+5) + \delta(t-5)$,$f_3(t)$
$= \delta\left(t + \dfrac{1}{2}\right) + \delta\left(t - \dfrac{1}{2}\right)$,画出下列各卷积的波形。

(1) $s_1(t) = f_1(t) * f_2(t)$

(2) $s_2(t) = f_1(t) * f_2(t) * f_2(t)$

(3) $s_3(t) = \{[f_1(t) * f_2(t)][u(t+5) - u(t-5)]\} * f_2(t)$

(4) $s_4(t) = f_1(t) * f_3(t)$

解 (1) $s_1(t) = f_1(t) * f_2(t) = [u(t+1) - u(t-1)] * [\delta(t+5) + \delta(t-5)]$
$\qquad = u(t+6) - u(t+4) + u(t-4) - u(t-6)$

(2) $s_2(t) = f_1(t) * f_2(t) * f_2(t) = s_1(t) * f_2(t)$
$\qquad = [u(t+6) - u(t+4) + u(t-4) - u(t-6)] * [\delta(t+5) + \delta(t-5)]$
$\qquad = u(t+11) - u(t+9) + u(t+1) - u(t-1) + u(t+1)$
$\qquad \quad - u(t-1) + u(t-9) - u(t-11)$
$\qquad = u(t+11) - u(t+9) + 2[u(t+1) - u(t-1)]$
$\qquad \quad + u(t-9) - u(t-11)$

(3) $s_3(t) = \{[f_1(t) * f_2(t)][u(t+5) - u(t-5)]\} * f_2(t)$
$\qquad = s_1(t)[u(t+5) - u(t-5)] * [\delta(t+5) + \delta(t-5)]$

$$= [u(t+5)-u(t+4)+u(t-4)-u(t-5)] * [\delta(t+5)$$
$$+\delta(t-5)]$$
$$= u(t+10)-u(t+9)+u(t+1)-u(t)+u(t)-u(t-1)$$
$$+u(t-9)-u(t-10)$$
$$= u(t+10)-u(t+9)+u(t+1)-u(t-1)+u(t-9)-u(t-10)$$

(4) $s_4(t)=f_1(t)*f_3(t)$

$$= [u(t+1)-u(t-1)] * \left[\delta\left(t+\frac{1}{2}\right)+\delta\left(t-\frac{1}{2}\right)\right]$$
$$= u\left(t+\frac{3}{2}\right)+u\left(t+\frac{1}{2}\right)-u\left(t-\frac{1}{2}\right)-u\left(t-\frac{3}{2}\right)$$

$s_1(t) \sim s_4(t)$ 各波形分别如题图 2-15(a)、(b)、(c)、(d)所示。

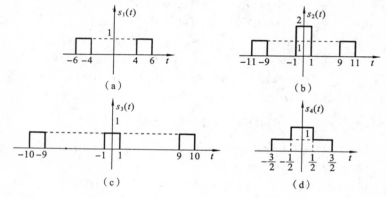

题图 2-15

2-16　设 $r(t)=\mathrm{e}^{-t}u(t) * \sum\limits_{k=-\infty}^{\infty}\delta(t-3k)$，证明 $r(t)=A\mathrm{e}^{-t}, 0 \leqslant t \leqslant 3$，并求出 A 值。

证明　$r(t)=\mathrm{e}^{-t}u(t) * \sum\limits_{k=-\infty}^{\infty}\delta(t-3k)=\sum\limits_{k=-\infty}^{\infty}\left[\mathrm{e}^{-t}u(t)*\delta(t-3k)\right]$

$$=\sum\limits_{k=-\infty}^{\infty}\left[\mathrm{e}^{-(t-3k)}u(t-3k)\right]$$
$$=\cdots+\mathrm{e}^{-(t+3)}u(t+3)+\mathrm{e}^{-t}u(t)+\mathrm{e}^{-(t-3)}u(t-3)+\cdots$$
$$=\mathrm{e}^{-t}\left[\cdots+\mathrm{e}^{-3}u(t+3)+u(t)+\mathrm{e}^{3}u(t-3)+\cdots\right]$$

这是个等比数列的求和问题。当 $0 \leqslant t \leqslant 3$ 时，级数收敛，此时

$$r(t) = \mathrm{e}^{-t}[\cdots + \mathrm{e}^{-3}u(t+3) + u(t)] = \mathrm{e}^{-t}[1 + \mathrm{e}^{-3} + \mathrm{e}^{-6} + \cdots] = \frac{\mathrm{e}^{-t}}{1 - \mathrm{e}^{-3}}$$

即证得

$$r(t) = A\mathrm{e}^{-t}, \quad 0 \leqslant t \leqslant 3$$

其中

$$A = \frac{1}{1 - \mathrm{e}^{-3}}$$

2-17 已知某一 LTI 系统对于输入激励 $e(t)$ 的零状态响应

$$r_{zs}(t) = \int_{t-2}^{\infty} \mathrm{e}^{t-\tau} e(\tau - 1) \mathrm{d}\tau$$

求该系统的单位冲激响应。

解　系统的零状态响应

$$r_{zs}(t) = e(t) * h(t) = \int_{-\infty}^{\infty} e(\tau) h(t - \tau) \mathrm{d}\tau$$

据题意　$r_{zs}(t) = \int_{t-2}^{\infty} \mathrm{e}^{t-\tau} e(\tau - 1) \mathrm{d}\tau \xrightarrow{\;\diamondsuit\;\tau - 1 = x\;} \int_{t-3}^{\infty} \mathrm{e}^{t-x-1} e(x) \mathrm{d}x$

$$\xrightarrow{\;\diamondsuit\;x = \tau\;} \int_{t-3}^{\infty} e(\tau) \mathrm{e}^{t-\tau-1} \mathrm{d}\tau = \int_{-\infty}^{\infty} e(\tau) \mathrm{e}^{t-\tau-1} u[\tau - (t-3)] \mathrm{d}\tau$$

$$= \int_{-\infty}^{\infty} e(\tau) h(t - \tau) \mathrm{d}\tau$$

可见

$$h(t - \tau) = \mathrm{e}^{t-\tau-1} u[\tau - (t-3)]$$

所以

$$h(t) = \mathrm{e}^{t-1} u[-(t-3)]$$

2-18 某 LTI 系统，输入信号 $e(t) = 2\mathrm{e}^{-3t} u(t-1)$，在该输入下的响应为 $r(t)$，即 $r(t) = H[e(t)]$，又已知

$$H\left[\frac{\mathrm{d}e(t)}{\mathrm{d}t}\right] = -3r(t) + \mathrm{e}^{-2t} u(t)$$

求该系统的单位冲激响应 $h(t)$。

解　依题意有　　　　$r(t) = H[2\mathrm{e}^{-3t} u(t-1)]$

$$\frac{\mathrm{d}e(t)}{\mathrm{d}t} = -6\mathrm{e}^{-3t} u(t-1) + 2\mathrm{e}^{-3} \delta(t-1) = -3e(t) + 2\mathrm{e}^{-3} \delta(t-1)$$

$$H\left[\frac{\mathrm{d}e(t)}{\mathrm{d}t}\right] = -3r(t) + 2\mathrm{e}^{-3} h(t-1)$$

又

$$H\left[\frac{\mathrm{d}e(t)}{\mathrm{d}t}\right] = -3r(t) + \mathrm{e}^{-2t} u(t)$$

比较可知

$$2\mathrm{e}^{-3} h(t-1) = \mathrm{e}^{-2t} u(t)$$

$$h(t-1) = \frac{1}{2} \mathrm{e}^{-2t+3} u(t)$$

即
$$h(t)=\frac{1}{2}e^{-2\left(t-\frac{1}{2}\right)}u(t+1)$$

2-19 对题图 2-19 所示的各组函数,用图解的方法粗略画出 $f_1(t)$ 与 $f_2(t)$ 卷积的波形,并计算卷积积分 $f_1(t) * f_2(t)$。

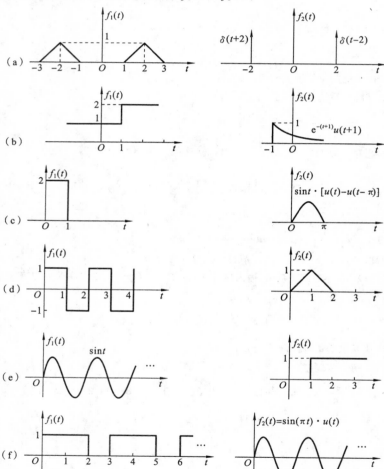

题图 2-19

解　(a) 此小题中由于 $f_2(t)$ 是两个冲激函数,用冲激函数的抽样性质很快可以得出

$$f(t)=f_1(t)*f_2(t)=f_1(t)*[\delta(t+2)+\delta(t-2)]=f_1(t+2)+f_1(t-2)$$

$f_1(t+2)$、$f_1(t-2)$ 及 $f(t)$ 的波形分别如题图 2-19(a₁)、(a₂)、(a₃)所示。

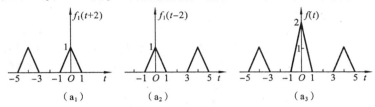

续题图 2-19

(b) 由题图 2-19(b₁)可知,$t\leqslant0$ 时,

$$f_1(\tau)f_2(t-\tau)=f_2(t-\tau)$$

此时　　　　$f(t)=\int_{-\infty}^{\infty}\mathrm{e}^{-(t-\tau+1)}u(t-\tau+1)\mathrm{d}\tau=\int_{-\infty}^{t+1}\mathrm{e}^{-(t-\tau+1)}\mathrm{d}\tau=1$

由题图 2-19(b₂)可知,$t>0$ 时,

$$f(t)=\int_{-\infty}^{1}\mathrm{e}^{-(t-\tau+1)}\mathrm{d}\tau+\int_{1}^{t+1}2\mathrm{e}^{-(t-\tau+1)}\mathrm{d}\tau=\mathrm{e}^{-(t+1)}\left[\int_{-\infty}^{1}\mathrm{e}^{\tau}\mathrm{d}\tau+2\int_{1}^{t+1}\mathrm{e}^{\tau}\mathrm{d}\tau\right]$$

$$=2-\mathrm{e}^{-t}$$

综上,$f(t)$ 的波形如题图 2-19(b₃)所示。

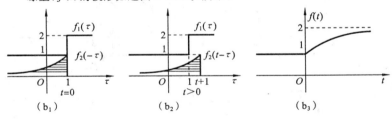

续题图 2-19

(c) 由题图 2-19(c₁)可知,$t\leqslant0$ 时,

$$f_1(\tau)f_2(t-\tau)=0$$

此时　　　　$f(t)=f_1(t)*f_2(t)=\int_{-\infty}^{\infty}f_1(\tau)f_2(t-\tau)\mathrm{d}\tau=0$

由题图 2-19(c₂)可知,$0\leqslant t\leqslant1$ 时,

$$f(t) = \int_0^t 2\sin(t-\tau)\mathrm{d}\tau \xrightarrow{\;\diamondsuit\, x = t-\tau\;} -\int_t^0 2\sin x\mathrm{d}x = 2(1-\cos t)$$

由题图 2-19(c_3) 可知, $1 \leqslant t < \pi$ 时,

$$f(t) = \int_0^1 2\sin(t-\tau)\mathrm{d}\tau \xrightarrow{\;\diamondsuit\, x = t-\tau\;} -\int_t^{t-1} 2\sin x\mathrm{d}x = 2[\cos(t-1) - \cos t]$$

由题图 2-19(c_4) 可知, $\pi \leqslant t < \pi+1$ 时,

$$f(t) = \int_{t-\pi}^1 2\sin(t-\tau)\mathrm{d}\tau \xrightarrow{\;\diamondsuit\, x = t-\tau\;} -\int_\pi^{t-1} 2\sin x\mathrm{d}x = 2[\cos(t-1) + 1]$$

$t \geqslant \pi+1$ 时, $f_1(\tau)f_2(t-\tau) = 0$

此时 $f(t) = f_1(t) * f_2(t) = \int_{-\infty}^{\infty} f_1(\tau)f_2(t-\tau)\mathrm{d}\tau = 0$

综上, $f(t)$ 的波形如题图 2-19(c_5) 所示。

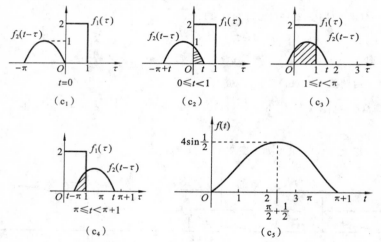

续题图 2-19

(d) 由题图 2-19(d_1) 可知, $t \leqslant 0$ 时,

$$f_1(\tau)f_2(t-\tau) = 0$$

此时 $f(t) = f_1(t) * f_2(t) = \int_{-\infty}^{\infty} f_1(\tau)f_2(t-\tau)\mathrm{d}\tau = 0$

由题图 2-19(d_2) 可知, $0 \leqslant t < 1$ 时,

$$f(t) = \int_0^t (t-\tau)\mathrm{d}\tau = \frac{1}{2}t^2$$

由题图 2-19(d_3)可知，$1 \leqslant t < 2$ 时，

$$f(t) = \int_0^{t-1} (2-t+\tau)\mathrm{d}\tau + \int_{t-1}^{1} (t-\tau)\mathrm{d}\tau - \int_1^t (t-\tau)\mathrm{d}\tau$$

$$= -\frac{3}{2}t^2 + 4t - 2 = -\frac{3}{2}\left[\left(t-\frac{4}{3}\right)^2 - \frac{4}{9}\right]$$

由题图 2-19(d_4)可知，$2 \leqslant t < 3$ 时，

$$f(t) = \int_{t-2}^{1} (2-t+\tau)\mathrm{d}\tau - \int_1^{t-1} (2-t+\tau)\mathrm{d}\tau - \int_{t-1}^{2} (t-\tau)\mathrm{d}\tau + \int_2^t (t-\tau)\mathrm{d}\tau$$

$$= 2t^2 - 10t + 12 = 2\left[\left(t-\frac{5}{2}\right)^2 - \frac{1}{4}\right]$$

由题图 2-19(d_5)可知，$3 \leqslant t < 4$ 时，

$$f(t) = \int_{t-2}^{2} -(2-t+\tau)\mathrm{d}\tau + \int_2^{t-1} (2-t+\tau)\mathrm{d}\tau + \int_{t-1}^{3} (t-\tau)\mathrm{d}\tau - \int_3^t (t-\tau)\mathrm{d}\tau$$

$$= -2t^2 + 14t - 24 = -2\left[\left(t-\frac{7}{2}\right)^2 - \frac{1}{4}\right]$$

(d_1)

(d_2)

(d_3)

(d_4)

(d_5)

(d_6)

(d_7)

(d_8)

续题图 2-19

由题图 2-19(d_6)可知,$4 \leqslant t < 5$ 时,

$$f(t) = \int_{t-2}^{3}(2-t+\tau)\mathrm{d}\tau - \int_{3}^{t-1}(2-t+\tau)\mathrm{d}\tau - \int_{t-1}^{4}(t-\tau)\mathrm{d}\tau + \int_{4}^{t}(t-\tau)\mathrm{d}\tau$$

$$= 2t^2 - 18t + 40 = 2\left[\left(t - \frac{9}{2}\right)^2 - \frac{1}{4}\right]$$

由题图 2-19(d_7)可知,$5 \leqslant t < 6$ 时,

$$f(t) = \int_{t-2}^{4} -(2-t+\tau)\mathrm{d}\tau + \int_{4}^{t-1}(2-t+\tau)\mathrm{d}\tau + \int_{t-1}^{5}(t-\tau)\mathrm{d}\tau - \int_{5}^{t}(t-\tau)\mathrm{d}\tau$$

$$= -2t^2 + 22t - 60 = -2\left[\left(t - \frac{11}{2}\right)^2 - \frac{1}{4}\right]$$

综上可知,$t \geqslant 2$ 后,$f(t)$ 呈周期特性,其波形如题图 2-19(d_8)所示。

(e) 由题图 2-19(e_1)可知,$t \leqslant 1$ 时,

$$f_1(\tau)f_2(t-\tau) = 0$$

此时　　　　$$f(t) = f_1(t) * f_2(t) = \int_{-\infty}^{\infty} f_1(\tau)f_2(t-\tau)\mathrm{d}\tau = 0$$

由题图 2-19(e_2)可知,$t > 1$ 时,

$$f(t) = \int_{0}^{t-1}\sin\tau\mathrm{d}\tau = 1 - \cos(t-1)$$

综上,　$f(t) = [1 - \cos(t-1)]u(t-1) = u(t-1) - \cos(t-1)u(t-1)$

$\cos tu(t)$、$-\cos tu(t)$、$u(t) - \cos tu(t)$　及　$f(t) = u(t-1) - \cos(t-1)u(t-1)$
的波形分别如题图 2-19(e_3)、(e_4)、(e_5)、(e_6)所示。

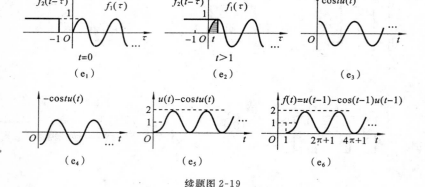

续题图 2-19

(f) 由题图 2-19(f_1)可知,$t \leqslant 0$ 时,

$$f_1(\tau)f_2(t-\tau)=0$$

此时 $\qquad f(t) = f_1(t) * f_2(t) = \displaystyle\int_{-\infty}^{\infty} f_1(\tau)f_2(t-\tau)\mathrm{d}\tau = 0$

由题图 2-19(f_2)可知,$0<t\leqslant 2$ 时,

$$f(t) = \int_0^t \sin[\pi(t-\tau)]\mathrm{d}\tau = \frac{1}{\pi}[1-\cos(\pi t)]$$

由题图 2-19(f_3)可知,$2<t\leqslant 3$ 时,

$$f(t) = \int_0^2 \sin[\pi(t-\tau)]\mathrm{d}\tau = \frac{1}{\pi}[\cos(\pi t) - \cos(\pi t - 2\pi)] = 0$$

由题图 2-19(f_4)可知,$3<t\leqslant 5$ 时,

$$f(t) = \int_0^2 \sin[\pi(t-\tau)]\mathrm{d}\tau + \int_3^t \sin[\pi(t-\tau)]\mathrm{d}\tau = \frac{1}{\pi}[1-\cos(\pi t - 3\pi)]$$

$$= \frac{1}{\pi}[1+\cos(\pi t)]$$

由题图 2-19(f_5)可知,$5<t\leqslant 6$ 时,

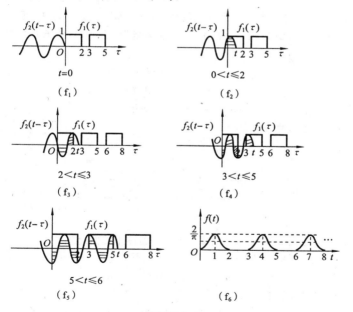

续题图 2-19

$$f(t) = \int_0^2 \sin[\pi(t-\tau)]\mathrm{d}\tau + \int_3^5 \sin[\pi(t-\tau)]\mathrm{d}\tau = 0$$

同理可知：

$6 < t \leqslant 8$ 时，

$$f(t) = \int_0^2 \sin[\pi(t-\tau)]\mathrm{d}\tau + \int_3^5 \sin[\pi(t-\tau)]\mathrm{d}\tau + \int_6^t \sin[\pi(t-\tau)]\mathrm{d}\tau$$

$$= \frac{1}{\pi}[1 - \cos(\pi t)]$$

$8 < t \leqslant 9$ 时，

$$f(t) = \int_0^2 \sin[\pi(t-\tau)]\mathrm{d}\tau + \int_3^5 \sin[\pi(t-\tau)]\mathrm{d}\tau + \int_6^8 \sin[\pi(t-\tau)]\mathrm{d}\tau = 0$$

$9 < t \leqslant 11$ 时，

$$f(t) = \int_0^2 \sin[\pi(t-\tau)]\mathrm{d}\tau + \int_3^5 \sin[\pi(t-\tau)]\mathrm{d}\tau + \int_6^8 \sin[\pi(t-\tau)]\mathrm{d}\tau$$

$$+ \int_9^t \sin[\pi(t-\tau)]\mathrm{d}\tau = \frac{1}{\pi}[1 + \cos(\pi t)]$$

综上可知，$t \geqslant 0$ 后，$f(t)$ 呈周期特性，其波形如题图 2-19(f_6) 所示。

2-20　题图 2-20 所示系统由几个"子系统"组合而成，各子系统的冲激响应分别为

$$h_1(t) = u(t) \quad （积分器）$$
$$h_2(t) = \delta(t-1) \quad （单位延时）$$
$$h_3(t) = -\delta(t) \quad （倒相器）$$

试求总的系统的冲激响应 $h(t)$。

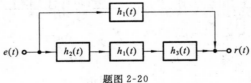

题图 2-20

解　由题图 2-20 可知组合系统在 $e(t)$ 激励下的响应为

$$r(t) = h_1(t) * e(t) + [h_2(t) * h_1(t) * h_3(t)] * e(t)$$

$$= e(t) * [h_1(t) + h_2(t) * h_1(t) * h_3(t)]$$

故组合系统的冲激响应为

$$h(t) = h_1(t) + h_2(t) * h_1(t) * h_3(t) = u(t) + \delta(t-1) * u(t) * [-\delta(t)]$$

$$= u(t) - u(t-1)$$

2-21 已知系统的冲激响应 $h(t)=e^{-2t}u(t)$。

(1) 若激励信号为 $e(t)=e^{-t}[u(t)-u(t-2)]+\beta\delta(t-2)$，式中 β 为常数，试决定响应 $r(t)$。

(2) 若激励信号为 $e(t)=x(t)[u(t)-u(t-2)]+\beta\delta(t-2)$，式中 $x(t)$ 为任意 t 函数，若要求系统在 $t>2$ 的响应为零，试确定 β 值应等于多少。

解 (1)

$$r(t)=e(t)*h(t)=\{e^{-t}[u(t)-u(t-2)]+\beta\delta(t-2)\}*e^{-2t}u(t)$$
$$=e^{-t}u(t)*e^{-2t}u(t)-e^{-t}u(t-2)*e^{-2t}u(t)+\beta\delta(t-2)*e^{-2t}u(t)$$
$$=\int_0^t e^{-\tau}e^{-2(t-\tau)}d\tau-\int_2^t e^{-\tau}e^{-2(t-\tau)}d\tau+\beta e^{-2(t-2)}u(t-2)$$
$$=(e^{-t}-e^{-2t})u(t)-[e^{-t}-e^{-2(t-1)}]u(t-2)+\beta e^{-2(t-2)}u(t-2)$$
$$=(e^{-t}-e^{-2t})u(t)+[\beta e^{-2(t-2)}+e^{-2(t-1)}-e^{-t}]u(t-2)$$

(2) $r(t)=e(t)*h(t)=\{x(t)[u(t)-u(t-2)]+\beta\delta(t-2)\}*e^{-2t}u(t)$
$$=x(t)u(t)*e^{-2t}u(t)-x(t)u(t-2)*e^{-2t}u(t)$$
$$\quad+\beta\delta(t-2)*e^{-2t}u(t)$$
$$=\int_0^t x(\tau)e^{-2(t-\tau)}d\tau-\int_2^t x(\tau)e^{-2(t-\tau)}d\tau+\beta e^{-2(t-2)}u(t-2)$$
$$=e^{-2t}\left[\int_0^t x(\tau)e^{2\tau}d\tau\right]u(t)-e^{-2t}\left[\int_2^t x(\tau)e^{2\tau}d\tau\right]u(t-2)$$
$$\quad+\beta e^{-2(t-2)}u(t-2)$$

$t>2$ 时，

$$r(t)=e^{-2t}\left[\int_0^t x(\tau)e^{2\tau}d\tau\right]-e^{-2t}\left[\int_2^t x(\tau)e^{2\tau}d\tau\right]+\beta e^{-2(t-2)}$$
$$=e^{-2t}\int_0^2 x(\tau)e^{2\tau}d\tau+\beta e^{-2(t-2)}=e^{-2t}\left[\int_0^2 x(\tau)e^{2\tau}d\tau+\beta e^4\right]$$

令 $r(t)=0$，得

$$\beta=-e^{-4}\int_0^2 x(\tau)e^{2\tau}d\tau$$

2-22 如果把施加于系统的激励信号 $e(t)$ 按题图 2-22 那样分解为许多阶跃信号的叠加，设阶跃响应为 $g(t)$，$e(t)$ 的初始值为 $e(0_+)$，在 t_1 时刻阶跃信号的幅度为 $\Delta e(t_1)$。试写出以阶跃响应的叠加取和而得到的系统响应近似式；证明当取 $\Delta t_1\to 0$ 的极限时，响应 $r(t)$ 的表示式为

$$r(t)=e(0_+)g(t)+\int_{0_+}^t \frac{de(\tau)}{d\tau}g(t-\tau)d\tau$$

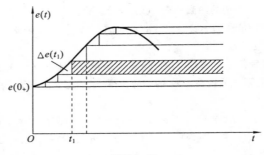

题图 2-22

解　把时间轴等分为若干段,每段长度为 Δt_1,则激励信号可用阶跃信号的叠加近似表示为

$$e(t) \approx e(0_+)u(t) + [e(\Delta t_1) - e(0_+)]u(t - \Delta t_1)$$
$$+ [e(2\Delta t_1) - e(\Delta t_1)]u(t - 2\Delta t_1)$$
$$+ \cdots + [e(k\Delta t_1) - e((k-1)\Delta t_1)]u(t - k\Delta t_1) + \cdots$$
$$= e(0_+)u(t) + \sum_{k=1}^{\infty} [e(k\Delta t_1) - e((k-1)\Delta t_1)]u(t - k\Delta t_1)$$
$$= e(0_+)u(t) + \sum_{k=1}^{\infty} \left[\frac{\Delta e(t)}{\Delta t_1} \right]_{t=k\Delta t_1} u(t - k\Delta t_1) \Delta t_1$$

在该激励下的响应近似为

$$r(t) \approx e(0_+)g(t) + \sum_{k=1}^{\infty} \left[\frac{\Delta e(t)}{\Delta t_1} \right]_{t=k\Delta t_1} g(t - k\Delta t_1) \Delta t_1$$

当 $\Delta t_1 \to 0$ 时,$\Delta t_1 \to d\tau, k\Delta t_1 \to \tau$, $\left[\dfrac{\Delta e(t)}{\Delta t_1} \right]_{t=k\Delta t_1} \to \dfrac{de(\tau)}{d\tau}$, $\sum\limits_{k=1}^{\infty} \to \displaystyle\int_{0_+}^{\infty}$,
$\approx \to =$,于是有

$$r(t) = e(0_+)g(t) + \int_{0_+}^{\infty} \frac{de(\tau)}{d\tau} g(t - \tau) d\tau$$

对于因果系统,$g(t)$ 为因果信号,故有

$$r(t) = e(0_+)g(t) + \int_{0_+}^{t} \frac{de(\tau)}{d\tau} g(t - \tau) d\tau$$

2-23　若一个 LTI 系统的冲激响应为 $h(t)$,激励信号是 $e(t)$,响应是 $r(t)$。试证明此系统可以用题图 2-23 所示的方框图近似模拟。

证明　根据题图 2-23 所示方框图可得

$$r(t) = e(t)Th(0) + e(t - T)Th(T) + e(t - 2T)Th(2T)$$

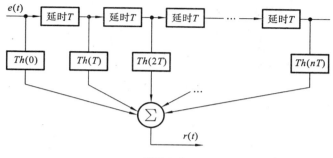

题图 2-23

$$+ \cdots + e(t-kT)Th(kT) + \cdots$$

$$= \sum_{k=0}^{\infty} e(t-kT)Th(kT)$$

当 $T \to 0$ 时,$T \to d\tau, kT \to \tau, \sum_{k=0}^{\infty} \to \int_0^{\infty}$,此时有

$$r(t) \approx \int_0^{\infty} e(t-\tau)h(\tau)d\tau = e(t) * h(t)$$

由此可见,该框图可用来近似模拟 LTI 系统。

2-24　若线性系统的响应分别用以下各算子符号式表达,且系统起始状态为零,写出各问的时域表达式。

(1) $\dfrac{A}{p+a}\delta(t)$　　(2) $\dfrac{A}{(p+a)^2}\delta(t)$　　(3) $\dfrac{A}{(p+a)(p+\beta)}\delta(t)$

解　设系统的转移算子为 $H(p)$,当系统的起始状态为零时,$H(p)\delta(t)$ 的值即为系统的冲激响应,故此题要求的是各系统的冲激响应。

(1) 令 $x(t) = \dfrac{A}{p+a}\delta(t)$,则

$$\frac{dx(t)}{dt} + ax(t) = A\delta(t)$$

此系统的单位冲激响应满足方程

$$\frac{dh(t)}{dt} + ah(t) = \delta(t)$$

因为 $\delta(t) = 0, t > 0$,所以,系统的冲激响应 $h(t)$ 可看作是具有某种初始条件的零输入响应,即

$$h(t) = h(0_+)e^{-at}, \quad t > 0$$

求 $h(0_+)$：由冲激匹配法可设

$$\begin{cases} h'(t) = c\delta(t) + d\Delta u(t) \\ h(t) = c\Delta u(t) \end{cases} \quad (0_- < t < 0_+)$$

代入单位冲激响应方程

$$c\delta(t) + d\Delta u(t) + ca\Delta u(t) = \delta(t)$$

得 $c = 1, d = -a$，故

$$h(0_+) = h(0_-) + c = 0 + 1 = 1$$

则 $h(t) = e^{-at}, t > 0$，故

$$x(t) = Ae^{-at}, t > 0, \quad 即 \quad \frac{A}{p+a}\delta(t) = Ae^{-at}u(t)$$

(2) 令 $y(t) = \dfrac{A}{(p+a)^2}\delta(t)$，则

$$\frac{d^2 y(t)}{dt^2} + 2a\frac{dy(t)}{dt} + a^2 y(t) = A\delta(t)$$

此系统的单位冲激响应满足方程

$$\frac{d^2 h(t)}{dt^2} + 2a\frac{dh(t)}{dt} + a^2 h(t) = \delta(t)$$

由冲激匹配法可知，$h''(t)$ 含 $\delta(t)$，则 $h'(t)$ 应含 $u(t)$，但它不含 $\delta(t)$［否则 $h''(t)$ 将含 $\delta'(t)$］，从而，$h(t)$ 在 $t = 0$ 处连续，即

$$\begin{cases} h(0_+) = h(0_-) \\ h'(0_+) \neq h'(0_-) \end{cases}$$

对方程积分，有

$$\int_{0_-}^{0_+} \left[\frac{d^2 h(t)}{dt^2} + 2a\frac{dh(t)}{dt} + a^2 h(t) \right] dt = \int_{0_-}^{0_+} \delta(t)dt$$

即 $\quad [h'(0_+) - h'(0_-)] + 2a[h(0_+) - h(0_-)] + a^2 \int_{0_-}^{0_+} h(t)dt = 1$

因为 $\quad h(0_+) = h(0_-) = 0, \quad \int_{0_-}^{0_+} h(t)dt = 0, \quad h'(0_-) = 0$

所以 $\quad h'(0_+) - h'(0_-) = 1 \Rightarrow h'(0_+) = 1$

又 $\quad h(t) = (c + dt)e^{-at}, \quad t > 0$

$$\begin{cases} h(0_+) = c = 0 \\ h'(0_+) = d - ac = 1 \end{cases} \Rightarrow \begin{cases} c = 0 \\ d = 1 \end{cases}$$

则 $h(t) = te^{-at}, t > 0$，故

$$y(t) = Ate^{-at}, t > 0, \quad 即 \quad \frac{A}{(p+a)^2}\delta(t) = Ate^{-at}u(t)$$

(3) 令 $z(t) = \dfrac{A}{(p+a)(p+\beta)}\delta(t)$，则利用(1)的结果可得

$$z(t) = \left[\frac{\frac{A}{\beta-a}}{p+a} + \frac{\frac{A}{a-\beta}}{p+\beta}\right]\delta(t) = \frac{\frac{A}{\beta-a}}{p+a}\delta(t) + \frac{\frac{A}{a-\beta}}{p+\beta}\delta(t)$$

$$= \frac{A}{\beta-a}e^{-at}u(t) + \frac{A}{a-\beta}e^{-\beta t}u(t)$$

2-25 设 $H(p)$ 是线性时不变系统的传输算子，且系统起始状态为零，试证明：

$$[H(p)\delta(t)]e^{-at} = H(p+a)\delta(t)$$

证明　(1) 设 $H(p) = \dfrac{c_1}{p+\lambda_1} + \dfrac{c_2}{p+\lambda_2} + \cdots + \dfrac{c_n}{p+\lambda_n} = \sum\limits_{i=1}^{n}\dfrac{c_i}{p+\lambda_i}$

则

$$H(p)\delta(t) = \sum_{i=1}^{n}\frac{c_i}{p+\lambda_i}\delta(t) = \sum_{i=1}^{n}c_ie^{-\lambda_i t}u(t)$$

又

$$H(p+a) = \frac{c_1}{p+a+\lambda_1} + \frac{c_2}{p+a+\lambda_2} + \cdots + \frac{c_n}{p+a+\lambda_n} = \sum_{i=1}^{n}\frac{c_i}{p+a+\lambda_i}$$

所以

$$H(p+a)\delta(t) = \sum_{i=1}^{n}c_ie^{-(a+\lambda_i)t}u(t) = e^{-at}\sum_{i=1}^{n}c_ie^{-\lambda_i t}u(t)$$

$$= [H(p)\delta(t)]e^{-at}$$

(2) 设

$$H(p) = \frac{c_1}{p+\lambda} + \frac{c_2}{(p+\lambda)^2} + \cdots + \frac{c_r}{(p+\lambda)^r}$$

则

$$H(p)\delta(t) = (c_1 + c_2t + \cdots + c_rt^{r-1})e^{-\lambda t}u(t)$$

而

$$H(p+a) = \frac{c_1}{p+a+\lambda} + \frac{c_2}{(p+a+\lambda)^2} + \cdots + \frac{c_r}{(p+a+\lambda)^r}$$

$$H(p+a)\delta(t) = (c_1 + c_2t + \cdots + c_rt^{r-1})e^{-(a+\lambda)t}u(t) = [H(p)\delta(t)]e^{-at}$$

综合(1)、(2)，故 $[H(p)\delta(t)]e^{-at} = H(p+a)\delta(t)$。得证。

第3章 傅里叶变换

3.1 知识点归纳

1. 周期信号的傅里叶级数分析

任何满足狄里赫利条件的周期信号都可以分解成直流分量及许多正弦、余弦分量，即表示为傅里叶级数。

（1）三角函数形式的傅里叶级数

$$f(t) = a_0 + \sum_{n=1}^{\infty} [a_n \cos(n\omega_1 t) + b_n \sin(n\omega_1 t)], \quad n = 1, 2, \cdots$$

其中，$\omega_1 = \dfrac{2\pi}{T_1}$，$T_1$ 为 $f(t)$ 的周期，$f_1 = \dfrac{1}{T_1}$ 为基频。

直流分量

$$a_0 = \frac{1}{T_1} \int_{t_0}^{t_0 + T_1} f(t) \, \mathrm{d}t$$

余弦分量的幅度

$$a_n = \frac{2}{T_1} \int_{t_0}^{t_0 + T_1} f(t) \cos(n\omega_1 t) \, \mathrm{d}t, \quad n = 1, 2, \cdots$$

正弦分量的幅度

$$b_n = \frac{2}{T_1} \int_{t_0}^{t_0 + T_1} f(t) \sin(n\omega_1 t) \, \mathrm{d}t, \quad n = 1, 2, \cdots$$

三角函数形式的傅里叶级数的另一种形式为

$$f(t) = c_0 + \sum_{n=1}^{\infty} c_n \cos(n\omega_1 t + \varphi_n)$$

或

$$f(t) = d_0 + \sum_{n=1}^{\infty} d_n \sin(n\omega_1 t + \theta_n)$$

以上几种表示形式中各个量之间的关系为

$$a_0 = c_0 = d_0$$

$$c_n = d_n = \sqrt{a_n^2 + b_n^2}$$

$$a_n = c_n \cos\varphi_n = d_n \sin\theta_n$$

$$b_n = -c_n \sin\varphi_n = d_n \cos\theta_n$$

$$\tan\theta_n = \frac{a_n}{b_n}$$

$$\tan\varphi_n = -\frac{b_n}{a_n}$$

$$(n = 1, 2, \cdots)$$

其中，a_n, c_n, d_n 为 $n\omega_1$ 的偶函数，b_n, φ_n, θ_n 为 $n\omega_1$ 的奇函数。它们都是实函数。

c_n 对频率 $n\omega_1$ 的关系图称为信号的幅度谱，φ_n 对 $n\omega_1$ 的关系图称为信号的相位谱。周期信号的幅度谱和相位谱是离散谱。

（2）指数形式的傅里叶级数

$$f(t) = \sum_{n=-\infty}^{\infty} F(n\omega_1) e^{jn\omega_1 t}$$

其中，复数频谱

$$F_n = F(n\omega_1) = \frac{1}{T_1} \int_{t_0}^{t_0+T_1} f(t) e^{-jn\omega_1 t} dt$$

F_n 与其他系数之间的关系为

$$F_0 = c_0 = d_0 = a_0$$

$$F_n = |F_n| e^{j\varphi_n} = \frac{1}{2}(a_n - jb_n)$$

$$F_{-n} = |F_{-n}| e^{-j\varphi_n} = \frac{1}{2}(a_n + jb_n)$$

$$|F_n| = |F_{-n}| = \frac{1}{2}c_n = \frac{1}{2}d_n = \frac{1}{2}\sqrt{a_n^2 + b_n^2}$$

$$|F_n| + |F_{-n}| = c_n$$

$$F_n + F_{-n} = a_n$$

$$b_n = j(F_n - F_{-n})$$

F_n 一般是复函数，且 $|F_n|$ 是 $n\omega_1$ 的偶函数，φ_n 是 $n\omega_1$ 的奇函数。

（3）函数的时域对称性与傅里叶系数的关系

① 实偶函数的傅里叶级数中不包含正弦项，只可能包含直流项和余弦项。

② 实奇函数的傅里叶级数中不包含余弦项和直流项，只可能包含正弦项。

③ 实奇谐函数的傅里叶级数中只可能包含基波和奇次谐波的正弦、余

弦项,而不包含偶次谐波项。

2. 傅里叶变换

(1) 定义

对于非周期信号 $f(t)$,其傅里叶变换定义为

$$F(\omega) = \mathscr{F}[f(t)] = \int_{-\infty}^{\infty} f(t)e^{-j\omega t}dt$$

$F(\omega)$ 也称为"频谱密度函数",它一般是复函数,可以写作

$$F(\omega) = |F(\omega)|e^{j\varphi(\omega)}$$

其中,$|F(\omega)|$ 是 $F(\omega)$ 的模,它代表信号中各频率分量的相对大小,是 ω 的偶函数。$\varphi(\omega)$ 是 $F(\omega)$ 的相位函数,它表示信号中各频率分量之间的相位关系,是 ω 的奇函数。

$|F(\omega)|-\omega$ 曲线称为非周期信号的幅度(频)谱,$\varphi(\omega)-\omega$ 曲线称为相位(频)谱,它们是连续(频)谱。

傅里叶逆变换定义为

$$f(t) = \mathscr{F}^{-1}[F(\omega)] = \frac{1}{2\pi}\int_{-\infty}^{\infty} F(\omega)e^{j\omega t}d\omega$$

由于
$$f(t) = \frac{1}{2\pi}\int_{-\infty}^{\infty} F(\omega)e^{j\omega t}d\omega$$

$$= \frac{1}{2\pi}\int_{-\infty}^{\infty} |F(\omega)|\cos[\omega t + \varphi(\omega)]d\omega$$

$$+ \frac{j}{2\pi}\int_{-\infty}^{\infty} |F(\omega)|\sin[\omega t + \varphi(\omega)]d\omega$$

此式说明,非周期信号也是由许多不同频率的正、余弦分量构成。只是由于基频趋于无限小,频率就包含了从零至无限大的所有值,而且对任意频率分量,其幅度都趋于无限小。

(2) 典型非周期信号的傅里叶变换

单边指数信号　　$\mathscr{F}[e^{-\alpha t}u(t), \alpha>0] = \dfrac{1}{\alpha + j\omega}$

双边指数信号　　$\mathscr{F}[e^{-\alpha|t|}, \alpha>0] = \dfrac{2\alpha}{\alpha^2 + \omega^2}$

矩形脉冲信号　　$\mathscr{F}\left\{E\left[u\left(t+\dfrac{\tau}{2}\right) - u\left(t-\dfrac{\tau}{2}\right)\right]\right\} = E\tau \cdot \text{Sa}\left(\dfrac{\omega\tau}{2}\right)$

钟形脉冲信号　　$\mathscr{F}[Ee^{-(\frac{t}{\tau})^2}] = \sqrt{\pi}E\tau e^{-(\frac{\omega\tau}{2})^2}$

符号函数　　$\mathscr{F}[\text{sgn}(t)] = \dfrac{2}{j\omega}$

升余弦脉冲信号 $\mathscr{F}\left\{\dfrac{E}{2}\left[1+\cos\left(\dfrac{\pi t}{\tau}\right)\right]\right\}=\dfrac{E\tau\mathrm{Sa}(\omega\tau)}{1-\left(\dfrac{\omega\tau}{\pi}\right)^2}$

冲激函数 $\mathscr{F}[\delta(t)]=1$

阶跃函数 $\mathscr{F}[u(t)]=\pi\delta(\omega)+\dfrac{1}{\mathrm{j}\omega}$

(3) 傅里叶变换的基本性质

① 对称性

若 $F(\omega)=\mathscr{F}[f(t)]$,则

$$\mathscr{F}[F(t)]=2\pi f(-\omega)$$

② 线性性

若 $\mathscr{F}[f_i(t)]=F_i(\omega)\ (i=1,2,\cdots,n)$,则

$$\mathscr{F}\left[\sum_{i=1}^{n}a_if_i(t)\right]=\sum_{i=1}^{n}a_iF_i(\omega)$$

③ 奇偶虚实性

设 $\mathscr{F}[f(t)]=F(\omega)=R(\omega)+\mathrm{j}X(\omega)$。

a. $f(t)$ 是实函数,则 $R(\omega)$ 是偶函数,$X(\omega)$ 是奇函数。

若 $f(t)$ 是实偶函数,则 $F(\omega)=R(\omega)$,即 $F(\omega)$ 为实偶函数;

若 $f(t)$ 是实奇函数,则 $F(\omega)=\mathrm{j}X(\omega)$,即 $F(\omega)$ 为虚奇函数。

b. $f(t)$ 是虚函数,则 $R(\omega)$ 是奇函数,$X(\omega)$ 是偶函数。

④ 尺度变换特性

若 $\mathscr{F}[f(t)]=F(\omega)$,则

$$\mathscr{F}[f(at)]=\dfrac{1}{|a|}F\left(\dfrac{\omega}{a}\right)$$

其中,a 为非零实常数。

⑤ 时移特性

若 $\mathscr{F}[f(t)]=F(\omega)$,则

$$\mathscr{F}[f(t\pm t_0)]=F(\omega)\mathrm{e}^{\pm\mathrm{j}\omega t_0}$$

⑥ 频移特性

若 $\mathscr{F}[f(t)]=F(\omega)$,则

$$\mathscr{F}[f(t)\mathrm{e}^{\mathrm{j}\omega_0 t}]=F(\omega-\omega_0)$$

⑦ 时域微分特性

若 $\mathscr{F}[f(t)]=F(\omega)$,则

$$\mathscr{F}\left[\frac{\mathrm{d}f(t)}{\mathrm{d}t}\right] = (\mathrm{j}\omega)F(\omega)$$

$$\mathscr{F}\left[\frac{\mathrm{d}^n f(t)}{\mathrm{d}t^n}\right] = (\mathrm{j}\omega)^n F(\omega)$$

⑧ 频域微分特性

若 $\mathscr{F}[f(t)] = F(\omega)$，则

$$\mathscr{F}^{-1}\left[\frac{\mathrm{d}F(\omega)}{\mathrm{d}\omega}\right] = (-\mathrm{j}t)f(t)$$

$$\mathscr{F}^{-1}\left[\frac{\mathrm{d}^n F(\omega)}{\mathrm{d}\omega^n}\right] = (-\mathrm{j}t)^n f(t)$$

⑨ 时域积分特性

若 $\mathscr{F}[f(t)] = F(\omega)$，则

$$\mathscr{F}\left[\int_{-\infty}^{t} f(\tau)\mathrm{d}\tau\right] = \frac{F(\omega)}{\mathrm{j}\omega} + \pi F(0)\delta(\omega)$$

⑩ 时域卷积定理

若 $\mathscr{F}[f_1(t)] = F_1(\omega), \mathscr{F}[f_2(t)] = F_2(\omega)$，则

$$\mathscr{F}[f_1(t) * f_2(t)] = F_1(\omega)F_2(\omega)$$

⑪ 频域卷积定理

若 $\mathscr{F}[f_1(t)] = F_1(\omega), \mathscr{F}[f_2(t)] = F_2(\omega)$，则

$$\mathscr{F}[f_1(t) \cdot f_2(t)] = \frac{1}{2\pi}F_1(\omega) * F_2(\omega)$$

(4) 周期信号的傅里叶变换

① 正弦、余弦信号的傅里叶变换

$$\begin{cases} \mathscr{F}[\cos(\omega_1 t)] = \pi[\delta(\omega+\omega_1)+\delta(\omega-\omega_1)] \\ \mathscr{F}[\sin(\omega_1 t)] = \mathrm{j}\pi[\delta(\omega+\omega_1)-\delta(\omega-\omega_1)] \end{cases} \quad (t \text{ 为任意值})$$

② 一般周期信号的傅里叶变换

$$\mathscr{F}[f(t)] = 2\pi \sum_{n=-\infty}^{\infty} F_n \delta(\omega - n\omega_1)$$

上式表明:周期信号 $f(t)$ 的傅里叶变换是由一些冲激函数组成的,这些冲激位于信号的谐频($0, \pm\omega_1, \pm2\omega_1, \cdots$)处,每个冲激的强度等于 $f(t)$ 的傅里叶级数相应系数 F_n 的 2π 倍。

值得一提的是,傅里叶级数的系数 F_n 还可通过下式获得

$$F_n = \frac{1}{T_1}F_0(\omega)\big|_{\omega=n\omega_1}$$

其中 $F_0(\omega)$ 为 $f(t)$ 的一个周期(所谓单脉冲信号)的傅里叶变换。

上式说明:周期脉冲序列的傅里叶级数的系数 F_n 等于单脉冲的傅里叶变换 $F_0(\omega)$ 在 $n\omega_1$ 频率点的值乘以 $\frac{1}{T_1}$。

③ 周期单位冲激序列的傅里叶变换

$$\mathscr{F}[\delta_T(t)] = \mathscr{F}\Big[\sum_{n=-\infty}^{\infty}\delta(t-nT_1)\Big] = \omega_1\sum_{n=-\infty}^{\infty}\delta(\omega-n\omega_1), \quad \omega_1 = \frac{2\pi}{T_1}$$

3. 抽样及抽样定理

① 时域冲激抽样信号 $f_s(t) = f(t)\delta_T(t)$ 的频谱

$$F_s(\omega) = \frac{1}{T_s}\sum_{n=-\infty}^{\infty}F(\omega-n\omega_s)$$

其中,T_s 为抽样周期或抽样间隔,$F(\omega)$ 为连续信号 $f(t)$ 的频谱。

上式表明:信号在时域被冲激序列抽样后,它的频谱 $F_s(\omega)$ 是连续信号频谱 $F(\omega)$ 以抽样频率 ω_s 为周期等幅地重复。

② 频域冲激抽样函数 $F_1(\omega) = F(\omega)\delta_\omega(\omega)$ 的傅里叶逆变换

$$f_1(t) = \frac{1}{\omega_1}\sum_{n=-\infty}^{\infty}f(t-nT_1)$$

其中,$\delta_\omega(\omega) = \sum_{n=-\infty}^{\infty}\delta(\omega-n\omega_1)$,$\omega_1$ 为抽样间隔,且 $T_1 = \frac{2\pi}{\omega_1}$。

上式表明:若 $f(t)$ 的频谱 $F(\omega)$ 被间隔为 ω_1 的冲激序列在频域中抽样,则在时域中等效于 $f(t)$ 以 $T_1\Big(=\frac{2\pi}{\omega_1}\Big)$ 为周期而重复。

③ 时域抽样定理

一个频谱受限的信号 $f(t)$,如果频谱只占据 $-\omega_m \sim +\omega_m$ 的范围,则信号 $f(t)$ 可以用等间隔的抽样值唯一地表示。而抽样间隔必须不大于 $\frac{1}{2f_m}$(其中 $\omega_m = 2\pi f_m$),或者说,最低抽样频率为 $2f_m$。

④ 频域抽样定理

若信号 $f(t)$ 是时间受限信号,它集中在 $-t_m \sim +t_m$ 的时间范围内,若在频域中以不大于 $\frac{1}{2t_m}$ 的频率间隔对 $f(t)$ 的频谱 $F(\omega)$ 进行抽样,则抽样后的频谱 $F_1(\omega)$ 可以唯一地表示原信号。

3.2 释 疑 解 惑

1. 傅里叶变换的存在性

大家知道,并非所有信号都存在傅里叶变换,必须满足一定的条件,信号

的傅里叶变换才存在,这个条件就是绝对可积,即当信号满足 $\int_{-\infty}^{\infty}|f(t)|\mathrm{d}t$ $<\infty$ 时,其傅里叶变换 $\int_{-\infty}^{\infty}f(t)\mathrm{e}^{-\mathrm{j}\omega t}\mathrm{d}t$ 才收敛(存在)。注意,绝对可积条件只是充分条件,而非必要条件。凡是收敛的信号,即 $\lim\limits_{t\to\pm\infty}f(t)=0$,其必满足绝对可积条件,其傅里叶变换也必收敛(存在);但像 $u(t)$、$\cos(\omega_0 t)$ 等不收敛的信号,虽然它们不绝对可积,但由于当 $t\to\pm\infty$ 时,它们的值是有限的,不为无穷大,所以可以通过采用一些非常规的方法求得它们的傅里叶变换 $\left(\text{注意此时}\int_{-\infty}^{\infty}f(t)\mathrm{e}^{-\mathrm{j}\omega t}\mathrm{d}t\text{一定不收敛}\right)$,而且它们的傅里叶变换一般包含冲激函数项。但是要注意,对于像 $\mathrm{e}^t u(t)$ 这类发散的信号,其傅里叶变换一定不存在。

2. 周期信号的傅里叶变换

周期信号的傅里叶变换由一系列冲激函数组成,且这些冲激位于信号的谐频处,那么如何理解这一结论呢?这需要从傅里叶变换的物理意义说起。傅里叶变换本质是"频谱密度函数",周期信号的频谱是离散谱,谱线位于谐频处。对于每一个谱线来说,其占据的频带宽度是无限小量,而谱线高度是一个有限值,用有限值除以无穷小,得到无穷大的频谱密度,所以频谱中的谱线在傅里叶变换的背景下就表现为冲激。且由于周期信号只包含谐频,故这些冲激就位于谐频处,不可能在其他频率点处出现冲激。实际上,这些冲激所处的位置是离散的,所以周期信号的傅里叶变换呈现出了离散特性,但我们还应该将这些冲激函数当作连续函数来处理。

3.3　习题详解

3-1　求题图 3-1 所示对称周期矩形信号的傅里叶级数(三角形式与指数形式)。

解　由题图 3-1 可知,$f(t)$ 为奇函数,故傅里叶系数 $a_0=0$,$a_n=0$,而

$$b_n=\frac{4}{T}\int_0^{\frac{T}{2}}f(t)\sin(n\omega_1 t)\mathrm{d}t\quad\left(\text{这里}\ \omega_1=\frac{2\pi}{T}\right)$$

$$=\frac{4}{T}\int_0^{\frac{T}{2}}\frac{E}{2}\sin(n\omega_1 t)\mathrm{d}t=-\frac{2E}{T}\cdot\frac{1}{n\omega_1}\cos(n\omega_1 t)\Big|_0^{\frac{T}{2}}$$

$$=\frac{E}{n\pi}[1-\cos(n\pi)]=\begin{cases}0,&n=2,4,\cdots\\[2mm]\dfrac{2E}{n\pi},&n=1,3,\cdots\end{cases}$$

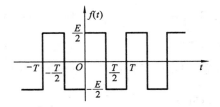

题图 3-1

于是,题图 3-1 所示对称周期矩形信号的三角形式傅里叶级数为

$$f(t)=\frac{2E}{\pi}\left[\sin(\omega_1 t)+\frac{1}{3}\sin(3\omega_1 t)+\frac{1}{5}\sin(5\omega_1 t)+\cdots\right],\quad\omega_1=\frac{2\pi}{T}$$

由指数形式的傅里叶级数与三角形式傅里叶级数的系数之间的关系可得

$$F_n=-\frac{1}{2}jb_n=\begin{cases}0,&n=0,\pm2,\pm4,\cdots\\-\dfrac{jE}{n\pi},&n=\pm1,\pm3,\cdots\end{cases}$$

于是,$f(t)$ 的指数形式傅里叶级数为

$$f(t)=-\frac{jE}{\pi}e^{j\omega_1 t}+\frac{jE}{\pi}e^{-j\omega_1 t}-\frac{jE}{3\pi}e^{j3\omega_1 t}+\frac{jE}{3\pi}e^{-j3\omega_1 t}+\cdots,\quad\omega_1=\frac{2\pi}{T}$$

3-2　周期矩形信号如题图 3-2 所示,若重复频率 $f=5\ \text{kHz}$,脉宽 $\tau=20$ μs,幅度 $E=10\ \text{V}$,求直流分量大小以及基波、二次和三次谐波的有效值。

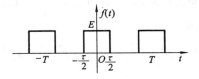

题图 3-2

解　教材 3.3 节已求出题图 3-2 所示周期矩形信号的三角形式傅里叶级数为

$$f(t)=\frac{E\tau}{T}+\frac{2E\tau}{T}\sum_{n=1}^{\infty}\text{Sa}\left(\frac{n\pi\tau}{T}\right)\cos(n\omega_1 t),\quad\omega_1=\frac{2\pi}{T}$$

故其直流分量大小为

$$\frac{E\tau}{T}=E\tau f=10\times20\times10^{-6}\times5\times10^3\ \text{V}=1\ \text{V}$$

基波的有效值为

$$\frac{1}{\sqrt{2}} \cdot \frac{2E\tau}{T} \cdot \left| \mathrm{Sa}\left(\frac{\pi\tau}{T}\right) \right| = \sqrt{2} E\tau f \cdot |\mathrm{Sa}(\pi\tau f)| = \sqrt{2} \cdot |\mathrm{Sa}(0.1\pi)| \approx 1.39 \text{ V}$$

二次谐波的有效值为

$$\frac{1}{\sqrt{2}} \cdot \frac{2E\tau}{T} \cdot \left| \mathrm{Sa}\left(\frac{2\pi\tau}{T}\right) \right| = \sqrt{2} \cdot |\mathrm{Sa}(0.2\pi)| \approx 1.32 \text{ V}$$

三次谐波的有效值为

$$\frac{1}{\sqrt{2}} \cdot \frac{2E\tau}{T} \cdot \left| \mathrm{Sa}\left(\frac{3\pi\tau}{T}\right) \right| = \sqrt{2} \cdot |\mathrm{Sa}(0.3\pi)| \approx 1.21 \text{ V}$$

3-3 若周期矩形信号 $f_1(t)$ 和 $f_2(t)$ 波形如题图 3-2 所示，$f_1(t)$ 的参数为 $\tau = 0.5 \ \mu\mathrm{s}$，$T = 1 \ \mu\mathrm{s}$，$E = 1 \text{ V}$；$f_2(t)$ 的参数为 $\tau = 1.5 \ \mu\mathrm{s}$，$T = 3 \ \mu\mathrm{s}$，$E = 3 \text{ V}$，分别求：

(1) $f_1(t)$ 的谱线间隔和带宽（第一零点位置），频率单位以 kHz 表示；

(2) $f_2(t)$ 的谱线间隔和带宽；

(3) $f_1(t)$ 与 $f_2(t)$ 的基波幅度之比；

(4) $f_1(t)$ 基波与 $f_2(t)$ 三次谐波幅度之比。

解 我们知道，周期信号的频谱是离散的，谱线之间的间隔就是基频 $\omega_1 = \frac{2\pi}{T}$（或 $f_1 = \frac{1}{T}$）。对于周期矩形信号而言，其频谱的包络线是抽样函数，该信号的带宽就在包络线的第一个零点位置，也即 $\omega = \frac{2\pi}{\tau}$（或 $f = \frac{1}{\tau}$）。故对于 (1)、(2) 两问来说，

(1) $f_1(t)$ 的谱线间隔为 $\quad \dfrac{1}{T} = \dfrac{1}{1 \ \mu\mathrm{s}} = 10^6 \text{ Hz} = 10^3 \text{ kHz}$

带宽为 $\quad \dfrac{1}{\tau} = \dfrac{1}{0.5 \ \mu\mathrm{s}} = 2 \times 10^3 \text{ kHz}$

(2) $f_2(t)$ 的谱线间隔为 $\quad \dfrac{1}{T} = \dfrac{1}{3 \ \mu\mathrm{s}} = \dfrac{1}{3} \times 10^3 \text{ kHz}$

带宽为 $\quad \dfrac{1}{\tau} = \dfrac{1}{1.5 \ \mu\mathrm{s}} = \dfrac{2}{3} \times 10^3 \text{ kHz}$

由题 3-2 知，周期矩形信号的基波幅度为 $\dfrac{2E\tau}{T} \cdot \left| \mathrm{Sa}\left(\dfrac{\pi\tau}{T}\right) \right|$，三次谐波幅度为 $\dfrac{2E\tau}{T} \cdot \left| \mathrm{Sa}\left(\dfrac{3\pi\tau}{T}\right) \right|$。故对于 (3)、(4) 两问来说，

(3) $f_1(t)$ 与 $f_2(t)$ 的基波幅度之比为

$$\frac{2\times1\times0.5}{1}\left|\mathrm{Sa}\left(\frac{0.5\pi}{1}\right)\right| : \frac{2\times3\times1.5}{3}\left|\mathrm{Sa}\left(\frac{1.5\pi}{3}\right)\right| = \frac{2}{\pi} : \frac{6}{\pi} = 1:3$$

（4）$f_1(t)$基波与$f_2(t)$的三次谐波幅度之比为

$$\frac{2\times1\times0.5}{1}\left|\mathrm{Sa}\left(\frac{0.5\pi}{1}\right)\right| : \frac{2\times3\times1.5}{3}\left|\mathrm{Sa}\left(\frac{3\pi\times1.5}{3}\right)\right| = \frac{2}{\pi} : \frac{2}{\pi} = 1:1$$

3-4 求题图 3-4(a)所示周期三角信号的傅里叶级数，并画出频谱图。

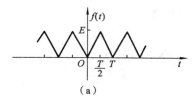

（a）

题图 3-4

解 由题图 3-4(a)可知，$f(t)$是偶函数，故 $b_n=0$，即 $f(t)$不包含正弦谐波分量。又

$$a_0 = \frac{1}{T}\int_{-\frac{T}{2}}^{\frac{T}{2}} f(t)\mathrm{d}t = \frac{1}{T}\times 2\times\frac{1}{2}\times E\times\frac{T}{2} = \frac{E}{2}$$

$$a_n = \frac{2}{T}\int_{-\frac{T}{2}}^{\frac{T}{2}} f(t)\cos(n\omega_1 t)\mathrm{d}t = \frac{4}{T}\int_0^{\frac{T}{2}}\frac{2E}{T}t\cos(n\omega_1 t)\mathrm{d}t, \quad \omega_1 = \frac{2\pi}{T}$$

$$= \frac{8E}{T^2}\cdot\frac{1}{n\omega_1}\left[t\sin(n\omega_1 t)\Big|_0^{\frac{T}{2}} - \int_0^{\frac{T}{2}}\sin(n\omega_1 t)\mathrm{d}t\right]$$

$$= \frac{8E}{T^2}\cdot\frac{1}{(n\omega_1)^2}\cos(n\omega_1 t)\Big|_0^{\frac{T}{2}} = \begin{cases} -\frac{4E}{(n\pi)^2}, & n=1,3,\cdots \\ 0, & n=2,4,\cdots \end{cases}$$

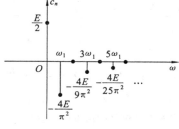

（b）

续题图 3-4

所以题图 3-4 所示周期三角信号的傅里叶级数为

$$f(t)=\frac{E}{2}-\frac{4E}{\pi^2}\left[\cos(\omega_1 t)+\frac{1}{3^2}\cos(3\omega_1 t)+\frac{1}{5^2}\cos(5\omega_1 t)+\cdots\right],\quad \omega_1=\frac{2\pi}{T}$$

显而易见，$c_n=a_n$ 为实数，故可将幅度谱与相位谱画在一幅图上，见题图 3-4(b)。

3-5 求题图 3-5(a)所示半波余弦信号的傅里叶级数。若 $E=10$ V，$f=10$ kHz，大致画出幅度谱。

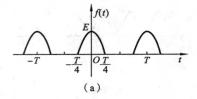

（a）

题图 3-5

解 由题图 3-5(a)可知，$f(t)$ 为偶函数，故 $b_n=0$。又

$$a_0=\frac{1}{T}\int_{-\frac{T}{4}}^{\frac{T}{4}}E\cos\left(\frac{2\pi}{T}t\right)\mathrm{d}t=\frac{E}{\pi}$$

$$a_n=\frac{4}{T}\int_0^{\frac{T}{2}}f(t)\cos(n\omega_1 t)\mathrm{d}t\quad\left(这里\ \omega_1=\frac{2\pi}{T}\right)$$

$$=\frac{4}{T}\int_0^{\frac{T}{4}}E\cos\left(\frac{2\pi}{T}t\right)\cdot\cos\left(\frac{2n\pi}{T}t\right)\mathrm{d}t$$

$$=\frac{2E}{T}\int_0^{\frac{T}{4}}\left[\cos\frac{2(n+1)\pi}{T}t+\cos\frac{2(n-1)\pi}{T}t\right]\mathrm{d}t$$

$$=\frac{E}{\pi}\left[\frac{\sin\frac{(n+1)\pi}{2}}{n+1}+\frac{\sin\frac{(n-1)\pi}{2}}{n-1}\right]$$

$$=\begin{cases}\dfrac{E}{2},&n=1\\[2mm]\dfrac{2E}{(1-n^2)\pi}\cos\dfrac{n\pi}{2},&n=2,4,6,\cdots\\[2mm]0,&n=3,5,7,\cdots\end{cases}$$

所以题图 3-5(a)所示半波余弦信号的傅里叶级数为

$$f(t)=\frac{E}{\pi}+\frac{E}{2}\cos(\omega_1 t)+\frac{2E}{3\pi}\cos(2\omega_1 t)-\frac{2E}{15\pi}\cos(4\omega_1 t)+\frac{2E}{35\pi}\cos(6\omega_1 t)-\cdots$$

$$= \frac{E}{\pi} + \frac{E}{2}\left[\cos(\omega_1 t) + \frac{4}{3\pi}\cos(2\omega_1 t) - \frac{4}{15\pi}\cos(4\omega_1 t) + \frac{4}{35\pi}\cos(6\omega_1 t) - \cdots\right]$$

若 $E = 10\ \text{V}, f = 10\ \text{kHz}$，可大致画出其幅度谱如题图 3-5(b)所示。

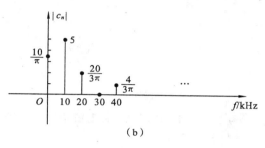

（b）

续题图 3-5

3-6 求题图 3-6(a)所示周期锯齿信号的指数形式傅里叶级数，并大致画出频谱图。

解 先求傅里叶系数 F_n。

$$F_n = \frac{1}{T}\int_0^T f(t)\mathrm{e}^{-\mathrm{j}n\omega_1 t}\mathrm{d}t, \quad \omega_1 = \frac{2\pi}{T}$$

$$= \frac{1}{T}\int_0^T \left(-\frac{E}{T}t + E\right)\mathrm{e}^{-\mathrm{j}n\omega_1 t}\mathrm{d}t$$

$$= \frac{E}{T^2} \cdot \frac{1}{\mathrm{j}n\omega_1}t\mathrm{e}^{-\mathrm{j}n\omega_1 t}\bigg|_0^T$$

$$= \frac{E}{\mathrm{j}2n\pi} = \frac{-\mathrm{j}E}{2n\pi}, \quad n = \pm 1, \pm 2, \cdots$$

当 $n = 0$ 时，

$$F_0 = a_0 = \frac{1}{T}\int_0^T f(t)\mathrm{d}t = \frac{1}{T} \times \frac{1}{2}TE = \frac{E}{2}$$

所以题图 3-6(a)所示周期锯齿信号的指数形式傅里叶级数为

$$f(t) = \frac{E}{2} - \frac{\mathrm{j}E}{2\pi}\mathrm{e}^{\mathrm{j}\omega_1 t} + \frac{\mathrm{j}E}{2\pi}\mathrm{e}^{-\mathrm{j}\omega_1 t} - \frac{\mathrm{j}E}{4\pi}\mathrm{e}^{\mathrm{j}2\omega_1 t} + \frac{\mathrm{j}E}{4\pi}\mathrm{e}^{-\mathrm{j}2\omega_1 t} - \cdots$$

$$= \frac{E}{2} + \frac{E}{\pi}\left[\sin(\omega_1 t) + \frac{1}{2}\sin(2\omega_1 t) + \cdots\right]$$

$$= \frac{E}{2} + \frac{E}{\pi}\left[\cos\left(\omega_1 t - \frac{\pi}{2}\right) + \frac{1}{2}\cos\left(2\omega_1 t - \frac{\pi}{2}\right) + \cdots\right]$$

可大致画出其幅度频谱和相位频谱分别如题图 3-6(b)、(c)所示。

题图 3-6

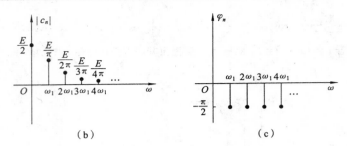

（b）　　　　　（c）

续题图 3-6

3-7　利用信号 $f(t)$ 的对称性，定性判断题图 3-7 中各周期信号的傅里叶级数中所含有的频率分量。

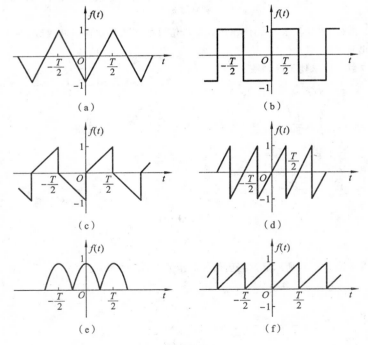

（a）　　　　　（b）

（c）　　　　　（d）

（e）　　　　　（f）

题图 3-7

解　（a）题图 3-7(a)所示 $f(t)$ 既是偶函数，又是奇谐函数，所以 $f(t)$ 仅包含奇次余弦分量。

(b) 题图 3-7(b)所示 $f(t)$ 既是奇函数,又是奇谐函数,所以 $f(t)$ 仅包含奇次正弦分量。

(c) 题图 3-7(c)所示 $f(t)$ 是奇谐函数,所以 $f(t)$ 包含奇次的正弦和余弦分量。

(d) 题图 3-7(d)所示 $f(t)$ 是奇函数,所以 $f(t)$ 仅包含正弦分量。

(e) 题图 3-7(e)所示 $f(t)$ 是偶函数,而且根据图示的周期可见 $f(t)$ 又是偶谐函数,所以 $f(t)$ 包含直流和偶次余弦分量。

(f) 题图 3-7(f)所示 $f(t)$ 是偶谐函数,故 $f(t)$ 不包含奇次谐波;另一方面不难发现,$f(t)-\dfrac{1}{2}$ 是奇函数,即 $f(t)-\dfrac{1}{2}$ 只包含正弦分量,综上可知,$f(t)$ 仅包含直流和偶次正弦分量。

3-8　求题图 3-8 中两种周期信号的傅里叶级数。

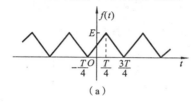

(a)

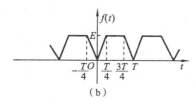

(b)

题图 3-8

解　(a) 如题图 3-8(a)所示。此题中的 $f(t)$ 与题 3-4 中信号(这里记为 $f_1(t)$)的图形相同,只是平移了 $\dfrac{T}{4}$,即

$$f(t)=f_1\left(t+\frac{T}{4}\right)$$

由题 3-4 知

$$f_1(t)=\frac{E}{2}-\frac{4E}{\pi^2}\left[\cos(\omega_1 t)+\frac{1}{3^2}\cos(3\omega_1 t)\right.$$

$$+\frac{1}{5^2}\cos(5\omega_1 t)+\cdots\Big],\quad \omega_1=\frac{2\pi}{T}$$

于是有

$$f(t)=\frac{E}{2}-\frac{4E}{\pi^2}\Big\{\cos\Big[\omega_1\Big(t+\frac{T}{4}\Big)\Big]+\frac{1}{3^2}\cos\Big[3\omega_1\Big(t+\frac{T}{4}\Big)\Big]$$

$$+\frac{1}{5^2}\cos\Big[5\omega_1\Big(t+\frac{T}{4}\Big)\Big]+\cdots\Big\}$$

$$=\frac{E}{2}-\frac{4E}{\pi^2}\Big[\cos\Big(\omega_1 t+\frac{\pi}{2}\Big)+\frac{1}{3^2}\cos\Big(3\omega_1 t+\frac{3\pi}{2}\Big)$$

$$+\frac{1}{5^2}\cos\Big(5\omega_1 t+\frac{5\pi}{2}\Big)+\cdots\Big]$$

$$=\frac{E}{2}-\frac{4E}{\pi^2}\Big[-\sin(\omega_1 t)+\frac{1}{3^2}\sin(3\omega_1 t)-\frac{1}{5^2}\sin(5\omega_1 t)+\cdots\Big]$$

即傅里叶级数为

$$f(t)=\frac{E}{2}+\frac{4E}{\pi^2}\Big[\sin(\omega_1 t)-\frac{1}{3^2}\sin(3\omega_1 t)+\frac{1}{5^2}\sin(5\omega_1 t)-\cdots\Big],\quad \omega_1=\frac{2\pi}{T}$$

(b) 如题图 3-8(b)所示，$f(t)$ 是偶函数，所以 $b_n=0$。又

$$a_0=\frac{1}{T}\int_0^T f(t)\mathrm{d}t=\frac{1}{T}\cdot S_{梯}=\frac{1}{T}\cdot\frac{1}{2}E\Big(\frac{T}{2}+T\Big)=\frac{3E}{4}$$

$$a_n=\frac{2}{T}\int_0^T f(t)\cos(n\omega_1 t)\mathrm{d}t,\quad \omega_1=\frac{2\pi}{T}$$

$$=\frac{2}{T}\int_0^{\frac{T}{4}}\frac{4E}{T}t\cdot\cos(n\omega_1 t)\mathrm{d}t+\frac{2}{T}\int_{\frac{T}{4}}^{\frac{3T}{4}}E\cos(n\omega_1 t)\mathrm{d}t$$

$$+\frac{2}{T}\int_{\frac{3T}{4}}^{T}\Big(4E-\frac{4E}{T}t\Big)\cos(n\omega_1 t)\mathrm{d}t$$

$$=\frac{2E}{(n\pi)^2}\cos\Big(\frac{n\pi}{2}\Big)+\frac{2E}{(n\pi)^2}\cos\Big(\frac{3n\pi}{2}\Big)-\frac{4E}{(n\pi)^2}$$

$$=\begin{cases}-\dfrac{4E}{(n\pi)^2}, & n=1,3,5,\cdots\\[2mm]0, & n=4,8,\cdots\\[2mm]-\dfrac{8E}{(n\pi)^2}, & n=2,6,\cdots\end{cases}$$

$$=\frac{-4E}{(n\pi)^2}\Big(1-\cos\frac{n\pi}{2}\Big),\quad n=1,2,3,\cdots$$

所以得傅里叶级数为

$$f(t)=\frac{3E}{4}-\frac{4E}{\pi^2}\Big[\cos(\omega_1 t)+\frac{1}{2}\cos(2\omega_1 t)+\frac{1}{9}\cos(3\omega_1 t)$$

$$+\frac{1}{25}\cos(5\omega_1 t)+\cdots\bigg], \quad \omega_1=\frac{2\pi}{T}$$

3-9　求题图 3-9 所示周期余弦切顶脉冲波的傅里叶级数,并求直流分量 I_0 以及基波和 k 次谐波的幅度(I_1 和 I_k)。

(1) $\theta=$ 任意值;

(2) $\theta=60°$;

(3) $\theta=90°$。

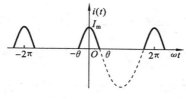

题图 3-9

$$\left[\text{提示}:i(t)=I_\mathrm{m}\frac{\cos(\omega_1 t)-\cos\theta}{1-\cos\theta},\omega_1\text{ 为 }i(t)\text{ 的重复角频率。}\right]$$

解　(1) 题图 3-9 所示信号 $i(t)$ 是偶函数,故 $b_n=0$,且

$$i(t)=I_\mathrm{m}\frac{\cos(\omega_1 t)-\cos\theta}{1-\cos\theta}$$

ω_1 为 $i(t)$ 的重复角频率。

由题图 3-9 可知,其直流分量

$$I_0=\frac{1}{T}\int_{-\frac{T}{2}}^{\frac{T}{2}}i(t)\mathrm{d}t=\frac{2}{T}\int_0^{\frac{\theta}{\omega_1}}i(t)\mathrm{d}t, \quad T=\frac{2\pi}{\omega_1}$$

因为所给 $i(t)$ 的图形是以角度 ωt 为自变量,所以这里的积分也可通过乘以 ω_1 将积分变量换成角度,注意积分上限需同时发生变化! 即

$$I_0=\frac{2}{\omega_1 T}\int_0^{\frac{\theta}{\omega_1}\omega_1}i(t)\mathrm{d}(\omega_1 t)=\frac{2}{2\pi}\int_0^{\theta}I_\mathrm{m}\cdot\frac{\cos(\omega_1 t)-\cos\theta}{1-\cos\theta}\mathrm{d}(\omega_1 t)$$

$$=\frac{I_\mathrm{m}}{\pi(1-\cos\theta)}\int_0^{\theta}\big[\cos(\omega_1 t)-\cos\theta\big]\mathrm{d}(\omega_1 t)$$

$$=\frac{I_\mathrm{m}}{\pi(1-\cos\theta)}\bigg[\sin(\omega_1 t)\bigg|_0^{\theta}-\cos\theta\cdot(\omega_1 t)\bigg|_0^{\theta}\bigg]$$

$$=\frac{I_\mathrm{m}(\sin\theta-\theta\cos\theta)}{\pi(1-\cos\theta)}$$

傅里叶系数

$$a_n = \frac{2}{T}\int_{-\frac{T}{2}}^{\frac{T}{2}} i(t)\cos(n\omega_1 t)\mathrm{d}t = \frac{4}{T}\int_0^{\frac{\theta}{\omega_1}} i(t)\cos(n\omega_1 t)\mathrm{d}t, \quad T = \frac{2\pi}{\omega_1}$$

$$= \frac{4}{\omega_1 T}\int_0^\theta I_m \cdot \frac{\cos(\omega_1 t) - \cos\theta}{1 - \cos\theta} \cdot \cos(n\omega_1 t)\mathrm{d}(\omega_1 t)$$

$$= \frac{2I_m}{\pi(1-\cos\theta)}\left\{\int_0^\theta\left[\frac{1}{2}\cos(n+1)\omega_1 t + \frac{1}{2}\cos(n-1)\omega_1 t\right]\mathrm{d}(\omega_1 t)\right.$$

$$\left. - \int_0^\theta \cos\theta \cdot \cos(n\omega_1 t)\mathrm{d}(\omega_1 t)\right\}$$

$$= \frac{2I_m}{\pi(1-\cos\theta)}\left\{\frac{\sin(n+1)\omega_1 t}{2(n+1)}\bigg|_0^\theta + \frac{\sin(n-1)\omega_1 t}{2(n-1)}\bigg|_0^\theta - \frac{\cos\theta \cdot \sin(n\omega_1 t)}{n}\bigg|_0^\theta\right\}$$

$$= \frac{2I_m}{\pi(1-\cos\theta)}\left\{\frac{\sin(n+1)\theta}{2(n+1)} + \frac{\sin(n-1)\theta}{2(n-1)} - \frac{\cos\theta \cdot \sin n\theta}{n}\right\}$$

$$= \frac{2I_m}{\pi(1-\cos\theta)}\left[\frac{(n-1)(\sin n\theta\cos\theta + \cos n\theta\sin\theta) + (n+1)(\sin n\theta\cos\theta - \cos n\theta\sin\theta)}{2(n^2-1)}\right.$$

$$\left. - \frac{\cos\theta \cdot \sin n\theta}{n}\right]$$

$$= \frac{2I_m(\sin n\theta \cdot \cos\theta - n \cdot \cos n\theta \cdot \sin\theta)}{n\pi(n^2-1)(1-\cos\theta)}$$

于是基波的幅度

$$I_1 = |a_1| = \lim_{n\to 1}\left|\frac{2I_m(\sin n\theta \cdot \cos\theta - n \cdot \cos n\theta \cdot \sin\theta)}{\pi(1-\cos\theta) \cdot n(n^2-1)}\right|$$

$$\underline{\underline{\text{罗比塔法则}}}\left|\frac{I_m(\theta - \sin\theta \cdot \cos\theta)}{\pi(1-\cos\theta)}\right|$$

k 次谐波的幅度

$$I_k = |a_k| = \left|\frac{2I_m(\sin k\theta \cdot \cos\theta - k\cos k\theta \cdot \sin\theta)}{k\pi(k^2-1)(1-\cos\theta)}\right|$$

(2) 当 $\theta = 60°$，即 $\frac{\pi}{3}$ 时，

$$I_0 = \frac{I_m\left(\sin\frac{\pi}{3} - \frac{\pi}{3}\cos\frac{\pi}{3}\right)}{\pi\left(1-\cos\frac{\pi}{3}\right)} = \frac{\sqrt{3}-\frac{\pi}{3}}{\pi} \cdot I_m \approx 0.22 I_m$$

$$I_1 = \left|\frac{I_m\left(\frac{\pi}{3} - \sin\frac{\pi}{3}\cos\frac{\pi}{3}\right)}{\pi\left(1-\cos\frac{\pi}{3}\right)}\right| = \left|\frac{\frac{2\pi}{3}-\frac{\sqrt{3}}{2}}{\pi} \cdot I_m\right| \approx 0.39 I_m$$

$$I_k = \left| \frac{2I_\mathrm{m}\left(\sin\dfrac{k\pi}{3}\cos\dfrac{\pi}{3} - k\cos\dfrac{k\pi}{3}\sin\dfrac{\pi}{3}\right)}{k\pi(k^2-1)\left(1-\cos\dfrac{\pi}{3}\right)} \right| = \left| \frac{2I_\mathrm{m}\left(\sin\dfrac{k\pi}{3} - \sqrt{3}k\cos\dfrac{k\pi}{3}\right)}{k\pi(k^2-1)} \right|$$

（3）当 $\theta = 90°$，即 $\dfrac{\pi}{2}$ 时，

$$I_0 = \frac{I_\mathrm{m}\left(\sin\dfrac{\pi}{2} - \dfrac{\pi}{2}\cos\dfrac{\pi}{2}\right)}{\pi\left(1-\cos\dfrac{\pi}{2}\right)} = \frac{I_\mathrm{m}}{\pi}$$

$$I_1 = \left| \frac{I_\mathrm{m}\left(\dfrac{\pi}{2} - \sin\dfrac{\pi}{2}\cdot\cos\dfrac{\pi}{2}\right)}{\pi\left(1-\cos\dfrac{\pi}{2}\right)} \right| = \frac{I_\mathrm{m}}{2}$$

$$I_k = \left| \frac{2I_\mathrm{m}\left(\sin\dfrac{k\pi}{2}\cos\dfrac{\pi}{2} - k\cos\dfrac{k\pi}{2}\cdot\sin\dfrac{\pi}{2}\right)}{k\pi(k^2-1)\left(1-\cos\dfrac{\pi}{2}\right)} \right| = \left| \frac{2I_\mathrm{m}\cdot\cos\dfrac{k\pi}{2}}{\pi(1-k^2)} \right|$$

3-10 已知周期函数 $f(t)$ 前四分之一周期的波形如题图 3-10(a)所示。根据下列各种情况的要求画出 $f(t)$ 在一个周期（$0 < t < T$）内的波形。

（1）$f(t)$ 是偶函数，只含有偶次谐波；

（2）$f(t)$ 是偶函数，只含有奇次谐波；

（3）$f(t)$ 是偶函数，含有偶次和奇次谐波；

（4）$f(t)$ 是奇函数，只含有偶次谐波；

（5）$f(t)$ 是奇函数，只含有奇次谐波；

（6）$f(t)$ 是奇函数，含有偶次和奇次谐波。

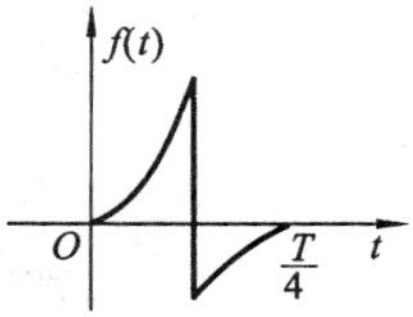

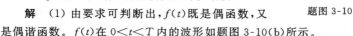

（a）

题图 3-10

解 （1）由要求可判断出，$f(t)$ 既是偶函数，又是偶谐函数。$f(t)$ 在 $0 < t < T$ 内的波形如题图 3-10(b)所示。

（2）由要求可判断出，$f(t)$ 既是偶函数，又是奇谐函数。$f(t)$ 在 $0 < t < T$ 内的波形如题图 3-10(c)所示。

（3）由要求可判断出，$f(t)$ 是偶函数，亦是非奇非偶函数。满足这个条件的 $f(t)$ 不止一个，这里仅画出一种情况。$f(t)$ 在 $0 < t < T$ 内的波形如题图 3-10(d)所示。

（4）由要求可判断出，$f(t)$ 既是奇函数，又是偶谐函数。$f(t)$ 在 $0 < t < T$ 内的波形如题图 3-10(e)所示。

（5）由要求可判断出，$f(t)$ 既是奇函数，又是奇谐函数。$f(t)$ 在 $0 < t < T$

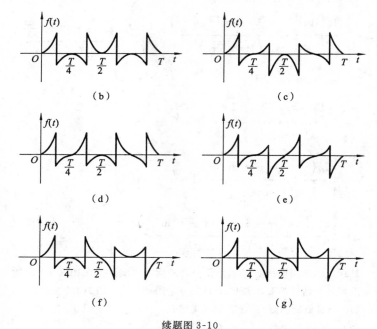

续题图 3-10

内的波形如题图 3-10(f)所示。

(6) 由要求可判断出，$f(t)$ 是奇函数，亦是非奇非偶函数。满足该条件的 $f(t)$ 不止一个，这里仅画出一种情况。$f(t)$ 在 $0 < t < T$ 内的波形如题图 3-10(g)所示。

3-11　求题图 3-11 所示周期信号的傅里叶级数的系数。图(a)求 a_n、b_n；图(b)求 F_n。

解　(a) 由题图 3-11(a)可见，$f_1(t)$ 的周期为 4，且在 $[0,4]$ 内的函数表达式为 $\sin(\pi t)[u(t) - u(t-2)]$。另外，易看出 $f_1(t)$ 在一个周期内的平均值为零，即 $a_0 = 0$。下面分别求 a_n、b_n。

$$a_n = \frac{2}{T}\int_0^T f_1(t)\cos\left(n \cdot \frac{2\pi}{T}t\right)\mathrm{d}t = \frac{2}{4}\int_0^2 \sin(\pi t)\cos\left(\frac{2n\pi}{4}t\right)\mathrm{d}t$$

$$= \frac{1}{4}\int_0^2 \left\{\sin\left[\left(\pi + \frac{n\pi}{2}\right)t\right] + \sin\left[\left(\pi - \frac{n\pi}{2}\right)t\right]\right\}\mathrm{d}t$$

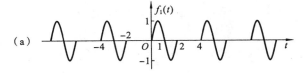

题图 3-11

$$= \frac{2}{(n^2-4)\pi}[\cos(n\pi)-1] = \begin{cases} 0, & n=2,4,\cdots \\ \dfrac{4}{(4-n^2)\pi}, & n=1,3,\cdots \end{cases}$$

$$b_n = \frac{2}{4}\int_0^2 \sin(\pi t)\cdot\sin\left(\frac{n\pi}{2}t\right)\mathrm{d}t$$

$$= \frac{1}{4}\int_0^2 \left\{\cos\left[\left(\pi-\frac{n\pi}{2}\right)t\right] - \cos\left[\left(\pi+\frac{n\pi}{2}\right)t\right]\right\}\mathrm{d}t$$

$$= \begin{cases} 0, & n\neq 2 \\ \dfrac{1}{2}, & n=2 \end{cases}$$

所以 $f_1(t)$ 的傅里叶级数为

$$f_1(t) = \frac{4}{\pi}\left[\frac{1}{3}\cos(\omega_1 t) - \frac{1}{5}\cos(3\omega_1 t) - \frac{1}{21}\cos(5\omega_1 t) - \cdots\right]$$

$$+ \frac{1}{2}\sin(2\omega_1 t), \quad \omega_1 = \frac{2\pi}{T} = \frac{\pi}{2}$$

（b）对比题图 3-11 的（b）与（a）可找到二者之间的关系如下

$$f_2(t) = f_1\left(t+\frac{1}{2}\right) - f_1\left(t-\frac{3}{2}\right)$$

且 $f_2(t)$ 的周期仍为 4。

由 $f_2(t)$ 与 $f_1(t)$ 的关系可得到在周期 $\left[-\frac{1}{2}, \frac{7}{2}\right]$ 内 $f_2(t)$ 的函数表达式为 $\sin\pi\left(t+\frac{1}{2}\right)\left[u\left(t+\frac{1}{2}\right) - u\left(t-\frac{3}{2}\right)\right] - \sin\pi\left(t-\frac{3}{2}\right)\left[u\left(t-\frac{3}{2}\right) - u\left(t-\frac{7}{2}\right)\right]$，于是

$$F_n = \frac{1}{4}\int_{-\frac{1}{2}}^{\frac{7}{2}} f_2(t)e^{-jn\omega_1 t}dt, \quad \omega_1 = \frac{2\pi}{4} = \frac{\pi}{2}$$

$$= \frac{1}{4}\int_{-\frac{1}{2}}^{\frac{3}{2}} \sin\left[\pi\left(t+\frac{1}{2}\right)\right]e^{-jn\cdot\frac{\pi}{2}t}dt$$

$$+ \frac{1}{4}\int_{\frac{3}{2}}^{\frac{7}{2}}\left\{-\sin\left[\pi\left(t-\frac{3}{2}\right)\right]\right\}\cdot e^{-jn\cdot\frac{\pi}{2}t}dt$$

$$= \frac{1}{4}\int_{-\frac{1}{2}}^{\frac{3}{2}}\cos(\pi t)\cdot e^{-jn\cdot\frac{\pi}{2}t}dt - \frac{1}{4}\int_{\frac{3}{2}}^{\frac{7}{2}}\cos(\pi t)\cdot e^{-jn\cdot\frac{\pi}{2}t}dt$$

$$= \frac{1}{8}\int_{-\frac{1}{2}}^{\frac{3}{2}}\left[e^{j(1-\frac{n}{2})\pi t}+e^{-j(1+\frac{n}{2})\pi t}\right]dt - \frac{1}{8}\int_{\frac{3}{2}}^{\frac{7}{2}}\left[e^{j(1-\frac{n}{2})\pi t}+e^{-j(1+\frac{n}{2})\pi t}\right]dt$$

$$= \frac{1}{8}\left\{\frac{1}{j\left(1-\frac{n}{2}\right)\pi}\left[e^{j\left(1-\frac{n}{2}\right)\cdot\frac{3\pi}{2}}-e^{-j\left(1-\frac{n}{2}\right)\cdot\frac{\pi}{2}}\right]\right.$$

$$\left. - \frac{1}{j\left(1+\frac{n}{2}\right)\pi}\left[e^{-j\left(1+\frac{n}{2}\right)\cdot\frac{3\pi}{2}}-e^{j\left(1+\frac{n}{2}\right)\cdot\frac{\pi}{2}}\right]\right\}$$

$$- \frac{1}{8}\left\{\frac{1}{j\left(1-\frac{n}{2}\right)\pi}\left[e^{j\left(1-\frac{n}{2}\right)\cdot\frac{7\pi}{2}}-e^{j\left(1-\frac{n}{2}\right)\cdot\frac{3\pi}{2}}\right]\right.$$

$$\left. + \frac{1}{j\left(1+\frac{n}{2}\right)\pi}\left[e^{-j\left(1+\frac{n}{2}\right)\cdot\frac{7\pi}{2}}-e^{-j\left(1+\frac{n}{2}\right)\cdot\frac{3\pi}{2}}\right]\right\}$$

考虑到 $e^{\pm j\frac{3\pi}{2}}=\mp j, e^{\pm j\frac{\pi}{2}}=\pm j, e^{\pm j\frac{7\pi}{2}}=\mp j$，则有

$$F_n = \frac{1}{8}\left\{\frac{1}{\left(1-\frac{n}{2}\right)\pi}\left[-e^{-j\frac{3n\pi}{4}}+e^{j\frac{n\pi}{4}}\right] - \frac{1}{\left(1+\frac{n}{2}\right)\pi}\left[e^{-j\frac{3n\pi}{4}}-e^{j\frac{n\pi}{4}}\right]\right\}$$

$$- \frac{1}{8}\left\{\frac{1}{\left(1-\frac{n}{2}\right)\pi}\left[-e^{-j\frac{7n\pi}{4}}+e^{-j\frac{3n\pi}{4}}\right] - \frac{1}{\left(1+\frac{n}{2}\right)\pi}\left[e^{j\frac{7n\pi}{4}}-e^{-j\frac{3n\pi}{4}}\right]\right\}$$

再利用 $\frac{3n\pi}{4}=n\pi-\frac{n\pi}{4}, \frac{7n\pi}{4}=2n\pi-\frac{n\pi}{4}$，可将上式化简为

$$F_n = \frac{1}{8}\left[\frac{1}{\left(1-\dfrac{n}{2}\right)\pi}e^{j\frac{n\pi}{4}}(1-e^{-jn\pi}) - \frac{1}{\left(1+\dfrac{n}{2}\right)\pi}e^{j\frac{n\pi}{4}}(e^{-jn\pi}-1)\right]$$

$$- \frac{1}{8}\left[\frac{1}{\left(1-\dfrac{n}{2}\right)\pi}e^{j\frac{n\pi}{4}}(e^{jn\pi}-1) - \frac{1}{\left(1+\dfrac{n}{2}\right)\pi}e^{j\frac{n\pi}{4}}(1-e^{-jn\pi})\right]$$

$$= \frac{1}{8}e^{j\frac{n\pi}{4}}(1-e^{-jn\pi})\left[\frac{2}{\left(1-\dfrac{n}{2}\right)\pi} + \frac{2}{\left(1+\dfrac{n}{2}\right)\pi}\right]$$

$$= \frac{2}{(4-n^2)\pi}[1-\cos(n\pi)]e^{j\frac{n\pi}{4}}$$

$$= \frac{2}{(4-n^2)\pi}[1-\cos(n\pi)]\left(\cos\frac{n\pi}{4}+j\sin\frac{n\pi}{4}\right)$$

所以 $f_2(t)$ 的傅里叶级数为

$$f_2(t) = \sum_{n=-\infty}^{\infty} \frac{2}{(4-n^2)\pi}[1-\cos(n\pi)]e^{j\frac{n\pi}{4}} \cdot e^{jn\omega_1 t}, \quad \omega_1 = \frac{2\pi}{4} = \frac{\pi}{2}$$

3-12　如题图 3-12 所示周期信号 $v_i(t)$ 加到 RC 低通滤波电路。已知 $v_i(t)$ 的重复频率 $f_1 = \dfrac{1}{T} = 1\,\text{kHz}$，电压幅度 $E = 1\,\text{V}$，$R = 1\,\text{k}\Omega$，$C = 0.1\,\mu\text{F}$。分别求：

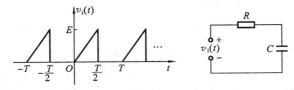

题图 3-12

（1）稳态时电容两端电压的直流分量、基波和五次谐波的幅度；

（2）求上述各分量与 $v_i(t)$ 相应分量的比值，讨论此电路对各频率分量响应的特点。

（提示：利用电路课所学正弦稳态交流电路的计算方法分别求各频率分量之响应。）

解　（1）① 将周期电压源信号 $v_i(t)$ 展开为傅里叶级数：

$$a_0 = \frac{1}{T}\int_0^{\frac{T}{2}} \frac{2E}{T}t\,\mathrm{d}t = \frac{E}{4}$$

$$a_n = \frac{2}{T}\int_0^{\frac{T}{2}} \frac{2E}{T}t\cos(n\omega_1 t)\mathrm{d}t = \begin{cases} \dfrac{-2E}{n^2\pi^2}, & n=1,3,\cdots \\ 0, & n=2,4,\cdots \end{cases}$$

$$b_n = \frac{2}{T}\int_0^{\frac{T}{2}} \frac{2E}{T}t\sin(n\omega_1 t)\mathrm{d}t = \begin{cases} \dfrac{E}{n\pi}, & n=1,3,\cdots \\ \dfrac{-E}{n\pi}, & n=2,4,\cdots \end{cases}$$

因此 $v_i(t) = \dfrac{E}{4} - \dfrac{2E}{\pi^2}\cos(\omega_1 t) + \dfrac{E}{\pi}\sin(\omega_1 t) - \dfrac{E}{2\pi}\sin(2\omega_1 t) - \dfrac{2E}{9\pi^2}\cos(3\omega_1 t)$

$\qquad + \dfrac{E}{3\pi}\sin(3\omega_1 t) - \dfrac{E}{4\pi}\sin(4\omega_1 t) - \dfrac{2E}{25\pi^2}\cos(5\omega_1 t) + \dfrac{E}{5\pi}\sin(5\omega_1 t)$

$\qquad + \cdots$

其中，$E=1$ V，$\omega_1 = 2\pi f_1 = 2000\pi$ rad/s。

可见，$v_i(t)$ 中的直流分量的幅度

$$V_{i0} = \frac{E}{4} = 0.25 \text{ V}$$

基波分量的幅度　　$V_{i1} = \sqrt{\dfrac{4E^2}{\pi^4} + \dfrac{E^2}{\pi^2}} \approx 0.37 \text{ V}$

五次谐波分量的幅度

$$V_{i5} = \sqrt{\frac{4E^2}{625\pi^4} + \frac{E^2}{25\pi^2}} \approx 0.064 \text{ V}$$

② 求电路的电压传输系数。

由电路可得

$$H(\mathrm{j}\omega) = \frac{\dot{V}_C}{\dot{V}_i} = \frac{\dfrac{1}{\mathrm{j}\omega C}}{R + \dfrac{1}{\mathrm{j}\omega C}}$$

③ 求稳态时电容两端电压之直流分量、基波和五次谐波的幅度。

先分别求出电路对各次谐波分量呈现的频率响应的模量：

$$|H(\mathrm{j}0)| = 1$$

$$|H(\mathrm{j}\omega_1)| = \left| \frac{\dfrac{1}{\mathrm{j}2\pi\times10^3\times10^{-7}}}{10^3 + \dfrac{1}{\mathrm{j}2\pi\times10^3\times10^{-7}}} \right| \approx 0.847$$

$$|H(\mathrm{j}5\omega_1)| = \left| \frac{\dfrac{1}{\mathrm{j}2\pi\times5\times10^3\times10^{-7}}}{10^3 + \dfrac{1}{\mathrm{j}2\pi\times5\times10^3\times10^{-7}}} \right| \approx 0.303$$

然后便可得电容两端电压的几个谐波分量的幅度如下：

直流分量的幅度　　$V_{C0}=|H(j0)|\cdot V_{i0}=1\times0.25\ \text{V}=0.25\ \text{V}$

基波分量的幅度　　$V_{C1}=|H(j\omega_1)|\cdot V_{i1}=0.847\times0.37\ \text{V}\approx0.313\ \text{V}$

五次谐波分量的幅度　$V_{C5}=|H(j5\omega_1)|\cdot V_{i5}=0.303\times0.064\ \text{V}$

$\approx0.019\ \text{V}$

（2）电容电压中各分量与 $v_i(t)$ 中相应分量的比值分别如下：

直流分量　　　　　　　　$0.25:0.25=1:1$

基波分量　　　$0.313:0.37=|H(j\omega_1)|=0.847$

五次谐波分量　$0.019:0.064=|H(j5\omega_1)|=0.303$

由以上求出的比值可分析得知，此 RC 电路是一低通滤波器，对输入信号中的高频分量衰减得相对较大，而对低频分量衰减得相对小一些。

3-13　学习电路课时已知，LC 谐振电路具有选择频率的作用，当输入正弦信号频率与 LC 电路的谐振频率一致时，将产生较强的输出响应，而当输入信号频率适当偏离时，输出响应相对值很弱，几乎为零（相当于窄带通滤波器）。利用这一原理可从非正弦周期信号中选择所需的正弦频率成分。题图 3-13(a) 所示 RLC 并联电路和电流源 $i_1(t)$ 都是理想模型。已知电路的谐振频率为 $f_0=\dfrac{1}{2\pi\sqrt{LC}}=100\ \text{kHz}$，$R=100\ \text{k}\Omega$，谐振电路品质因数 Q 足够高（可滤除邻近频率成分）。$i_1(t)$ 为周期矩形波，幅度为 1 mA。当 $i_1(t)$ 的参数 (τ,T) 为下列情况时，粗略地画出输出电压 $v_2(t)$ 的波形，并注明幅度值。

（1）$\tau=5\ \mu\text{s},T=10\ \mu\text{s}$；

（2）$\tau=10\ \mu\text{s},T=20\ \mu\text{s}$；

（3）$\tau=15\ \mu\text{s},T=30\ \mu\text{s}$。

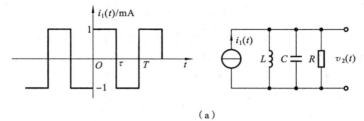

(a)

题图 3-13

解　将电流源 $i_1(t)$ 展开为傅里叶级数，考虑其奇函数特点可知 $a_0=a_n$

$=0$。而 $i_1(t)$ 的波形是以 mA 为其幅度的单位,故

$$b_n = \frac{4}{T}\int_0^T 10^{-3} \cdot \sin(n\omega_1 t)\mathrm{d}t, \quad \omega_1 = \frac{2\pi}{T}$$

$$= \frac{4\times 10^{-3}}{n\omega_1 T}[1-\cos(n\omega_1\tau)] = \frac{4\times 10^{-3}}{n\pi}\sin^2\left(\frac{n\omega_1\tau}{2}\right)$$

所以得 $i_1(t)$ 的傅里叶级数展开式为

$$i_1(t) = \sum_{n=1}^{\infty} \frac{4\times 10^{-3}}{n\pi}\sin^2\left(\frac{n\omega_1\tau}{2}\right)\sin(n\omega_1 t)$$

即　$i_1(t)=\dfrac{4}{\pi}\times 10^{-3}\sin^2\left(\dfrac{\omega_1\tau}{2}\right)\sin(\omega_1 t)+\dfrac{4}{2\pi}\times 10^{-3}\sin^2(\omega_1\tau)\sin(2\omega_1 t)$

$$+\frac{4}{3\pi}\times 10^{-3}\sin^2\left(\frac{3\omega_1\tau}{2}\right)\sin(3\omega_1 t)+\cdots$$

其中　　　　　　　　　　　　$\omega_1 = \dfrac{2\pi}{T}$

(1) 当 $T=10\ \mu s$ 时,$i_1(t)$ 的基频

$$f_1 = \frac{1}{T} = 10^5\ \mathrm{Hz} = 100\ \mathrm{kHz}$$

因为电路的谐振频率 $f_0 = 100\ \mathrm{kHz}$,所以电路将产生较强的,由 $i_1(t)$ 中的基波所引起的输出电压 $v_2(t)$。将 $\tau = 5\times 10^{-6}\ s$,$\omega_1 = \dfrac{2\pi}{T}=\dfrac{\pi}{5}\times 10^6\ \mathrm{rad/s}$ 代入 $i_1(t)$ 的傅里叶级数,可求得其基波的幅度为

$$I_{11} = \frac{4}{\pi}\times 10^{-3}\times\sin^2\left(\frac{\frac{\pi}{5}\times 10^6\times 5\times 10^{-6}}{2}\right) = \frac{4}{\pi}\times 10^{-3}\ \mathrm{A}$$

此基波所引起的响应电压为

$$v_2(t)=R\cdot I_{11}\sin(\omega_1 t)=10^5\times\frac{4}{\pi}\times 10^{-3}\sin(\omega_1 t)\approx 127\sin(\omega_1 t)\ (\mathrm{V})$$

即当 $\tau=5\ \mu s$,$T=10\ \mu s$ 时,输出电压为一个频率为 100 kHz,幅度为 127 V 的正弦波,其波形如题图 3-13(b)所示。

(2) 当 $T=20\ \mu s$ 时,$i_1(t)$ 的基频

$$f_1 = \frac{1}{T} = 50\ \mathrm{kHz}$$

此时电路产生的输出电压 $v_2(t)$ 主要是由 $i_1(t)$ 中的二次谐波分量所引起的。将 $\tau=10\ \mu s=10^{-5}\ s$,$\omega_1=\dfrac{2\pi}{T}=\pi\times 10^5\ \mathrm{rad/s}$ 代入 $i_1(t)$ 的傅里叶级数,可求得

此时二次谐波分量的幅度为

$$I_{12} = \frac{4}{2\pi} \times 10^{-3} \sin^2 (\pi \times 10^5 \times 10^{-5}) = 0 \text{ A}$$

（实际上，当 $\tau = 10 \mu s$，$T = 20 \mu s$，$i_1(t)$ 是一奇谐函数，从而易知 $I_{12} = 0$）
故由此二次谐波引起的响应电压为 0。

　　考虑到由其他谐波分量所引起的电压很微弱，所以输出电压 $v_2(t)$ 近似为零。

　　（3）当 $T = 30 \mu s$ 时，$i_1(t)$ 的基频

$$f_1 = \frac{100}{3} \text{ kHz}$$

此时电路产生的输出电压 $v_2(t)$ 主要是由 $i_1(t)$ 中的三次谐波分量所引起的。

　　将 $\tau = 15 \mu s = 15 \times 10^{-6}$ s，$\omega_1 = \frac{2\pi}{T} = \frac{\pi}{15} \times 10^6$ rad/s 代入 $i_1(t)$ 的傅里叶级数，可求得此时三次谐波分量的幅度为

$$I_{13} = \frac{4}{3\pi} \times 10^{-3} \sin^2 \left(\frac{3 \times \frac{\pi}{15} \times 10^6 \times 15 \times 10^{-6}}{2} \right) = \frac{4}{3\pi} \times 10^{-3} \text{ A}$$

此三次谐波所引起的响应电压

$$v_2(t) = R \cdot I_{13} \sin(3\omega_1 t) = 10^5 \times \frac{4}{3\pi} \times 10^{-3} \sin(3\omega_1 t)$$
$$= 42.4 \sin(3\omega_1 t) \text{ (V)}$$

即当 $\tau = 15 \mu s$，$T = 30 \mu s$ 时，输出电压为一个频率为 100 kHz，幅度为 42.4 V 的正弦波，其波形如题图 3-13(c) 所示。

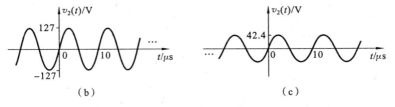

续题图 3-13

3-14　若信号波形和电路结构仍如题图 3-13(a) 所示，波形参数为 $\tau = 5 \mu s$，$T = 10 \mu s$。

　　（1）适当设计电路参数，能否分别从矩形波中选出以下频率分量的正弦信号：50 kHz，100 kHz，150 kHz，200 kHz，300 kHz，400 kHz？

（2）对于那些不能选出的频率成分，试分别利用其他电路（示意表明）获得所需频率分量的信号。（提示：需用到电路、模拟电路、数字电路等课程的综合知识，可行方案可能不只一种。）

解　（1）输入信号 $i_1(t)$ 的周期 $T=10\ \mu s$，因而基频

$$f_1=\frac{1}{T}=100\ \text{kHz}$$

也就是说，$i_1(t)$ 中只包含 100 kHz 的整数倍频率的谐波成分，因此不可能从此矩形波中选出 100 kHz 的非整数倍频率，即 50 kHz、150 kHz。

而当 $\tau=5\ \mu s$，$T=10\ \mu s$ 时，$i_1(t)$ 是一个奇谐函数，其傅里叶级数中不包含偶次谐波分量，即 $i_1(t)$ 中不含频率为 $2f_1=200\ \text{kHz}$ 和 $4f_1=400\ \text{kHz}$ 的分量，所以也不可能从此矩形波中选出 200 kHz 和 400 kHz 的正弦分量。

综上所述，当参数为 $\tau=5\ \mu s$，$T=10\ \mu s$ 时，电路只能从矩形波中选出 100 kHz 和 300 kHz 的正弦分量。

（2）对于那些不能选出的频率成分，我们可以利用题图 3-13（a）中的电路，通过适当设计电路参数，先选出 100 kHz 或 300 kHz 的正弦分量，再利用分频器或倍频器，来达到选出其他频率成分的目的。具体来说，可利用题图 3-14（a）所示系统来选出 50 kHz 或 150 kHz 的正弦分量，可利用题图 3-14（b）所示系统来选出 200 kHz 和 400 kHz 的正弦分量。

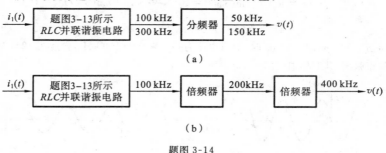

题图 3-14

3-15　求题图 3-15（a）所示半波余弦脉冲的傅里叶变换，并画出频谱图。

解　由题图 3-15（a）可知

$$f(t)=E\cos\left(\frac{\pi}{\tau}t\right)\left[u\left(t+\frac{\tau}{2}\right)-u\left(t-\frac{\tau}{2}\right)\right]$$

此信号的傅里叶变换为

$$F(\omega) = \int_{-\frac{\tau}{2}}^{\frac{\tau}{2}} E\cos\left(\frac{\pi}{\tau}t\right) e^{-j\omega t}\, dt$$

$$= \frac{E}{2} \int_{-\frac{\tau}{2}}^{\frac{\tau}{2}} \left[e^{j(\frac{\pi}{\tau}-\omega)t} + e^{-j(\frac{\pi}{\tau}+\omega)t} \right] dt$$

$$= \frac{E}{2j\left(\frac{\pi}{\tau}-\omega\right)} \left[e^{j(\frac{\pi}{\tau}-\omega)\cdot\frac{\tau}{2}} - e^{-j(\frac{\pi}{\tau}-\omega)\frac{\tau}{2}} \right]$$

$$- \frac{E}{2j\left(\frac{\pi}{\tau}+\omega\right)} \left[e^{-j(\frac{\pi}{\tau}+\omega)\cdot\frac{\tau}{2}} - e^{j(\frac{\pi}{\tau}+\omega)\cdot\frac{\tau}{2}} \right]$$

$$= \frac{E\cos\left(\frac{\tau}{2}\omega\right)}{\frac{\pi}{\tau}-\omega} + \frac{E\cos\left(\frac{\tau}{2}\omega\right)}{\frac{\pi}{\tau}+\omega} = \frac{2E\pi\tau\cos\left(\frac{\omega\tau}{2}\right)}{\pi^2 - \omega^2\tau^2} = \frac{2E\tau\cos\left(\frac{\omega\tau}{2}\right)}{\pi\left[1 - \left(\frac{\omega\tau}{\pi}\right)^2\right]}$$

（a）

题图 3-15

频谱图如题图 3-15(b)所示。

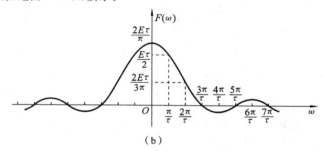

（b）

续题图 3-15

3-16　求题图 3-16 所示锯齿脉冲与单周正弦脉冲的傅里叶变换。

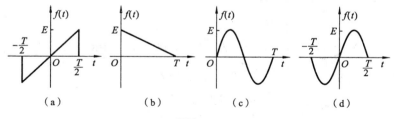

（a）　　　　　　　（b）　　　　　　　（c）　　　　　　　（d）

题图 3-16

解　本题采用傅里叶变换的时域微分性质来求。

（a）$f'(t)$ 的波形如题图 3-16(e) 所示，可知

$$f'(t) = \frac{2E}{T}\left[u\left(t+\frac{T}{2}\right) - u\left(t-\frac{T}{2}\right)\right] - E\left[\delta\left(t+\frac{T}{2}\right) + \delta\left(t-\frac{T}{2}\right)\right]$$

对上式两边同取傅里叶变换，同时利用时域微分性质，可得

$$(j\omega)F(\omega) = \frac{2E}{T} \cdot T\mathrm{Sa}\left(\frac{\omega T}{2}\right) - E(e^{j\frac{\omega T}{2}} + e^{-j\frac{\omega T}{2}})$$

$$F(\omega) = \frac{2E}{j\omega}\mathrm{Sa}\left(\frac{\omega T}{2}\right) - \frac{2E}{j\omega}\cos\left(\frac{\omega T}{2}\right) = j\frac{2E}{\omega}\left[\cos\left(\frac{\omega T}{2}\right) - \mathrm{Sa}\left(\frac{\omega T}{2}\right)\right]$$

对于 $F(0)$，可利用罗必塔法则求得。

$$F(0) = \lim_{\omega \to 0}F(\omega) = j2E \cdot \lim_{\omega \to 0}\frac{\cos\left(\frac{\omega T}{2}\right) - \mathrm{Sa}\left(\frac{\omega T}{2}\right)}{\omega}$$

$$= j2E\lim_{\omega \to 0}\frac{\omega\cos\left(\frac{\omega T}{2}\right) - \frac{2}{T}\sin\left(\frac{\omega T}{2}\right)}{\omega^2}$$

$$= j2E\lim_{\omega \to 0}\frac{\cos\left(\frac{\omega T}{2}\right) - \frac{\omega T}{2}\sin\left(\frac{\omega T}{2}\right) - \cos\left(\frac{\omega T}{2}\right)}{2\omega} = 0$$

（b）$f'(t)$ 的波形如题图 3-16(f) 所示，可知

$$f'(t) = E\delta(t) - \frac{E}{T}\left[u(t) - u(t-T)\right]$$

对上式两边同取傅里叶变换，同时利用时域微分性质，得

$$(j\omega)F(\omega) = E - \frac{E}{T}\left[\pi\delta(\omega) + \frac{1}{j\omega}\right] + \frac{E}{T}\left[\pi\delta(\omega) + \frac{1}{j\omega}\right]e^{-j\omega T}$$

$$= E - \frac{E}{T} \cdot \frac{1}{j\omega}(1 - e^{-j\omega T})$$

$$F(\omega) = \frac{E}{\omega^2 T}(1 - j\omega T - e^{-j\omega T})$$

（c）$f'(t)$ 及 $f''(t)$ 的波形分别如题图 3-16(g)、(h) 所示，可知

$$f'(t) = \frac{2\pi E}{T}\cos\left(\frac{2\pi}{T}t\right)\left[u(t) - u(t-T)\right]$$

$$f''(t) = -\frac{4\pi^2 E}{T^2}\sin\left(\frac{2\pi}{T}t\right) + \frac{2\pi E}{T}\delta(t) - \frac{2\pi E}{T}\delta(t-T)$$

$$= -\frac{4\pi^2}{T^2}f(t) + \frac{2\pi E}{T}\delta(t) - \frac{2\pi E}{T}\delta(t-T)$$

对上式两边同取傅里叶变换，同时利用时域微分性质，得

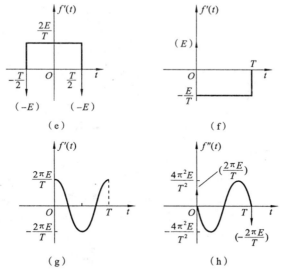

续题图 3-16

$$(j\omega)^2 F(\omega) = -\frac{4\pi^2}{T^2} F(\omega) + \frac{2\pi E}{T}(1 - e^{-j\omega T})$$

$$\left(\frac{4\pi^2}{T^2} - \omega^2\right) F(\omega) = \frac{2\pi E}{T}(1 - e^{-j\omega T})$$

若令 $\omega_1 = \dfrac{2\pi}{T}$，则有

$$F(\omega) = \frac{E\omega_1}{\omega_1^2 - \omega^2}(1 - e^{-j\omega T}) = \frac{E\omega_1}{\omega_1^2 - \omega^2}\left[e^{-j\frac{\omega T}{2}} \cdot e^{j\frac{\omega T}{2}} - (e^{-j\frac{\omega T}{2}})^2\right]$$

$$= \frac{2jE\omega_1}{\omega_1^2 - \omega^2}\sin\left(\frac{\omega T}{2}\right)e^{-j\frac{\omega T}{2}}$$

对于 $F(\omega_1)$，可利用罗必塔法则求得。

$$F(\omega_1) = \lim_{\omega \to \omega_1}\frac{2jE\omega_1 \cdot \dfrac{T}{2}\cos\left(\dfrac{\omega T}{2}\right)}{-2\omega} \cdot \lim_{\omega \to \omega_1}e^{-j\frac{\omega T}{2}} = \frac{ET}{2j}$$

(d) 采用与(c)相似的方法，由于

$$f(t) = E\sin(\omega_1 t)\left[u\left(t + \frac{T}{2}\right) - u\left(t - \frac{T}{2}\right)\right], \quad \omega_1 = \frac{2\pi}{T}$$

因而　　$f''(t) = -E\omega_1^2\sin(\omega_1 t)\left[u\left(t + \frac{T}{2}\right) - u\left(t - \frac{T}{2}\right)\right]$

$$-E\omega_1\left[\delta\left(t+\frac{T}{2}\right)-\delta\left(t-\frac{T}{2}\right)\right]$$

即　　　　　　$$f''(t)=-\omega_1^2 f(t)-E\omega_1\left[\delta\left(t+\frac{T}{2}\right)-\delta\left(t-\frac{T}{2}\right)\right]$$

对上式两边同取傅里叶变换,同时利用时域微分性质,可得

$$(j\omega)^2 F(\omega)=-\omega_1^2 F(\omega)-E\omega_1(e^{j\frac{\omega T}{2}}-e^{-j\frac{\omega T}{2}})$$

$$F(\omega)=j\frac{2E\omega_1\sin\left(\frac{\omega T}{2}\right)}{\omega^2-\omega_1^2},\quad \omega_1=\frac{2\pi}{T}$$

而且　　　　　$$F(\omega_1)=j\frac{2E\omega_1\cdot\frac{T}{2}\cdot\cos\left(\frac{\omega_1 T}{2}\right)}{2\omega_1}=\frac{ET}{2j}$$

3-17　题图 3-17 所示各波形的傅里叶变换可在本章正文或附录表中找到,利用这些结果给出各波形频谱所占带宽 B_f(频谱图或频谱包络图的第一零点值),注意图中的时间单位都为 μs。

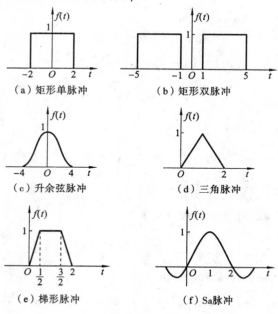

（a）矩形单脉冲　　　　　　（b）矩形双脉冲

（c）升余弦脉冲　　　　　　（d）三角脉冲

（e）梯形脉冲　　　　　　（f）Sa脉冲

题图 3-17

解　(a) $f(t)$ 是矩形单脉冲信号,其频谱函数

$$F(\omega)=E\tau\mathrm{Sa}\left(\frac{\omega\tau}{2}\right)$$

其中,E 为幅度,τ 为脉冲宽度。$F(\omega)$ 是一抽样函数,其第一零点值 $f=\dfrac{1}{\tau}$

$\left(\text{或 } \omega=\dfrac{2\pi}{\tau}\right)$。由题图 3-17(a)可知 $\tau=4\ \mu\mathrm{s}$,因此带宽

$$B_{\mathrm{f}}=\frac{1}{4}\ \mathrm{MHz}$$

(b) $f(t)$ 是由(a)中的矩形单脉冲信号分别向左和右平移 3 $\mu\mathrm{s}$ 而合成的,其频谱函数

$$F(\omega)=2E\tau\mathrm{Sa}\left(\frac{\omega\tau}{2}\right)\cos(3\omega)$$

在以上函数中,$\mathrm{Sa}\left(\dfrac{\omega\tau}{2}\right)$ 的第一个零点在 $\omega=\dfrac{2\pi}{\tau}$,$\cos(3\omega)$ 的第一个零点在 $\omega=\dfrac{2\pi}{3\ \mu\mathrm{s}}$,由题图 3-17(b)可知,脉宽 $\tau=4\ \mu\mathrm{s}$,故 $F(\omega)$ 的第一个零点在 $\omega=\dfrac{2\pi}{\tau}=\dfrac{2\pi}{4\ \mu\mathrm{s}}$,即 $f=\dfrac{1}{\tau}=\dfrac{1}{4\ \mu\mathrm{s}}$,因此带宽

$$B_{\mathrm{f}}=\frac{1}{4}\ \mathrm{MHz}$$

(c) $f(t)$ 为升余弦脉冲信号,其频谱函数

$$F(\omega)=\frac{E\tau}{2}\cdot\frac{\mathrm{Sa}\left(\frac{\omega\tau}{2}\right)}{1-\left(\frac{\omega\tau}{2\pi}\right)^2}$$

其中,E 为最大幅度 $f(0)$,τ 为脉冲宽度。$F(\omega)$ 的第一零点值 $f=\dfrac{2}{\tau}$。由题图 3-17(c)可知 $\tau=8\mu\mathrm{s}$,因此带宽

$$B_{\mathrm{f}}=\frac{1}{4}\ \mathrm{MHz}$$

(d) 偶对称的三角脉冲信号的频谱函数为 $\dfrac{E\tau}{2}\mathrm{Sa}^2\left(\dfrac{\omega\tau}{4}\right)$,其第一零点值 $f=\dfrac{2}{\tau}$。此题中的 $f(t)$ 是平移了半个脉宽的偶对称三角脉冲信号,由傅里叶变换的时移特性可知,

$$F(\omega)=\frac{E\tau}{2}\mathrm{Sa}^2\left(\frac{\omega\tau}{4}\right)\mathrm{e}^{-\mathrm{j}\frac{\omega\tau}{2}}$$

其中,E 为最大幅值,τ 为脉宽。由于平移不会改变信号的频带宽度,且由题图 3-17(d)可知 $\tau=2$ μs,因此带宽

$$B_{\mathrm{f}}=\frac{2}{\tau}=1\ \mathrm{MHz}$$

(e) 偶对称的梯形脉冲信号的频谱函数

$$F(\omega)=\frac{8E}{(\tau-\tau_1)\omega^2}\sin\left[\frac{\omega(\tau+\tau_1)}{4}\right]\sin\left[\frac{\omega(\tau-\tau_1)}{4}\right]$$

第一零点值 $f=\frac{2}{\tau+\tau_1}$。此题中的 $f(t)$ 是平移了半个脉宽的偶对称梯形脉冲信号,且由图 3-17(e)可知 $\tau=2$ μs,$\tau_1=1$ μs,同(d)理可得带宽

$$B_{\mathrm{f}}=\frac{2}{\tau+\tau_1}=\frac{2}{(2+1)\mu\mathrm{s}}=\frac{2}{3}\ \mathrm{MHz}$$

(f) 偶对称抽样脉冲信号 $\mathrm{Sa}(\omega_{\mathrm{c}}t)$ 的频谱函数

$$F(\omega)=\frac{\pi}{\omega_{\mathrm{c}}}\left[u(\omega+\omega_{\mathrm{c}})-u(\omega-\omega_{\mathrm{c}})\right]$$

第一零点值 $f=\frac{\omega_{\mathrm{c}}}{2\pi}$。此题中的 $f(t)$ 是平移了 $\frac{\pi}{\omega_{\mathrm{c}}}$ 个单位的偶对称抽样脉冲,且由图 3-17(f)可知,$\frac{\pi}{\omega_{\mathrm{c}}}=1$ μs,同(d)理可得带宽

$$B_{\mathrm{f}}=\frac{10^6\pi}{2\pi}\mathrm{Hz}=\frac{1}{2}\ \mathrm{MHz}$$

3-18 "升余弦滚降信号"的波形如题图 3-18(a)所示,它在 t_2 到 t_3 的时间范围内以升余弦的函数规律滚降变化。

设 $t_3-\frac{\tau}{2}=\frac{\tau}{2}-t_2=t_0$,升余弦脉冲信号的表示式可以写成

$$f(t)=\begin{cases}E, & |t|<\dfrac{\tau}{2}-t_0 \\[2mm] \dfrac{E}{2}\left[1+\cos\dfrac{\pi(t-\tau/2+t_0)}{2t_0}\right], & \dfrac{\tau}{2}-t_0\leqslant|t|\leqslant\dfrac{\tau}{2}+t_0\end{cases}$$

或写作

$$f(t)=\begin{cases}E, & |t|<\dfrac{\tau}{2}-t_0 \\[2mm] \dfrac{E}{2}\left[1-\sin\dfrac{\pi(|t|-\tau/2)}{k\tau}\right], & \dfrac{\tau}{2}-t_0\leqslant|t|\leqslant\dfrac{\tau}{2}+t_0\end{cases}$$

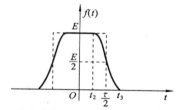

（a）升余弦滚降信号的波形

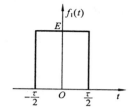
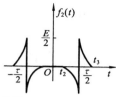

（b）升余弦滚降信号的分解

题图 3-18

其中，滚降系数

$$k=\frac{t_0}{\tau/2}=\frac{2t_0}{\tau}$$

求此信号的傅里叶变换式，并画频谱图。讨论 $k=0$ 和 $k=1$ 两种特殊情况的结果。

（提示：将 $f(t)$ 分解为 $f_1(t)$ 和 $f_2(t)$ 之和，见题图 3-18(b)所示，分别求傅里叶变换再相加。）

解　根据提示，先考察函数

$$g(t)=\begin{cases}\frac{E}{2}\left[1-\sin\left(\frac{\pi t}{k\tau}\right)\right],& 0<t<\frac{k\tau}{2}\\ -\frac{E}{2}\left[1+\sin\left(\frac{\pi t}{k\tau}\right)\right],& -\frac{k\tau}{2}<t<0\end{cases}$$

$g(t)$ 的波形如题图 3-18(c)所示。显然 $g(t)$ 是个奇函数。

$$G(\omega)=\int_{-\infty}^{\infty}g(t)e^{-j\omega t}\,dt=\int_{-\infty}^{0}g(t)e^{-j\omega t}\,dt+\int_{0}^{\infty}g(t)e^{-j\omega t}\,dt$$

对于以上的第一个积分，若令 $t'=-t$，则有

$$\int_{-\infty}^{0}g(t)e^{-j\omega t}\,dt=\int_{\infty}^{0}g(-t')e^{j\omega t'}\,d(-t')=\int_{0}^{\infty}g(-t')e^{j\omega t'}\,dt'$$

再将变量 t' 改为 t，并考虑奇函数特性，从而有

$$\text{以上积分} = -\int_0^\infty g(t)\,e^{j\omega t}\,dt$$

于是

$$G(\omega) = -\int_0^\infty g(t)\,e^{j\omega t}\,dt + \int_0^\infty g(t)\,e^{-j\omega t}\,dt = -2j\int_0^\infty g(t)\sin(\omega t)\,dt$$

将 $g(t)$ 的表达式代入积分，得

$$G(\omega) = -2j \cdot \frac{E}{2}\int_0^{\frac{k\tau}{2}}\left[1 - \sin\left(\frac{\pi t}{k\tau}\right)\right]\sin(\omega t)\,dt$$

$$= -jE\int_0^{\frac{k\tau}{2}}\left[\sin(\omega t) + \frac{1}{2}\cos\left(\frac{\pi t}{k\tau} + \omega t\right) - \frac{1}{2}\cos\left(\frac{\pi t}{k\tau} - \omega t\right)\right]dt$$

$$= -jE\left\{-\frac{1}{\omega}\left[\cos\left(\frac{k\omega\tau}{2}\right) - 1\right] + \frac{1}{2} \cdot \frac{1}{\frac{\pi}{k\tau} + \omega}\sin\left(\frac{\pi}{k\tau} + \omega\right)t\,\bigg|_0^{\frac{k\tau}{2}}\right.$$

$$\left. - \frac{1}{2} \cdot \frac{1}{\frac{\pi}{k\tau} - \omega}\sin\left(\frac{\pi}{k\tau} - \omega\right)t\,\bigg|_0^{\frac{k\tau}{2}}\right\}$$

$$= -jE\left\{-\frac{1}{\omega}\left[\cos\left(\frac{k\omega\tau}{2}\right) - 1\right] + \frac{1}{2} \cdot \frac{1}{\frac{\pi}{k\tau} + \omega}\cos\left(\frac{k\omega\tau}{2}\right)\right.$$

$$\left. - \frac{1}{2} \cdot \frac{1}{\frac{\pi}{k\tau} - \omega}\cos\left(\frac{k\omega\tau}{2}\right)\right\}$$

$$= jE\left\{\frac{1}{\omega}\left[\cos\left(\frac{k\omega\tau}{2}\right) - 1\right] + \frac{\omega}{\left(\frac{\pi}{k\tau}\right)^2 - \omega^2}\cos\left(\frac{k\omega\tau}{2}\right)\right\}$$

再考察题图 3-18(d)、(e)所示的 $g_1(t)$ 和 $g_2(t)$，显然

$$g_1(t) = g\left(t - \frac{\tau}{2}\right), \quad g_2(t) = -g\left(t + \frac{\tau}{2}\right)$$

故　　　　　　$$G_1(\omega) = G(\omega)e^{-j\frac{\omega\tau}{2}}, \quad G_2(\omega) = -G(\omega)e^{j\frac{\omega\tau}{2}}$$

题图 3-18(b)中 $f_2(t) = g_1(t) + g_2(t)$，故

$$F_2(\omega) = G_1(\omega) + G_2(\omega) = G(\omega)(e^{-j\frac{\omega\tau}{2}} - e^{j\frac{\omega\tau}{2}}) = -j\omega\tau \mathrm{Sa}\left(\frac{\omega\tau}{2}\right)G(\omega)$$

题图 3-18(a)中 $f(t) = f_1(t) + f_2(t)$，故

$$F(\omega) = F_1(\omega) + F_2(\omega) = E\tau \mathrm{Sa}\left(\frac{\omega\tau}{2}\right) - j\omega\tau \mathrm{Sa}\left(\frac{\omega\tau}{2}\right)G(\omega)$$

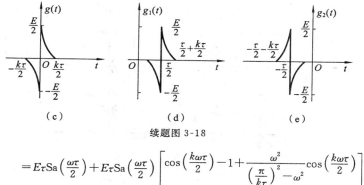

（c）　　　　　　　（d）　　　　　　　（e）

续题图 3-18

$$= E\tau\mathrm{Sa}\left(\frac{\omega\tau}{2}\right) + E\tau\mathrm{Sa}\left(\frac{\omega\tau}{2}\right)\left[\cos\left(\frac{k\omega\tau}{2}\right) - 1 + \frac{\omega^2}{\left(\frac{\pi}{k\tau}\right)^2 - \omega^2}\cos\left(\frac{k\omega\tau}{2}\right)\right]$$

$$= E\tau\mathrm{Sa}\left(\frac{\omega\tau}{2}\right) \cdot \frac{\left(\frac{\pi}{k\tau}\right)^2}{\left(\frac{\pi}{k\tau}\right)^2 - \omega^2} \cdot \cos\left(\frac{k\omega\tau}{2}\right) = E\tau\mathrm{Sa}\left(\frac{\omega\tau}{2}\right) \cdot \frac{\cos\left(\frac{k\omega\tau}{2}\right)}{1 - \left(\frac{k\omega\tau}{\pi}\right)^2}$$

频谱图如题图 3-18(f)所示。

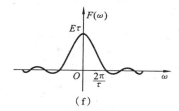

（f）

续题图 3-18

特殊情况下，当 $k=0$ 时，$f(t) = f_1(t)$，此时

$$F(\omega) = E\tau\mathrm{Sa}\left(\frac{\omega\tau}{2}\right)$$

当 $k=1$ 时，$t_0 = \frac{\tau}{2}$，$f(t) = \frac{E}{2}\left[1 + \cos\left(\frac{2\pi t}{2\tau}\right)\right]$，即 $f(t)$ 此时是宽度为 2τ 的升余弦脉冲，查附录三可知

$$F(\omega) = E\tau \cdot \frac{\mathrm{Sa}(\omega\tau)}{1 - \left(\frac{\omega\tau}{\pi}\right)^2}$$

3-19　求题图 3-19 所示 $F(\omega)$ 的傅里叶逆变换 $f(t)$。

解　此题的关键是正确写出频谱函数 $F(\omega)$ 的表达式。

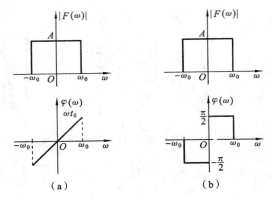

题图 3-19

(a) 由题图 3-19(a)可知，

$$|F(\omega)| = A[u(\omega+\omega_0) - u(\omega-\omega_0)]$$

$$\varphi(\omega) = \omega t_0[u(\omega+\omega_0) - u(\omega-\omega_0)]$$

由于
$$F(\omega) = |F(\omega)| e^{j\varphi(\omega)}$$

所以
$$F(\omega) = Ae^{j\omega t_0}[u(\omega+\omega_0) - u(\omega-\omega_0)]$$

先求 $F_1(\omega) = A[u(\omega+\omega_0) - u(\omega-\omega_0)]$ 的傅里叶逆变换。由变换对

$$\mathrm{Sa}(\omega_c t) \leftrightarrow \frac{\pi}{\omega_c}[u(\omega+\omega_c) - u(\omega-\omega_c)]$$

可知
$$f_1(t) = \frac{A\omega_0}{\pi}\mathrm{Sa}(\omega_0 t)$$

又
$$F(\omega) = F_1(\omega) e^{j\omega t_0}$$

利用傅里叶变换的延时性知

$$f(t) = f_1(t+t_0)$$

所以
$$f(t) = \frac{A\omega_0}{\pi}\mathrm{Sa}[\omega_0(t+t_0)]$$

(b) 由题图 3-19(b)可知，

$$|F(\omega)| = A[u(\omega+\omega_0) - u(\omega-\omega_0)]$$

$$\varphi(\omega) = -\frac{\pi}{2}[u(\omega+\omega_0) - u(\omega)] + \frac{\pi}{2}[u(\omega) - u(\omega-\omega_0)]$$

则
$$F(\omega) = Ae^{j(-\frac{\pi}{2})}[u(\omega+\omega_0) - u(\omega)] + Ae^{j\frac{\pi}{2}}[u(\omega) - u(\omega-\omega_0)]$$

$$= -jA[u(\omega+\omega_0) - u(\omega)] + jA[u(\omega) - u(\omega-\omega_0)]$$

且

$$\frac{\mathrm{d}}{\mathrm{d}\omega}F(\omega)=-\mathrm{j}A[\delta(\omega+\omega_0)-\delta(\omega)]+\mathrm{j}A[\delta(\omega)-\delta(\omega-\omega_0)]$$

因为

$$f_1(t)=\mathscr{F}^{-1}\left\{\frac{\mathrm{d}}{\mathrm{d}\omega}F(\omega)\right\}=\frac{-\mathrm{j}A}{2\pi}[\mathrm{e}^{-\mathrm{j}\omega_0 t}-1]+\frac{\mathrm{j}A}{2\pi}[1-\mathrm{e}^{-\mathrm{j}\omega_0 t}]$$

$$=\frac{\mathrm{j}A}{2\pi}[2-\mathrm{e}^{\mathrm{j}\omega_0 t}-\mathrm{e}^{-\mathrm{j}\omega_0 t}]=\frac{\mathrm{j}A}{\pi}[1-\cos(\omega_0 t)]$$

所以由傅里叶变换的频域微分性质，有

$$f(t)=\frac{f_1(t)}{-\mathrm{j}t}=\frac{A}{\pi t}[\cos(\omega_0 t)-1]=\frac{-2A}{\pi t}\sin^2\left(\frac{\omega_0 t}{2}\right)$$

3-20　函数 $f(t)$ 可以表示成偶函数 $f_\mathrm{e}(t)$ 与奇函数 $f_\mathrm{o}(t)$ 之和，试证明：

(1) 若 $f(t)$ 是实函数，且 $\mathscr{F}[f(t)]=F(\omega)$，则

$$\mathscr{F}[f_\mathrm{e}(t)]=\mathrm{Re}[F(\omega)],\quad \mathscr{F}[f_\mathrm{o}(t)]=\mathrm{jIm}[F(\omega)]$$

(2) 若 $f(t)$ 是复函数，可表示为

$$f(t)=f_\mathrm{r}(t)+\mathrm{j}f_\mathrm{i}(t)$$

且

$$\mathscr{F}[f(t)]=F(\omega)$$

则

$$\mathscr{F}[f_\mathrm{r}(t)]=\frac{1}{2}[F(\omega)+F^*(-\omega)]$$

$$\mathscr{F}[f_\mathrm{i}(t)]=\frac{1}{2\mathrm{j}}[F(\omega)-F^*(-\omega)]$$

其中

$$F^*(-\omega)=\mathscr{F}[f^*(t)]$$

证明　(1) 已知 $f(t)\longleftrightarrow F(\omega)$，现考察 $f(-t)$ 的傅里叶变换。

$$\mathscr{F}\{f(-t)\}=\int_{-\infty}^{\infty}f(-t)\mathrm{e}^{-\mathrm{j}\omega t}\mathrm{d}t\xrightarrow{\;\diamondsuit\ \tau=-t\;}\int_{\infty}^{-\infty}-f(\tau)\mathrm{e}^{\mathrm{j}\omega\tau}\mathrm{d}\tau$$

$$=\int_{-\infty}^{\infty}f(t)\mathrm{e}^{\mathrm{j}\omega t}\mathrm{d}t$$

因为 $f(t)$ 是实函数，所以 $f(t)=f^*(t)$，则积分

$$\int_{-\infty}^{\infty}f(t)\mathrm{e}^{\mathrm{j}\omega t}\mathrm{d}t=\int_{-\infty}^{\infty}[f(t)\mathrm{e}^{-\mathrm{j}\omega t}]^*\mathrm{d}t=\left[\int_{-\infty}^{\infty}f(t)\mathrm{e}^{-\mathrm{j}\omega t}\mathrm{d}t\right]^*=F^*(\omega)$$

即

$$f(-t)\leftrightarrow F^*(\omega)$$

由于

$$f_\mathrm{e}(t)=\frac{1}{2}[f(t)+f(-t)]$$

所以

$$\mathscr{F}\{f_\mathrm{e}(t)\}=\frac{1}{2}[F(\omega)+F^*(\omega)]=\mathrm{Re}[F(\omega)]$$

又

$$f_\mathrm{o}(t)=\frac{1}{2}[f(t)-f(-t)]$$

所以 $\qquad \mathscr{F}\{f_o(t)\} = \dfrac{1}{2}[F(\omega) - F^*(\omega)] = j\mathrm{Im}[F(\omega)]$

（2）已知 $\qquad F(\omega) = \displaystyle\int_{-\infty}^{\infty} f(t)\mathrm{e}^{-\mathrm{j}\omega t}\,\mathrm{d}t \qquad\qquad$ ①

则 $\qquad\qquad F(-\omega) = \displaystyle\int_{-\infty}^{\infty} f(t)\mathrm{e}^{\mathrm{j}\omega t}\,\mathrm{d}t$

且 $\qquad F^*(-\omega) = \displaystyle\int_{-\infty}^{\infty}[f(t)\mathrm{e}^{\mathrm{j}\omega t}]^*\,\mathrm{d}t = \displaystyle\int_{-\infty}^{\infty} f^*(t)\mathrm{e}^{-\mathrm{j}\omega t}\,\mathrm{d}t \qquad$ ②

由式①＋式②，得

$$F(\omega) + F^*(-\omega) = \int_{-\infty}^{\infty}[f(t) + f^*(t)]\mathrm{e}^{-\mathrm{j}\omega t}\,\mathrm{d}t = 2\int_{-\infty}^{\infty} f_r(t)\mathrm{e}^{-\mathrm{j}\omega t}\,\mathrm{d}t$$

从而 $\qquad\qquad \mathscr{F}\{f_r(t)\} = \dfrac{1}{2}[F(\omega) + F^*(-\omega)]$

由式①－式②，得

$$F(\omega) - F^*(-\omega) = \int_{-\infty}^{\infty}[f(t) - f^*(t)]\mathrm{e}^{-\mathrm{j}\omega t}\,\mathrm{d}t = 2\mathrm{j}\int_{-\infty}^{\infty} f_i(t)\mathrm{e}^{-\mathrm{j}\omega t}\,\mathrm{d}t$$

从而 $\qquad\qquad \mathscr{F}\{f_i(t)\} = \dfrac{1}{2\mathrm{j}}[F(\omega) - F^*(-\omega)]$

命题得证。

3-21 对题图 3-21 所示波形，若已知 $\mathscr{F}[f_1(t)] = F_1(\omega)$，利用傅里叶变换的性质求 $f_1(t)$ 以 $\dfrac{t_0}{2}$ 为轴反褶后所得 $f_2(t)$ 的傅里叶变换。

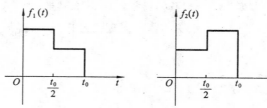

题图 3-21

解 由题图 3-21 可得 $\quad f_2(t) = f_1(-t + t_0)$

首先由 $f_1(t) \leftrightarrow F_1(\omega)$，然后利用傅里叶变换的延时特性可得

$$f_1(t + t_0) \leftrightarrow F_1(\omega)\mathrm{e}^{\mathrm{j}\omega t_0}$$

再利用傅里叶变换的尺度变换特性可得

$$f_1(-t + t_0) \leftrightarrow F_1(-\omega)\mathrm{e}^{-\mathrm{j}\omega t_0}$$

即 $\qquad\qquad F_2(\omega) = F_1(-\omega)\mathrm{e}^{-\mathrm{j}\omega t_0}$

3-22 利用时域与频域的对称性,求下列傅里叶变换的时间函数。

(1) $F(\omega)=\delta(\omega-\omega_0)$

(2) $F(\omega)=u(\omega+\omega_0)-u(\omega-\omega_0)$

(3) $F(\omega)=\begin{cases} \dfrac{\omega_0}{\pi}, & |\omega|\leqslant\omega_0 \\ 0, & 其他 \end{cases}$

解 (1) 因为 $\delta(t)\leftrightarrow1, \delta(t+\omega_0)\leftrightarrow e^{j\omega_0\omega}$

所以由傅里叶变换的时、频对称性,有

$$e^{j\omega_0 t}\leftrightarrow2\pi\delta(-\omega+\omega_0)=2\pi\delta[-(\omega-\omega_0)]=2\pi\delta(\omega-\omega_0)$$

即 $F(\omega)=\delta(\omega-\omega_0)$ 的时间函数为

$$f(t)=\frac{1}{2\pi}e^{j\omega_0 t}$$

(2) 因为 $u(t+\omega_0)-u(t-\omega_0)\leftrightarrow2\omega_0\mathrm{Sa}(\omega_0\omega)$

所以由傅里叶变换的时、频对称性,有

$$2\omega_0\mathrm{Sa}(\omega_0 t)\leftrightarrow2\pi[u(-\omega+\omega_0)-u(-\omega-\omega_0)]=2\pi[u(\omega+\omega_0)-u(\omega-\omega_0)]$$

即

$$\frac{\omega_0}{\pi}\mathrm{Sa}(\omega_0 t)\leftrightarrow u(\omega+\omega_0)-u(\omega-\omega_0)$$

所求时间函数为

$$f(t)=\frac{\omega_0}{\pi}\mathrm{Sa}(\omega_0 t)$$

(3) $F(\omega)=\begin{cases} \dfrac{\omega_0}{\pi} & (|\omega|\leqslant\omega_0) \\ 0 & (其他) \end{cases}=\frac{\omega_0}{\pi}[u(\omega+\omega_0)-u(\omega-\omega_0)]$

由(2)已知

$$\frac{\omega_0}{\pi}\mathrm{Sa}(\omega_0 t)\leftrightarrow u(\omega+\omega_0)-u(\omega-\omega_0)$$

则

$$\frac{\omega_0^2}{\pi^2}\mathrm{Sa}(\omega_0 t)\leftrightarrow\frac{\omega_0}{\pi}[u(\omega+\omega_0)-u(\omega-\omega_0)]$$

即所求时间函数为

$$f(t)=\left(\frac{\omega_0}{\pi}\right)^2\mathrm{Sa}(\omega_0 t)$$

3-23 若已知矩形脉冲的傅里叶变换,利用时移特性求题图 3-23(a)所示信号的傅里叶变换,并大致画出幅度谱。

解 对于矩形单脉冲信号

$$f_0(t) = E\left[u\left(t+\frac{\tau}{2}\right) - u\left(t-\frac{\tau}{2}\right)\right]$$

其傅里叶变换为

$$F_0(\omega) = E\tau \mathrm{Sa}\left(\frac{\omega\tau}{2}\right)$$

而题图 3-23(a)所示信号可表示为

$$f(t) = f_0\left(t+\frac{\tau}{2}\right) - f_0\left(t-\frac{\tau}{2}\right)$$

由傅里叶变换的时移特性可得

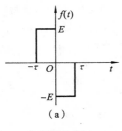

（a）

题图 3-23

$$f_0\left(t+\frac{\tau}{2}\right) \leftrightarrow F_0(\omega)\mathrm{e}^{\mathrm{j}\frac{\omega\tau}{2}}$$

$$f_0\left(t-\frac{\tau}{2}\right) \leftrightarrow F_0(\omega)\mathrm{e}^{-\mathrm{j}\frac{\omega\tau}{2}}$$

于是
$$F(\omega) = F_0(\omega)(\mathrm{e}^{\mathrm{j}\frac{\omega\tau}{2}} - \mathrm{e}^{-\mathrm{j}\frac{\omega\tau}{2}})$$

$$= 2\mathrm{j}F_0(\omega)\sin\left(\frac{\omega\tau}{2}\right) = 2\mathrm{j}E\tau \mathrm{Sa}\left(\frac{\omega\tau}{2}\right)\sin\left(\frac{\omega\tau}{2}\right)$$

其幅度谱如题图 3-23(b)所示。（图中实线为 $|F(\omega)|$，虚线为 $|F_0(\omega)|$）

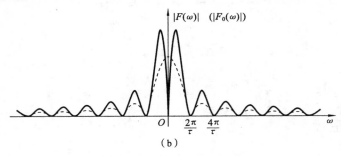

（b）

续题图 3-23

3-24 求题图 3-24 所示三角形调幅信号的频谱。

解 题图 3-24 所示信号 $f(t)$ 是三角脉冲信号 $f_1(t)$ 与余弦函数 $\cos(\omega_0 t)$ 的乘积，即

$$f(t) = f_1(t)\cos(\omega_0 t)$$

其中
$$f_1(t) = \begin{cases} 1-\dfrac{2|t|}{\tau_1}, & |t| < \dfrac{\tau_1}{2} \\ 0, & |t| \geqslant \dfrac{\tau_1}{2} \end{cases}$$

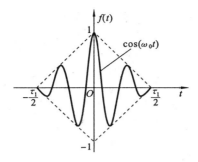

题图 3-24

查附录三可知　　　　　　$F_1(\omega)=\dfrac{\tau_1}{2}\mathrm{Sa}^2\left(\dfrac{\omega\tau_1}{4}\right)$

由频域卷积定理有

$$F(\omega)=\frac{1}{2\pi}F_1(\omega)*\mathscr{F}\{\cos(\omega_0 t)\}=\frac{1}{2\pi}F_1(\omega)*\pi[\delta(\omega+\omega_0)+\delta(\omega-\omega_0)]$$

$$=\frac{1}{2}[F_1(\omega+\omega_0)+F_1(\omega-\omega_0)]$$

即得　　　　　$F(\omega)=\dfrac{\tau_1}{4}\left\{\mathrm{Sa}^2\left[\dfrac{(\omega+\omega_0)\tau_1}{4}\right]+\mathrm{Sa}^2\left[\dfrac{(\omega-\omega_0)\tau_1}{4}\right]\right\}$

3-25　题图 3-25(a)所示信号 $f(t)$，已知其傅里叶变换式 $\mathscr{F}[f(t)]=$ $F(\omega)=|F(\omega)|\mathrm{e}^{\mathrm{j}\varphi(\omega)}$，利用傅里叶变换的性质(不作积分运算)，求：

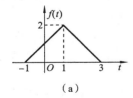
（a）

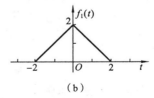
（b）

题图 3-25

(1) $\varphi(\omega)$；

(2) $F(0)$；

(3) $\displaystyle\int_{-\infty}^{\infty}F(\omega)\mathrm{d}\omega$；

(4) $\mathscr{F}^{-1}\{\mathrm{Re}[F(\omega)]\}$ 之图形。

解　(1) 先考虑题图 3-25(b)所示的实偶三角脉冲信号 $f_1(t)$，其傅里叶变换 $F_1(\omega)$ 亦为实偶函数，且 $F_1(\omega)\geqslant 0$，所以 $F_1(\omega)$ 的相角 $\varphi_1(\omega)=0$，即

$$F_1(\omega) = |F_1(\omega)|$$

显然,题图 3-25(a)所示信号 $f(t)$ 与 $f_1(t)$ 的关系为

$$f(t) = f_1(t-1)$$

故有　　　　$F(\omega) = F_1(\omega)\mathrm{e}^{-\mathrm{j}\omega} = |F(\omega)|\mathrm{e}^{\mathrm{j}\varphi(\omega)} = |F_1(\omega)|\mathrm{e}^{-\mathrm{j}\omega}$

对比可得　　　　　　　　　　$\varphi(\omega) = -\omega$

(2) 由傅里叶正变换　　$F(\omega) = \displaystyle\int_{-\infty}^{\infty} f(t)\mathrm{e}^{-\mathrm{j}\omega t}\,\mathrm{d}t$

若令 $\omega = 0$,可得　　$F(0) = \displaystyle\int_{-\infty}^{\infty} f(t)\mathrm{d}t = \frac{1}{2}\times 2\times 4 = 4$

(3) 由傅里叶逆变换　　$f(t) = \dfrac{1}{2\pi}\displaystyle\int_{-\infty}^{\infty} F(\omega)\mathrm{e}^{\mathrm{j}\omega t}\,\mathrm{d}\omega$

若令 $t = 0$,可得　　$f(0) = \dfrac{1}{2\pi}\displaystyle\int_{-\infty}^{\infty} F(\omega)\mathrm{d}\omega$

即　　　　$\displaystyle\int_{-\infty}^{\infty} F(\omega)\mathrm{d}\omega = 2\pi f(0) = 2\pi \times 1 = 2\pi$

(4) $f(t)$ 是实函数,由题 3-20 可知

$$\mathscr{F}^{-1}\{\mathrm{Re}[F(\omega)]\} = f_e(t)$$

又 $f_e(t) = \dfrac{1}{2}[f(t) + f(-t)]$,因此 $\mathscr{F}^{-1}\{\mathrm{Re}[F(\omega)]\}$ 的图形如题图3-25(c)所示。

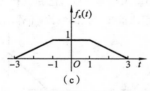

(c)

续题图 3-25

3-26 利用微分定理求题图 3-26 所示梯形脉冲的傅里叶变换,并大致画出 $\tau = 2\tau_1$ 情况下该脉冲的频谱图。

解　$f(t)$ 的一阶、二阶导数的图形分别如题图 3-26(b)、(c)所示。可写出

$$f''(t) = \frac{2E}{\tau-\tau_1}\left[\delta\left(t+\frac{\tau}{2}\right) + \delta\left(t-\frac{\tau}{2}\right)\right] + \frac{2E}{\tau_1-\tau}\left[\delta\left(t+\frac{\tau_1}{2}\right) + \delta\left(t-\frac{\tau_1}{2}\right)\right]$$

两边同取傅里叶变换,由微分定理有

$$(\mathrm{j}\omega)^2 F(\omega) = \frac{2E}{\tau-\tau_1}(\mathrm{e}^{\mathrm{j}\frac{\omega\tau}{2}} + \mathrm{e}^{-\mathrm{j}\frac{\omega\tau}{2}}) + \frac{2E}{\tau_1-\tau}(\mathrm{e}^{\mathrm{j}\frac{\omega\tau_1}{2}} + \mathrm{e}^{-\mathrm{j}\frac{\omega\tau_1}{2}})$$

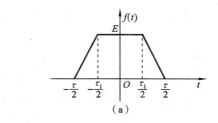

（a）

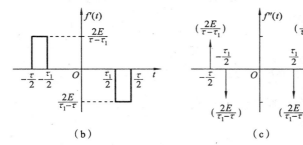

（b）   （c）

续题图 3-26

$$= \frac{4E}{\tau - \tau_1}\left[\cos\left(\frac{\omega\tau}{2}\right) - \cos\left(\frac{\omega\tau_1}{2}\right)\right]$$

从而得
$$F(\omega) = \frac{4E}{(\tau - \tau_1)\omega^2}\left[\cos\left(\frac{\omega\tau_1}{2}\right) - \cos\left(\frac{\omega\tau}{2}\right)\right]$$

$$= \frac{8E}{(\tau - \tau_1)\omega^2}\sin\left[\frac{\omega(\tau + \tau_1)}{4}\right]\sin\left[\frac{\omega(\tau - \tau_1)}{4}\right]$$

当 $\tau = 2\tau_1$ 时， $F(\omega) = \frac{3E\tau_1}{2}\mathrm{Sa}\left(\frac{3\tau_1}{4}\omega\right)\mathrm{Sa}\left(\frac{\tau_1}{4}\omega\right)$

在 $\tau = 2\tau_1$ 情况下该脉冲的频谱图如题图 3-26(d)所示。

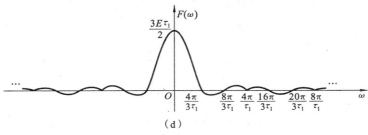

（d）

续题图 3-26

3-27 利用微分定理求题图 3-27(a)所示半波正弦脉冲 $f(t)$ 及其二阶导数 $\dfrac{\mathrm{d}^2 f(t)}{\mathrm{d}t^2}$ 的频谱。

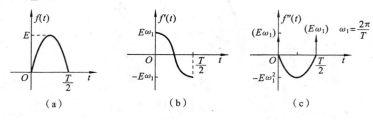

题图 3-27

解　求出并画出 $f'(t)$ 及 $f''(t)$，分别如题图 3-27(b)、(c)所示。可写出

$$f''(t) = -\omega_1^2 f(t) + E\omega_1 \left[\delta(t) + \delta\left(t - \frac{T}{2}\right) \right], \quad \omega_1 = \frac{2\pi}{T}$$

由微分定理有

$$(\mathrm{j}\omega)^2 F(\omega) = -\omega_1^2 F(\omega) + E\omega_1 (1 + \mathrm{e}^{-\mathrm{j}\frac{\omega T}{2}})$$

移项合并有

$$(\omega_1^2 - \omega^2) F(\omega) = E\omega_1 (1 + \mathrm{e}^{-\mathrm{j}\frac{\omega T}{2}})$$

从而得

$$F(\omega) = \frac{E\omega_1 (1 + \mathrm{e}^{-\mathrm{j}\frac{\omega T}{2}})}{\omega_1^2 - \omega^2}$$

且 $f(t)$ 的二阶导数 $f''(t)$ 的频谱为

$$\mathscr{F}\{f''(t)\} = F(\omega) \cdot (\mathrm{j}\omega)^2 = \frac{E\omega_1 \omega^2}{\omega^2 - \omega_1^2} (1 + \mathrm{e}^{-\mathrm{j}\frac{\omega T}{2}}), \quad \omega_1 = \frac{2\pi}{T}$$

3-28　(1) 已知 $\mathscr{F}[\mathrm{e}^{-\alpha t} u(t)] = \dfrac{1}{\alpha + \mathrm{j}\omega}$，求 $f(t) = t\mathrm{e}^{-\alpha t} u(t)$ 的傅里叶变换；

(2) 证明 $tu(t)$ 的傅里叶变换为 $\mathrm{j}\pi\delta'(\omega) + \dfrac{1}{(\mathrm{j}\omega)^2}$。

(提示：利用频域微分定理。)

解　(1) 已知

$$\mathrm{e}^{-\alpha t} u(t) \leftrightarrow \frac{1}{\alpha + \mathrm{j}\omega}$$

则由频域微分定理，有

$$(-\mathrm{j}t)\mathrm{e}^{-\alpha t} u(t) \leftrightarrow \frac{\mathrm{d}}{\mathrm{d}\omega}\left(\frac{1}{\alpha + \mathrm{j}\omega}\right) = \frac{-\mathrm{j}}{(\alpha + \mathrm{j}\omega)^2}$$

即

$$t\mathrm{e}^{-\alpha t} u(t) \leftrightarrow \frac{1}{(\alpha + \mathrm{j}\omega)^2}$$

（2）由变换对，有

$$u(t)\leftrightarrow\pi\delta(\omega)+\frac{1}{\mathrm{j}\omega}$$

由频域微分定理，有

$$(-\mathrm{j}t)u(t)\leftrightarrow\pi\delta'(\omega)+\mathrm{j}\frac{1}{\omega^2}$$

故

$$tu(t)\leftrightarrow\mathrm{j}\pi\delta'(\omega)-\frac{1}{\omega^2}=\mathrm{j}\pi\delta'(\omega)+\frac{1}{(\mathrm{j}\omega)^2}$$

得证。

3-29　若已知 $\mathscr{F}[f(t)]=F(\omega)$，利用傅里叶变换的性质确定下列信号的傅里叶变换：

（1）$tf(2t)$　　　　　　　　（2）$(t-2)f(t)$

（3）$(t-2)f(-2t)$　　　　　（4）$t\dfrac{\mathrm{d}f(t)}{\mathrm{d}t}$

（5）$f(1-t)$　　　　　　　　（6）$(1-t)f(1-t)$

（7）$f(2t-5)$

解　解此题时不仅要注意傅里叶变换性质的运用，也要注意正确地进行信号的时域运算。

（1）由尺度变换特性，有

$$f(2t)\leftrightarrow\frac{1}{2}F\left(\frac{\omega}{2}\right)$$

再由频域微分特性，有

$$tf(2t)\leftrightarrow\mathrm{j}\cdot\frac{\mathrm{d}}{\mathrm{d}\omega}\left[\frac{1}{2}F\left(\frac{\omega}{2}\right)\right]=\frac{1}{2}\mathrm{j}\frac{\mathrm{d}F\left(\frac{\omega}{2}\right)}{\mathrm{d}\omega}$$

（2）由频域微分特性，有

$$tf(t)\leftrightarrow\mathrm{j}\frac{\mathrm{d}F(\omega)}{\mathrm{d}\omega}$$

再由线性特性，有

$$(t-2)f(t)\leftrightarrow\mathrm{j}\frac{\mathrm{d}F(\omega)}{\mathrm{d}\omega}-2F(\omega)$$

（3）由尺度变换特性，有

$$f(-2t)\leftrightarrow\frac{1}{2}F\left(-\frac{\omega}{2}\right)$$

再由频域微分特性，有

$$tf(-2t) \leftrightarrow \frac{1}{2}\mathrm{j}\,\frac{\mathrm{d}F\left(-\dfrac{\omega}{2}\right)}{\mathrm{d}\omega}$$

最后由线性特性,有

$$(t-2)f(-2t) \leftrightarrow \frac{1}{2}\mathrm{j}\,\frac{\mathrm{d}F\left(-\dfrac{\omega}{2}\right)}{\mathrm{d}\omega} - F\left(-\frac{\omega}{2}\right)$$

(4) 由时域微分特性,有

$$\frac{\mathrm{d}f(t)}{\mathrm{d}t} \leftrightarrow (\mathrm{j}\omega)F(\omega)$$

再由频域微分特性,有

$$t\,\frac{\mathrm{d}f(t)}{\mathrm{d}t} \leftrightarrow \mathrm{j}\cdot\frac{\mathrm{d}}{\mathrm{d}\omega}\big[(\mathrm{j}\omega)F(\omega)\big] = -F(\omega) - \omega\,\frac{\mathrm{d}F(\omega)}{\mathrm{d}\omega}$$

(5) 由延时特性,有

$$f(t+1) \leftrightarrow F(\omega)\mathrm{e}^{\mathrm{j}\omega}$$

再由尺度变换特性,有

$$f(-t+1) \leftrightarrow F(-\omega)\mathrm{e}^{-\mathrm{j}\omega}$$

(6) 由频域微分特性,有

$$tf(t) \leftrightarrow \mathrm{j}\,\frac{\mathrm{d}F(\omega)}{\mathrm{d}\omega}$$

再由尺度变换特性,有

$$(-t)f(-t) \leftrightarrow \mathrm{j}\,\frac{\mathrm{d}F(-\omega)}{\mathrm{d}(-\omega)} = -\mathrm{j}\,\frac{\mathrm{d}F(-\omega)}{\mathrm{d}\omega}$$

最后由时移特性,有

$$\big[-(t-1)\big]f\big[-(t-1)\big] = (1-t)f(1-t) \leftrightarrow -\mathrm{j}\,\frac{\mathrm{d}F(-\omega)}{\mathrm{d}\omega}\mathrm{e}^{-\mathrm{j}\omega}$$

(7) 由尺度变换特性,有

$$f(2t) \leftrightarrow \frac{1}{2}F\left(\frac{\omega}{2}\right)$$

再由时移特性,有

$$f\left[2\left(t-\frac{5}{2}\right)\right] = f(2t-5) \leftrightarrow \frac{1}{2}F\left(\frac{\omega}{2}\right)\mathrm{e}^{-\mathrm{j}\frac{5}{2}\omega}$$

3-30 试分别利用下列几种方法证明

$$\mathscr{F}\big[u(t)\big] = \pi\delta(\omega) + \frac{1}{\mathrm{j}\omega}$$

(1) 利用符号函数 $\left(u(t)=\dfrac{1}{2}+\dfrac{1}{2}\mathrm{sgn}(t)\right)$；

(2) 利用矩形脉冲取极限 $(\tau\to+\infty)$；

(3) 利用积分定理 $\left(u(t)=\displaystyle\int_{-\infty}^{t}\delta(\tau)\mathrm{d}\tau\right)$；

(4) 利用单边指数函数取极限 $\left(u(t)=\lim\limits_{\alpha\to0}\mathrm{e}^{-\alpha t},\ t\geqslant0\right)$。

证明　(1) $u(t)$ 可利用符号函数表示为 $u(t)=\dfrac{1}{2}+\dfrac{1}{2}\mathrm{sgn}(t)$

因为　　　　　　$\dfrac{1}{2}\leftrightarrow\pi\delta(\omega)$，　$\mathrm{sgn}(t)\leftrightarrow\dfrac{2}{j\omega}$

所以可得

$$\mathscr{F}\{u(t)\}=\pi\delta(\omega)+\dfrac{1}{j\omega}$$

(2) $u(t)$ 也可表示为矩形脉冲的极限，即 $u(t)=\lim\limits_{\tau\to+\infty}\left[u(t)-u(t-\tau)\right]$

易得　　　$\mathscr{F}\{u(t)-u(t-\tau)\}=\displaystyle\int_{0}^{\tau}\mathrm{e}^{-j\omega t}\mathrm{d}t=\dfrac{1}{j\omega}-\dfrac{1}{j\omega}\mathrm{e}^{-j\omega\tau}$

所以　　$\mathscr{F}\{u(t)\}=\lim\limits_{\tau\to+\infty}\left[\dfrac{1}{j\omega}-\dfrac{1}{j\omega}\mathrm{e}^{-j\omega\tau}\right]=\dfrac{1}{j\omega}-\lim\limits_{\tau\to+\infty}\left[\dfrac{\cos(\omega\tau)}{j\omega}-\dfrac{\sin(\omega\tau)}{\omega}\right]$

$$=\dfrac{1}{j\omega}-\lim\limits_{\tau\to+\infty}\left[\dfrac{\cos(\omega\tau)}{j\omega}-\tau\mathrm{Sa}(\omega\tau)\right]$$

由第 1 章中冲激函数的定义式(1-35)(见教材)可知

$$\lim\limits_{\tau\to+\infty}\dfrac{\tau}{\pi}\mathrm{Sa}(\omega\tau)=\delta(\omega)$$

而广义极限

$$\lim\limits_{\tau\to+\infty}\cos(\omega\tau)=0$$

故得　　　　　　$\mathscr{F}\{u(t)\}=\dfrac{1}{j\omega}+\pi\delta(\omega)$

(3) $u(t)$ 可表示为单位冲激函数的积分，即

$$u(t)=\int_{-\infty}^{t}\delta(\tau)\mathrm{d}\tau$$

由 $\delta(t)\leftrightarrow1$ 以及积分定理，可得

$$\mathscr{F}\{u(t)\}=\dfrac{1}{j\omega}+\pi\cdot1\cdot\delta(\omega)=\pi\delta(\omega)+\dfrac{1}{j\omega}$$

(4) $u(t)$ 还可表示为单边指数函数的极限，即

$$u(t)=\lim\limits_{\alpha\to0}\mathrm{e}^{-\alpha t}u(t)$$

由于 $\qquad$ $e^{-\alpha t}u(t)\leftrightarrow\dfrac{1}{\alpha+j\omega}=\dfrac{\alpha}{\alpha^{2}+\omega^{2}}-j\dfrac{\omega}{\alpha^{2}+\omega^{2}}$

于是有 $\qquad$ $\mathscr{F}\{u(t)\}=\lim\limits_{\alpha\to0}\left[\dfrac{\alpha}{\alpha^{2}+\omega^{2}}-j\dfrac{\omega}{\alpha^{2}+\omega^{2}}\right]$

易知 $\qquad$ $\lim\limits_{\alpha\to0}\left(-j\dfrac{\omega}{\alpha^{2}+\omega^{2}}\right)=-j\dfrac{1}{\omega}=\dfrac{1}{j\omega}$

而对于 $\dfrac{\alpha}{\alpha^{2}+\omega^{2}}$，当 $\alpha\to0$ 时，若 $\omega\neq0$，则其值一定为 0；若 $\omega=0$，则其值为无限大，这说明它是一个冲激函数。为了确定其强度，需考虑积分

$$\int_{-\infty}^{\infty}\dfrac{\alpha}{\alpha^{2}+\omega^{2}}d\omega=\int_{-\infty}^{\infty}\dfrac{\dfrac{1}{\alpha}}{1+\left(\dfrac{\omega}{\alpha}\right)^{2}}d\omega=\int_{-\infty}^{\infty}\dfrac{1}{1+\left(\dfrac{\omega}{\alpha}\right)^{2}}d\left(\dfrac{\omega}{\alpha}\right)$$

$$=\arctan\left(\dfrac{\omega}{\alpha}\right)\Big|_{-\infty}^{\infty}=\dfrac{\pi}{2}-\left(-\dfrac{\pi}{2}\right)=\pi$$

即知 $\qquad$ $\lim\limits_{\alpha\to0}\dfrac{\alpha}{\alpha^{2}+\omega^{2}}=\pi\delta(\omega)$

于是得 $\qquad$ $\mathscr{F}\{u(t)\}=\pi\delta(\omega)+\dfrac{1}{j\omega}$

3-31 已知题图 3-31(a)中两矩形脉冲 $f_{1}(t)$ 及 $f_{2}(t)$，且

$$\mathscr{F}[f_{1}(t)]=E_{1}\tau_{1}\mathrm{Sa}\left(\dfrac{\omega\tau_{1}}{2}\right)，\qquad\mathscr{F}[f_{2}(t)]=E_{2}\tau_{2}\mathrm{Sa}\left(\dfrac{\omega\tau_{2}}{2}\right)$$

(1) 画出 $f_{1}(t)*f_{2}(t)$ 的图形；

(2) 求 $f_{1}(t)*f_{2}(t)$ 的频谱，并与习题 3-26 所用方法进行比较。

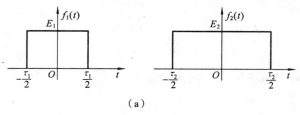

(a)

题图 3-31

解　(1) 运用第 2 章所学卷积的知识可计算出 $f_{1}(t)*f_{2}(t)$。$f_{1}(t)*f_{2}(t)$ 的图形如题图 3-31(b)所示。

(2) 因为　$\mathscr{F}\{f_{1}(t)\}=E_{1}\tau_{1}\mathrm{Sa}\left(\dfrac{\omega\tau_{1}}{2}\right)$，　$\mathscr{F}\{f_{2}(t)\}=E_{2}\tau_{2}\mathrm{Sa}\left(\dfrac{\omega\tau_{2}}{2}\right)$

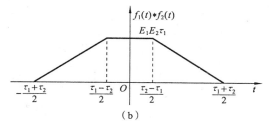

（b）

续题图 3-31

所以由卷积定理,得

$$\mathscr{F}\{f_1(t) * f_2(t)\} = E_1\tau_1 \mathrm{Sa}\left(\frac{\omega\tau_1}{2}\right) \cdot E_2\tau_2 \mathrm{Sa}\left(\frac{\omega\tau_2}{2}\right)$$

$$= E_1 E_2\tau_1\tau_2 \mathrm{Sa}\left(\frac{\omega\tau_1}{2}\right)\mathrm{Sa}\left(\frac{\omega\tau_2}{2}\right)$$

　　此题与习题 3-26 均是求一梯形脉冲信号的频谱。习题 3-26 利用了傅里叶变换的微、积分特性,而此题则利用傅里叶变换的卷积特性,先将梯形表示成为两矩形脉冲的卷积,然后分别求出两矩形脉冲的频谱(这一步非常容易),最后直接将二者相乘就得到了梯形脉冲信号的频谱。

　　3-32　已知阶跃函数和正弦、余弦函数的傅里叶变换:

$$\mathscr{F}[u(t)] = \frac{1}{\mathrm{j}\omega} + \pi\delta(\omega)$$

$$\mathscr{F}[\cos(\omega_0 t)] = \pi[\delta(\omega+\omega_0) + \delta(\omega-\omega_0)]$$

$$\mathscr{F}[\sin(\omega_0 t)] = \mathrm{j}\pi[\delta(\omega+\omega_0) - \delta(\omega-\omega_0)]$$

求单边正弦函数和单边余弦函数的傅里叶变换。

　　解　单边正弦函数为 $\sin(\omega_0 t)u(t)$,单边余弦函数为 $\cos(\omega_0 t)u(t)$。由傅里叶变换的卷积定理,有

$$\mathscr{F}\{\sin(\omega_0 t)u(t)\} = \frac{1}{2\pi}\mathscr{F}\{\sin(\omega_0 t)\} * \mathscr{F}\{u(t)\}$$

$$\mathscr{F}\{\cos(\omega_0 t)u(t)\} = \frac{1}{2\pi}\mathscr{F}\{\cos(\omega_0 t)\} * \mathscr{F}\{u(t)\}$$

而　　　$\mathscr{F}\{\sin(\omega_0 t)\} * \mathscr{F}\{u(t)\}$

$$= \mathrm{j}\pi[\delta(\omega+\omega_0) - \delta(\omega-\omega_0)] * \left[\frac{1}{\mathrm{j}\omega} + \pi\delta(\omega)\right]$$

$$= \pi\left[\frac{1}{\omega+\omega_0} - \frac{1}{\omega-\omega_0}\right] + \mathrm{j}\pi^2[\delta(\omega+\omega_0) - \delta(\omega-\omega_0)]$$

$$=\mathrm{j}\pi^2[\delta(\omega+\omega_0)-\delta(\omega-\omega_0)]+\frac{2\pi\omega_0}{\omega_0^2-\omega^2}$$

$$\mathscr{F}\{\cos(\omega_0 t)\}*\mathscr{F}\{u(t)\}=\pi[\delta(\omega+\omega_0)+\delta(\omega-\omega_0)]*\left[\frac{1}{\mathrm{j}\omega}+\pi\delta(\omega)\right]$$

$$=\frac{\pi}{\mathrm{j}}\left[\frac{1}{\omega+\omega_0}+\frac{1}{\omega-\omega_0}\right]+\pi^2[\delta(\omega+\omega_0)+\delta(\omega-\omega_0)]$$

$$=\pi^2[\delta(\omega+\omega_0)+\delta(\omega-\omega_0)]+\frac{\mathrm{j}2\pi\omega}{\omega_0^2-\omega^2}$$

故得

$$\mathscr{F}\{\sin(\omega_0 t)u(t)\}=\mathrm{j}\frac{\pi}{2}[\delta(\omega+\omega_0)-\delta(\omega-\omega_0)]+\frac{\omega_0}{\omega_0^2-\omega^2}$$

$$\mathscr{F}\{\cos(\omega_0 t)u(t)\}=\frac{\pi}{2}[\delta(\omega+\omega_0)+\delta(\omega-\omega_0)]+\frac{\mathrm{j}\omega}{\omega_0^2-\omega^2}$$

3-33 已知三角脉冲 $f_1(t)$ 的傅里叶变换为

$$F_1(\omega)=\frac{E\tau}{2}\mathrm{Sa}^2\left(\frac{\omega\tau}{4}\right)$$

试利用有关定理求 $f_2(t)=f_1\left(t-\frac{\tau}{2}\right)\cos(\omega_0 t)$ 的傅里叶变换 $F_2(\omega)$。$f_1(t)$，$f_2(t)$ 的波形如题图 3-33 所示。

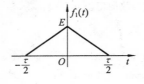

题图 3-33

解　$f_2(t)=f_1\left(t-\frac{\tau}{2}\right)\cos(\omega_0 t)$

由频域卷积定理,有

$$\mathscr{F}\{f_2(t)\}=F_2(\omega)=\frac{1}{2\pi}\mathscr{F}\left\{f_1\left(t-\frac{\tau}{2}\right)\right\}*\mathscr{F}\{\cos(\omega_0 t)\}$$

$$=\frac{1}{2\pi}\cdot\frac{E\tau}{2}\mathrm{Sa}^2\left(\frac{\omega\tau}{4}\right)\mathrm{e}^{-\mathrm{j}\frac{\omega\tau}{2}}*\pi[\delta(\omega+\omega_0)+\delta(\omega-\omega_0)]$$

$$=\frac{E\tau}{4}\left\{\mathrm{Sa}^2\left[\frac{(\omega+\omega_0)\tau}{4}\right]\mathrm{e}^{-\frac{(\omega+\omega_0)\tau}{2}}+\mathrm{Sa}^2\left[\frac{(\omega-\omega_0)\tau}{4}\right]\mathrm{e}^{-\mathrm{j}\frac{(\omega-\omega_0)\tau}{2}}\right\}$$

$$=\frac{E\tau}{4}\mathrm{e}^{-\mathrm{j}\frac{\omega\tau}{2}}\left\{\mathrm{Sa}^2\left[\frac{(\omega+\omega_0)\tau}{4}\right]\mathrm{e}^{-\mathrm{j}\frac{\omega_0\tau}{2}}+\mathrm{Sa}^2\left[\frac{(\omega-\omega_0)\tau}{4}\right]\mathrm{e}^{\mathrm{j}\frac{\omega_0\tau}{2}}\right\}$$

3-34 若 $f(t)$ 的频谱 $F(\omega)$ 如题图 3-34(a)所示,利用卷积定理粗略画出 $f(t)\cos(\omega_0 t)$, $f(t)e^{j\omega_0 t}$, $f(t)\cos(\omega_1 t)$ 的频谱(注明频谱的边界频率)。

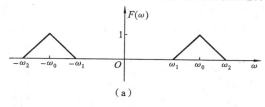

（a）

题图 3-34

解　因为　$\mathscr{F}\{\cos(\omega_c t)\} = \pi[\delta(\omega+\omega_c)+\delta(\omega-\omega_c)]$

$$\mathscr{F}\{e^{j\omega_0 t}\} = 2\pi\delta(\omega-\omega_0)$$

$$\mathscr{F}\{f_1(t) \cdot f_2(t)\} = \frac{1}{2\pi}F_1(\omega) * F_2(\omega)$$

所以　　$\mathscr{F}\{f(t)\cos(\omega_0 t)\} = \frac{1}{2}[F(\omega+\omega_0)+F(\omega-\omega_0)]$

$$\mathscr{F}\{f(t)\cos(\omega_1 t)\} = \frac{1}{2}[F(\omega+\omega_1)+F(\omega-\omega_1)]$$

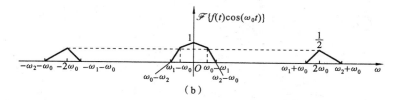

（b）

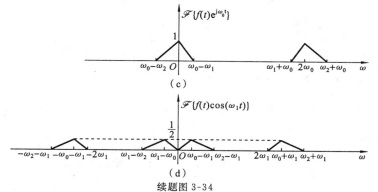

（c）

（d）

续题图 3-34

$$\mathscr{F}\{f(t)e^{j\omega_0 t}\}=F(\omega-\omega_0)$$

这三个频谱分别如题图 3-34(b)、(c)、(d)所示。这里假设 $\omega_2-\omega_0\neq\omega_0-\omega_1$。

3-35 求题图 3-35 所示信号的频谱（包络为三角脉冲，载波为对称方波）。并说明与题图 3-24 所示信号频谱的区别。

解 题图 3-35 所示信号 $f(t)=f_\triangle(t)\cdot f_{方}(t)$，其中 $f_\triangle(t)$ 代表宽度为 τ_1 的三角脉冲信号，$f_{方}(t)$ 代表周期 $T_1=2\tau$ 的对称方波。查附录三可知

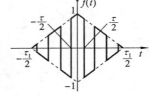

题图 3-35

$$\mathscr{F}\{f_\triangle(t)\}=\frac{\tau_1}{2}\mathrm{Sa}^2\left(\frac{\omega\tau_1}{4}\right)$$

而由于 $f_{方}(t)$ 是周期信号，故其傅里叶变换为

$$\mathscr{F}\{f_{方}(t)\}=2\pi\sum_{n=-\infty}^{\infty}F_n\delta(\omega-n\omega_1),\quad \omega_1=\frac{2\pi}{T_1}=\frac{\pi}{\tau}$$

其中 F_n 是 $f_{方}(t)$ 的傅里叶级数的系数。

又 $F_n=\frac{1}{T}\int_{t_0}^{t_0+T}f_{方}(t)e^{-jn\omega_1 t}dt=\frac{1}{2\tau}\left[\int_{-\frac{\tau}{2}}^{\frac{\tau}{2}}e^{-jn\frac{\pi}{\tau}t}dt-\int_{\frac{\tau}{2}}^{\frac{3\tau}{2}}e^{-jn\frac{\pi}{\tau}t}dt\right]$

$=\frac{1}{n\pi}\sin\left(\frac{n\pi}{2}\right)+\frac{je^{-jn\frac{\pi}{2}}}{2n\pi}[1-\cos(n\pi)]$

$$=\begin{cases}0, & n=\pm2,\pm4,\cdots\\ \dfrac{2\sin\left(\frac{n\pi}{2}\right)}{n\pi}, & n=\pm1,\pm3,\cdots\end{cases}$$

$$=\begin{cases}\dfrac{2}{n\pi}, & n=\pm1,\pm5,\pm9,\cdots\\ -\dfrac{2}{n\pi}, & n=\pm3,\pm7,\pm11,\cdots\end{cases}$$

于是 $f_{方}(t)$ 的傅里叶变换可表示为

$$\mathscr{F}\{f_{方}(t)\}=2\pi\sum_{n=-\infty}^{\infty}\frac{2(-1)^{n+1}}{(2n-1)\pi}\delta\left[\omega-\frac{(2n-1)\pi}{\tau}\right]$$

又由 $\quad\mathscr{F}\{f(t)\}=\frac{1}{2\pi}\mathscr{F}\{f_\triangle\}*\mathscr{F}\{f_{方}(t)\}$

得 $\quad\mathscr{F}\{f(t)\}=\sum_{n=-\infty}^{\infty}\frac{\tau_1(-1)^{n+1}}{(2n-1)\pi}\mathrm{Sa}^2\left\{\frac{\left[\omega-\frac{(2n-1)\pi}{\tau}\right]\tau_1}{4}\right\}$

题图 3-24 所示信号的频谱只是由两个 $Sa^2(\cdot)$ 函数合成,而本题中的信号,其频谱是由无限多个 $Sa^2(\cdot)$ 函数合成,这里 $Sa^2(\cdot)$ 是两题中信号的相同的包络线,即三角脉冲的频谱函数。造成两个频谱如此差异的原因在于,题图 3-24 所示信号是单频率正弦波与三角脉冲相乘的结果,而本题中信号是周期方波与三角脉冲相乘的结果,周期方波包含无限多的谐波频率,当它与三角脉冲相乘,在频域导致三角脉冲的频谱发生平移——平移至周期方波的谐波频率处。

3-36 已知单个梯形脉冲和单个余弦脉冲的傅里叶变换(见附录三),求题图 3-36 所示周期梯形信号和周期全波余弦信号的傅里叶级数和傅里叶变换,并示意画出它们的频谱图。

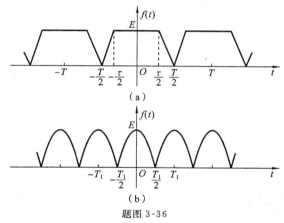

(a)

(b)

题图 3-36

解 (a) 题图 3-36(a)所示 $f(t)$ 为周期梯形信号。我们先考虑单个梯形脉冲,并记为 $f_0(t)$,且

$$f_0(t) = \begin{cases} f(t), & |t| \leqslant \dfrac{T}{2} \\ 0, & |t| > \dfrac{T}{2} \end{cases}$$

查附录三可知

$$F_0(\omega) = \frac{8E}{(T-\tau)\omega^2} \sin\left[\frac{\omega(T+\tau)}{4}\right] \sin\left[\frac{\omega(T-\tau)}{4}\right]$$

而 $f(t)$ 的傅里叶级数的系数 F_n 与 $F_0(\omega)$ 有以下关系

$$F_n = \frac{1}{T} F_0(\omega) \bigg|_{\omega = n\omega_1}, \qquad \omega_1 = \frac{2\pi}{T}$$

且一般周期信号的傅里叶变换为

$$F(\omega) = 2\pi \sum_{n=-\infty}^{\infty} F_n \delta(\omega - n\omega_1)$$

故 $f(t)$ 的傅里叶级数为

$$f(t) = \sum_{n=-\infty}^{\infty} F_n e^{jn\frac{2\pi}{T}t}$$

$f(t)$ 的傅里叶变换为　　$F(\omega) = 2\pi \sum_{n=-\infty}^{\infty} F_n \delta\left(\omega - n\frac{2\pi}{T}\right)$

其中　　　　$F_n = \dfrac{2ET}{n^2\pi^2(T-\tau)} \sin\left[\dfrac{n\pi(T+\tau)}{2T}\right] \sin\left[\dfrac{n\pi(T-\tau)}{2T}\right]$

当 $T=3\tau$ 时频谱示意图如题图 3-36(a_1) 所示。

(b) 题图 3-36(b) 所示 $f(t)$ 为周期全波余弦信号。我们先考虑单个余弦脉冲,并记为 $f_0(t)$,且

$$f_0(t) = \begin{cases} f(t), & |t| \leqslant \dfrac{T_1}{2} \\ 0, & |t| > \dfrac{T_1}{2} \end{cases}$$

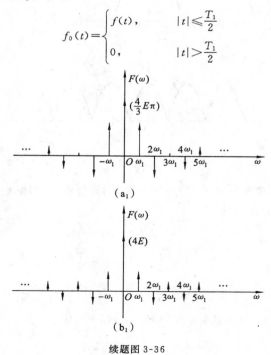

(a_1)

(b_1)

续题图 3-36

查附录三可知
$$F_0(\omega) = \frac{2ET_1}{\pi} \cdot \frac{\cos\left(\frac{\omega T_1}{2}\right)}{1 - \left(\frac{\omega T_1}{\pi}\right)^2}$$

与(a)同理,周期全波余弦信号 $f(t)$ 的傅里叶级数的系数
$$F_n = \frac{1}{T}F_0(\omega)\Big|_{\omega = n\omega_1}, \qquad \omega_1 = \frac{2\pi}{T_1}$$

故 $f(t)$ 的傅里叶级数为
$$f(t) = \sum_{n=-\infty}^{\infty} F_n e^{jn\frac{2\pi}{T_1}t}$$

其傅里叶变换为
$$F(\omega) = 2\pi \sum_{n=-\infty}^{\infty} F_n \delta\left(\omega - n\frac{2\pi}{T_1}\right)$$

其中
$$F_n = \frac{2E}{\pi} \cdot \frac{\cos(n\pi)}{1-4n^2} = (-1)^n \frac{2E}{\pi(1-4n^2)}$$

频谱示意图如题图 3-36(b_1)所示。

3-37 已知矩形脉冲和余弦脉冲信号的傅里叶变换(见附录三),根据傅里叶变换的定义和性质,利用三种以上的方法计算题图 3-37 所示各脉冲信号的傅里叶变换,并比较三种方法。

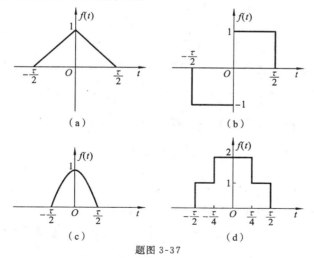

题图 3-37

解 (a)方法一:利用定义。
$$f(t) = 1 - \frac{2}{\tau}|t|, \qquad 0 \leqslant |t| \leqslant \frac{\tau}{2}$$

于是

$$F(\omega) = \int_{-\frac{\tau}{2}}^{0} \left(1 + \frac{2}{\tau}t\right) e^{-j\omega t}\, dt + \int_{0}^{\frac{\tau}{2}} \left(1 - \frac{2}{\tau}t\right) e^{-j\omega t}\, dt$$

$$= \frac{2}{\tau} \left[\int_{-\frac{\tau}{2}}^{0} t e^{-j\omega t}\, dt - \int_{0}^{\frac{\tau}{2}} t e^{-j\omega t}\, dt\right] + \int_{-\frac{\tau}{2}}^{\frac{\tau}{2}} e^{-j\omega t}\, dt$$

$$= -\frac{2\sin\left(\frac{\omega\tau}{2}\right)}{\omega} + \frac{2}{j\omega\tau} \left[\int_{-\frac{\tau}{2}}^{0} e^{-j\omega t}\, dt - \int_{0}^{\frac{\tau}{2}} e^{-j\omega t}\, dt\right] + \frac{2}{\omega}\sin\left(\frac{\omega\tau}{2}\right)$$

$$= \frac{4 - 4\cos\left(\frac{\omega\tau}{2}\right)}{\omega^2\tau} = \frac{8}{\omega^2\tau}\sin^2\left(\frac{\omega\tau}{4}\right) = \frac{\tau}{2}\text{Sa}^2\left(\frac{\omega\tau}{4}\right)$$

方法二：利用微分定理及冲激信号的傅里叶变换。

$f'(t)$ 及 $f''(t)$ 的波形如题图 3-37(a_1)、(a_2)所示。

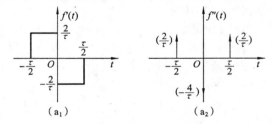

续题图 3-37

易写出　　　$f''(t) = \frac{2}{\tau}\left[\delta\left(t + \frac{\tau}{2}\right) + \delta\left(t - \frac{\tau}{2}\right)\right] - \frac{4}{\tau}\delta(t)$

由微分定理得　$(j\omega)^2 F(\omega) = \frac{2}{\tau}\left(e^{j\frac{\omega\tau}{2}} + e^{-j\frac{\omega\tau}{2}}\right) - \frac{4}{\tau} = \frac{4}{\tau}\cos\left(\frac{\omega\tau}{2}\right) - \frac{4}{\tau}$

$$= -\frac{8}{\tau}\sin^2\left(\frac{\omega\tau}{4}\right)$$

于是　　　　　$F(\omega) = \frac{8}{\omega^2\tau}\sin^2\left(\frac{\omega\tau}{4}\right) = \frac{\tau}{2}\text{Sa}^2\left(\frac{\omega\tau}{4}\right)$

方法三：利用卷积及傅里叶变换的卷积特性。

$f(t)$ 可表示成为两个宽度均为 $\frac{\tau}{2}$ 的偶对称单个矩形脉冲的卷积，一个矩形脉冲的幅度为 $\frac{2}{\tau}$，另一个矩形脉冲的幅度为 1，即

$$f(t) = \frac{2}{\tau}\left[u\left(t + \frac{\tau}{4}\right) - u\left(t - \frac{\tau}{4}\right)\right] * \left[u\left(t + \frac{\tau}{4}\right) - u\left(t - \frac{\tau}{4}\right)\right]$$

利用矩形脉冲信号的傅里叶变换以及卷积特性可得

$$F(\omega) = \frac{2}{\tau} \cdot \frac{\tau}{2} \mathrm{Sa}\left(\frac{\omega\tau}{4}\right) \cdot \frac{\tau}{2} \mathrm{Sa}\left(\frac{\omega\tau}{4}\right) = \frac{\tau}{2} \mathrm{Sa}^2\left(\frac{\omega\tau}{4}\right)$$

(b) 方法一：利用定义。

$$f(t) = \left[u(t) - u\left(t - \frac{\tau}{2}\right)\right] - \left[u\left(t + \frac{\tau}{2}\right) - u(t)\right]$$

于是

$$F(\omega) = \int_{-\frac{\tau}{2}}^{0} -\mathrm{e}^{-\mathrm{j}\omega t}\,\mathrm{d}t + \int_{0}^{\frac{\tau}{2}} \mathrm{e}^{-\mathrm{j}\omega t}\,\mathrm{d}t = \frac{1}{\mathrm{j}\omega}\mathrm{e}^{-\mathrm{j}\omega t}\Big|_{-\frac{\tau}{2}}^{0} - \frac{1}{\mathrm{j}\omega}\mathrm{e}^{-\mathrm{j}\omega t}\Big|_{0}^{\frac{\tau}{2}}$$

$$= \frac{2}{\mathrm{j}\omega}\left[1 - \cos\left(\frac{\omega\tau}{2}\right)\right] = \frac{4}{\mathrm{j}\omega}\sin^2\left(\frac{\omega\tau}{4}\right) = \frac{\omega\tau^2}{4\mathrm{j}}\mathrm{Sa}^2\left(\frac{\omega\tau}{4}\right)$$

方法二：利用矩形脉冲信号的傅里叶变换及时移特性。

因为

$$\mathscr{F}\left\{u(t) - u\left(t - \frac{\tau}{2}\right)\right\} = \frac{\tau}{2}\mathrm{Sa}\left(\frac{\omega\tau}{4}\right)\mathrm{e}^{-\mathrm{j}\frac{\omega\tau}{4}}$$

$$\mathscr{F}\left\{u\left(t + \frac{\tau}{2}\right) - u(t)\right\} = \frac{\tau}{2}\mathrm{Sa}\left(\frac{\omega\tau}{4}\right)\mathrm{e}^{\mathrm{j}\frac{\omega\tau}{4}}$$

所以

$$F(\omega) = \frac{\tau}{2}\mathrm{Sa}\left(\frac{\omega\tau}{4}\right)\left(\mathrm{e}^{-\mathrm{j}\frac{\omega\tau}{4}} - \mathrm{e}^{\mathrm{j}\frac{\omega\tau}{4}}\right) = -\mathrm{j}\tau^2\mathrm{Sa}\left(\frac{\omega\tau}{4}\right)\sin\left(\frac{\omega\tau}{4}\right)$$

$$= \frac{\omega\tau^2}{4\mathrm{j}}\mathrm{Sa}^2\left(\frac{\omega\tau}{4}\right)$$

方法三：利用微分定理及冲激信号的傅里叶变换。

$f'(t)$ 的波形如题图 3-37(b_1)所示。

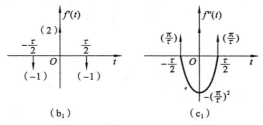

(b₁)　　　　　　(c₁)

续题图 3-37

易写出

$$f'(t) = 2\delta(t) - \left[\delta\left(t + \frac{\tau}{2}\right) + \delta\left(t - \frac{\tau}{2}\right)\right]$$

由微分定理得

$$(\mathrm{j}\omega)F(\omega) = 2 - \left(\mathrm{e}^{\mathrm{j}\frac{\omega\tau}{2}} + \mathrm{e}^{-\mathrm{j}\frac{\omega\tau}{2}}\right) = 2 - 2\cos\left(\frac{\omega\tau}{2}\right) = 4\sin^2\left(\frac{\omega\tau}{4}\right)$$

于是

$$F(\omega) = \frac{4}{\mathrm{j}\omega}\sin^2\left(\frac{\omega\tau}{4}\right) = \frac{\omega\tau^2}{4\mathrm{j}}\mathrm{Sa}^2\left(\frac{\omega\tau}{4}\right)$$

(c) 方法一：利用定义。

$$f(t) = \cos\left(\frac{\pi}{\tau}t\right), \quad -\frac{\tau}{2} < t < \frac{\tau}{2}$$

于是　　$F(\omega) = \int_{-\frac{\tau}{2}}^{\frac{\tau}{2}} \cos\left(\frac{\pi}{\tau}t\right) e^{-j\omega t} dt$

$$= \frac{1}{2}\left[\int_{-\frac{\tau}{2}}^{\frac{\tau}{2}} e^{j(\frac{\pi}{\tau}-\omega)t} dt + \int_{-\frac{\tau}{2}}^{\frac{\tau}{2}} e^{-j(\frac{\pi}{\tau}+\omega)t} dt\right]$$

$$= \frac{\sin\left(\frac{\pi}{2}-\frac{\omega\tau}{2}\right)}{\frac{\pi}{\tau}-\omega} + \frac{\sin\left(\frac{\pi}{2}+\frac{\omega\tau}{2}\right)}{\frac{\pi}{\tau}+\omega} = \frac{\cos\left(\frac{\omega\tau}{2}\right)}{\frac{\pi}{\tau}-\omega} + \frac{\cos\left(\frac{\omega\tau}{2}\right)}{\frac{\pi}{\tau}+\omega}$$

$$= \frac{2\tau}{\pi} \cdot \frac{\cos\left(\frac{\omega\tau}{2}\right)}{1-\left(\frac{\omega\tau}{\pi}\right)^2}$$

方法二：利用微分定理。

$f''(t)$ 的波形如题图 3-37(c_1) 所示。

可写出 $f''(t) = -\left(\frac{\pi}{\tau}\right)^2 f(t) + \frac{\pi}{\tau}\delta\left(t+\frac{\tau}{2}\right) + \frac{\pi}{\tau}\delta\left(t-\frac{\tau}{2}\right)$

由微分定理得　$(j\omega)^2 F(\omega) = -\left(\frac{\pi}{\tau}\right)^2 F(\omega) + \frac{\pi}{\tau}(e^{j\frac{\omega\tau}{2}} + e^{-j\frac{\omega\tau}{2}})$

于是　　　　$F(\omega) = \frac{\frac{2\pi}{\tau}\cos\left(\frac{\omega\tau}{2}\right)}{\left(\frac{\pi}{\tau}\right)^2 - \omega^2} = \frac{2\tau}{\pi} \cdot \frac{\cos\left(\frac{\omega\tau}{2}\right)}{1-\left(\frac{\omega\tau}{\pi}\right)^2}$

方法三：利用卷积特性。

$f(t)$ 可表示为一个余弦函数与一个矩形脉冲的乘积，即

$$f(t) = \cos\left(\frac{\pi}{\tau}t\right) \cdot \left[u\left(t+\frac{\tau}{2}\right) - u\left(t-\frac{\tau}{2}\right)\right]$$

因为　　　$\mathscr{F}\left\{\cos\left(\frac{\pi}{\tau}t\right)\right\} = \pi\left[\delta\left(\omega+\frac{\pi}{\tau}\right) + \delta\left(\omega-\frac{\pi}{\tau}\right)\right]$

$$\mathscr{F}\left\{u\left(t+\frac{\tau}{2}\right) - u\left(t-\frac{\tau}{2}\right)\right\} = \tau \text{Sa}\left(\frac{\omega\tau}{2}\right)$$

由频域卷积特性可得

$$F(\omega) = \frac{1}{2\pi} \cdot \pi\left[\delta\left(\omega+\frac{\pi}{\tau}\right) + \delta\left(\omega-\frac{\pi}{\tau}\right)\right] * \tau\text{Sa}\left(\frac{\omega\tau}{2}\right)$$

$$= \frac{\tau}{2} \cdot \left\{ \mathrm{Sa}\left[\frac{\left(\omega + \frac{\pi}{\tau}\right) \cdot \tau}{2} \right] + \mathrm{Sa}\left[\frac{\left(\omega - \frac{\pi}{\tau}\right) \cdot \tau}{2} \right] \right\}$$

$$= \frac{\tau}{2} \cdot \left[\frac{\cos\left(\frac{\omega\tau}{2}\right)}{\frac{\omega\tau + \pi}{2}} - \frac{\cos\left(\frac{\omega\tau}{2}\right)}{\frac{\omega\tau - \pi}{2}} \right]$$

$$= \tau \cdot \cos\left(\frac{\omega\tau}{2}\right) \cdot \frac{-2\pi}{(\omega\tau)^2 - \pi^2} = \frac{2\tau}{\pi} \cdot \frac{\cos\left(\frac{\omega\tau}{2}\right)}{1 - \left(\frac{\omega\tau}{\pi}\right)^2}$$

（d）方法一：利用定义。

$$f(t) = \begin{cases} 1, & \frac{\tau}{4} < |t| < \frac{\tau}{2} \\ 2, & |t| < \frac{\tau}{4} \\ 0, & |t| > \frac{\tau}{2} \end{cases}$$

$$F(\omega) = \int_{-\frac{\tau}{2}}^{-\frac{\tau}{4}} \mathrm{e}^{-\mathrm{j}\omega t}\,\mathrm{d}t + \int_{-\frac{\tau}{4}}^{\frac{\tau}{4}} 2\mathrm{e}^{-\mathrm{j}\omega t}\,\mathrm{d}t + \int_{\frac{\tau}{4}}^{\frac{\tau}{2}} \mathrm{e}^{-\mathrm{j}\omega t}\,\mathrm{d}t$$

$$= \frac{1}{\mathrm{j}\omega}\left(\mathrm{e}^{\mathrm{j}\frac{\omega\tau}{4}} - \mathrm{e}^{-\mathrm{j}\frac{\omega\tau}{4}} \right) + \frac{1}{\mathrm{j}\omega}\left(\mathrm{e}^{\mathrm{j}\frac{\omega\tau}{2}} - \mathrm{e}^{-\mathrm{j}\frac{\omega\tau}{2}} \right) = \frac{2\sin\left(\frac{\omega\tau}{4}\right) + 2\sin\left(\frac{\omega\tau}{2}\right)}{\omega}$$

$$= \frac{\tau}{2}\mathrm{Sa}\left(\frac{\omega\tau}{4}\right)\left[1 + 2\cos\left(\frac{\omega\tau}{4}\right) \right]$$

方法二：利用线性性质。

$$f(t) = \left[u\left(t + \frac{\tau}{2}\right) - u\left(t - \frac{\tau}{2}\right) \right] + \left[u\left(t + \frac{\tau}{4}\right) - u\left(t - \frac{\tau}{4}\right) \right]$$

因为

$$\mathscr{F}\left\{ u\left(t + \frac{\tau}{2}\right) - u\left(t - \frac{\tau}{2}\right) \right\} = \tau\mathrm{Sa}\left(\frac{\omega\tau}{2}\right)$$

$$\mathscr{F}\left\{ u\left(t + \frac{\tau}{4}\right) - u\left(t - \frac{\tau}{4}\right) \right\} = \frac{\tau}{2}\mathrm{Sa}\left(\frac{\omega\tau}{4}\right)$$

从而　$$F(\omega) = \tau\mathrm{Sa}\left(\frac{\omega\tau}{2}\right) + \frac{\tau}{2}\mathrm{Sa}\left(\frac{\omega\tau}{4}\right) = \frac{2}{\omega}\left[\sin\left(\frac{\omega\tau}{2}\right) + \sin\left(\frac{\omega\tau}{4}\right) \right]$$

$$= \frac{2}{\omega}\left[2\sin\left(\frac{\omega\tau}{4}\right)\cos\left(\frac{\omega\tau}{4}\right) + \sin\left(\frac{\omega\tau}{4}\right) \right]$$

$$= \frac{\tau}{2}\mathrm{Sa}\left(\frac{\omega\tau}{4}\right)\left[2\cos\left(\frac{\omega\tau}{4}\right) + 1 \right]$$

方法三：利用微分定理。

$f'(t)$ 的波形如题图 3-37(d₁)所示。

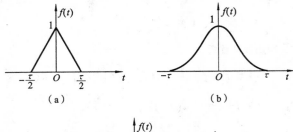

（d₁）

续题图 3-37

可写出

$$f'(t) = \delta\left(t + \frac{\tau}{2}\right) + \delta\left(t + \frac{\tau}{4}\right) - \delta\left(t - \frac{\tau}{4}\right) - \delta\left(t - \frac{\tau}{2}\right)$$

由微分定理得

$$(j\omega)F(\omega) = e^{j\frac{\omega\tau}{2}} - e^{-j\frac{\omega\tau}{2}} + e^{j\frac{\omega\tau}{4}} - e^{-j\frac{\omega\tau}{4}}$$

于是

$$F(\omega) = \frac{2}{\omega}\left[\sin\left(\frac{\omega\tau}{2}\right) + \sin\left(\frac{\omega\tau}{4}\right)\right]$$

$$= \frac{\tau}{2}\,Sa\left(\frac{\omega\tau}{4}\right)\left[2\cos\left(\frac{\omega\tau}{4}\right) + 1\right]$$

3-38 已知三角形、升余弦脉冲的频谱（见附录三）。大致画出题图3-38中各脉冲被冲激抽样后信号的频谱（抽样间隔为 T_s，令 $T_s = \frac{\tau}{8}$）。

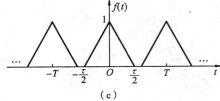

（a）　　　　　　（b）

（c）

题图 3-38

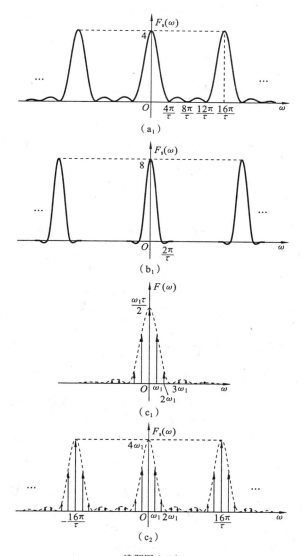

续题图 3-38

分析　频谱为 $F(\omega)$ 的信号被冲激抽样后,所得的抽样信号 $f_s(t)$ 的频谱为

$$F_s(\omega) = \frac{1}{T_s} \sum_{n=-\infty}^{\infty} F(\omega - n\omega_s)$$

其中, ω_s 为抽样频率, T_s 为抽样时间间隔, $\omega_s = \dfrac{2\pi}{T_s}$。此题中, $T_s = \dfrac{\tau}{8}$,则 $\omega_s = \dfrac{16\pi}{\tau}$。

解　(a) 查附录三可知,题图 3-38(a)所示三角脉冲的频谱为

$$F(\omega) = \frac{\tau}{2} \mathrm{Sa}^2 \left(\frac{\omega\tau}{4} \right)$$

其形状可在附录三中查到,第一零值点在 $\omega = \dfrac{4\pi}{\tau}$。

对此三角脉冲以 $\omega_s = \dfrac{16\pi}{\tau}$ 进行冲激抽样,抽样信号的频谱大致如题图 3-38(a_1)所示。

(b) 查附录三可知,题图 3-38(b)所示升余弦脉冲的频谱为

$$F(\omega) = \frac{\tau \cdot \mathrm{Sa}(\omega\tau)}{1 - \left(\dfrac{\omega\tau}{\pi} \right)^2}$$

其形状可在附录三中查到,第一零值点在 $\omega = \dfrac{2\pi}{\tau}$。对此升余弦脉冲以 $\omega_s = \dfrac{16\pi}{\tau}$ 进行冲激抽样,抽样信号的频谱大致如题图 3-38(b_1)所示。

(c) 题图 3-38(c)所示信号为周期信号。利用周期信号傅里叶变换公式,再结合(a)中单个三角脉冲频谱函数的表达式,以及周期三角脉冲的傅里叶级数的系数 F_n 与单个三角脉冲的傅里叶变换 $F(\omega)$ 之间的关系可得

$$F(\omega) = \frac{\omega_1\tau}{2} \sum_{n=-\infty}^{\infty} \mathrm{Sa}^2 \left(\frac{n\omega_1\tau}{4} \right) \delta(\omega - n\omega_1), \quad \omega_1 = \frac{2\pi}{T}$$

$F(\omega)$ 的图形如题图 3-38(c_1)所示,抽样信号的频谱如题图 3-38(c_2)所示。

3-39　确定下列信号的最低抽样率与奈奎斯特间隔。

(1) $\mathrm{Sa}(100t)$ 　　　　　　(2) $\mathrm{Sa}^2(100t)$

(3) $\mathrm{Sa}(100t) + \mathrm{Sa}(50t)$ 　　(4) $\mathrm{Sa}(100t) + \mathrm{Sa}^2(60t)$

分析　由抽样定理可知,信号的最低抽样率 $f_{\min} = 2f_m$,这里 $f_m = \dfrac{\omega_m}{2\pi}$,

ω_{m} 为信号的最大角频率。奈奎斯特间隔 $T_{\mathrm{N}} = \dfrac{1}{2f_{\mathrm{m}}} = \dfrac{\pi}{\omega_{\mathrm{m}}}$。

解　(1) 由于　$\mathscr{F}\{\mathrm{Sa}(100t)\} = \dfrac{\pi}{100}[u(\omega+100) - u(\omega-100)]$

即信号的最大角频率 $\omega_{\mathrm{m}} = 100 \ \mathrm{rad/s}$,故

最低抽样率　$f_{\min} = \dfrac{100}{\pi} \ \mathrm{Hz}$

奈奎斯特间隔　$T_{\mathrm{N}} = \dfrac{\pi}{100} \ \mathrm{s}$

(2) 由于　$\mathscr{F}\{\mathrm{Sa}^2(100t)\} = \dfrac{\pi}{100}\left(1 - \dfrac{|\omega|}{200}\right), |\omega| < 200$

即信号的最大角频率 $\omega_{\mathrm{m}} = 200 \ \mathrm{rad/s}$,故

最低抽样率　$f_{\min} = \dfrac{200}{\pi} \ \mathrm{Hz}$

奈奎斯特间隔　$T_{\mathrm{N}} = \dfrac{\pi}{200} \ \mathrm{s}$

(3) 因为 $\mathrm{Sa}(100t)$ 的最大角频率为 $100 \ \mathrm{rad/s}$,$\mathrm{Sa}(50t)$ 的最大角频率为 $50 \ \mathrm{rad/s}$,故 $\mathrm{Sa}(100t) + \mathrm{Sa}(50t)$ 的 $\omega_{\mathrm{m}} = 100 \ \mathrm{rad/s}$,所以其

最低抽样率　$f_{\min} = \dfrac{100}{\pi} \ \mathrm{Hz}$

奈奎斯特间隔　$T_{\mathrm{N}} = \dfrac{\pi}{100} \ \mathrm{s}$

(4) 因为 $\mathrm{Sa}(100t)$ 的最大角频率为 $100 \ \mathrm{rad/s}$,$\mathrm{Sa}^2(60t)$ 的最大角频率为 $120 \ \mathrm{rad/s}$,故 $\mathrm{Sa}(100t) + \mathrm{Sa}^2(60t)$ 的 $\omega_{\mathrm{m}} = 120 \ \mathrm{rad/s}$,所以其

最低抽样率　$f_{\min} = \dfrac{120}{\pi} \ \mathrm{Hz}$

奈奎斯特间隔　$T_{\mathrm{N}} = \dfrac{\pi}{120} \ \mathrm{s}$

3-40　若 $\mathscr{F}[f(t)] = F(\omega)$,$p(t)$ 是周期信号,基波频率为 ω_0,

$$p(t) = \sum_{n=-\infty}^{\infty} a_n \mathrm{e}^{jn\omega_0 t}$$

(1) 令 $f_{\mathrm{p}}(t) = f(t)p(t)$,求相乘信号的傅里叶变换表达式 $F_{\mathrm{p}}(\omega) = \mathscr{F}[f_{\mathrm{p}}(t)]$;

(2) 若 $F(\omega)$ 图形如题图 3-40(a) 所示,当 $p(t)$ 函数表达式为 $p(t) = \cos\left(\dfrac{t}{2}\right)$ 或以下各小题时,分别求 $F_{\mathrm{p}}(\omega)$ 表达式并画出频谱图;

(3) $p(t) = \cos t$;

(4) $p(t) = \cos(2t)$;

(5) $p(t) = (\sin t)[\sin(2t)]$;

(6) $p(t) = \cos(2t) - \cos t$;

(7) $p(t) = \sum\limits_{n=-\infty}^{\infty} \delta(t - \pi n)$;

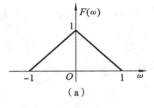

题图 3-40

(8) $p(t) = \sum\limits_{n=-\infty}^{\infty} \delta(t - 2\pi n)$;

(9) $p(t) = \sum\limits_{n=-\infty}^{\infty} \delta(t - 2\pi n) - \dfrac{1}{2} \sum\limits_{n=-\infty}^{\infty} \delta(t - \pi n)$;

(10) $p(t)$ 是题图 3-2 所示周期矩形波,其参数为 $T = \pi, \tau = \dfrac{T}{3} = \dfrac{\pi}{3}, E = 1$。

解 (1) $p(t) = \sum\limits_{n=-\infty}^{\infty} a_n e^{jn\omega_0 t}$,$\omega_0$ 是基波频率

对等式两边求傅里叶变换,可得到 $p(t)$ 的频谱函数

$$P(\omega) = 2\pi \sum\limits_{n=-\infty}^{\infty} a_n \delta(\omega - n\omega_0)$$

因为 $\qquad\qquad f_p(t) = f(t) p(t)$

由频域卷积性质可得

$$F_p(\omega) = \frac{1}{2\pi} F(\omega) * P(\omega) = \frac{1}{2\pi} F(\omega) * 2\pi \sum\limits_{n=-\infty}^{\infty} a_n \delta(\omega - n\omega_0)$$

$$= \sum\limits_{n=-\infty}^{\infty} a_n F(\omega - n\omega_0)$$

(2) 当 $p(t) = \cos\left(\dfrac{t}{2}\right)$ 时,基波频率 $\omega_0 = \dfrac{1}{2}$,由欧拉公式

$$\cos\left(\frac{t}{2}\right) = \frac{1}{2} e^{j\frac{1}{2}t} + \frac{1}{2} e^{-j\frac{1}{2}t}$$

知两个非零的傅里叶级数的系数 $a_1 = a_{-1} = \dfrac{1}{2}$。由(1)中推得的结果可得此时

$$F_p(\omega) = \frac{1}{2}\left[F\left(\omega + \frac{1}{2}\right) + F\left(\omega - \frac{1}{2}\right) \right]$$

其频谱图如题图 3-40(b)所示。

(3) 当 $p(t) = \cos(t)$ 时,基波频率 $\omega_0 = 1$,由欧拉公式

$$\cos(t) = \frac{1}{2}e^{jt} + \frac{1}{2}e^{-jt}$$

知两个非零的傅里叶级数的系数 $a_1 = a_{-1} = \frac{1}{2}$。由（1）中推得的结果可得此时

$$F_p(\omega) = \frac{1}{2}[F(\omega+1) + F(\omega-1)]$$

其频谱图如题图 3-40(c) 所示。

（4）当 $p(t) = \cos(2t)$ 时，同（2）或（3）理易知

$$F_p(\omega) = \frac{1}{2}[F(\omega+2) + F(\omega-2)]$$

其频谱图如题图 3-40(d) 所示。

（5）当 $p(t) = (\sin t)\sin(2t)$ 时，由欧拉公式

$$(\sin t)\sin(2t) = \frac{e^{jt} - e^{-jt}}{2j} \cdot \frac{e^{j2t} - e^{-j2t}}{2j} = \frac{1}{4}e^{jt} + \frac{1}{4}e^{-jt} - \frac{1}{4}e^{j3t} - \frac{1}{4}e^{-j3t}$$

由此傅里叶级数表示式可知 $\omega_0 = 1$，$a_1 = a_{-1} = \frac{1}{4}$，$a_3 = a_{-3} = -\frac{1}{4}$。再由（1）中推得的结果可得此时

$$F_p(\omega) = \frac{1}{4}[F(\omega+1) + F(\omega-1) - F(\omega+3) - F(\omega-3)]$$

其频谱图如题图 3-40(e) 所示。

（6）当 $p(t) = \cos(2t) - \cos t$ 时，基波频率 $\omega_0 = 1$，由欧拉公式

$$\cos(2t) - \cos t = -\frac{1}{2}e^{jt} - \frac{1}{2}e^{-jt} + \frac{1}{2}e^{j2t} + \frac{1}{2}e^{-j2t}$$

可知傅里叶级数的系数 $a_1 = a_{-1} = -\frac{1}{2}$，$a_2 = a_{-2} = \frac{1}{2}$。由（1）中推得的结果可得此时

$$F_p(\omega) = \frac{1}{2}[F(\omega+2) + F(\omega-2) - F(\omega+1) - F(\omega-1)]$$

其频谱图如题图 3-40(f) 所示。

（7）当 $p(t) = \sum_{n=-\infty}^{\infty} \delta(t - \pi n)$ 时，其周期为 π，基波频率 $\omega_0 = \frac{2\pi}{\pi} = 2$，而傅里叶级数的系数

$$a_n = \frac{1}{T}\int_{-\frac{T}{2}}^{\frac{T}{2}} p(t)e^{-jn\omega_0 t}\,dt = \frac{1}{\pi}\int_{-\frac{\pi}{2}}^{\frac{\pi}{2}} \delta(t)e^{-jn\omega_0 t}\,dt = \frac{1}{\pi}$$

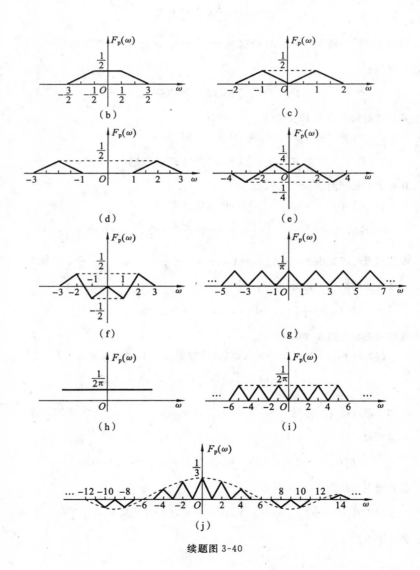

续题图 3-40

由(1)中推得的结果可得此时

$$F_p(\omega) = \sum_{n=-\infty}^{\infty} \frac{1}{\pi} F(\omega - 2n)$$

其频谱图如题图 3-40(g)所示。

(8) 当 $p(t) = \sum_{n=-\infty}^{\infty} \delta(t - 2\pi n)$ 时，同(7)理，$\omega_0 = 1$，$a_n = \frac{1}{2\pi}$。故

$$F_p(\omega) = \sum_{n=-\infty}^{\infty} \frac{1}{2\pi} F(\omega - n)$$

其频谱图如题图 3-40(h)所示。

(9) 当 $p(t) = \sum_{n=-\infty}^{\infty} \delta(t - 2\pi n) - \frac{1}{2} \sum_{n=-\infty}^{\infty} \delta(t - \pi n)$ 时，实际上此时 $p(t)$ 也可表示为

$$p(t) = \frac{1}{2} \sum_{n=-\infty}^{\infty} (-1)^n \delta(t - \pi n)$$

其周期为 2π，基波频率 $\omega_0 = 1$，傅里叶级数的系数

$$a_n = \frac{1}{2\pi} \int_{-\frac{\pi}{2}}^{\frac{3\pi}{2}} p(t) e^{-jn\omega_0 t} dt = \frac{1}{2\pi} \int_{-\frac{\pi}{2}}^{\frac{3\pi}{2}} \left[\frac{1}{2} \delta(t) - \frac{1}{2} \delta(t - \pi) \right] e^{-jnt} dt$$

$$= \frac{1}{4\pi} (1 - e^{-jn\pi}) = \frac{1}{4\pi} [1 - \cos(n\pi)]$$

$$= \begin{cases} \frac{1}{2\pi}, & n = \pm 1, \pm 3, \cdots \\ 0, & n = 0, \pm 2, \pm 4, \cdots \end{cases}$$

由(1)中推得的结果可得此时

$$F_p(\omega) = \sum_{n=-\infty}^{\infty} \frac{1}{2\pi} F[\omega - (2n+1)]$$

其频谱图如题图 3-40(i)所示。

(10) 题图 3-2 中的周期矩形信号的周期 $T = \pi$，从而基波频率 $\omega_0 = 2$，其指数形式傅里叶级数的系数

$$a_n = \frac{E\tau}{T} \text{Sa}\left(\frac{n\omega_0 \tau}{2}\right)$$

将 $T = \pi$，$\tau = \frac{\pi}{3}$，$E = 1$，$\omega_0 = 2$ 代入此式，有

$$a_n = \frac{1}{3} \text{Sa}\left(\frac{n\pi}{3}\right)$$

于是由(1)中推得的结果可得此时

$$F_{\mathrm{p}}(\omega) = \sum_{n=-\infty}^{\infty} \frac{1}{3}\mathrm{Sa}\left(\frac{n\pi}{3}\right)F(\omega-2n)$$

其频谱图如题图 3-40(j)所示。

3-41 系统如题图 3-41（a）所示，$f_1(t) = \mathrm{Sa}(1000\pi t)$，$f_2(t) = \mathrm{Sa}(2000\pi t)$，$p(t) = \sum_{n=-\infty}^{\infty}\delta(t-nT)$，$f(t) = f_1(t)f_2(t)$，$f_s(t) = f(t)p(t)$。

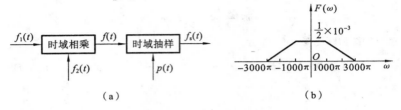

题图 3-41

（1）为从 $f_s(t)$ 无失真恢复 $f(t)$，求最大抽样间隔 $T_{\max}$；

（2）当 $T = T_{\max}$ 时，画出 $f_s(t)$ 的幅度谱 $|F_s(\omega)|$。

解 （1）易知

$$\mathscr{F}\{\mathrm{Sa}(1000\pi t)\} = F_1(\omega) = 10^{-3}[u(\omega+1000\pi) - u(\omega-1000\pi)]$$

$$\mathscr{F}\{\mathrm{Sa}(2000\pi t)\} = F_2(\omega) = 0.5\times10^{-3}[u(\omega+2000\pi) - u(\omega-2000\pi)]$$

由于 $f(t) = f_1(t)f_2(t)$

故　$F(\omega) = \dfrac{1}{2\pi}F_1(\omega) * F_2(\omega)$

$$= \frac{1}{4\pi}\times10^{-6}\{(\omega+3000\pi)u(\omega+3000\pi) - (\omega-1000\pi)u(\omega-1000\pi)$$
$$- (\omega+1000\pi)u(\omega+1000\pi) + (\omega-3000\pi)u(\omega-3000\pi)\}$$

$$= \frac{1}{4\pi}\times10^{-6}\{(\omega+3000\pi)[u(\omega+3000\pi) - u(\omega+1000\pi)]$$
$$+ 2000\pi[u(\omega+1000\pi) - u(\omega-1000\pi)]$$
$$+ (-\omega+3000\pi)[u(\omega-1000\pi) - u(\omega-3000\pi)]\}$$

$F(\omega)$ 的图形如题图 3-41(b)所示。可见，$F(\omega)$ 的最大角频率

$$\omega_{\mathrm{m}} = 3000\pi\ \mathrm{rad/s}$$

因而　$$T_{\max} = \frac{2\pi}{2\omega_{\mathrm{m}}} = \frac{1}{3000}\mathrm{s}$$

（2）对于冲激抽样，抽样信号的频谱

$$F_s(\omega) = \frac{1}{T_s} \sum_{n=-\infty}^{\infty} F(\omega - n\omega_s)$$

当 $T_s = T_{max}$ 时，此时

$$\omega_s = \frac{2\pi}{T_{max}} = 2\omega_m = 6000\pi \text{ rad/s}$$

此时的幅度谱 $|F_s(\omega)|$ 如题图 3-41(c) 所示，无混叠发生。

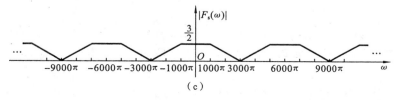

（c）

续题图 3-41

3-42 若连续信号 $f(t)$ 的频谱 $F(\omega)$ 是带状的 $(\omega_1 \sim \omega_2)$，如题图 3-42 (a) 所示。

（1）利用卷积定理说明当 $\omega_2 = 2\omega_1$ 时，最低抽样率只要等于 ω_2 就可以使抽样信号不产生频谱混叠；

（2）证明带通抽样定理，该定理要求最低抽样率 ω_s 满足下列关系

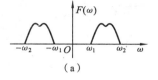

（a）

题图 3-42

$$\omega_s = \frac{2\omega_2}{m}$$

其中，m 为不超过 $\dfrac{\omega_2}{\omega_2 - \omega_1}$ 的最大整数。

解 （1）对连续信号 $f(t)$ 进行冲激抽样，所得到的抽样信号

$$f_s(t) = f(t) \cdot \sum_{n=-\infty}^{\infty} \delta(t - nT) \qquad （T \text{ 为抽样间隔}）$$

由卷积定理可得

$$F_s(\omega) = \frac{1}{2\pi} F(\omega) * \frac{2\pi}{T} \sum_{n=-\infty}^{\infty} \delta\left(\omega - n \cdot \frac{2\pi}{T}\right) = \frac{1}{T} \sum_{n=-\infty}^{\infty} F\left(\omega - n \cdot \frac{2\pi}{T}\right)$$

$$= \frac{1}{T} \sum_{n=-\infty}^{\infty} F(\omega - n\omega_s) \quad （\omega_s \text{ 为抽样频率}）$$

若 $f(t)$ 的频谱如题图 3-42(a) 所示为带状的，则当 $\omega_2 = 2\omega_1$ 时，采用 $\omega_s = \omega_2$ 的频率对 $f(t)$ 进行抽样，所得的 $F_s(\omega)$ 如题图 3-42(b) 所示，可见频谱

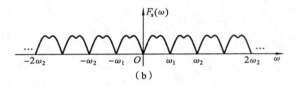

（b）

续题图 3-42

没有发生混叠。

（2）考虑带通信号 $f(t)$，其频谱 $F(\omega)$ 如题图 3-42(c_1)所示。$F(\omega)$ 的最高频率 ω_2 不是带宽 B_ω（$B_\omega = \omega_2 - \omega_1$）的整数倍，即

$$\omega_2 = mB_\omega + \alpha B_\omega, \qquad 0 < \alpha < 1$$

这里 m 为不超过 $\dfrac{\omega_2}{\omega_2 - \omega_1}$ 的最大整数。在题图 3-42(c_1)中，$m = 3$，且为了方便

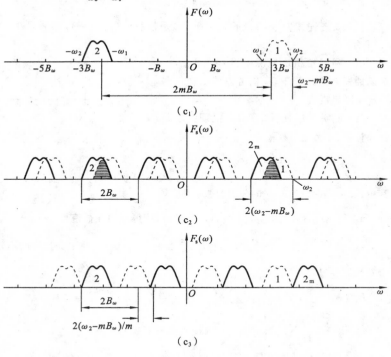

（c_1）

（c_2）

（c_3）

续题图 3-42

说明,$F(\omega)$中的"1"部分用虚线表示,"2"部分用实线表示。若抽样频率 ω_s 取 $2B_\omega$,则抽样信号的频谱 $F_s(\omega)$ 如题图 3-42(c_2)所示,可见频谱发生了混叠。可是若将频谱"2_m"再向右多移 $2(\omega_2 - mB_\omega)$,则频谱"2_m"就刚好不与频谱"1"重叠了,如题图3-42(c_3)所示。由于频谱"2"移到"2_m"的位置,共移了 m 次,所以每次只需比 $2B_\omega$ 多移 $2(\omega_2 - mB_\omega)/m$。也就是说,题图 3-42($c_3$) 中频谱"2"的重复周期为$[2B_\omega + 2(\omega_2 - mB_\omega)/m]$,这样就得到带通信号的最小抽样率为

$$\omega_s = 2B_\omega + 2(\omega_2 - mB_\omega)/m = 2\omega_2 + \frac{1-m}{m} \cdot 2\omega_2 = \frac{2\omega_2}{m}$$

这里 ω_2 为 $F(\omega)$ 的最高频率,m 为不超过 $\dfrac{\omega_2}{\omega_2 - \omega_1}$ 的最大整数。由此带通抽样定理得以证明。

第4章 拉普拉斯变换、连续 时间系统的 s 域分析

4.1 知识点归纳

1. 拉普拉斯变换及其收敛域

（1）双边拉普拉斯变换对

$$F(s) = \int_{-\infty}^{\infty} f(t) e^{-st} \, dt \quad \text{（正变换）}$$

$$f(t) = \frac{1}{2\pi j} \int_{\sigma-j\infty}^{\sigma+j\infty} F(s) e^{st} \, ds \quad \text{（反变换）}$$

（2）单边拉普拉斯变换对

$$F(s) = \int_0^{\infty} f(t) e^{-st} \, dt \quad \text{（正变换）}$$

$$f(t) = \left[\frac{1}{2\pi j} \int_{\sigma-j\infty}^{\sigma+j\infty} F(s) e^{st} \, ds \right] u(t) \quad \text{（反变换）}$$

（3）拉普拉斯变换存在的条件与收敛域（ROC）

因为 $\quad F(s) = \int_{-\infty}^{\infty} f(t) e^{-st} \, dt = \int_{-\infty}^{\infty} f(t) e^{-\sigma t} e^{-j\omega t} \, dt$

故欲使此积分存在，则 $f(t) e^{-\sigma t}$ 必须满足绝对可积条件。

在 s 平面（或称复平面）上使 $f(t) e^{-\sigma t}$ 满足绝对可积条件的 σ 的取值范围称为 $f(t)$ 或 $F(s)$ 的收敛域。

2. 拉普拉斯变换的基本性质

设 $f_1(t)$、$f_2(t)$、$f(t)$ 均为有始函数，且令 $f_1(t) \leftrightarrow F_1(s)$、$f_2(t) \leftrightarrow F_2(s)$、$f(t) \leftrightarrow F(s)$。

（1）线性特性 $\quad a_1 f_1(t) + a_2 f_2(t) \leftrightarrow a_1 F_1(s) + a_2 F_2(s)$

（2）延时特性 $\quad f(t - t_0) u(t - t_0) \leftrightarrow F(s) e^{-st_0}$

（3）s 域平移特性 $\quad f(t) e^{s_0 t} \leftrightarrow F(s - s_0)$

（4）尺度变换特性 $\quad f(at) \leftrightarrow \dfrac{1}{a} F\left(\dfrac{s}{a}\right) (a > 0)$

（5）时域微分特性 $\quad \dfrac{\mathrm{d} f(t)}{\mathrm{d} t} \leftrightarrow sF(s) - f(0_-)$

$$\frac{\mathrm{d}^n f(t)}{\mathrm{d}t^n} \leftrightarrow s^n F(s) - s^{n-1} f(0_-) - s^{n-2} f'(0_-) - \cdots - f^{(n-1)}(0_-)$$

（6）时域积分特性 $\displaystyle\int_{-\infty}^{t} f(\tau)\mathrm{d}\tau \leftrightarrow \frac{F(s)}{s} + \frac{\displaystyle\int_{-\infty}^{0_-} f(\tau)\mathrm{d}\tau}{s}$

（7）复频域微分特性 $tf(t) \leftrightarrow -\dfrac{\mathrm{d}F(s)}{\mathrm{d}s}$

（8）复频域积分特性 $\dfrac{f(t)}{t} \leftrightarrow \displaystyle\int_{s}^{\infty} F(x)\mathrm{d}x$

（9）初值定理 $f(0_+) = \lim\limits_{t \to 0_+} f(t) = \lim\limits_{s \to \infty} sF(s)$

（10）终值定理（对有终值而言） $f(\infty) = \lim\limits_{t \to \infty} f(t) = \lim\limits_{s \to 0} sF(s)$

（11）时域卷积 $f_1(t) * f_2(t) \leftrightarrow F_1(s)F_2(s)$

（12）复频域卷积 $f_1(t) f_2(t) \leftrightarrow \dfrac{1}{2\pi\mathrm{j}}\big[F_1(s) * F_2(s)\big]$

3. 常用函数的拉普拉斯变换

$$\delta(t) \leftrightarrow 1, \quad \sigma > -\infty$$

$$u(t) \leftrightarrow \frac{1}{s}, \quad \sigma > 0$$

$$tu(t) \leftrightarrow \frac{1}{s^2}, \quad \sigma > 0$$

$$t^n u(t) \leftrightarrow \frac{n!}{s^{n+1}}, \quad \sigma > 0$$

$$\mathrm{e}^{-\alpha t} u(t) \leftrightarrow \frac{1}{s+\alpha}, \quad \sigma > -\alpha$$

$$t\mathrm{e}^{-\alpha t} u(t) \leftrightarrow \frac{1}{(s+\alpha)^2}, \quad \sigma > -\alpha$$

$$\sin(\omega_0 t)u(t) \leftrightarrow \frac{\omega_0}{s^2 + \omega_0^2}, \quad \sigma > 0$$

$$\cos(\omega_0 t)u(t) \leftrightarrow \frac{s}{s^2 + \omega_0^2}, \quad \sigma > 0$$

$$\mathrm{e}^{-\alpha t}\sin(\omega_0 t)u(t) \leftrightarrow \frac{\omega_0}{(s+\alpha)^2 + \omega_0^2}, \quad \sigma > -\alpha$$

$$\mathrm{e}^{-\alpha t}\cos(\omega_0 t)u(t) \leftrightarrow \frac{s+\alpha}{(s+\alpha)^2 + \omega_0^2}, \quad \sigma > -\alpha$$

4. 拉普拉斯正变换的求解方法

（1）求有始函数的单边拉普拉斯变换

对于较简单的函数 $f(t)$ 可直接用定义式求,对于稍复杂的函数可借助拉普拉斯变换的性质结合常用函数的拉普拉斯变换对能较便捷地得到结果。

（2）求双边拉普拉斯变换

$f(t)$ 为双边函数,可表示为 $f(t) = f_a(t)u(t) + f_b(t)u(-t)$,则

$$F_d(s) = \int_{-\infty}^{\infty} f(t)e^{-st}dt = \int_{-\infty}^{0} f_b(t)e^{-st}dt + \int_{0}^{\infty} f_a(t)e^{-st}dt$$

$$= \int_{0}^{\infty} f_b(-t)e^{st}dt + \int_{0}^{\infty} f_a(t)e^{-st}dt = F_b(s) + F_a(s)$$

式中,$F_a(s) = \int_{0}^{\infty} f_a(t)e^{-st}dt$ 为单边拉普拉斯变换,$F_b(s) = \int_{0}^{\infty} f_b(-t)e^{st}dt$ 为左边函数的拉普拉斯变换。

求 $F_b(s)$ 分三步:第一步将 $f_b(t)u(-t)$ 变成右边函数 $f_b(-t)u(t)$;第二步求右边函数 $f_b(-t)u(t)$ 的拉普拉斯变换:$F_b(p) = \int_{0}^{\infty} f_b(-t)e^{-pt}dt$,$\text{Re}[p] > \sigma_0$;第三步求 $F_b(s) = F_b(p)|_{p=-s}$,$\text{Re}[s] < -\sigma_0$。

求 $F_b(s)$ 也可直接将 $f_b(t)$ 看作右边函数,求出其拉普拉斯变换后,再乘以 (-1) 即可,即 $F_b(s) = -\mathcal{L}\{f_b(t)u(t)\}$。

5. 拉普拉斯反变换 —— 由 $F(s)$ 求 $f(t)$

（1）部分分式展开法（应用条件是 $m < n$）

设 $F(s)$ 为一有理分式

$$F(s) = \frac{N(s)}{D(s)} = \frac{b_m s^m + b_{m-1}s^{m-1} + \cdots + b_1 s + b_0}{s^n + a_{n-1}s^{n-1} + \cdots + a_1 s + a_0}$$

① 若分母 $D(s) = s^n + a_{n-1}s^{n-1} + \cdots + a_1 s + a_0 = 0$ 的根[$F(s)$ 的极点]为 n 个单根 $p_1, p_2, \cdots, p_n$,则

$$F(s) = \frac{k_1}{s-p_1} + \frac{k_2}{s-p_2} + \cdots + \frac{k_i}{s-p_i} + \cdots + \frac{k_n}{s-p_n}$$

$k_i(i = 1,2,\cdots,n)$ 可由下式求得

$$k_i = [(s-p_i)F(s)]_{s=p_i}$$

当 $F(s)$ 的收敛域为 $\sigma > \max[p_1, p_2, \cdots, p_n]$ 时,其原函数为有始函数

$$f(t) = (k_1 e^{p_1 t} + k_2 e^{p_2 t} + \cdots + k_i e^{p_i t} + \cdots + k_n e^{p_n t})u(t)$$

当 $F(s)$ 的收敛域为 $\sigma < \min[p_1, p_2, \cdots, p_n]$ 时,其原函数为左边函数

$$f(t) = -(k_1 e^{p_1 t} + k_2 e^{p_2 t} + \cdots + k_i e^{p_i t} + \cdots + k_n e^{p_n t})u(-t)$$

当 $F(s)$ 的收敛域为 $\sigma_1 < \sigma < \sigma_2$ 时,其原函数为双边函数

$$f(t) = f_a(t)u(t) + f_b(t)u(-t)$$

位于收敛域左边的极点项对应 $f_a(t)$，位于收敛域右边的极点项对应 $f_b(t)$。

② 若分母 $D(s) = s^n + a_{n-1}s^{n-1} + \cdots + a_1 s + a_0 = 0$ 的根 [$F(s)$ 的极点] 含有 m 阶重根 p_1，则

$$F(s) = \frac{N(s)}{D(s)} = \frac{k_{11}}{(s-p_1)^m} + \frac{k_{12}}{(s-p_1)^{m-1}} + \cdots$$

$$+ \frac{k_{1m}}{s-p_1} + \frac{k_2}{s-p_2} + \cdots + \frac{k_n}{s-p_n}$$

系数 k_{1i} 可按下式求

$$k_{1i} = \frac{1}{(i-k)!}\left\{\frac{d^{i-1}}{ds^{i-1}}\left[(s-p_1)^m F(s)\right]\right\}_{s=p_1}$$

式中，$i = 1, 2, \cdots, m$，其余单根项的系数 $k_2, k_3, \cdots, k_n$ 求法同 ①。

③ 如果 $m \geqslant n$，即 $F(s)$ 为假分式，则必须将 $F(s)$ 化为一多项式加真分式的形式，然后对真分式部分进行部分分式展开，而多项式部分对应的时间函数为冲激函数及其各阶导数项。

（2）留数法

根据复变函数理论，当满足以下两个条件（约当引理）：

① $\lim\limits_{|s|=R \to \infty} |F(s)| = 0$；

② $\mathrm{Re}[st] = \sigma t < \sigma_0 t (\sigma_0$ 为一固定常数）

时，

$$f(t) = \frac{1}{2\pi j}\int_{\sigma-j\infty}^{\sigma+j\infty} F(s)e^{st}\,ds = \frac{1}{2\pi j}\oint_c F(s)e^{st}\,ds$$

$=$ 围线中被积函数 $F(s)e^{st}$ 所有极点的留数之和

$$= \begin{cases} \sum\limits_{ROC左侧极点}[F(s)e^{st}\text{ 的留数}] = \sum\limits_{ROC左侧极点}^{n}\mathrm{Res}l = f_a(t), t \geqslant 0 \\[2mm] -\sum\limits_{ROC右侧极点}[F(s)e^{st}\text{ 的留数}] = -\sum\limits_{ROC右侧极点}^{n}\mathrm{Res}r = f_b(t), t < 0 \end{cases}$$

可见，求 $f(t)$ 的积分运算被转换为求 $F(s)e^{st}$ 在各极点上的留数运算。留数的求取 [$F(s)$ 的极点即为 $F(s)e^{st}$ 的极点] 如下：

若 p_i 为 $F(s)$ 的一阶极点，则此极点的留数

$$\mathrm{Res}[p_i] = [(s-p_i)F(s)e^{st}]_{s=p_i}$$

若 p_i 为 $F(s)$ 的 k 阶极点，则此极点的留数

$$\mathrm{Res}[p_i] = \frac{1}{(k-1)!}\left\{\frac{d^{k-1}}{ds^{k-1}}\left[(s-p_i)^k F(s)e^{st}\right]\right\}_{s=p_i}$$

　　同样,当 $F(s)$ 为假分式时,需先将 $F(s)$ 化为多项式加真分式的形式,对真分式部分才可用留数法,因为多项式部分对应冲激函数及其各阶导数,它们不满足约当引理。

6. 用拉普拉斯变换求系统响应

(1) 复频域等效电路法

复频域等效电路法也称运算阻抗法,是将电路中元件等效为运算阻抗(含初始状态),由此得到 s 域等效模型,再运用三条基本定律列方程求出响应的像函数,最后通过拉普拉斯反变换求出响应。

(2) 由系统函数求响应法

运用各元件的运算阻抗等效电路,得到待求系统的 s 域等效模型,根据运算电路的三条基本定律求出相关的系统函数 $H(s) = \dfrac{N(s)}{D(s)}$,由 $D(s) = 0$ 求出系统特征方程的特征根 $p_1, p_2, \cdots, p_n$,则

$$r_{zi}(t) = \sum_{i=1}^{n} c_i e^{p_i t} u(t)$$

式中,$c_i(i = 1, 2, \cdots, n)$ 由初始状态 $r(0_-), r'(0_-), \cdots, r^{(n-1)}(0_-)$ 确定。

若激励信号 $e(t)$ 的像函数为 $E(s)$,则

$$r_{zs}(t) = \mathscr{L}^{-1}\{H(s)E(s)\}$$

于是全响应 $\qquad\qquad\qquad r(t) = r_{zi}(t) + r_{zs}(t)$

7. 系统函数与系统特性分析

(1) 系统函数的定义与分类

① 定义:系统函数 $H(s)$ 定义为零状态响应的拉普拉斯变换 $R(s)$ 与激励信号的拉普拉斯变换 $E(s)$ 之比,即

$$H(s) = \frac{R(s)}{E(s)}$$

② 分类:根据响应与激励是否属于同一端口,系统函数分为两大类。当响应与激励属于同一端口时,$H(s)$ 称为策动点函数或驱动点函数;当响应与激励属于不同端口时,$H(s)$ 称为转移函数或传输函数。一般所说的系统函数多指转移函数。

(2) 极零点分布图

$$H(s) = \frac{b_m s^m + b_{m-1} s^{m-1} + \cdots + b_1 s + b_0}{a_n s^n + a_{n-1} s^{n-1} + \cdots + a_1 s + a_0} = H_0 \frac{(s - z_1)(s - z_2) \cdots (s - z_m)}{(s - p_1)(s - p_2) \cdots (s - p_n)}$$

式中，$H_0 = \dfrac{b_m}{a_n}$ 为常数；$p_1, p_2, \cdots p_n$ 称为系统函数 $H(s)$ 的极点；$z_1, z_2, \cdots, z_m$ 称为系统函数 $H(s)$ 的零点。

把系统函数的极点和零点标绘在 s 平面中，就成为极点零点分布图，简称极零图。

（3）极零点分布规律

① 极零点分布与实轴成镜像对称；

② 一个系统有 n 个有限极点和 m 个有限零点，一般情况下，其零点数和极点数相等。

若 $n > m$，$\lim\limits_{s \to \infty} H(s) = \lim\limits_{s \to \infty} \dfrac{b_m s^m}{a_n s^n} = 0$，则 $H(s)$ 在无穷大处有一 $(n-m)$ 个零点；

若 $n < m$，$\lim\limits_{s \to \infty} H(s) = \lim\limits_{s \to \infty} \dfrac{b_m s^m}{a_n s^n} \to \infty$，则 $H(s)$ 在无穷大处有一 $(m-n)$ 个极点。

（4）全通函数

如果系统函数在右半 s 平面的零点与在左半 s 平面的极点关于虚轴镜像对称，则这种网络函数对应的系统称为全通系统或全通网络，该系统函数称为全通函数。全通系统的幅频特性为常数，在传输信号时不会改变信号的幅度频谱，只改变其相位频谱，故常用作相位均衡器或移相器。

（5）最小相移函数

如果系统函数 $H(s)$ 不仅全部极点位于左半 s 平面（包括虚轴），而且全部零点也位于左半 s 平面，则称这种函数为最小相移函数。

（6）系统函数的零极点分布与系统的时域特性

系统函数 $H(s)$ 是系统的单位冲激响应 $h(t)$ 的拉普拉斯变换，即

$$H(s) = \mathscr{L}\{h(t)\}$$

$H(s)$ 的极点确定了 $h(t)$ 的波形，即时域变化模式，对 $h(t)$ 的幅度（大小）和相位也有影响。

$H(s)$ 的零点只影响 $h(t)$ 的幅度和相位，对 $h(t)$ 的波形无影响，但零点阶次的变化，则既影响 $h(t)$ 的幅度和相位，还可能使 $h(t)$ 中包含有冲激函数 $\delta(t)$。

（7）系统函数的零极点分布与系统的频响特性

令 $s = j\omega$，代入 $H(s)$ 得

$$H(j\omega) = H_0 \frac{(j\omega - z_1)(j\omega - z_2)\cdots(j\omega - z_m)}{(j\omega - p_1)(j\omega - p_2)\cdots(j\omega - p_n)} = |H(j\omega)| e^{j\varphi(\omega)}$$

设　　　　$\begin{cases} j\omega - z_i = B_i e^{j\beta_i}, & i = 1,2,\cdots,m \\ j\omega - p_k = A_k e^{j\alpha_k}, & k = 1,2,\cdots,n \end{cases}$

则　　　　$H(j\omega) = H_0 \dfrac{B_1 B_2 \cdots B_m}{A_1 A_2 \cdots A_n} e^{j[(\beta_1+\beta_2+\cdots+\beta_m)-(\alpha_1+\alpha_2+\cdots+\alpha_n)]}$

幅频特性　　　　$|H(j\omega)| = H_0 \dfrac{B_1 B_2 \cdots B_m}{A_1 A_2 \cdots A_n}$

相频特性　　　$\varphi(\omega) = (\beta_1 + \beta_2 + \cdots + \beta_m) - (\alpha_1 + \alpha_2 + \cdots + \alpha_n)$

对某一频率可通过矢量图量得差矢量的模量和幅角,从而算得系统函数的幅值和幅角,指定一系列频率值,就可算出一系列模量和相位的值,从而分别得到幅频特性曲线和相频特性曲线。

8. 线性系统的稳定性

(1) 系统稳定性的定义

对于有限(有界)激励只能产生有限(有界)响应的系统称为稳定系统,也叫有界输入有界输出(BIBO)稳定系统,即若激励

$$|e(t)| \leqslant M_e$$

则响应函数　　　　$|r(t)| \leqslant M_r$

(2) 系统稳定的条件

在时域中,系统稳定的充分和必要条件是:系统的冲激响应绝对可积,即

$$\int_{-\infty}^{\infty} |h(t)| \, dt < \infty$$

该条件等效为稳定系统的系统函数 $H(s)$ 的收敛域应包含虚轴在内。

因此,对于因果系统的稳定性,在复频域可根据系统函数 $H(s)$ 来判断:

① 若 $H(s)$ 的全部极点均分布在左半 s 平面,则系统是稳定的;

② 若 $H(s)$ 只要有一个极点分布在右半 s 平面或在 $j\omega$ 轴上有重阶极点,则系统不稳定;

③ 若 $H(s)$ 的单阶极点分布在 $j\omega$ 轴上,则系统处于临界稳定状态。

4.2　释疑解惑

本章的重点之一是拉普拉斯正变换和反变换的求解,并利用拉普拉斯变换求系统的响应;重点之二是根据不同的系统模型写出系统函数,并判断系统的稳定性。

　　灵活运用拉普拉斯变换的基本性质是求解变换的关键,而求系统函数则是求系统响应的关键。

　　如果系统给定的是电路模型,则可先得到系统的复频域等效电路,然后根据电路知识和系统函数的定义写出系统函数表达式;如果系统给定的是微分方程,则可先对微分方程进行拉普拉斯变换,将其变成代数方程,然后解此代数方程,再根据系统函数的定义写出系统函数表达式;如果系统给定的是单位冲激响应,则直接对其取拉普拉斯变换即可得到系统函数表达式。

4.3　习题详解

4-1　求下列函数的拉氏变换。

(1) $1 - \mathrm{e}^{-\alpha t}$　　　　(2) $\sin t + 2\cos t$　　　　(3) $t\mathrm{e}^{-2t}$

(4) $\mathrm{e}^{-t}\sin(2t)$　　　(5) $(1 + 2t)\mathrm{e}^{-t}$　　　(6) $[1 - \cos(\alpha t)]\mathrm{e}^{-\beta t}$

(7) $t^2 + 2t$　　　　(8) $2\delta(t) - 3\mathrm{e}^{-7t}$　　　(9) $\mathrm{e}^{-\alpha t}\sinh(\beta t)$

(10) $\cos^2(\Omega t)$　　　(11) $\dfrac{1}{\beta - \alpha}(\mathrm{e}^{-\alpha t} - \mathrm{e}^{-\beta t})$　　(12) $\mathrm{e}^{-(t+a)}\cos(\omega t)$

(13) $t\mathrm{e}^{-(t-2)}u(t-1)$　　(14) $\mathrm{e}^{-\frac{t}{a}}f\left(\dfrac{t}{\alpha}\right)$, 设已知 $\mathscr{L}[f(t)] = F(s)$

(15) $\mathrm{e}^{-\alpha t}f\left(\dfrac{t}{\alpha}\right)$, 设已知 $\mathscr{L}[f(t)] = F(s)$

(16) $t\cos^3(3t)$　　　(17) $t^2\cos(2t)$　　　(18) $\dfrac{1}{t}(1 - \mathrm{e}^{-\alpha t})$

(19) $\dfrac{\mathrm{e}^{-3t} - \mathrm{e}^{-5t}}{t}$　　(20) $\dfrac{\sin(\alpha t)}{t}$

解　(1) $\mathscr{L}\{1 - \mathrm{e}^{-\alpha t}\} = \dfrac{1}{s} - \dfrac{1}{s + \alpha} = \dfrac{\alpha}{s(s + \alpha)}$

(2) $\mathscr{L}\{\sin t + 2\cos t\} = \dfrac{1}{s^2 + 1} + \dfrac{2s}{s^2 + 1} = \dfrac{2s + 1}{s^2 + 1}$

(3) $\mathscr{L}\{t\mathrm{e}^{-2t}\} = -\dfrac{\mathrm{d}}{\mathrm{d}s}\left[\dfrac{1}{s + 2}\right] = \dfrac{1}{(s + 2)^2}$

(4) $\mathscr{L}\{\mathrm{e}^{-t}\sin(2t)\} = \dfrac{2}{(s + 1)^2 + 2^2} = \dfrac{2}{(s + 1)^2 + 4}$

(5) $\mathscr{L}\{(1 + 2t)\mathrm{e}^{-t}\} = \mathscr{L}\{\mathrm{e}^{-t} + 2t\mathrm{e}^{-t}\} = \dfrac{1}{s + 1} - 2\dfrac{\mathrm{d}}{\mathrm{d}s}\left[\dfrac{1}{s + 1}\right] = \dfrac{s + 3}{(s + 1)^2}$

(6) $[1 - \cos(\alpha t)]\mathrm{e}^{-\beta t} = \mathrm{e}^{-\beta t} - \cos(\alpha t)\mathrm{e}^{-\beta t}$

$$\mathscr{L}\{e^{-\beta t}\} = \frac{1}{s+\beta}$$

$$\mathscr{L}\{\cos(\alpha t)e^{-\beta t}\} = \frac{s+\beta}{(s+\beta)^2 + \alpha^2}$$

$$\mathscr{L}\{[1-\cos(\alpha t)]e^{-\beta t}\} = \frac{1}{s+\beta} - \frac{s+\beta}{(s+\beta)^2 + \alpha^2}$$

(7) $\mathscr{L}\{t^2 + 2t\} = \dfrac{2!}{s^3} + \dfrac{2}{s^2} = \dfrac{2s+2}{s^3}$

(8) $\mathscr{L}\{2\delta(t) - 3e^{-7t}\} = 2 - \dfrac{3}{s+7} = \dfrac{2s+11}{s+7}$

(9) $\mathscr{L}\{\sinh(\beta t)\} = \dfrac{\beta}{s^2 - \beta^2}$

$$\mathscr{L}\{e^{-\alpha t}\sinh(\beta t)\} = \frac{\beta}{(s+\alpha)^2 - \beta^2}$$

(10) $\cos^2(\Omega t) = \dfrac{1 + \cos(2\Omega t)}{2}$

$$\mathscr{L}\{\cos^2(\Omega t)\} = \mathscr{L}\left\{\frac{1}{2} + \frac{1}{2}\cos(2\Omega t)\right\} = \frac{\frac{1}{2}}{s} + \frac{\frac{1}{2}s}{s^2 + (2\Omega)^2} = \frac{s^2 + 2\Omega^2}{s(s^2 + 4\Omega^2)}$$

(11) $\mathscr{L}\left\{\dfrac{1}{\beta-\alpha}(e^{-\alpha t} - e^{-\beta t})\right\} = \dfrac{1}{\beta-\alpha}\left(\dfrac{1}{s+\alpha} - \dfrac{1}{s+\beta}\right) = \dfrac{1}{(s+\alpha)(s+\beta)}$

(12) $\mathscr{L}\{e^{-(t+a)}\cos(\omega t)\} = \mathscr{L}\{e^{-a}e^{-t}\cos(\omega t)\} = \dfrac{e^{-a}(s+1)}{(s+1)^2 + \omega^2}$

(13) $te^{-(t-2)}u(t-1) = ete^{-(t-1)}u(t-1)$

$$\mathscr{L}\{te^{-(t-2)}u(t-1)\} = -e\frac{d}{ds}\left[\frac{e^{-s}}{s+1}\right] = \frac{(s+2)e^{-(s-1)}}{(s+1)^2}$$

(14) $\mathscr{L}\{e^{-t}f(t)\} = F(s+1) = F_1(s)$

$$\mathscr{L}\left\{e^{-\frac{t}{\alpha}}f\left(\frac{t}{\alpha}\right)\right\} = \alpha F_1(\alpha s) = \alpha F(\alpha s + 1)$$

(15) $\mathscr{L}\left\{f\left(\dfrac{t}{\alpha}\right)\right\} = \alpha F(\alpha s) = F_2(s)$

$$\mathscr{L}\left\{e^{-\alpha t}f\left(\frac{t}{\alpha}\right)\right\} = F_2(s+\alpha) = \alpha F(\alpha s + \alpha^2)$$

(16) $tcos^3(3t) = t\cos(3t)\dfrac{1 + \cos(6t)}{2} = \dfrac{1}{4}t[3\cos(3t) + \cos(9t)]$

$$\mathscr{L}\{t\cos^3(3t)\} = -\frac{1}{4}\frac{d}{ds}\left[\frac{3s}{s^2 + 3^2} + \frac{s}{s^2 + 9^2}\right] = \frac{\frac{3}{4}(s^2 - 9)}{(s^2 + 9)^2} + \frac{\frac{1}{4}(s^2 - 81)}{(s^2 + 81)^2}$$

(17) $\mathscr{L}\{t\cos(2t)\} = -\dfrac{\mathrm{d}}{\mathrm{d}s}\left[\dfrac{s}{s^2+4}\right] = \dfrac{s^2-4}{(s^2+4)^2}$

$\qquad \mathscr{L}\{t^2\cos(2t)\} = -\dfrac{\mathrm{d}}{\mathrm{d}s}\left[\dfrac{s^2-4}{(s^2+4)^2}\right] = \dfrac{2s^3-24s}{(s^2+4)^3}$

(18) $\mathscr{L}\left\{\dfrac{1}{t}(1-\mathrm{e}^{-\alpha t})\right\} = \displaystyle\int_s^\infty \left(\dfrac{1}{x}-\dfrac{1}{x+\alpha}\right)\mathrm{d}x = \ln\left[\dfrac{1}{1+\alpha/x}\right]\Big|_s^\infty$

$\qquad\qquad = 0 - \ln\left[\dfrac{1}{1+\alpha/s}\right] = -\ln\left(\dfrac{s}{s+\alpha}\right)$

(19) $\mathscr{L}\left\{\dfrac{\mathrm{e}^{-3t}-\mathrm{e}^{-5t}}{t}\right\} = \displaystyle\int_s^\infty \left[\dfrac{1}{x+3}-\dfrac{1}{x+5}\right]\mathrm{d}x = \ln\left[\dfrac{x+3}{x+5}\right]\Big|_s^\infty$

$\qquad\qquad = -\ln\left[\dfrac{s+3}{s+5}\right]$

(20) $\mathscr{L}\left\{\dfrac{\sin(\alpha t)}{t}\right\} = \displaystyle\int_s^\infty \dfrac{\alpha}{x^2+\alpha^2}\mathrm{d}x = \alpha\,\dfrac{1}{\alpha}\arctan\dfrac{x}{\alpha}\Big|_s^\infty = \dfrac{\pi}{2} - \arctan\dfrac{s}{\alpha}$

4-2　求下列函数的拉氏变换，考虑能否借助于延时定理。

(1) $f(t) = \begin{cases} \sin(\omega t) & \left(0 < t < \dfrac{T}{2}\right), \\ 0 & (t\ \text{为其他值}) \end{cases}$　$T = \dfrac{2\pi}{\omega}$

(2) $f(t) = \sin(\omega t + \varphi)$

解　(1) $f(t) = \sin(\omega t)\left[u(t) - u\left(t-\dfrac{T}{2}\right)\right]$

$\qquad = \sin(\omega t)u(t) - \sin\left[\omega\left(t-\dfrac{T}{2}\right)+\dfrac{\omega T}{2}\right]u\left(t-\dfrac{T}{2}\right)$

$\qquad = \sin(\omega t)u(t) - \sin\left[\omega\left(t-\dfrac{T}{2}\right)+\pi\right]u\left(t-\dfrac{T}{2}\right)$

$\qquad = \sin(\omega t)u(t) + \sin\left[\omega\left(t-\dfrac{T}{2}\right)\right]u\left(t-\dfrac{T}{2}\right)$

$\qquad\qquad \mathscr{L}\{f(t)\} = \dfrac{\omega}{s^2+\omega^2}(1+\mathrm{e}^{-\frac{sT}{2}})$

(2) $f(t) = \sin(\omega t + \varphi) = \sin(\omega t)\cos\varphi + \cos(\omega t)\sin\varphi$

$\qquad\qquad \mathscr{L}\{f(t)\} = \dfrac{\omega\cos\varphi}{s^2+\omega^2} + \dfrac{s\sin\varphi}{s^2+\omega^2}$

4-3　求下列函数的拉氏变换，注意阶跃函数的跳变时间。

(1) $f(t) = \mathrm{e}^{-t}u(t-2)$　　　　(2) $f(t) = \mathrm{e}^{-(t-2)}u(t-2)$

(3) $f(t) = \mathrm{e}^{-(t-2)}u(t)$　　　　(4) $f(t) = \sin(2t)u(t-1)$

(5) $f(t) = (t-1)[u(t-1)-u(t-2)]$

解 (1) $f(t) = e^{-t}u(t-2) = e^{-(t-2)}u(t-2)e^{-2}$

$$\mathscr{L}\{e^{-t}u(t)\} = \frac{1}{s+1}$$

$$\mathscr{L}\{f(t)\} = \frac{e^{-2s}}{s+1}e^{-2} = \frac{e^{-2(s+1)}}{s+1}$$

(2) $f(t) = e^{-(t-2)}u(t-2)$

$$\mathscr{L}\{f(t)\} = \frac{e^{-2s}}{s+1}$$

(3) $f(t) = e^{-(t-2)}u(t) = e^2 e^{-t}u(t)$

$$\{f(t)\} = \frac{e^2}{s+1}$$

(4) $f(t) = \sin(2t)u(t-1) = \sin[2(t-1)+2]u(t-1)$

$$= \cos2\sin[2(t-1)]u(t-1) + \sin2\cos[2(t-1)]u(t-1)$$

$$\mathscr{L}\{f(t)\} = \cos2 \cdot \frac{2e^{-s}}{s+4} + \sin2 \cdot \frac{se^{-s}}{s+4} = \frac{(2\cos2 + s\sin2)e^{-s}}{s+4}$$

(5) $f(t) = (t-1)[u(t-1) - u(t-2)]$

$$= (t-1)u(t-1) - (t-2+1)u(t-2)$$

$$= (t-1)u(t-1) - (t-2)u(t-2) - u(t-2)$$

$$\mathscr{L}\{f(t)\} = \frac{e^{-s}}{s^2} - \frac{e^{-2s}}{s^2} - \frac{e^{-2s}}{s} = \frac{e^{-s} - e^{-2s} - se^{-2s}}{s^2}$$

4-4 求下列函数的拉普拉斯逆变换。

(1) $\frac{1}{s+1}$ (2) $\frac{4}{2s+3}$ (3) $\frac{4}{s(2s+3)}$

(4) $\frac{1}{s(s^2+5)}$ (5) $\frac{3}{(s+4)(s+2)}$ (6) $\frac{3s}{(s+4)(s+2)}$

(7) $\frac{1}{s^2+1}+1$ (8) $\frac{1}{s^2-3s+2}$ (9) $\frac{1}{s(RCs+1)}$

(10) $\frac{1-RCs}{s(1+RCs)}$ (11) $\frac{\omega}{(s^2+\omega^2)} \cdot \frac{1}{(RCs+1)}$ (12) $\frac{4s+5}{s^2+5s+6}$

(13) $\frac{100(s+50)}{s^2+201s+200}$ (14) $\frac{s+3}{(s+1)^3(s+2)}$ (15) $\frac{A}{s^2+K^2}$

(16) $\frac{1}{(s^2+3)^2}$ (17) $\frac{s}{(s+a)[(s+a)^2+\beta^2]}$

(18) $\frac{s}{(s^2+\omega^2)[(s+a)^2+\beta^2]}$ (19) $\frac{e^{-s}}{4s(s^2+1)}$ (20) $\ln\left(\frac{s}{s+9}\right)$

解　(1) $F(s) = \dfrac{1}{s+1}$

$$f(t) = \mathrm{e}^{-t}u(t)$$

(2) $F(s) = \dfrac{4}{2s+3} = \dfrac{2}{s+3/2}$

$$f(t) = 2\mathrm{e}^{-\frac{3}{2}t}u(t)$$

(3) $F(s) = \dfrac{4}{s(2s+3)} = \dfrac{2}{s(s+3/2)} = \dfrac{4/3}{s} - \dfrac{4/3}{s+3/2}$

$$f(t) = \dfrac{4}{3}(1 - \mathrm{e}^{-\frac{3}{2}t})u(t)$$

(4) $F(s) = \dfrac{1}{s(s^2+5)} = \dfrac{1}{5}\left(\dfrac{1}{s} - \dfrac{s}{s^2+5}\right)$

$$f(t) = \dfrac{1}{5}[1 - \cos(\sqrt{5}t)]u(t)$$

(5) $F(s) = \dfrac{3}{(s+4)(s+2)} = \dfrac{3/2}{s+2} - \dfrac{3/2}{s+4}$

$$f(t) = \dfrac{3}{2}(\mathrm{e}^{-2t} - \mathrm{e}^{-4t})u(t)$$

(6) $F(s) = \dfrac{3s}{(s+4)(s+2)} = \dfrac{6}{s+4} - \dfrac{3}{s+2}$

$$f(t) = (6\mathrm{e}^{-4t} - 3\mathrm{e}^{-2t})u(t)$$

(7) $F(s) = \dfrac{1}{s^2+1} + 1$

$$f(t) = \sin t\, u(t) + \delta(t)$$

(8) $F(s) = \dfrac{1}{s^2-3s+2} = \dfrac{1}{s-2} - \dfrac{1}{s-1}$

$$f(t) = (\mathrm{e}^{2t} - \mathrm{e}^{t})u(t)$$

(9) $F(s) = \dfrac{1}{s(RCs+1)} = \dfrac{\dfrac{1}{RC}}{s\left(s+\dfrac{1}{RC}\right)} = \dfrac{1}{s} - \dfrac{1}{s+\dfrac{1}{RC}}$

$$f(t) = (1 - \mathrm{e}^{-\frac{1}{RC}t})u(t)$$

(10) $F(s) = \dfrac{1-RCs}{s(1+RCs)} = \dfrac{\dfrac{1}{RC}-s}{s\left(s+\dfrac{1}{RC}\right)} = \dfrac{1}{s} - \dfrac{2}{s+\dfrac{1}{RC}}$

$$f(t) = (1 - 2e^{-\frac{1}{RC}t})u(t)$$

(11) $F(s) = \dfrac{\omega}{(s^2 + \omega^2)} \cdot \dfrac{1}{(RCs + 1)} = \dfrac{\omega}{(s^2 + \omega^2)} \cdot \dfrac{\dfrac{1}{RC}}{\left(s + \dfrac{1}{RC}\right)}$$

$$= \dfrac{\dfrac{1}{1 + \omega^2 R^2 C^2}\omega}{s^2 + \omega^2} - \dfrac{\dfrac{\omega RC}{1 + \omega^2 R^2 C^2}s}{s^2 + \omega^2} + \dfrac{\dfrac{\omega RC}{1 + \omega^2 R^2 C^2}}{s + \dfrac{1}{RC}}$$

$$f(t) = \dfrac{\omega RC}{1 + \omega^2 R^2 C^2}\left[\dfrac{1}{\omega RC}\sin(\omega t) - \cos(\omega t) + e^{-\frac{1}{RC}t}\right]u(t)$$

(12) $F(s) = \dfrac{4s + 5}{s^2 + 5s + 6} = \dfrac{7}{s + 3} - \dfrac{3}{s + 2}$

$$f(t) = (7e^{-3t} - e^{-2t})u(t)$$

(13) $F(s) = \dfrac{100(s + 50)}{s^2 + 201s + 200} = \dfrac{\dfrac{4900}{199}}{s + 1} + \dfrac{\dfrac{15000}{199}}{s + 200}$

$$= \dfrac{100}{199}\left(\dfrac{49}{s + 1} + \dfrac{150}{s + 200}\right)$$

$$f(t) = \dfrac{100}{199}(49e^{-t} + 150e^{-200t})u(t)$$

(14) $F(s) = \dfrac{s + 3}{(s + 1)^3(s + 2)} = \dfrac{-1}{s + 2} + \dfrac{1}{s + 1} + \dfrac{-1}{(s + 1)^2} + \dfrac{2}{(s + 1)^3}$

$$f(t) = [(1 - t + t^2)e^{-t} - e^{-2t}]u(t)$$

(15) $F(s) = \dfrac{A}{s^2 + K^2} = \dfrac{\dfrac{A}{K}K}{s^2 + K^2}$

$$f(t) = \dfrac{A}{K}\sin(Kt)u(t)$$

(16) $F(s) = \dfrac{1}{(s^2 + 3)^2} = \dfrac{1}{6}\left[\dfrac{1}{s^2 + 3} - \dfrac{s^2 - 3}{(s^2 + 3)^2}\right]$

$$= \dfrac{\dfrac{1}{6}}{s^2 + 3} + \dfrac{1}{6}\dfrac{\mathrm{d}}{\mathrm{d}s}\left[\dfrac{s}{s^2 + 3}\right]$$

$$f(t) = \dfrac{1}{6}\left[\dfrac{1}{\sqrt{3}}\sin(\sqrt{3}t) - t\cos(\sqrt{3}t)\right]u(t)$$

(17) $F(s) = \dfrac{s}{(s + a)[(s + \alpha)^2 + \beta^2]}$

$$= \frac{-\dfrac{a}{(\alpha-a)^2+\beta^2}}{s+a} + \frac{\dfrac{\alpha^2+\beta^2}{(\alpha-a)^2+\beta^2}}{(s+\alpha)^2+\beta^2} + \frac{\dfrac{a}{(\alpha-a)^2+\beta^2}s}{(s+\alpha)^2+\beta^2}$$

$$= \frac{-\dfrac{a}{(\alpha-a)^2+\beta^2}}{s+a} + \frac{\dfrac{\alpha^2+\beta^2-\alpha a}{(\alpha-a)^2+\beta^2}\cdot\dfrac{1}{\beta}\cdot\beta}{(s+\alpha)^2+\beta^2}$$

$$+ \frac{\dfrac{a}{(\alpha-a)^2+\beta^2}(s+\alpha)}{(s+\alpha)^2+\beta^2}$$

$$f(t) = \left[-\frac{a}{(\alpha-a)^2+\beta^2} + \frac{\alpha^2+\beta^2-\alpha a}{(\alpha-a)^2+\beta^2}\cdot\frac{1}{\beta}\sin(\beta t) \right.$$

$$\left. + \frac{a}{(\alpha-a)^2+\beta^2}\cos(\beta t) \right] e^{-\alpha t} u(t)$$

(18) $F(s) = \dfrac{s}{(s^2+\omega^2)[(s+\alpha)^2+\beta^2]} = \dfrac{As+B}{s^2+\omega^2} + \dfrac{Cs+D}{(s+\alpha)^2+\beta^2}$

$$= \frac{As+\dfrac{B}{\omega}\cdot\omega}{s^2+\omega^2} + \frac{C(s+\alpha)+\dfrac{D-C\alpha}{\beta}\cdot\beta}{(s+\alpha)^2+\beta^2}$$

式中，$A = \dfrac{\alpha^2+\beta^2-\omega^2}{(\alpha^2+\beta^2-\omega^2)^2+(2\alpha\omega)^2}$

$$B = \frac{2\alpha\omega^2}{\alpha^2+\beta^2-\omega^2}A = \frac{2\alpha\omega^2}{(\alpha^2+\beta^2-\omega^2)^2+(2\alpha\omega)^2}$$

$$C = -A = -\frac{\alpha^2+\beta^2-\omega^2}{(\alpha^2+\beta^2-\omega^2)^2+(2\alpha\omega)^2}$$

$$D = -\frac{2\alpha(\alpha^2+\beta^2)}{\alpha^2+\beta^2-\omega^2}A = -\frac{2\alpha(\alpha^2+\beta^2)}{(\alpha^2+\beta^2-\omega^2)^2+(2\alpha\omega)^2}$$

$$f(t) = \left[\frac{B}{\omega}\sin(\omega t) + A\cos(\omega t) \right]u(t) + \left[\frac{D-C\alpha}{\beta}\sin(\beta t) + C\cos(\beta t) \right]e^{-\alpha t}u(t)$$

$$= \frac{1}{(\alpha^2+\beta^2-\omega^2)^2+(2\alpha\omega)^2}\left\{ 2\alpha\omega\sin(\omega t) + (\alpha^2+\beta^2-\omega^2)\cos(\omega t) \right.$$

$$\left. - \left[\frac{\alpha}{\beta}(\alpha^2+\beta^2+\omega^2)\sin(\beta t) + (\alpha^2+\beta^2-\omega^2)\cos(\beta t) \right]e^{-\alpha t} \right\}u(t)$$

(19) $F(s) = \dfrac{e^{-s}}{4s(s^2+1)} = \dfrac{1}{4}\left(\dfrac{1}{s} - \dfrac{s}{s^2+1} \right)e^{-s}$

$$f(t) = \frac{1}{4}[1-\cos(t-1)]u(t-1)$$

(20) $F(s) = \ln\left(\dfrac{s}{s+9} \right) = -\displaystyle\int_s^\infty \left(\dfrac{1}{x} - \dfrac{1}{x+9} \right)\mathrm{d}x = -\displaystyle\int_s^\infty F_1(x)\mathrm{d}x$

$$f_1(t) = (1 - e^{-9t})u(t)$$

$$f(t) = -\frac{1}{t}f_1(t) = -\frac{1}{t}(1 - e^{-9t})u(t)$$

4-5　分别求下列函数的逆变换的初值与终值。

(1)　$\dfrac{s+6}{(s+2)(s+5)}$　　　　(2)　$\dfrac{s+3}{(s+1)^2(s+2)}$

解　此题可利用初值定理和终值定理求解。

(1)　$F_1(s) = \dfrac{s+6}{(s+2)(s+5)}$

$$f_1(0_+) = \lim_{s\to\infty} sF_1(s) = \lim_{s\to\infty} \frac{s(s+6)}{(s+2)(s+5)} = 1$$

$$f_1(\infty) = \lim_{s\to 0} sF_1(s) = \lim_{s\to 0} \frac{s(s+6)}{(s+2)(s+5)} = 0$$

(2)　$F_2(s) = \dfrac{s+3}{(s+1)^2(s+2)}$

$$f_2(0_+) = \lim_{s\to\infty} sF_2(s) = \lim_{s\to\infty} \frac{s(s+3)}{(s+1)^2(s+2)} = 0$$

$$f_2(\infty) = \lim_{s\to 0} sF_2(s) = \lim_{s\to 0} \frac{s(s+3)}{(s+1)^2(s+2)} = 0$$

4-6　题图 4-6(a) 所示电路，$t=0$ 以前，开关 S 闭合，已进入稳定状态；$t=0$ 时，开关打开，求 $v_r(t)$ 并讨论 R 对波形的影响。

解　根据 $t=0$ 以前，开关 S 闭合，电路已进入稳定状态，可求出电感中的电流

$$i_L(0_-) = \frac{E}{r}\ (\text{A})$$

$t>0$ 后，开关 S 打开，电路的 s 域等效模型如题图 4-6(b) 所示。由图(b)可见，此时电阻 r 没有电流，电阻 R 与电感 L 流过相同的电流 $I(s)$，且有

$$(R+sL)I(s) = Li_L(0_-) = \frac{LE}{r}$$

$$I(s) = \frac{\frac{LE}{r}}{R+sL} = \frac{\frac{E}{r}}{s+\frac{R}{L}}$$

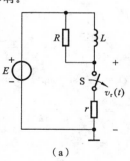

题图 4-6

$$V_r(s) = \frac{E}{s} - sLI(s) + Li_L(0_-) = \frac{E}{s} - \frac{\dfrac{LE}{r}s}{s + \dfrac{R}{L}} + \frac{LE}{r} = \frac{E}{s} + \frac{\dfrac{RE}{r}}{s + \dfrac{R}{L}}$$

$$v_r(t) = E\left(1 + \frac{R}{r}e^{-\frac{R}{L}t}\right)u(t)$$

$v_r(t)$ 的波形如题图 4-6(c) 所示。可见，$v_r(t)$ 的波形按指数规律衰减，R 越大，波形衰减的速度越快。

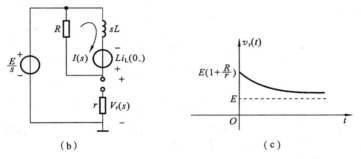

（b）　　　　　　　　　（c）

续题图 4-6

4-7　题图 4-7(a) 所示电路，$t = 0$ 时开关 S 闭合，求 $v_C(t)$。

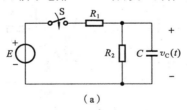

（a）

题图 4-7

解　由图(a) 可知 $v_C(0_-) = 0$。

$t > 0$ 后，电路的 s 域等效模型如题图 4-7(b) 所示。由节点电压法，有

$$\left(\frac{1}{R_1} + \frac{1}{R_2} + sC\right)V_C(s) = \frac{E}{R_1 s}$$

$$V_C(s) = \frac{E}{R_1 s\left(\dfrac{1}{R_1} + \dfrac{1}{R_2} + sC\right)} = \frac{\dfrac{E}{R_1 C}}{s\left(s + \dfrac{1}{R_1 C} + \dfrac{1}{R_2 C}\right)}$$

$$= \frac{\dfrac{R_2 E}{R_1 + R_2}}{s} - \frac{\dfrac{R_2 E}{R_1 + R_2}}{s + \dfrac{R_1 + R_2}{R_1 R_2 C}} = \frac{R'E}{R_1} \left(\frac{1}{s} - \frac{1}{s + \dfrac{1}{R'C}} \right)$$

式中，
$$R' = R_1 /\!/ R_2 = \frac{R_1 R_2}{R_1 + R_2}$$

$$v_C(t) = \frac{R'E}{R_1} (1 - e^{-\frac{1}{R'C}t}) u(t)$$

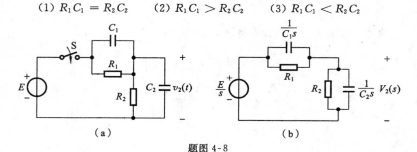

（b）

续题图 4-7

4-8　题图 4-8(a) 所示 RC 分压器，$t = 0$ 时开关 S 闭合，接入直流电压 E，求 $v_2(t)$，并讨论以下三种情况的结果。

(1) $R_1 C_1 = R_2 C_2$　　(2) $R_1 C_1 > R_2 C_2$　　(3) $R_1 C_1 < R_2 C_2$

（a）　　　　　　　　　　　　（b）

题图 4-8

解　由图(a) 可知 $v_{C_1}(0_-) = 0$，$v_{C_2}(0_-) = 0$。

$t > 0$ 后，电路的 s 域等效模型如题图 4-8(b) 所示。由图(b) 可得

$$V_2(s) = \frac{\dfrac{\dfrac{1}{sC_2} R_2}{\dfrac{1}{sC_2} + R_2}}{\dfrac{\dfrac{1}{sC_1} R_1}{\dfrac{1}{sC_1} + R_1} + \dfrac{\dfrac{1}{sC_2} R_2}{\dfrac{1}{sC_2} + R_2}} \cdot \frac{E}{s} = \frac{\dfrac{R_2}{1 + sR_2 C_2}}{\dfrac{R_1}{1 + sR_1 C_1} + \dfrac{R_2}{1 + sR_2 C_2}} \cdot \frac{E}{s}$$

$$= \frac{R_2 + sR_2R_1C_1}{R_1 + R_2 + sR_1R_2(C_1+C_2)} \cdot \frac{E}{s}$$

$$= \frac{\dfrac{R_2E}{R_1+R_2}}{s} + \left(\frac{C_1E}{C_1+C_2} - \frac{R_2E}{R_1+R_2}\right) \frac{1}{s + \dfrac{R_1+R_2}{R_1R_2(C_1+C_2)}}$$

$$v_2(t) = \left[\frac{R_2E}{R_1+R_2} + \left(\frac{C_1E}{C_1+C_2} - \frac{R_2E}{R_1+R_2}\right)e^{-\frac{R_1+R_2}{R_1R_2(C_1+C_2)}t}\right]u(t)$$

（1）若 $R_1C_1 = R_2C_2$，则

$$\frac{C_1E}{C_1+C_2} - \frac{R_2E}{R_1+R_2} = 0, \quad v_2(t) = \frac{R_2E}{R_1+R_2}u(t)$$

（2）若 $R_1C_1 > R_2C_2$，则

$$\frac{C_1E}{C_1+C_2} - \frac{R_2E}{R_1+R_2} > 0, \quad v_2(t) > \frac{R_2E}{R_1+R_2}u(t)$$

即 $v_2(t)$ 按指数规律衰减，最后趋近于 $\dfrac{R_2E}{R_1+R_2}$。

（3）若 $R_1C_1 < R_2C_2$，则

$$\frac{C_1E}{C_1+C_2} - \frac{R_2E}{R_1+R_2} < 0, \quad v_2(t) < \frac{R_2E}{R_1+R_2}u(t)$$

即 $v_2(t)$ 按指数规律上升，最后趋近于 $\dfrac{R_2E}{R_1+R_2}$。

4-9　题图 4-9(a)所示 RLC 电路，$t = 0$ 时开关 S 闭合，求电流 $i(t)$（已知 $\dfrac{1}{2RC} > \dfrac{1}{\sqrt{LC}}$）。

解　由图(a)可知 $i(0_-) = 0$。

$t > 0$ 后，电路的 s 域等效模型如题图 4-9(b)所示。由图(b)可得

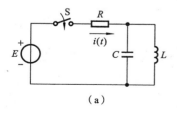

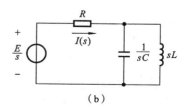

（a）　　　　　　　　　　　　（b）

题图 4-9

$$I(s) = \cfrac{\cfrac{E}{s}}{R + \cfrac{\cfrac{1}{sC}sL}{\cfrac{1}{sC} + sL}} = \frac{E}{s} \cdot \frac{LCs^2 + 1}{RLCs^2 + Ls + R}$$

$$= \frac{E}{R} \cdot \frac{1}{s} - \frac{E}{R^2 C} \cdot \frac{1}{\left(s + \frac{1}{2RC}\right)^2 + \frac{1}{LC} - \left(\frac{1}{2RC}\right)^2}$$

$$i(t) = \left[\frac{E}{R} - \frac{E}{R^2 C} \cdot \frac{1}{\sqrt{\frac{1}{LC} - \left(\frac{1}{2RC}\right)^2}} e^{-\frac{1}{2RC}t} \sin\left(\sqrt{\frac{1}{LC} - \left(\frac{1}{2RC}\right)^2}\, t\right)\right] u(t)$$

4-10　求题图 4-10(a)、(b) 所示电路的系统函数 $H(s)$ 和冲激响应 $h(t)$，设激励信号为电压 $e(t)$、响应信号为电压 $r(t)$。

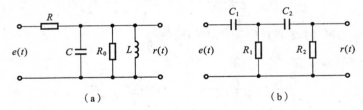

题图 4-10

解　(a) s 域等效模型如题图 4-10(a_1) 所示。由节点电压法，有

$$\left(\frac{1}{R} + \frac{1}{R_0} + \frac{1}{sL} + sC\right)R(s) = \frac{E(s)}{R}$$

则　$$H(s) = \frac{R(s)}{E(s)} = \frac{1}{R\left(\frac{1}{R} + \frac{1}{R_0} + \frac{1}{sL} + sC\right)} = \frac{1}{RC} \cdot \frac{s}{s^2 + \frac{R + R_0}{RR_0 C}s + \frac{1}{LC}}$$

$$= \frac{\frac{1}{RC}\left(s + \frac{R+R_0}{2RR_0C}\right) - \frac{1}{RC}\left(\frac{R+R_0}{2RR_0C}\right)}{\left(s + \frac{R+R_0}{2RR_0C}\right)^2 + \frac{1}{LC} - \left(\frac{R+R_0}{2RR_0C}\right)^2}$$

$$h(t) = \frac{1}{RC}e^{-\frac{R+R_0}{2RR_0C}t}\left[\cos\left(\sqrt{\frac{1}{LC} - \left(\frac{R+R_0}{2RR_0C}\right)^2}\,t\right) - \frac{R+R_0}{2RR_0C}\right.$$

$$\left.\cdot \frac{1}{\sqrt{\frac{1}{LC} - \left(\frac{R+R_0}{2RR_0C}\right)^2}}\sin\left(\sqrt{\frac{1}{LC} - \left(\frac{R+R_0}{2RR_0C}\right)^2}\,t\right)\right]u(t)$$

（b）s 域等效模型如题图 4-10(b_1) 所示。由图(b_1) 可得

（b_1）

续题图 4-10

$$R(s) = \frac{R_2}{R_2 + \frac{1}{sC_2}} \cdot \frac{\dfrac{R_1\left(R_2 + \frac{1}{sC_2}\right)}{R_1 + R_2 + \frac{1}{sC_2}}}{\dfrac{1}{sC_1} + \dfrac{R_1\left(R_2 + \frac{1}{sC_2}\right)}{R_1 + R_2 + \frac{1}{sC_2}}}E(s)$$

$$= \frac{R_1R_2C_1C_2s^2}{R_1R_2C_1C_2s^2 + (R_1C_1 + R_1C_2 + R_2C_2)s + 1}E(s)$$

$$H(s) = \frac{R(s)}{E(s)} = \frac{R_1R_2C_1C_2s^2}{R_1R_2C_1C_2s^2 + (R_1C_1 + R_1C_2 + R_2C_2)s + 1}$$

令　　　　　$\alpha = \dfrac{1}{R_1R_2C_1C_2}, \quad \beta = R_1C_1 + R_1C_2 + R_2C_2$

于是　　　　　$H(s) = \dfrac{s^2}{s^2 + \alpha\beta s + \alpha}$

设　　$p_1 = \dfrac{\alpha}{2}\left[-\beta + \sqrt{\beta^2 - \dfrac{4}{\alpha}}\right], \quad p_2 = \dfrac{\alpha}{2}\left[-\beta - \sqrt{\beta^2 - \dfrac{4}{\alpha}}\right]$

则　　$H(s) = 1 - \dfrac{\alpha\beta s + \alpha}{s^2 + \alpha\beta s + \alpha} = 1 + \dfrac{1}{p_2 - p_1}\left(\dfrac{\alpha\beta p_1 + \alpha}{s - p_1} - \dfrac{\alpha\beta p_2 + \alpha}{s - p_2}\right)$

$$H(s) = \delta(t) + \frac{1}{p_2 - p_1}[(\alpha\beta p_1 + \alpha)e^{p_1 t} - (\alpha\beta p_2 + \alpha)e^{p_2 t}]u(t)$$

4-11　电路如题图 4-11(a) 所示，$t = 0$ 以前开关位于"1"，电路已进入稳定状态，$t = 0$ 时开关从"1"倒向"2"，求电流 $i(t)$ 的表示式。

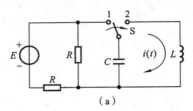 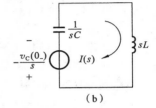

（a）　　　　　　　　　　　　　　（b）

题图 4-11

解　先由 $t < 0$ 时电路求出初始状态。

$$v_C(0_-) = \frac{R}{R + R}E = \frac{E}{2} \text{ (V)}, \quad i(0_-) = i_L(0_-) = 0$$

$t > 0$ 后，电路的 s 域等效模型如题图 4-11(b) 所示。于是

$$\left(\frac{1}{sC} + sL\right)I(s) - \frac{v_C(0_-)}{s} = 0$$

$$I(s) = \frac{v_C(0_-)}{s\left(\frac{1}{sC} + sL\right)} = \frac{\dfrac{E}{2L}}{s^2 + \dfrac{1}{LC}}$$

则　　$$i(t) = \frac{E}{2L} \cdot \frac{1}{\sqrt{\dfrac{1}{LC}}}\sin\left(\sqrt{\dfrac{1}{LC}}t\right)u(t) = \frac{E}{2}\sqrt{\frac{C}{L}}\sin\left(\sqrt{\dfrac{1}{LC}}t\right)u(t)$$

4-12　电路如题图 4-12(a) 所示，$t = 0$ 以前电路元件无储能，$t = 0$ 时开关闭合，求电压 $v_2(t)$ 的表示式和波形。

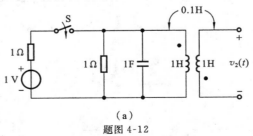

（a）

题图 4-12

解 由题意知电路的初始状态为零,$t > 0$ 后,电路的 s 域等效模型如题图 4-12(b) 所示。

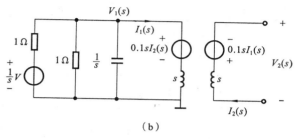

（b）

续题图 4-12

由于 $I_2(s) = 0$,所以

$$0.1sI_2(s) = 0, \quad V_2(s) = -0.1sI_1(s)$$

求 $I_1(s)$ 可用节点电压法先求出 $V_1(s)$：

$$\left(1 + 1 + s + \frac{1}{s}\right)V_1(s) = \frac{1}{s}$$

$$V_1(s) = \frac{1}{s\left(1 + 1 + s + \frac{1}{s}\right)} = \frac{1}{(s+1)^2}$$

$$I_1(s) = \frac{V_1(s)}{s} = \frac{1}{s(s+1)^2}$$

故

$$V_2(s) = -0.1sI_1(s) = -\frac{0.1}{(s+1)^2}$$

$$v_2(t) = -0.1te^{-t}u(t)$$

$v_2(t)$ 的波形如题图 4-12(c) 所示。

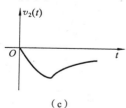

（c）

续题图 4-12

4-13　分别写出题图 4-13(a) ～ (c) 所示电路的系统函数 $H(s) = \dfrac{V_2(s)}{V_1(s)}$。

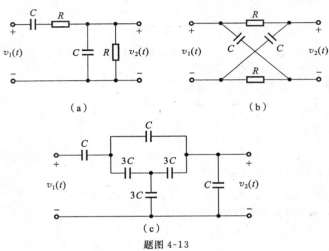

（a）　　　　　　　　　　　　（b）

（c）

题图 4-13

解　（a）s 域等效模型如题图 4-13(a_1) 所示。

(a_1)

续题图 4-13

$$H(s) = \frac{V_2(s)}{V_1(s)} = \frac{\dfrac{R\dfrac{1}{sC}}{R+\dfrac{1}{sC}}}{R+\dfrac{1}{sC}+\dfrac{R\dfrac{1}{sC}}{R+\dfrac{1}{sC}}} = \frac{RCs}{R^2C^2s^2 + 3RCs + 1}$$

$$= \frac{s}{RC\left(s^2 + \dfrac{3}{RC}s + \dfrac{1}{R^2C^2}\right)}$$

（b）s 域等效模型如题图 4-13(b$_1$) 所示。由网孔电流法，有

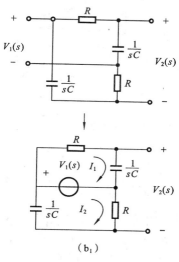

（b$_1$）

续题图 4-13

$$\begin{cases} \left(R+\dfrac{1}{sC}\right)I_1(s) = V_1(s) \\[2mm] \left(R+\dfrac{1}{sC}\right)I_2(s) = -V_1(s) \end{cases}$$

可见

$$I_1(s) = -I_2(s) = \frac{V_1(s)}{R+\dfrac{1}{sC}}$$

而

$$V_2(s) = \frac{1}{sC}I_1(s) + RI_2(s) = \left(\frac{1}{sC}-R\right)I_1(s)$$

$$= \left(\frac{1}{sC}-R\right)\frac{V_1(s)}{R+\dfrac{1}{sC}}$$

故

$$H(s) = \frac{V_2(s)}{V_1(s)} = \frac{\dfrac{1}{sC}-R}{R+\dfrac{1}{sC}} = \frac{\dfrac{1}{RC}-s}{s+\dfrac{1}{RC}}$$

（c）s 域等效模型如题图 4-13(c$_1$) 所示。由网孔电流法，有

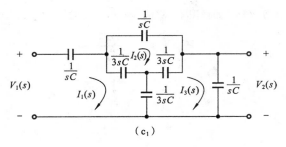

$$(c_1)$$

续题图 4-13

$$\begin{cases} \left(\dfrac{1}{sC} + \dfrac{1}{3sC} + \dfrac{1}{3sC} \right) I_1(s) - \dfrac{1}{3sC} I_2(s) - \dfrac{1}{3sC} I_3(s) = V_1(s) \\ -\dfrac{1}{3sC} I_1(s) + \left(\dfrac{1}{sC} + \dfrac{1}{3sC} + \dfrac{1}{3sC} \right) I_2(s) - \dfrac{1}{3sC} I_3(s) = 0 \\ -\dfrac{1}{3sC} I_1(s) - \dfrac{1}{3sC} I_2(s) + \left(\dfrac{1}{sC} + \dfrac{1}{3sC} + \dfrac{1}{3sC} \right) I_3(s) = 0 \end{cases}$$

化简得
$$\begin{cases} 5I_1(s) - I_2(s) - I_3(s) = 3sCV_1(s) \\ -I_1(s) + 5I_2(s) - I_3(s) = 0 \\ -I_1(s) - I_2(s) + 5I_3(s) = 0 \end{cases}$$

解得
$$\begin{cases} I_1(s) = \dfrac{2}{3} sCV_1(s) \\ I_2(s) = I_3(s) = \dfrac{1}{6} sCV_1(s) \end{cases}$$

$$V_2(s) = \dfrac{1}{sC} I_3(s) = \dfrac{1}{6} V_1(s)$$

于是
$$H(s) = \dfrac{V_2(s)}{V_1(s)} = \dfrac{1}{6}$$

4-14 试求题图 4-14(a) 所示互感电路的输出信号 $v_R(t)$。假设输入信号 $e(t)$ 分别为以下两种情况：

(1) 冲激信号 $e(t) = \delta(t)$；

(2) 阶跃信号 $e(t) = u(t)$。

解　s 域等效模型如题图 4-14(b) 所示。设网孔电流为 $I_1(s)$、$I_2(s)$，由网孔电流法有

$$\begin{cases} (R + sL) I_1(s) + sMI_2(s) = E(s) \\ sMI_1(s) + (R + sL) I_2(s) = 0 \end{cases}$$

解得
$$I_2(s) = \dfrac{sM}{s^2 M^2 - (R + sL)^2} E(s)$$

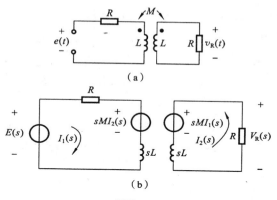

题图 4-14

于是 $$V_R(s) = -RI_2(s) = \frac{sMR}{(R+sL)^2 - s^2M^2}E(s)$$

（1）当 $e(t) = \delta(t)$ 时，$E(s) = 1$

$$V_R(s) = \frac{sMR}{(R+sL)^2 - s^2M^2} = \frac{\dfrac{MR}{L^2-M^2}s}{s^2 + \dfrac{2RL}{L^2-M^2}s + \dfrac{R^2}{L^2-M^2}}$$

$$= \frac{\dfrac{R/2}{L-M}}{s + \dfrac{R}{L-M}} - \frac{\dfrac{R/2}{L+M}}{s + \dfrac{R}{L+M}}$$

$$v_R(t) = \frac{R}{2}\left(\frac{1}{L-M}e^{-\frac{R}{L-M}t} - \frac{1}{L+M}e^{-\frac{R}{L+M}t}\right)u(t)$$

（2）当 $e(t) = u(t)$ 时，$E(s) = \dfrac{1}{s}$

$$V_R(s) = \frac{sMR}{(R+sL)^2 - s^2M^2}\cdot\frac{1}{s} = \frac{\dfrac{MR}{L^2-M^2}}{s^2 + \dfrac{2RL}{L^2-M^2}s + \dfrac{R^2}{L^2-M^2}}$$

$$= \frac{-1/2}{s + \dfrac{R}{L-M}} + \frac{1/2}{s + \dfrac{R}{L+M}}$$

$$v_R(t) = \frac{1}{2}(e^{-\frac{R}{L+M}t} - e^{-\frac{R}{L-M}t})u(t)$$

4-15 激励信号 $e(t)$ 波形如题图 4-15(a) 所示，电路如题图 4-15(b) 所

示,起始时刻 L 中无储能,求 $v_2(t)$ 的表示式和波形。

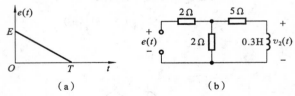

（a）　　　　　　　　　　　（b）

题图 4-15

解　s 域等效模型如题图 4-15(c) 所示。由网孔电流法有

$$\begin{cases} (2+2)I_1(s) - 2I_2(s) = E(s) \\ -2I_1(s) + (2+5+0.3s)I_2(s) = 0 \end{cases}$$

（c）

续题图 4-15

解得

$$I_2(s) = \frac{1}{0.6s + 12}E(s)$$

于是

$$V_2(s) = 0.3 I_2(s) = \frac{0.3s}{0.6s + 12}E(s)$$

又

$$e(t) = -\frac{E}{T}(t - T)[u(t) - u(t - T)]$$

$$= -\frac{E}{T}tu(t) + Eu(t) + \frac{E}{T}(t - T)u(t - T)$$

$$E(s) = -\frac{E}{T} \cdot \frac{1}{s^2} + \frac{E}{s} + \frac{E}{T} \cdot \frac{e^{-sT}}{s^2} = \frac{E}{s} - \frac{E}{Ts^2}(1 - e^{-sT})$$

所以　$V_2(s) = \frac{0.3s}{0.6s + 12}\left[\frac{E}{s} - \frac{E}{Ts^2}(1 - e^{-sT})\right]$

$$= \frac{0.3E}{0.6s + 12} - \frac{E}{T} \cdot \frac{0.3(1 - e^{-sT})}{0.6s^2 + 12s}$$

$$= \frac{E}{2}\left[\frac{1}{s + 20} - \frac{1}{T}\left(\frac{1/20}{s} - \frac{1/20}{s + 20}\right)(1 - e^{-sT})\right]$$

$$= \frac{E}{2}\left[\frac{1 + \frac{1}{20T}}{s + 20} - \frac{\frac{1}{20T}}{s} + \frac{1}{20T}\left(\frac{1}{s} - \frac{1}{s + 20}\right)e^{-sT}\right]$$

$$v_2(t) = \frac{E}{2}\left\{ \left[\left(1 + \frac{1}{20T}\right)e^{-20t} - \frac{1}{20T}\right]u(t) + \frac{1}{20T}[1 - e^{-20(t-T)}]u(t-T)\right\}$$

$$= \frac{E}{2}e^{-20t}u(t) - \frac{E}{40T}\{(1 - e^{-20t})u(t) - [1 - e^{-20(t-T)}]u(t-T)\}$$

$v_2(t)$ 的波形如题图 4-15(d) 所示。

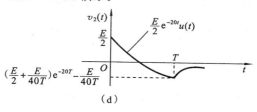

（d）

续题图 4-15

4-16　电路如题图 4-16(a) 所示，注意图中 $kv_2(t)$ 是受控源，试求：

（1）系统函数 $H(s) = \dfrac{V_3(s)}{V_1(s)}$；　　　（2）若 $k = 2$，求冲激响应。

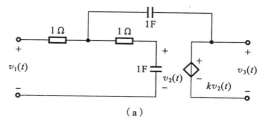

（a）

题图 4-16

解　（1）s 域等效模型如题图 4-16(b) 所示。设支路电流为 $I_1(s)$、$I_2(s)$、$I_3(s)$，列电路方程组

$$\begin{cases} I_1(s) + \left(1 + \dfrac{1}{s}\right)I_3(s) = V_1(s) \\[2mm] I_1(s) + \dfrac{1}{s}I_2(s) + kV_2(s) = V_1(s) \\[2mm] I_1(s) = I_2(s) + I_3(s) \\[2mm] V_2(s) = \dfrac{1}{s}I_3(s) \end{cases}$$

解得

$$I_3(s) = \frac{s}{s^2 + (3-k)s + 1}V_1(s)$$

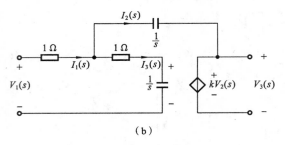

（b）

续题图 4-16

于是
$$V_3(s) = kV_2(s) = \frac{k}{s}I_3(s) = \frac{k}{s^2 + (3-k)s + 1}V_1(s)$$

$$H(s) = \frac{V_3(s)}{V_1(s)} = \frac{k}{s^2 + (3-k)s + 1}$$

（2）$k = 2$ 时，$H(s) = \frac{2}{s^2 + s + 1} = \frac{4}{\sqrt{3}} \cdot \frac{\sqrt{3}/2}{\left(s + \frac{1}{2}\right)^2 + \left(\frac{\sqrt{3}}{2}\right)^2}$

故冲激响应

$$h(t) = \frac{4}{\sqrt{3}}e^{-\frac{1}{2}t}\sin\left(\frac{\sqrt{3}}{2}t\right)u(t)$$

4-17 在题图 4-17 所示电路中，$C_1 = 1\,\mathrm{F}$，$C_2 = 2\,\mathrm{F}$，$R = 2\,\Omega$，起始条件 $v_{C_1}(0_-) = E$，方向如图（a）所示，$t = 0$ 时开关闭合，求：（1）电流 $i_1(t)$；（2）讨论 $t = 0_-$ 与 $t = 0_+$ 瞬间，电容 C_2 两端电荷发生的变化。

解 （1）$t > 0$ 时，电路的 s 域等效模型如题图 4-17（b）所示。根据复频域等效电路，得

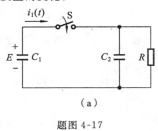

（a）

题图 4-17

$$I_1(s) = \frac{\dfrac{v_{C_1}(0_-)}{s}}{\dfrac{1}{s} + \dfrac{\dfrac{1}{2s} \times 2}{\dfrac{1}{2s} + 2}} = \frac{4s + 1}{6s + 1}E$$

$$= \left(\frac{2}{3} + \frac{\dfrac{1}{18}}{s + \dfrac{1}{6}}\right)E$$

则
$$i_1(t) = \frac{2}{3}E\delta(t) + \frac{E}{18}e^{-\frac{1}{6}t}u(t)$$

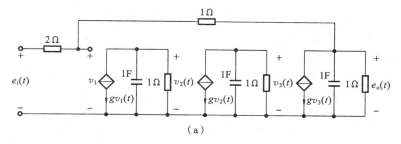

（b）

续题图 4-17

（2）$t = 0_-$ 瞬间，由于 C_2 两端电压为零，故其两端没电荷，即 $q_2(0_-) = 0$，而 C_1 两端的电荷为

$$q_1(0_-) = C_1 v_{C_1}(0_-) = E$$

$t = 0_+$ 瞬间，由于 $v_{C_1}(0_+) = v_{C_2}(0_+)$，且根据电荷守恒，应有

$$C_1 v_{C_1}(0_+) + C_2 v_{C_2}(0_+) = q_1(0_-) + q_2(0_-) = E$$

又 $C_2 = 2C_1$，所以有

$$C_1 v_{C_1}(0_+) + 2C_1 v_{C_2}(0_+) = E$$

即

$$q_1(0_+) = C_1 v_{C_1}(0_+) = \frac{E}{3}$$

则

$$q_2(0_+) = E - \frac{E}{3} = \frac{2E}{3}$$

4-18 题图 4-18（a）所示电路中有三个受控源，求系统函数 $H(s) = \dfrac{E_o(s)}{E_i(s)}$。

（a）

题图 4-18

解　　电路的 s 域等效模型如题图 4-18(b) 所示。列电路方程组

$$\begin{cases} 3I(s) + E_{\mathrm{o}}(s) = E_{\mathrm{i}}(s) \\ 2I(s) + V_1(s) = E_{\mathrm{i}}(s) \\ E_{\mathrm{o}}(s) = \left[I(s) - gV_3(s) \right] \dfrac{1/s}{1+1/s} \\ V_3(s) = -gV_2(s) \dfrac{1/s}{1+1/s} \\ V_2(s) = -gV_1(s) \dfrac{1/s}{1+1/s} \end{cases}$$

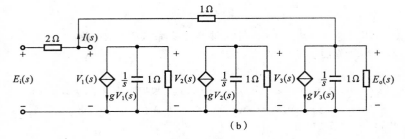

（b）

续题图 4-18

解得

$$V_1(s) = \frac{(s+1)^2(s+2)}{(s+1)^2 - g^3} E_{\mathrm{o}}(s)$$

$$I(s) = V_1(s) - E_{\mathrm{o}}(s) = \frac{(s+1)^3 + g^3}{(s+1)^2 - g^3} E_{\mathrm{o}}(s)$$

$$E_{\mathrm{i}}(s) = \frac{3(s+1)^3 + (s+1)^2 + 2g^3}{(s+1)^2 - g^3} E_{\mathrm{o}}(s)$$

$$H(s) = \frac{E_{\mathrm{o}}(s)}{E_{\mathrm{i}}(s)} = \frac{(s+1)^2 - g^3}{3(s+1)^3 + (s+1)^2 + 2g^3} = \frac{s^2 + 2s + 1 - g^3}{3s^3 + 10s^2 + 11s + 4 + 2g^3}$$

4-19　因果周期信号 $f(t) = f(t)u(t)$，周期为 T，若第一周期时间信号为 $f_1(t) = f(t)[u(t) - u(t-T)]$，它的拉氏变换为 $\mathscr{L}[f_1(t)] = F_1(s)$，求 $\mathscr{L}[f(t)] = F(s)$ 表达式。

解　依题意

$$f(t) = \sum_{n=0}^{\infty} f_1(t - nT)$$

$$\mathscr{L}[f(t)] = F(s) = \sum_{n=0}^{\infty} F_1(s)\mathrm{e}^{-nsT} = F_1(s) \sum_{n=0}^{\infty} (\mathrm{e}^{-sT})^n = \frac{F_1(s)}{1 - \mathrm{e}^{-sT}}$$

4-20 求题图 4-20 所示周期矩形脉冲和正弦全波整流脉冲的拉氏变换。

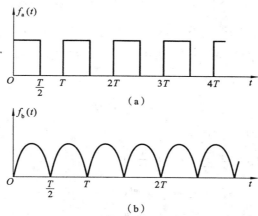

（a）

（b）

题图 4-20

解 可利用题 4-19 的结果。

（a）
$$f_a(t) = \sum_{n=0}^{\infty} f_{a1}(t - nT)$$

式中，
$$f_{a1}(t) = u(t) - u\left(t - \frac{T}{2}\right)$$

$$F_{a1}(s) = \frac{1}{s}(1 - e^{-\frac{T}{2}})$$

则
$$F_a(s) = \frac{F_{a1}(s)}{1 - e^{-sT}} = \frac{1 - e^{-s\frac{T}{2}}}{s(1 - e^{-sT})} = \frac{1}{s(1 + e^{-s\frac{T}{2}})}$$

（b）
$$f_b(t) = \sum_{n=0}^{\infty} f_{b1}\left(t - n\frac{T}{2}\right)$$

式中，
$$f_{b1}(t) = \sin(\omega t)\left[u(t) - u\left(t - \frac{T}{2}\right)\right]$$

$$= \sin(\omega t)u(t) + \sin\left[\omega\left(t - \frac{T}{2}\right)\right]u\left(t - \frac{T}{2}\right), \quad \omega = \frac{2\pi}{T}$$

$$F_{b1}(s) = \frac{\omega}{s^2 + \omega^2}(1 + e^{-\frac{T}{2}})$$

则
$$F_b(s) = \frac{F_{b1}(s)}{1 - e^{-s\frac{T}{2}}} = \frac{\omega}{s^2 + \omega^2} \cdot \frac{1 + e^{-s\frac{T}{2}}}{1 - e^{-s\frac{T}{2}}}$$

4-21　将连续信号 $f(t)$ 以时间间隔 T 进行冲激抽样得到 $f_s(t) =$ $f(t)\delta_T(t),\delta_T(t) = \sum\limits_{n=0}^{\infty}\delta(t-nT)$，求：(1) 抽样信号的拉氏变换 $\mathscr{L}[f_s(t)]$；(2) 若 $f(t) = e^{-\alpha t}u(t)$，求 $\mathscr{L}[f_s(t)]$。

解　(1) $f_s(t) = f(t)\sum\limits_{n=0}^{\infty}\delta(t-nT) = \sum\limits_{n=0}^{\infty}f(nT)\delta(t-nT)$

因为 $\mathscr{L}[\delta(t)] = 1$，所以

$$\mathscr{L}[f_s(t)] = \sum_{n=0}^{\infty}f(nT)e^{-snT}$$

(2) 若 $f(t) = e^{-\alpha t}u(t)$，则

$$f_s(t) = \sum_{n=0}^{\infty}f(nT)\delta(t-nT) = \sum_{n=0}^{\infty}e^{-\alpha nT}\delta(t-nT)$$

$$\mathscr{L}[f_s(t)] = \sum_{n=0}^{\infty}e^{-\alpha nT}e^{-snT} = \frac{1}{1-e^{-(s+\alpha)T}}$$

4-22　当 $F(s)$ 极点(一阶)落于题图 4-22(a)所示 s 平面图中各方框所处位置时，画出对应的 $f(t)$ 波形(填入方框中)。图中给出了示例，此例极点实部为正，波形是增长振荡。

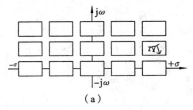

（a）

题图 4-22

解　位于 s 平面 $j\omega$ 轴的三个极点对应于等幅振荡或常数；位于 s 平面右半平面的 6 个极点均对应于增幅振荡或实数指数型增幅，且极点越靠右边(即实部越大)，幅度增长得越快；位于 s 平面左半平面的 6 个极点均对应于减幅振荡或实数指数型减幅，且极点越靠左边(即实部越小)，幅度衰减得越快。

若极点位于实轴上，则对应的 $f(t)$ 均为实函数；极点越远离实轴(即虚部越大)，则振荡频率越高，振荡越快。

各波形见题图 4-22(b)。

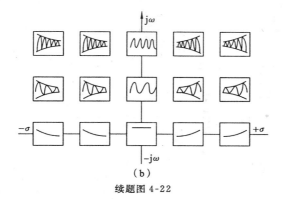

（b）

续题图 4-22

4-23 求题图 4-23 所示各网络的策动点阻抗函数，在 s 平面示出其零、极点分布。若激励电压为冲激函数 $\delta(t)$，求其响应电流的波形。

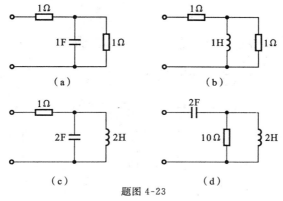

题图 4-23

解 策动点阻抗函数也就是输入阻抗函数，即 $Z(s)=\dfrac{V(s)}{I(s)}$，当激励电压为 $\delta(t)$ 时，$V(s)=1$，此时系统函数为 $H(s)=\dfrac{I(s)}{V(s)}=\dfrac{1}{Z(s)}$，则响应电流 $I(s)$ $=H(s)V(s)=\dfrac{1}{Z(s)}$。

（a）题图 4-23（a）所示网络的 s 域等效模型如题图 4-23（a_1）所示。由此图可知

$$Z(s)=1+\frac{1\times 1/s}{1+1/s}=1+\frac{1}{s+1}=\frac{s+2}{s+1}$$

极点为 $p=-1$,零点为 $z=-2$,其零、极点分布如题图 4-23(a_2)所示。

$$I(s)=\frac{1}{Z(s)}=\frac{s+1}{s+2}=1-\frac{1}{s+2}$$

故 $i(t)=\delta(t)-e^{-2t}u(t)$,其波形如题图 4-23($a_3$)所示。

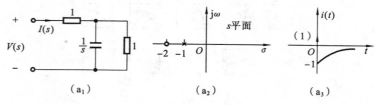

续题图 4-23

（b）题图 4-23（b）所示网络的 s 域等效模型如题图 4-23（b_1）所示。由此图可知

$$Z(s)=1+\frac{1\times s}{1+s}=\frac{2s+1}{s+1}$$

极点为 $p=-1$,零点为 $z=-\frac{1}{2}$,其零、极点分布如题图 4-23（b_2）所示。

$$I(s)=\frac{1}{Z(s)}=\frac{s+1}{2s+1}=\frac{1}{2}\cdot\frac{s+1}{s+1/2}=\frac{1}{2}\left(1+\frac{1/2}{s+1/2}\right)$$

故 $i(t)=\frac{1}{2}\delta(t)+\frac{1}{4}e^{-\frac{1}{2}t}u(t)$,其波形如题图 4-23（$b_3$）所示。

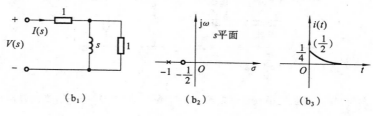

续题图 4-23

（c）题图 4-23（c）所示网络的 s 域等效模型如题图 4-23（c_1）所示。由此图可知

$$Z(s)=1+\frac{2s\times\frac{1}{2s}}{2s+\frac{1}{2s}}=1+\frac{2s}{4s^2+1}=\frac{4s^2+2s+1}{4s^2+1}=\frac{s^2+\frac{1}{2}s+\frac{1}{4}}{s^2+\frac{1}{4}}$$

极点为 $p_1 = \mathrm{j}\,\dfrac{1}{2}$，$p_2 = -\mathrm{j}\,\dfrac{1}{2}$，零点为 $z_1 = -\dfrac{1}{4} + \mathrm{j}\,\dfrac{\sqrt{3}}{4}$，$z_1 = -\dfrac{1}{4} - \mathrm{j}\,\dfrac{\sqrt{3}}{4}$，其零、极点分布如题图 4-23($c_2$) 所示。

$$I(s) = \frac{1}{Z(s)} = \frac{s^2 + \dfrac{1}{4}}{s^2 + \dfrac{1}{2}s + \dfrac{1}{4}} = 1 - \frac{1}{2} \left[\frac{\left(s + \dfrac{1}{4}\right) - \dfrac{1}{\sqrt{3}} \times \dfrac{\sqrt{3}}{4}}{\left(s + \dfrac{1}{4}\right)^2 + \dfrac{3}{16}} \right]$$

故 $i(t) = \delta(t) - \dfrac{1}{2}\,\mathrm{e}^{-\frac{1}{4}t} \left[\cos\left(\dfrac{\sqrt{3}}{4}t\right) - \dfrac{1}{\sqrt{3}}\sin\left(\dfrac{\sqrt{3}}{4}t\right) \right] u(t)$，其波形如题图 4-23($c_3$) 所示。

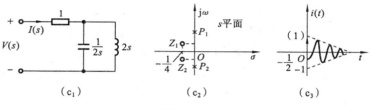

（c_1）　　　　　　（c_2）　　　　　　（c_3）

续题图 4-23

（d）题图 4-23(d) 所示网络的 s 域等效模型如题图 4-23(d_1) 所示。由此图可知

$$Z(s) = \frac{1}{2s} + \frac{10 \times 2s}{10 + 2s} = \frac{20s^2 + s + 5}{2s^2 + 10s}$$

极点为 $p_1 = 0$，$p_2 = -5$，零点为 $z_1 = -\dfrac{1}{40} + \mathrm{j}\,\dfrac{\sqrt{399}}{40}$，$z_1 = -\dfrac{1}{40} - \mathrm{j}\,\dfrac{\sqrt{399}}{40}$，其零、极点分布如题图 4-23($d_2$) 所示。

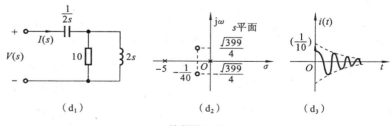

（d_1）　　　　　　（d_2）　　　　　　（d_3）

续题图 4-23

$$I(s) = \frac{1}{Z(s)} = \frac{2s^2 + 10s}{20s^2 + s + 5} = \frac{1}{10}\left[1 + \frac{\frac{99}{20}\left(s + \frac{1}{40}\right) - \frac{299}{800}}{\left(s + \frac{1}{40}\right)^2 + \left(\frac{\sqrt{399}}{40}\right)^2}\right]$$

故 $i(t) = \frac{1}{10}\delta(t) + \frac{1}{10}e^{-\frac{1}{40}t}\left[\frac{99}{20}\cos\left(\frac{\sqrt{399}}{40}t\right) - \frac{299}{20\sqrt{399}}\sin\left(\frac{\sqrt{399}}{40}t\right)\right]u(t)$,

其波形如题图 4-23(d_3) 所示。

4-24 求题图 4-24 所示各网络的电压转移函数 $H(s) = \frac{V_2(s)}{V_1(s)}$,在 s 平面示出其零、极点分布。若激励信号 $v_1(t)$ 为冲激函数 $\delta(t)$,求响应 $v_2(t)$ 的波形。

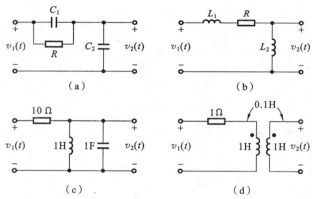

题图 4-24

解 (a) 题图 4-24(a)所示网络的 s 域等效模型如题图 4-24(a_1)所示。由此图可知

$$H(s) = \frac{V_2(s)}{V_1(s)} = \frac{\frac{1}{sC_2}}{\frac{1}{sC_2} + \frac{R \times \frac{1}{sC_1}}{R + \frac{1}{sC_1}}} = \frac{RC_1 s + 1}{R(C_1 + C_2)s + 1} = \frac{C_1}{C_1 + C_2} \cdot \frac{s + \frac{1}{RC_1}}{s + \frac{1}{R(C_1 + C_2)}}$$

极点为 $p = -\dfrac{1}{R(C_1 + C_2)}$,零点为 $z = -\dfrac{1}{RC_1}$,其零、极点分布如题图 4-24 (a_2)所示。

当 $v_1(t) = \delta(t)$ 时，$\qquad V_1(s) = 1$

$$V_2(s) = H(s) = \frac{C_1}{C_1 + C_2} \cdot \frac{s + \dfrac{1}{RC_1}}{s + \dfrac{1}{R(C_1 + C_2)}}$$

$$= \frac{C_1}{C_1 + C_2} \left[1 + \frac{\dfrac{1}{RC_1} - \dfrac{1}{R(C_1 + C_2)}}{s + \dfrac{1}{R(C_1 + C_2)}} \right]$$

故 $v_2(t) = \dfrac{C_1}{C_1 + C_2} \left\{ \delta(t) + \left[\dfrac{1}{RC_1} - \dfrac{1}{R(C_1 + C_2)} \right] e^{-\frac{1}{R(C_1 + C_2)} t} u(t) \right\}$，其波形如

题图 4-24(a_3)所示。

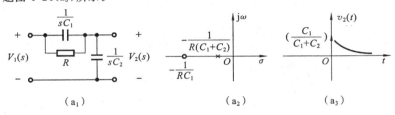

（a_1）$\qquad\qquad$（a_2）$\qquad\qquad$（a_3）

续题图 4-24

（b）题图 4-24(b)所示网络的 s 域等效模型如题图 4-24(b_1)所示。由此图可知

$$H(s) = \frac{V_2(s)}{V_1(s)} = \frac{sL_2}{R + sL_1 + sL_2} = \frac{L_2 s}{(L_1 + L_2)s + R} = \frac{\dfrac{L_2}{L_1 + L_2} s}{s + \dfrac{R}{L_1 + L_2}}$$

极点为 $p = -\dfrac{R}{L_1 + L_2}$，零点为 $z = 0$，其零、极点分布如题图 4-24(b_2)所示。

当 $v_1(t) = \delta(t)$ 时，$\qquad V_1(s) = 1$

$$V_2(s) = H(s) = \frac{\dfrac{L_2}{L_1 + L_2} s}{s + \dfrac{R}{L_1 + L_2}} = \frac{L_2}{L_1 + L_2} \left[1 - \frac{\dfrac{R}{L_1 + L_2}}{s + \dfrac{R}{L_1 + L_2}} \right]$$

故 $v_2(t) = \dfrac{L_2}{L_1 + L_2} \left[\delta(t) - \dfrac{R}{L_1 + L_2} e^{-\frac{R}{L_1 + L_2} t} u(t) \right]$，其波形如题图 4-24($b_3$)所示。

（c）题图 4-24(c)所示网络的 s 域等效模型如题图 4-24(c_1)所示。由此

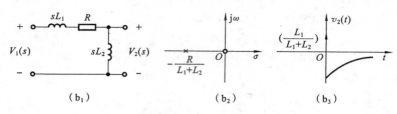

续题图 4-24

图可知

$$H(s)=\frac{V_2(s)}{V_1(s)}=\frac{\dfrac{s\times 1/s}{s+1/s}}{10+\dfrac{s\times 1/s}{s+1/s}}=\frac{s}{10s^2+s+10}$$

极点为 $p_1=-\dfrac{1}{20}+j\dfrac{\sqrt{399}}{20},p_2=-\dfrac{1}{20}-j\dfrac{\sqrt{399}}{20}$，零点为 $z=0$，其零、极点分布如题图 4-24(c_2)所示。

当 $v_1(t)=\delta(t)$ 时，　　　　$V_1(s)=1$

$$V_2(s)=H(s)=\frac{s}{10s^2+s+10}=\frac{1}{10}\cdot\frac{\left(s+\dfrac{1}{20}\right)-\dfrac{1}{\sqrt{399}}\times\dfrac{\sqrt{399}}{20}}{\left(s+\dfrac{1}{20}\right)^2+\left(\dfrac{\sqrt{399}}{20}\right)^2}$$

故 $v_2(t)=\dfrac{1}{10}e^{-\frac{1}{20}t}\left[\cos\left(\dfrac{\sqrt{399}}{20}t\right)-\dfrac{1}{\sqrt{399}}\sin\left(\dfrac{\sqrt{399}}{20}t\right)\right]u(t)$，其波形如题图 4-24($c_3$)所示。

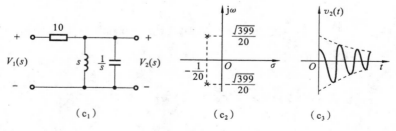

续题图 4-24

(d) 题图 4-24(d)所示网络的 s 域等效模型如题图 4-24(d_1)所示。由于 $I_2(s)=0$，所以

$$I_1(s) = \frac{V_1(s)}{s+1}$$

又

$$V_2(s) = 0.1sI_1(s) = \frac{0.1sV_1(s)}{s+1}$$

故

$$H(s) = \frac{V_2(s)}{V_1(s)} = \frac{0.1s}{s+1}$$

极点为 $p = -1$，零点为 $z = 0$，其零、极点分布如题图 4-24(d_2)所示。

当 $v_1(t) = \delta(t)$ 时，$V_1(s) = 1$

$$V_2(s) = H(s) = \frac{0.1s}{s+1} = 0.1\left(1 - \frac{1}{s+1}\right)$$

故 $v_2(t) = 0.1[\delta(t) - e^{-t}u(t)]$，其波形如题图 4-24($d_3$)所示。

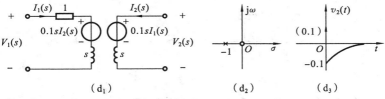

续题图 4-24

4-25 写出题图 4-25 所示梯形网络的策动点阻抗函数 $Z(s) = \dfrac{V_1(s)}{I_1(s)}$，图中串臂(横接)的符号 Z 表示其阻抗，并臂(纵接)的符号 Y 表示其导纳。

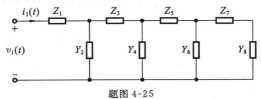

题图 4-25

解　根据阻抗与导纳的串联或并联关系可得出

$$Z(s) = \frac{V_1(s)}{I_1(s)} = Z_1 + \cfrac{1}{Y_2 + \cfrac{1}{Z_3 + \cfrac{1}{Y_4 + \cfrac{1}{Z_5 + \cfrac{1}{Y_6 + \cfrac{1}{Z_7 + \cfrac{1}{Y_8}}}}}}}$$

4-26　写出题图 4-26 所示各梯形网络的电压转移函数 $H(s) = \dfrac{V_2(s)}{V_1(s)}$，在 s 平面示出其零、极点分布。

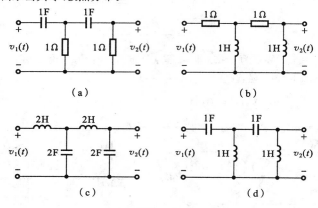

（a）　　　　　　　　　　　　　（b）

（c）　　　　　　　　　　　　　（d）

题图 4-26

解　（a）题图 4-26(a)所示网络的 s 域等效模型如题图 4-26(a_1)所示。由此图可知

$$H(s) = \frac{V_2(s)}{V_1(s)} = \frac{\dfrac{1 \times (1/s+1)}{1+1/s+1} \times \dfrac{1}{1/s+1}}{\dfrac{1}{s} + \dfrac{1 \times (1/s+1)}{1+1/s+1}} = \frac{s^2}{s^2+3s+1}$$

极点为 $p_1 = -\dfrac{3}{2} + \dfrac{\sqrt{5}}{2}$，$p_2 = -\dfrac{3}{2} - \dfrac{\sqrt{5}}{2}$，零点为 $z_1 = z_2 = 0$，其零、极点分布如题图 4-26(a_2)所示。

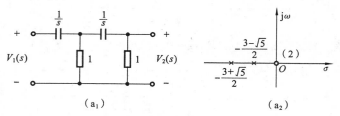

（a_1）　　　　　　　　　　　　　（a_2）

续题图 4-26

（b）题图 4-26(b)所示网络的 s 域等效模型如题图 4-26(b_1)所示。由此

图可知

$$H(s)=\frac{V_2(s)}{V_1(s)}=\frac{\dfrac{s\times(s+1)}{s+s+1}\times\dfrac{s}{s+1}}{1+\dfrac{s\times(s+1)}{s+s+1}}=\frac{s^2}{s^2+3s+1}$$

极点为 $p_1=-\dfrac{3}{2}+\dfrac{\sqrt{5}}{2}$，$p_2=-\dfrac{3}{2}-\dfrac{\sqrt{5}}{2}$，零点为 $z_1=z_2=0$，其零、极点分布如题图 4-26(b_2)所示。

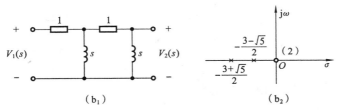

续题图 4-26

(c) 题图 4-26(c)所示网络的 s 域等效模型如题图 4-26(c_1)所示。由此图可知

$$H(s)=\frac{V_2(s)}{V_1(s)}=\frac{\dfrac{\dfrac{1}{2s}\times\left(\dfrac{1}{2s}+2s\right)}{\dfrac{1}{2s}+\dfrac{1}{2s}+2s}\times\dfrac{\dfrac{1}{2s}}{2s+\dfrac{1}{2s}}}{2s+\dfrac{\dfrac{1}{2s}\times\left(\dfrac{1}{2s}+2s\right)}{\dfrac{1}{2s}+\dfrac{1}{2s}+2s}}=\frac{1}{16s^4+12s^2+1}$$

极点为 $p_{1,2}=\pm\mathrm{j}\sqrt{\dfrac{3+\sqrt{5}}{8}}$，$p_{3,4}=\pm\mathrm{j}\sqrt{\dfrac{3-\sqrt{5}}{8}}$，此系统无零点，其零、极点分布如题图 4-26($c_2$)所示。

(d) 题图 4-26(d)所示网络的 s 域等效模型如题图 4-26(d_1)所示。由此图可知

$$H(s)=\frac{V_2(s)}{V_1(s)}=\frac{\dfrac{s\times(1/s+s)}{s+1/s+s}\times\dfrac{s}{1/s+s}}{\dfrac{1}{s}+\dfrac{s\times(1/s+s)}{s+1/s+s}}=\frac{s^4}{s^4+3s^2+1}$$

极点为 $p_{1,2}=\pm\mathrm{j}\sqrt{\dfrac{3+\sqrt{5}}{2}}$，$p_{3,4}=\pm\mathrm{j}\sqrt{\dfrac{3-\sqrt{5}}{2}}$，零点为 $z_1=z_2=z_3=z_4=0$，

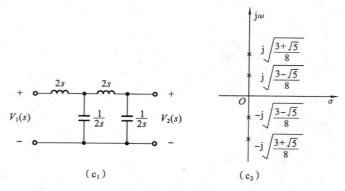

（c₁）　　　　　　　　　　　（c₂）

续题图 4-26

其零、极点分布如题图 4-26(d_2)所示。

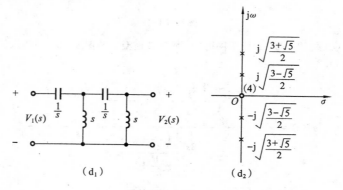

（d₁）　　　　　　　　　　　（d₂）

续题图 4-26

4-27 已知激励信号为 $e(t)=e^{-t}$，零状态响应为 $r(t)=\dfrac{1}{2}e^{-t}-e^{-2t}+2e^{3t}$，求此系统的冲激响应 $h(t)$。

解　因为 $E(s)=\dfrac{1}{s+1}$，$R(s)=\dfrac{1}{2}\cdot\dfrac{1}{s+1}-\dfrac{1}{s+2}+\dfrac{2}{s-3}$，所以

$$H(s)=\frac{R(s)}{E(s)}=\frac{1}{2}-\frac{s+1}{s+2}+\frac{2(s+1)}{s-3}=\frac{3}{2}+\frac{1}{s+2}+\frac{8}{s-3}$$

$$h(t)=\frac{3}{2}\delta(t)+(e^{-2t}+8e^{3t})u(t)$$

4-28　已知系统阶跃响应为 $g(t)=1-\mathrm{e}^{-2t}$，为使其响应为 $r(t)=1-\mathrm{e}^{-2t}-t\mathrm{e}^{-2t}$，求激励信号 $e(t)$。

解　$G(s)=\dfrac{1}{s}-\dfrac{1}{s+2}=\dfrac{2}{s(s+2)}$

$$H(s)=\frac{G(s)}{1/s}=\frac{2}{s+2}$$

又

$$R(s)=\frac{1}{s}-\frac{1}{s+2}-\frac{1}{(s+2)^2}=\frac{s+4}{s(s+2)^2}$$

$$E(s)=\frac{R(s)}{H(s)}=\frac{\dfrac{s+4}{s(s+2)^2}}{\dfrac{2}{s+2}}=\frac{s+4}{2s(s+2)}=\frac{1}{s}-\frac{1/2}{s+2}$$

故

$$e(t)=\left(1-\frac{1}{2}\mathrm{e}^{-2t}\right)u(t)$$

4-29　题图 4-29(a)所示网络中，$L=2$ H，$C=0.1$ F，$R=10$ Ω。

(1) 写出电压转移函数 $H(s)=\dfrac{V_2(s)}{E(s)}$；(2) 画出 s 平面零、极点分布；

(3) 求冲激响应、阶跃响应。

解　(1) 题图 4-29(a)所示网络的 s 域等效模型如题图 4-29(b)所示。由此图可知

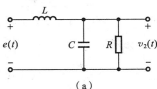

(a)

题图 4-29

$$H(s)=\frac{V_2(s)}{E(s)}=\frac{\dfrac{10\times10/s}{10+10/s}}{2s+\dfrac{10\times10/s}{10+10/s}}=\frac{5}{s^2+s+5}$$

(2) $H(s)=\dfrac{5}{s^2+s+5}=\dfrac{\dfrac{10}{\sqrt{19}}\times\dfrac{\sqrt{19}}{2}}{\left(s+\dfrac{1}{2}\right)^2+\left(\dfrac{\sqrt{19}}{2}\right)^2}$

极点为 $p_1=-\dfrac{1}{2}+\mathrm{j}\dfrac{\sqrt{19}}{2}$，$p_2=-\dfrac{1}{2}-\mathrm{j}\dfrac{\sqrt{19}}{2}$，此系统无零点，其零、极点分布如题图 4-29(c)所示。

(3) 系统冲激响应为

$$h(t)=\frac{10}{\sqrt{19}}\mathrm{e}^{-\frac{1}{2}t}\sin\left(\frac{\sqrt{19}}{2}t\right)u(t)$$

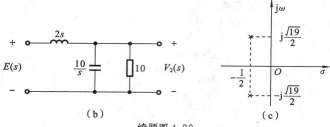

（b）

续题图 4-29

（c）

又当 $e(t)=u(t)$ 时，　　　　　　　　$E(s)=\dfrac{1}{s}$

$$G(s)=H(s)E(s)=\frac{5}{s(s^2+s+5)}=\frac{1}{s}-\frac{s+\dfrac{1}{2}}{\left(s+\dfrac{1}{2}\right)^2+\left(\dfrac{\sqrt{19}}{2}\right)^2}$$

$$-\frac{\dfrac{1}{\sqrt{19}}\times\dfrac{\sqrt{19}}{2}}{\left(s+\dfrac{1}{2}\right)^2+\left(\dfrac{\sqrt{19}}{2}\right)^2}$$

故阶跃响应为

$$g(t)=\left\{1-e^{-\frac{1}{2}t}\left[\cos\left(\frac{\sqrt{19}}{2}t\right)-\frac{1}{\sqrt{19}}\sin\left(\frac{\sqrt{19}}{2}t\right)\right]\right\}u(t)$$

4-30　若在题图 4-30（a）所示电路中，接入 $e(t)=40(\sin t)u(t)$，求 $v_2(t)$，指出其中的自由响应与强迫响应。

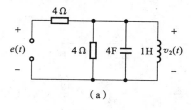

（a）

题图 4-30

解　题图 4-30（a）所示电路的 s 域等效模型如题图 4-30（b）所示。由此图可知

$$\left(\frac{1}{4}+\frac{1}{4}+4s+\frac{1}{s}\right)V_2(s)=\frac{E(s)}{4}$$

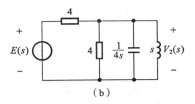

（b）

续题图 4-30

$$H(s)=\frac{V_2(s)}{E(s)}=\frac{\dfrac{1}{4}}{\dfrac{1}{2}+4s+\dfrac{1}{s}}=\frac{s}{16s^2+2s+4}$$

又
$$E(s)=\frac{40}{s^2+1}$$

所以　$$V_2(s)=H(s)E(s)=\frac{40s}{(s^2+1)(16s^2+2s+4)}$$

$$=\frac{-\dfrac{120}{37}s+\dfrac{20}{37}}{s^2+1}+\frac{\dfrac{120}{37}s-\dfrac{5}{37}}{s^2+\dfrac{1}{8}s+\dfrac{1}{4}}$$

$$=\frac{-\dfrac{120}{37}s+\dfrac{20}{37}}{s^2+1}+\frac{\dfrac{120}{37}\left(s+\dfrac{1}{16}\right)-\dfrac{200}{37\sqrt{63}}\times\dfrac{\sqrt{63}}{16}}{\left(s+\dfrac{1}{16}\right)^2+\left(\dfrac{\sqrt{63}}{16}\right)^2}$$

$$v_2(t)=\left\{-\frac{120}{37}\cos t+\frac{20}{37}\sin t+e^{-\frac{1}{16}t}\left[\frac{120}{37}\cos\left(\frac{\sqrt{63}}{16}t\right)\right.\right.$$
$$\left.\left.-\frac{200}{37\sqrt{63}}\sin\left(\frac{\sqrt{63}}{16}t\right)\right]\right\}u(t)$$

自由响应分量为

$$e^{-\frac{1}{16}t}\left[\frac{120}{37}\cos\left(\frac{\sqrt{63}}{16}t\right)-\frac{200}{37\sqrt{63}}\sin\left(\frac{\sqrt{63}}{16}t\right)\right]u(t)$$

强迫响应分量为　　　　$$\left(-\frac{120}{37}\cos t+\frac{20}{37}\sin t\right)u(t)$$

4-31　如题图 4-31(a)所示电路：

（1）若初始无储能，信号源为 $i(t)$，为求 $i_1(t)$（零状态响应），列写转移函数 $H(s)$；

（2）若初始状态以 $i_1(0)$、$v_2(0)$ 表示（都不等于零），但 $i(t)=0$（开路），求 $i_1(t)$（零输入响应）。

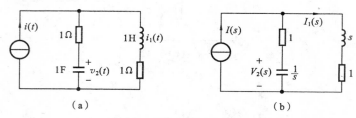

题图 4-31

解　（1）题图 4-31(a)所示电路的 s 域等效模型如题图 4-31(b)所示。由网孔电流法，可得

$$\left(1+\frac{1}{s}+1+s\right)I_1(s)-\left(1+\frac{1}{s}\right)I(s)=0$$

即

$$\left(s+2+\frac{1}{s}\right)I_1(s)=\left(1+\frac{1}{s}\right)I(s)$$

$$(s^2+2s+1)I_1(s)=(s+1)I(s)$$

$$H(s)=\frac{I_1(s)}{I(s)}=\frac{s+1}{s^2+2s+1}=\frac{1}{s+1}$$

（2）零输入时的 s 域等效模型如题图 4-31(c)所示。据此图可列方程如下：

$$\left(1+\frac{1}{s}+1+s\right)I_1(s)=i_1(0)+\frac{v_2(0)}{s}$$

即

$$\left(s+2+\frac{1}{s}\right)I_1(s)=i_1(0)+\frac{v_2(0)}{s}$$

（c）

续题图 4-31

则　　$I_1(s) = \dfrac{i_1(0) + \dfrac{v_2(0)}{s}}{\left(s + 2 + \dfrac{1}{s}\right)} = \dfrac{i_1(0)s + v_2(0)}{s^2 + 2s + 1} = \dfrac{i_1(0)}{s+1} + \dfrac{v_2(0) - i_1(0)}{(s+1)^2}$

故　　　　$i_1(t) = i_1(0)\{e^{-t} + [v_2(0) - i_1(0)]te^{-t}\}u(t)$

4-32　如题图 4-32(a)所示电路：

(1) 写出电压转移 $H(s) = \dfrac{V_o(s)}{E(s)}$；

(2) 若激励信号 $e(t) = \cos(2t)u(t)$，为使响应中不存在正弦稳态分量，求 LC 约束；

(3) 若 $R = 1\ \Omega$，$L = 1\ \mathrm{H}$，按第(2)问条件，求 $v_o(t)$。

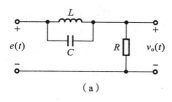

(a)

题图 4-32

解　(1) 题图 4-32(a)所示电路的 s 域等效模型如题图 4-32(b)所示。由此图可得

$$H(s) = \frac{V_o(s)}{E(s)} = \frac{R}{R + \dfrac{sL \times \dfrac{1}{sC}}{sL + \dfrac{1}{sC}}} = \frac{s^2 + \dfrac{1}{LC}}{s^2 + \dfrac{1}{RC}s + \dfrac{1}{LC}}$$

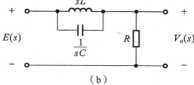

(b)

续题图 4-32

(2) 由于　　　　　　　　　$E(s) = \dfrac{s}{s^2 + 4}$

所以
$$V_o(s) = H(s)E(s) = \frac{s^2 + \dfrac{1}{LC}}{s^2 + \dfrac{1}{RC}s + \dfrac{1}{LC}} \times \frac{s}{s^2 + 4}$$

为使 $v_o(t)$ 中不存在正弦稳态分量，$V_o(s)$ 分母中则不含 (s^2+4) 项，于是 $\dfrac{s^2 + \dfrac{1}{LC}}{s^2 + 4} = 1$，即 $LC = \dfrac{1}{4}$。

（3）若 $R = 1\ \Omega, L = 1\ \text{H}$，且 $LC = \dfrac{1}{4}$，则

$$V_o(s) = \frac{s}{s^2 + 4s + 4} = \frac{s}{(s+2)^2} = \frac{1}{s+2} - \frac{2}{(s+2)^2}$$

$$v_o(t) = (1 - 2t)e^{-t}u(t)$$

4-33 题图 4-33(a)所示电路，若激励信号 $e(t) = (3e^{-2t} + 2e^{-3t})u(t)$，求响应 $v_2(t)$ 并指出响应中的强迫分量、自由分量、瞬态分量与稳态分量。

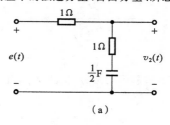

题图 4-33

解　题图 4-33(a)所示电路的 s 域等效模型如题图 4-33(b)所示。由此图可得

$$H(s) = \frac{V_2(s)}{E(s)} = \frac{1 + 2/s}{1 + 1 + 2/s} = \frac{s+2}{2(s+1)}$$

又
$$E(s) = \frac{3}{s+2} + \frac{2}{s+3} = \frac{5s+13}{(s+2)(s+3)}$$

故
$$V_2(s) = H(s)E(s) = \frac{s+2}{2(s+1)} \times \frac{5s+13}{(s+2)(s+3)}$$

$$= \frac{5s+13}{2(s+1)(s+3)} = \frac{2}{s+1} + \frac{\dfrac{1}{2}}{s+3}$$

$$v_2(t) = \left(2e^{-t} + \frac{1}{2}e^{-3t}\right)u(t)$$

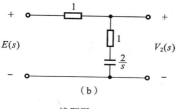

（b）

续题图 4-33

强迫响应分量为 $\dfrac{1}{2}e^{-3t}u(t)$，自由响应分量为 $2e^{-t}u(t)$。

$v_2(t)$ 的所有分量均为瞬态响应分量，没有稳态响应分量。

4-34　若激励信号为题图 4-34(a) 所示周期矩形脉冲，$e(t)$ 施加于题图 4-34(b) 所示的电路，研究响应 $v_o(t)$ 之特点。已求得 $v_o(t)$ 由瞬态响应 $v_{ot}(t)$ 和稳态响应 $v_{os}(t)$ 两部分组成，其表达式分别为

$$v_{ot}(t) = -\frac{E(1-e^{-a\tau})}{1-e^{aT}}e^{-at}$$

$$v_{os}(t) = \sum_{n=0}^{\infty} v_{os1}(t-nT)\{u(t-nT) - u[t-(n+1)T]\}$$

其中 $v_{os1}(t)$ 为 $v_{os}(t)$ 第一周期的信号

$$v_{os1}(t) = E\left[1 - \frac{1-e^{a(T-\tau)}}{1-e^{-aT}}e^{-at}\right]u(t) - E[1 - e^{-a(t-\tau)}]u(t-\tau)$$

(1) 画出 $v_o(t)$ 波形，从物理概念讨论波形特点；

(2) 试用拉氏变换方法求出上述结果；

(3) 系统函数极点分布和激励信号极点分布对响应结果特点有何影响？

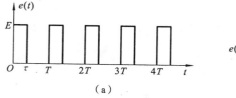

（a）

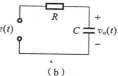

（b）

题图 4-34

解　(1) $v_o(t)$ 波形如题图 4-34(c) 所示。由图可见：

在 $t=nT$ 和 $t=nT+\tau$ 时刻，$e(t)$ 波形发生跳变，而 $v_o(t)$ 波形在这些时刻变化较缓慢。说明激励信号 $e(t)$ 中含有丰富的高频成分，而在 $v_o(t)$ 信号中，

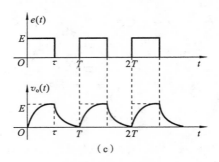

（c）

续题图 4-34

有部分高频成分被削弱，这是由于电容具有通高频阻低频的作用，也就是说该 RC 电路是一低通滤波器。进一步物理分析如下：

在 $t = nT$ 时刻，$e(t)$ 从 0 突变到 E，根据能量守恒可知，电容两端的电压不会突变，它仍保持原来的零，此时 $e(t)$ 通过 R 对电容充电，其两端电压逐渐上升，其充电时间常数为 RC。随着充电电流的增加，最后达到最大值 E。而在 $t = nT + \tau$ 时刻，$e(t)$ 从 E 突变到 0，同样的，此时电容两端电压保持 E 不变，随后由于 $e(t) = 0$，所以电容又通过 R 放电，其放电时间常数仍为 RC。放电完毕后，电容两端电压保持为零，当 $e(t)$ 的下一个周期到来时，电容两端电压又重复上述过程。

若电路的时间常数 $RC \ll \tau$，则充、放电过程都非常短，$v_o(t)$ 波形很快从 0 上升到 E，在下降过程中也是很快就从 E 下降到 0；若电路的时间常数 $RC \gg \tau$，则 $v_o(t)$ 波形没等上升到 E 就要开始下降了，其波形的幅值在 $0 \sim E$ 之间。

（2）① 求全响应 $v_o(t)$

$$e(t) = \sum_{n=0}^{\infty} e_T(t - nT)$$

$e_T(t)$ 为 $e(t)$ 第一周期的信号

$$e_T(t) = E[u(t) - u(t - \tau)]$$

则

$$E_T(s) = \frac{E}{s}(1 - e^{-s\tau})$$

于是

$$E(s) = \sum_{n=0}^{\infty} E_T(s) e^{-snT} = \frac{E_T(s)}{1 - e^{-sT}} = \frac{E(1 - e^{-s\tau})}{s(1 - e^{-sT})}$$

可见 $E(s)$ 的所有极点均在 $j\omega$ 轴上，且为一阶的，因此系统的强迫响应是稳态的。又

$$H(s) = \frac{\dfrac{1}{sC}}{R + \dfrac{1}{sC}} = \frac{\dfrac{1}{RC}}{s + \dfrac{1}{RC}}, \quad 极点\ s = -\frac{1}{RC} < 0$$

$H(s)$ 的极点在 s 平面的左半平面，系统是稳定的，其自由响应是瞬态的。

$$V_{\text{o}}(s) = H(s)E(s) = \frac{E(1 - e^{-s\tau})}{s\left(s + \dfrac{1}{RC}\right)} \times \frac{\dfrac{1}{RC}}{1 - e^{-sT}} = \frac{V_{\text{o}T}(s)}{1 - e^{-sT}}$$

$$= \sum_{n=0}^{\infty} V_{\text{o}T}(s) e^{-snT}$$

由此可见，$v_{\text{o}}(t)$ 是周期信号，周期为 T，其第一周期内的信号为 $v_{\text{o}T}(t)$。因为

$$V_{\text{o}T}(s) = \frac{\dfrac{E}{RC}(1 - e^{-s\tau})}{s\left(s + \dfrac{1}{RC}\right)} = E\left[\frac{1}{s} - \frac{1}{s + \dfrac{1}{RC}}\right] - E\left[\frac{1}{s} - \frac{1}{s + \dfrac{1}{RC}}\right]e^{-s\tau}$$

所以
$$v_{\text{o}T}(t) = E(1 - e^{-\frac{1}{RC}t})u(t) - E(1 - e^{-\frac{1}{RC}(t-\tau)})u(t-\tau)$$

于是
$$v_{\text{o}}(t) = \sum_{n=0}^{\infty} v_{\text{o}T}(t - nT)$$

② 求瞬态响应 $v_{\text{ot}}(t)$

由前分析知，瞬态响应完全由 $H(s)$ 的极点决定，因此可设

$$V_{\text{ot}}(s) = \frac{A}{s + a}, \quad a = \frac{1}{RC}$$

由于 $V_{\text{ot}}(s)$ 是 $V_{\text{o}}(s)$ 的一个部分分式，故

$$A = \left[(s + a)V_{\text{o}}(s)\right]_{s=-a} = \left[\frac{Ea(1 - e^{-s\tau})}{s} \times \frac{1}{1 - e^{-sT}}\right]_{s=-a}$$

$$= -\frac{E(1 - e^{a\tau})}{1 - e^{aT}}$$

所以
$$v_{\text{ot}}(t) = -\frac{E(1 - e^{a\tau})}{1 - e^{aT}}e^{-at}u(t)$$

③ 求第一周期内的稳态响应 $v_{\text{os1}}(t)$

由线性时不变系统的叠加性可知，瞬态响应与稳态响应之和为全响应，因此

$$v_{\text{os1}}(t) = v_{\text{o}T}(t) - v_{\text{ot}}(t)$$

$$= E(1-\mathrm{e}^{-at})u(t) - E[1-\mathrm{e}^{-a(t-\tau)}]u(t-\tau) + \frac{E(1-\mathrm{e}^{a\tau})}{1-\mathrm{e}^{aT}}\mathrm{e}^{-at}u(t)$$

$$= E\left[1 + \frac{\mathrm{e}^{aT}-\mathrm{e}^{a\tau}}{1-\mathrm{e}^{aT}}\mathrm{e}^{-at}\right]u(t) - E[1-\mathrm{e}^{-a(t-\tau)}]u(t-\tau)$$

$$= E\left[1 - \frac{1-\mathrm{e}^{-a(T-\tau)}}{1-\mathrm{e}^{-aT}}\mathrm{e}^{-at}\right]u(t) - E[1-\mathrm{e}^{-a(t-\tau)}]u(t-\tau)$$

于是稳态响应

$$v_{\mathrm{os}}(t) = v_{\mathrm{os1}}(t)[u(t) - u(t-T)] * \sum_{n=0}^{\infty}\delta(t-nT)$$

$$= \sum_{n=0}^{\infty} v_{\mathrm{os1}}(t-nT)\{u(t-nT) - u[t-(n+1)T]\}$$

(3) 由(2)中分析可知,系统函数极点分布于 s 平面的左半平面,它决定着响应中的瞬态分量;激励信号的所有极点(无穷多个)均分布于 $\mathrm{j}\omega$ 轴上,它们决定着响应中的稳态分量。

4-35 已知网络函数的零、极点分布如题图 4-35 所示,此外 $H(\infty)=5$,写出网络函数表示式 $H(s)$。

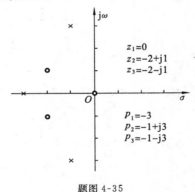

$$z_1=0$$
$$z_2=-2+\mathrm{j}1$$
$$z_3=-2-\mathrm{j}1$$

$$p_1=-3$$
$$p_2=-1+\mathrm{j}3$$
$$p_3=-1-\mathrm{j}3$$

题图 4-35

解　根据题图 4-35,可设

$$H(s) = H_0 \frac{(s-z_1)(s-z_2)(s-z_3)}{(s-p_1)(s-p_2)(s-p_3)} = H_0 \frac{s(s+2-\mathrm{j})(s+2+\mathrm{j})}{(s+3)(s+1-\mathrm{j}3)(s+1+\mathrm{j}3)}$$

$$= H_0 \frac{s[(s+2)^2+1]}{(s+3)[(s+1)^2+9]} = H_0 \frac{s^3+4s^2+5s}{s^3+5s^2+16s+30}$$

又因为 $H(\infty)=5$,即

$$H(\infty)=\lim_{s\to\infty}H_0\frac{s^3+4s^2+5s}{s^3+5s^2+16s+30}=H_0=5$$

故
$$H(s)=\frac{5s^3+20s^2+25s}{s^3+5s^2+16s+30}$$

4-36 已知网络函数 $H(s)$ 的极点位于 $s=-3$ 处，零点在 $s=-a$，且 $H(\infty)=1$。此网络的阶跃响应中包含一项 K_1e^{-3t}。若 a 从 0 变到 5，讨论相应的 K_1 如何随之改变。

解　依题意，可设

$$H(s)=H_0\frac{s+a}{s+3}$$

又
$$H(\infty)=\lim_{s\to\infty}H_0\frac{s+a}{s+3}=H_0=1$$

所以
$$H(s)=\frac{s+a}{s+3}$$

当 $e(t)=u(t)$ 时，
$$E(s)=\frac{1}{s}$$

阶跃响应

$$G(s)=E(s)H(s)=\frac{s+a}{s(s+3)}=\frac{\dfrac{a}{3}}{s}-\frac{\dfrac{a-3}{3}}{s+3}$$

$$g(t)=\frac{a}{3}u(t)-\frac{a-3}{3}e^{-3t}u(t)$$

可见
$$K_1=-\frac{a-3}{3}=1-\frac{a}{3}$$

故当 $a=0\to5$ 时，
$$K_1=1\to-\frac{2}{3}$$

4-37 已知题图 4-37(a)所示网络的入端阻抗 $Z(s)$ 表示式为

$$Z(s)=\frac{K(s-z_1)}{(s-p_1)(s-p_2)}$$

（1）写出以元件参数 R,L,C 表示的零、极点 z_1,p_1,p_2 的位置。

（2）若 $Z(s)$ 零、极点分布如题图 4-37(b)所示，且 $Z(j0)=1$，求 R,L,C 值。

解　（1）题图 4-37(a)所示的网络的 s 域等效模型如题图4-37(c)所示。由此图可得

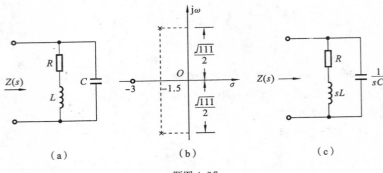

题图 4-37

$$Z(s)=\frac{\dfrac{1}{sC}\times(R+sL)}{\dfrac{1}{sC}+(R+sL)}=\frac{Ls+R}{LCs^2+RCs+1}=\frac{\dfrac{1}{C}s+\dfrac{R}{LC}}{s^2+\dfrac{R}{L}s+\dfrac{1}{LC}}$$

再根据题图 4-37(b)所示零、极点分布图可知

$$Z(s)=\frac{\dfrac{1}{C}\left(s+\dfrac{R}{L}\right)}{\left(s+\dfrac{R}{2L}-j\sqrt{\dfrac{1}{LC}-\dfrac{R^2}{4L^2}}\right)\left(s+\dfrac{R}{2L}+j\sqrt{\dfrac{1}{LC}-\dfrac{R^2}{4L^2}}\right)}$$

可见
$$z_1=-\frac{R}{L},\quad p_1=-\frac{R}{2L}+j\sqrt{\frac{1}{LC}-\frac{R^2}{4L^2}}$$

$$p_2=-\frac{R}{2L}-j\sqrt{\frac{1}{LC}-\frac{R^2}{4L^2}}$$

(2) 由题图 4-37(b)所示零、极点分布图可知

$$z_1=-3,\quad p_1=-1.5+j\frac{\sqrt{111}}{2},\quad p_2=-1.5-j\frac{\sqrt{111}}{2}$$

即
$$\begin{cases}\dfrac{R}{L}=3\\[2mm]\dfrac{1}{LC}-\dfrac{R^2}{4L^2}=\dfrac{111}{4}\end{cases}\Rightarrow\begin{cases}R=3L\\[2mm]LC=\dfrac{1}{30}\end{cases}\qquad①$$

又
$$Z(j0)=Z(s)|_{s=0}=R=1\qquad②$$

由式①、②可解得
$$R=1\ \Omega,\quad L=\frac{1}{3}\ \text{H},\quad C=\frac{1}{10}\ \text{F}$$

4-38 给定 $H(s)$ 的零、极点分布,如题图 4-38 所示,令 s 沿 $j\omega$ 轴移动,

由矢量因子的变化分析频响特性,粗略绘出幅频与相频曲线。

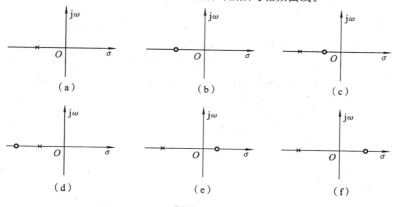

题图 4-38

解　给定系统函数的零、极点分布图后,可得系统函数

$$H(s) = H_0 \frac{(s-z_1)(s-z_2)\cdots(s-z_m)}{(s-p_1)(s-p_2)\cdots(s-p_n)}$$

令 $s = j\omega$,即得系统的频率响应特性函数

$$H(j\omega) = H_0 \frac{(j\omega-z_1)(j\omega-z_2)\cdots(j\omega-z_m)}{(j\omega-p_1)(j\omega-p_2)\cdots(j\omega-p_n)}$$

令 $\begin{cases} (j\omega-z_i) = B_i e^{j\beta_i} \\ (j\omega-p_k) = A_k e^{j\alpha_k} \end{cases}$,则

$$H(j\omega) = H_0 \frac{B_1 \cdot B_2 \cdots B_m}{A_1 \cdot A_2 \cdots A_n} e^{j[\beta_1+\beta_2+\cdots+\beta_m-(\alpha_1+\alpha_2+\cdots+\alpha_n)]}$$

$$= H_0 \frac{\prod\limits_{i=1}^{m} B_i}{\prod\limits_{k=1}^{n} A_k} e^{j(\sum\limits_{i=1}^{m}\beta_i - \sum\limits_{k=1}^{n}\alpha_k)} = |H(j\omega)| e^{j\varphi(\omega)}$$

幅频特性　　　　$$|H(j\omega)| = H_0 \frac{\prod\limits_{i=1}^{m} B_i}{\prod\limits_{k=1}^{n} A_k}$$

相频特性　　　　$$\varphi(\omega) = \sum_{i=1}^{m}\beta_i - \sum_{k=1}^{n}\alpha_k$$

(a) 系统函数只有一个极点且在负实轴上,则

$$H(\mathrm{j}\omega)=\frac{H_0}{\mathrm{j}\omega-p_1}=\frac{H_0}{A_1}\mathrm{e}^{-\mathrm{j}\alpha_1}$$

$(\mathrm{j}\omega-p_1)$表示从 p_1 点指向 $\mathrm{j}\omega$ 轴上某点的矢量,如题图 4-38(a_1)所示。可见 $|H(\mathrm{j}\omega)|$ 与该矢量的长度成反比,当 $\mathrm{j}\omega=\mathrm{j}0$ 时,矢量 $(\mathrm{j}\omega-p_1)$ 的模最小, $|H(\mathrm{j}\omega)|$ 则最大,当 ω 增加时, $|H(\mathrm{j}\omega)|$ 则减小,当 $\omega\to\infty$ 时, $|H(\mathrm{j}\omega)|\to0$。又矢量 $(\mathrm{j}\omega-p_1)$ 与实轴的夹角 α_1 即为 $-\varphi(\omega)$,亦即 $\varphi(\omega)=-\alpha_1$, $\omega=0$ 时, $\alpha_1=0$,当 ω 增加时, α_1 增大,直到 $\omega\to\infty$ 时, $\alpha_1\to\dfrac{\pi}{2}$。由此可得题图 4-38(a)所示系统的幅频特性和相频特性分别如题图 4-38(a_2)和(a_3)所示。

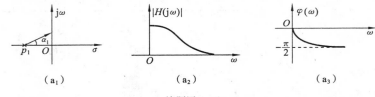

（a_1）　　　　　　　（a_2）　　　　　　　（a_3）

续题图 4-38

（b）系统函数只有一个零点且在负实轴上,则
$$H(\mathrm{j}\omega)=H_0(\mathrm{j}\omega-z_1)=H_0B_1\mathrm{e}^{\mathrm{j}\beta_1}$$

作出矢量图如题图 4-38(b_1)所示。同样分析可知: $\omega=0$ 时, B_1 最小, $\beta_1=0$;当 ω 增加时, B_1 增大, β_1 也增大; $\omega\to\infty$ 时, $B_1\to\infty$, $\beta_1\to\dfrac{\pi}{2}$。由此可得题图 4-38(b)所示系统的幅频特性和相频特性分别如题图 4-38(b_2)和(b_3)所示。

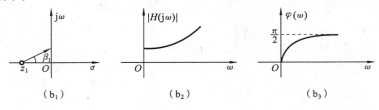

（b_1）　　　　　　　（b_2）　　　　　　　（b_3）

续题图 4-38

（c）系统函数有一个零点和一个极点,且都在负实轴上,则
$$H(\mathrm{j}\omega)=\frac{H_0(\mathrm{j}\omega-z_1)}{(\mathrm{j}\omega-p_1)}=H_0\frac{B_1}{A_1}\mathrm{e}^{\mathrm{j}(\beta_1-\alpha_1)}$$

作出矢量图如题图 4-38(c_1)所示。由于 $|p_1|>|z_1|$,所以对任一频率 ω

都有 $A_1 > B_1$，$\alpha_1 < \beta_1$。于是，对任一频率 ω 都有 $|H(j\omega)| < H_0$，$\varphi(\omega) > 0$。$\omega = 0$ 时，A_1、B_1 最小，$\alpha_1 = \beta_1 = 0$；当 ω 增加时，A_1、B_1、α_1、β_1 都增加；$\omega \to \infty$ 时，$A_1 \to \infty$，$B_1 \to \infty$，$\alpha_1 \to \dfrac{\pi}{2} \beta_1 \to \dfrac{\pi}{2}$，$|H(j\omega)| \to H_0$，$\varphi(\omega) \to 0$。由此可得题图 4-38(c)所示系统的幅频特性和相频特性分别如题图 4-38(c_2)和(c_3)所示。

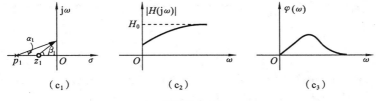

(c_1)　　　　(c_2)　　　　(c_3)

续题图 4-38

(d) 系统函数有一个零点和一个极点，且都在负实轴上，则

$$H(j\omega) = \frac{H_0(j\omega - z_1)}{(j\omega - p_1)} = H_0 \frac{B_1}{A_1} e^{j(\beta_1 - \alpha_1)}$$

作出矢量图如题图 4-38(d_1)所示。由于 $|p_1| < |z_1|$，所以对任一频率 ω 都有 $A_1 < B_1$，$\alpha_1 > \beta_1$。于是，对任一频率 ω 都有 $|H(j\omega)| > H_0$，$\varphi(\omega) < 0$。分析同(c)，由此可得题图 4-38(d)所示系统的幅频特性和相频特性分别如题图 4-38(d_2)和(d_3)所示。

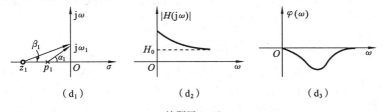

(d_1)　　　　(d_2)　　　　(d_3)

续题图 4-38

(e) 系统函数只有一个零点，且在正实轴上，也只有一个极点，且在负实轴上，则

$$H(j\omega) = \frac{H_0(j\omega - z_1)}{(j\omega - p_1)} = H_0 \frac{B_1}{A_1} e^{j(\beta_1 - \alpha_1)}$$

作出矢量图如题图 4-38(e_1)所示。由于 $|p_1| > |z_1|$，所以对任一频率 ω 都有 $A_1 > B_1$，故其幅频特性同(c)。$\omega = 0$ 时，$\alpha_1 = 0$，$\beta_1 = \pi$，$\varphi(\omega) = \pi$；当 ω 增加时，α_1 增加，β_1 减小，$\varphi(\omega)$ 减小；$\omega \to \infty$ 时，$\alpha_1 \to \dfrac{\pi}{2} \beta_1 \to \dfrac{\pi}{2}$，$\varphi(\omega) \to 0$。即 $\varphi(\omega)$

随 ω 增加而单调下降。由此可得题图 4-38(e)所示系统的幅频特性和相频特性分别如题图 4-38(e_2)和(e_3)所示。

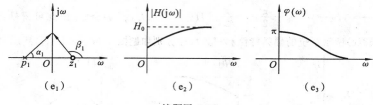

(e_1) (e_2) (e_3)

续题图 4-38

（f）系统函数只有一个零点和一个极点，且零点与极点的分布情况同(e)。不同的只是，$z_{1f} > z_{1e}$，即对同一频率 ω，$B_{1f} > B_{1e}$。

故此系统与(e)所示系统具有相同的幅频特性和相频特性曲线，只是此系统中两曲线较(e)所示系统的两曲线变化的速率要快一些。

4-39 若 $H(s)$ 零、极点分布如题图 4-39 所示，试讨论它们分别是哪种滤波网络（低通、高通、带通、带阻）。

解　（a） $H(j\omega) = \dfrac{H_0}{(j\omega - p_1)(j\omega - p_2)}$

作出矢量图如题图 4-39(a_1)所示。由图可知：$\omega = 0$ 时，$|H(j\omega)|$ 最大；随着 ω 的增加，$|H(j\omega)|$ 单调减小；$\omega \to \infty$ 时，$|H(j\omega)| \to 0$，其幅频特性如题图 4-39(a_2)所示。该网络为低通网络。

（b） $H(j\omega) = \dfrac{j\omega H_0}{(j\omega - p_1)(j\omega - p_2)}$

作出矢量图如题图 4-39(b_1)所示。由图可知：$\omega = 0$ 时，$|H(j\omega)| = 0$，随着 ω 的增加，$|H(j\omega)|$ 上升；ω 增加到某一频率后，$|H(j\omega)|$ 又开始减小，$\omega \to \infty$ 时，$|H(j\omega)| \to 0$，其幅频特性如题图 4-39(b_2)所示。该网络为带通网络。

（c） $H(j\omega) = \dfrac{(j\omega)^2 H_0}{(j\omega - p_1)(j\omega - p_2)}$

作出矢量图如题图 4-39(c_1)所示。由图可知：$\omega = 0$ 时，$|H(j\omega)| = 0$，随着 ω 的增加，$|H(j\omega)|$ 单调上升；$\omega \to \infty$ 时，$|H(j\omega)| \to H_0$，其幅频特性如题图 4-39(c_2)所示。该网络为高通网络。

（d） $H(j\omega) = \dfrac{H_0(j\omega - z_1)}{(j\omega - p_1)(j\omega - p_2)}$

作出矢量图如题图 4-39(d_1)所示。由图可知：$\omega = 0$ 时，$|H(j\omega)| =$

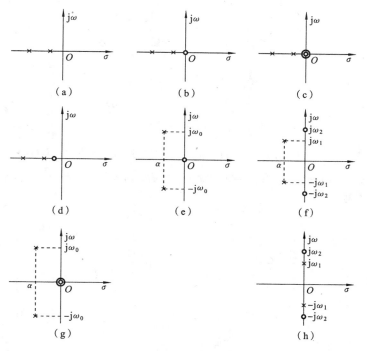

题图 4-39

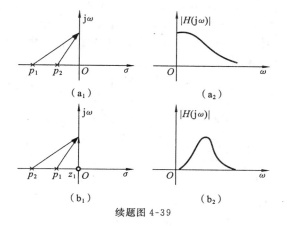

续题图 4-39

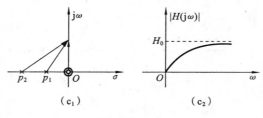

（c₁）　　　（c₂）

续题图 4-39

$H_0\left|\dfrac{z_1}{p_1 p_2}\right|$，随着 ω 的增加，$|H(j\omega)|$上升；增加到某一频率后，$|H(j\omega)|$又开始减小；$\omega\to\infty$时，$|H(j\omega)|\to 0$，其幅频特性如题图 4-39(d_2)所示。该网络为带通网络。

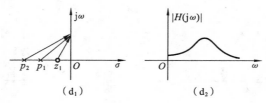

（d₁）　　　（d₂）

续题图 4-39

（e）$H(j\omega)=\dfrac{j\omega H_0}{(j\omega-\alpha-j\omega_0)(j\omega-\alpha+j\omega_0)}$

作出矢量图如题图 4-39(e_1)所示。由图可知：$\omega=0$ 时，$|H(j\omega)|=0$，随着 ω 的增加，$|H(j\omega)|$上升；增加到 $\omega=\omega_0$ 时，$|H(j\omega)|$最大，随后继续增加 ω，$|H(j\omega)|$则减小；$\omega\to\infty$时，$|H(j\omega)|\to 0$，其幅频特性如题图 4-39(e_2)所示。该网络为带通网络。

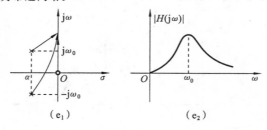

（e₁）　　　（e₂）

续题图 4-39

(f) $H(j\omega)=\dfrac{H_0(j\omega-j\omega_2)(j\omega+j\omega_2)}{(j\omega-\alpha-j\omega_1)(j\omega-\alpha+j\omega_1)}$

作出矢量图如题图 4-39(f_1)所示。由图可知：$\omega=0$ 时，$|H(j\omega)|\neq0$，随着 ω 的增加，$|H(j\omega)|$ 减小；增加到 $\omega=\omega_0$ 时，$|H(j\omega)|$ 最小，随后继续增加 ω，$|H(j\omega)|$ 增大；$\omega\to\infty$ 时，$|H(j\omega)|\to H_0$，其幅频特性如题图 4-39(f_2)所示。该网络为带阻网络。

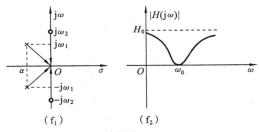

(f_1)   (f_2)

续题图 4-39

(g) $H(j\omega)=\dfrac{H_0(j\omega)^2}{(j\omega-\alpha-j\omega_0)(j\omega-\alpha+j\omega_0)}$

作出矢量图如题图 4-39(g_1)所示。由图可知：$\omega=0$ 时，$|H(j\omega)|=0$，随着 ω 的增加，$|H(j\omega)|$ 单调上升；$\omega\to\infty$ 时，$|H(j\omega)|\to H_0$，其幅频特性如题图 4-39(g_2)所示。该网络为高通网络。

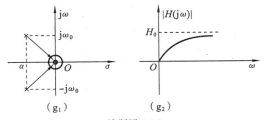

(g_1)   (g_2)

续题图 4-39

(h) $H(j\omega)=\dfrac{H_0(j\omega-j\omega_2)(j\omega+j\omega_2)}{(j\omega-j\omega_1)(j\omega+j\omega_1)}=H_0\dfrac{\omega_2^2-\omega^2}{\omega_1^2-\omega^2}$

作出矢量图如题图 4-39(h_1)所示。由图可知：$\omega_2>\omega_1$。$\omega=0$ 时，$|H(j\omega)|=H_0\dfrac{\omega_2}{\omega_1}>H_0$，随着 ω 的增加，$|H(j\omega)|$ 增加；增加到 $\omega=\omega_1$ 时，$|H(j\omega)|\to\infty$，随后继续增加 ω，$|H(j\omega)|$ 则急剧减小；增加到 $\omega=\omega_2$ 时，$|H(j\omega)|=0$；随后继续增加 ω，$|H(j\omega)|$ 又上升；$\omega\to\infty$ 时，$|H(j\omega)|\to H_0$，其

幅频特性如题图 4-39(h_2)所示。该网络为带通-带阻网络。

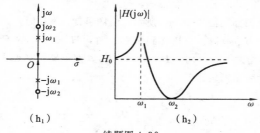

（h_1） （h_2）

续题图 4-39

4-40 写出题图 4-40 所示网络的电压转移函数 $H(s) = \dfrac{V_2(s)}{V_1(s)}$，讨论其幅频响应特性可能为何种类型。

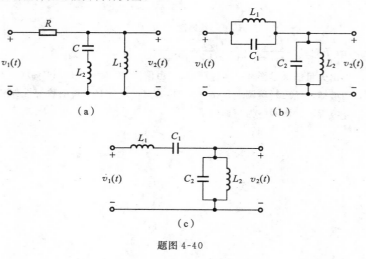

（a） （b）

（c）

题图 4-40

解 （a） $H(s) = \dfrac{V_2(s)}{V_1(s)} = \dfrac{\dfrac{sL_1\left(sL_2 + \dfrac{1}{sC}\right)}{sL_1 + sL_2 + \dfrac{1}{sC}}}{R + \dfrac{sL_1\left(sL_2 + \dfrac{1}{sC}\right)}{sL_1 + sL_2 + \dfrac{1}{sC}}}$

$$= \frac{L_1 L_2 s^2 + \dfrac{L_1}{C}}{L_1 L_2 s^2 + R(L_1 + L_2) s + \dfrac{L_1}{C} + \dfrac{R}{sC}}$$

$$= \frac{L_1 L_2 C s^3 + L_1 s}{L_1 L_2 C s^3 + RC(L_1 + L_2) s^2 + L_1 s + R}$$

$$H(\mathrm{j}\omega) = \frac{L_1 L_2 C (\mathrm{j}\omega)^3 + L_1 (\mathrm{j}\omega)}{L_1 L_2 C (\mathrm{j}\omega)^3 + RC(L_1 + L_2)(\mathrm{j}\omega)^2 + L_1 (\mathrm{j}\omega) + R}$$

当 $\omega = 0$ 及 $\omega = \sqrt{\dfrac{1}{L_2 C}}$ 时,$|H(\mathrm{j}\omega)| = 0$,其幅频特性如题图 4-40($a_1$)所示。该网络为带通-带阻类型。

(b) $H(s) = \dfrac{V_2(s)}{V_1(s)} = \dfrac{\dfrac{sL_2 \times \dfrac{1}{sC_2}}{sL_2 + \dfrac{1}{sC_2}}}{\dfrac{sL_1 \times \dfrac{1}{sC_1}}{sL_1 + \dfrac{1}{sC_1}} + \dfrac{sL_2 \times \dfrac{1}{sC_2}}{sL_2 + \dfrac{1}{sC_2}}} = \dfrac{\dfrac{L_2}{C_2}\left(sL_1 + \dfrac{1}{sC_1}\right)}{\dfrac{L_1}{C_1}\left(sL_2 + \dfrac{1}{sC_2}\right) + \dfrac{L_2}{C_2}\left(sL_1 + \dfrac{1}{sC_1}\right)}$

$$= \frac{L_1 L_2 C_1 s^2 + L_2}{L_1 L_2 (C_1 + C_2) s^2 + (L_1 + L_2)}$$

$$H(\mathrm{j}\omega) = \frac{L_1 L_2 C_1 (\mathrm{j}\omega)^2 + L_2}{L_1 L_2 (C_1 + C_2)(\mathrm{j}\omega)^2 + (L_1 + L_2)}$$

$$= \frac{\dfrac{C_1}{C_1 + C_2}(\mathrm{j}\omega)^2 + \dfrac{1}{L_1(C_1 + C_2)}}{(\mathrm{j}\omega)^2 + \dfrac{L_1 + L_2}{L_1 L_2 (C_1 + C_2)}}$$

当 $\omega = 0$ 时,$|H(\mathrm{j}\omega)| = \dfrac{L_2}{L_1 + L_2}$;当 $\omega = \sqrt{\dfrac{1}{L_1 C_1}}$ 时,$|H(\mathrm{j}\omega)| = 0$,其幅频特性如题图 4-40($b_1$)所示。该网络为带通-带阻类型。

(c) $H(s) = \dfrac{V_2(s)}{V_1(s)} = \dfrac{\dfrac{sL_2 \times \dfrac{1}{sC_2}}{sL_2 + \dfrac{1}{sC_2}}}{sL_1 + \dfrac{1}{sC_1} + \dfrac{sL_2 \times \dfrac{1}{sC_2}}{sL_2 + \dfrac{1}{sC_2}}} = \dfrac{\dfrac{L_2}{C_2}}{\left(sL_1 + \dfrac{1}{sC_1}\right)\left(sL_2 + \dfrac{1}{sC_2}\right) + \dfrac{L_2}{C_2}}$

$$=\frac{\frac{L_2}{C_2}}{L_1L_2s^2+\frac{L_1}{C_2}+\frac{L_2}{C_1}+\frac{L_2}{C_2}+\frac{1}{C_1C_2s^2}}$$

$$=\frac{L_2C_1s^2}{L_1L_2C_1C_2s^4+(L_1C_1+L_2C_1+L_2C_2)s^2+1}$$

$$H(j\omega)=\frac{L_2C_1(j\omega)^2}{L_1L_2C_1C_2(j\omega)^4+(L_1C_1+L_2C_1+L_2C_2)(j\omega)^2+1}$$

当 $\omega=0$ 时，$|H(j\omega)|=0$，随着 ω 的增加，$|H(j\omega)|$ 上升；ω 增加到某一频率时，$|H(j\omega)|$ 最大，随后继续增加 ω，$|H(j\omega)|$ 则减小；$\omega\to\infty$ 时，$|H(j\omega)|\to 0$，其幅频特性如题图 4-40(c_1) 所示。该网络为带通类型。

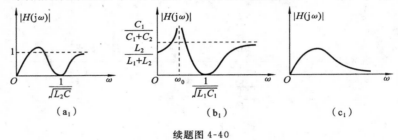

续题图 4-40

4-41 题图 4-41 所示格形网络，写出它的电压转移函数 $H(s)=\dfrac{V_2(s)}{V_1(s)}$，画出 s 平面零、极点分布图，讨论它是否为全通网络。

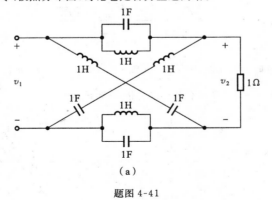

题图 4-41

解　题图 4-41(a)所示网络的 s 域等效模型如题图 4-41(b)所示。由网孔法可列方程如下：

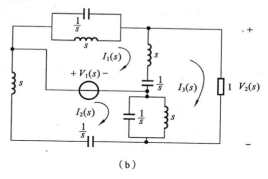

(b)

续题图 4-41

$$\begin{cases} \left(s+\dfrac{1}{s}+\dfrac{s\times\dfrac{1}{s}}{s+\dfrac{1}{s}}\right)I_1(s)-\left(s+\dfrac{1}{s}\right)I_3(s)=V_1(s) \\[4mm] \left(s+\dfrac{1}{s}+\dfrac{s\times\dfrac{1}{s}}{s+\dfrac{1}{s}}\right)I_2(s)-\dfrac{s\times\dfrac{1}{s}}{s+\dfrac{1}{s}}I_3(s)=-V_1(s) \\[4mm] -\left(s+\dfrac{1}{s}\right)I_1(s)-\dfrac{s\times\dfrac{1}{s}}{s+\dfrac{1}{s}}I_2(s)+\left(1+s+\dfrac{1}{s}+\dfrac{s\times\dfrac{1}{s}}{s+\dfrac{1}{s}}\right)I_3(s)=0 \end{cases}$$

即　　$$\begin{cases} [(s^2+1)^2+s^2]I_1(s)-(s^2+1)^2I_3(s)=s(s^2+1)V_1(s) \\ [(s^2+1)^2+s^2]I_2(s)-s^2I_3(s)=-s(s^2+1)V_1(s) \\ (s^2+1)^2I_1(s)+s^2I_2(s)-[s(s^2+1)+(s^2+1)^2+s^2]I_3(s)=0 \end{cases}$$

解得　　$$I_3(s)=\frac{(s^2+1)^2-s^2}{(s^2+1+s)^2}V_1(s)=\frac{s^2-s+1}{s^2+s+1}V_1(s)$$

又　　$$V_2(s)=I_3(s)=\frac{s^2-s+1}{s^2+s+1}V_1(s)$$

故　　$$H(s)=\frac{V_2(s)}{V_1(s)}=\frac{s^2-s+1}{s^2+s+1}$$

系统零点为　　$$z_1=\frac{1}{2}+j\frac{\sqrt{3}}{2},\quad z_2=\frac{1}{2}-j\frac{\sqrt{3}}{2}$$

系统极点为　　　　　$p_1 = -\dfrac{1}{2} + j\dfrac{\sqrt{3}}{2}$,　　$p_2 = -\dfrac{1}{2} - j\dfrac{\sqrt{3}}{2}$

　　系统的零、极点分布如题图 4-41(b)所示。由此图可知，该系统是全通网络。

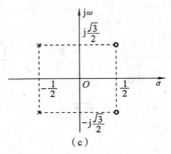

（c）

续题图 4-41

　　4-42　题图 4-42 所示几幅 s 平面零、极点分布图，分别指出它们是否为最小相移网络函数。如果不是，应由零、极点如何分布的最小相移网络和全通网络来组合？

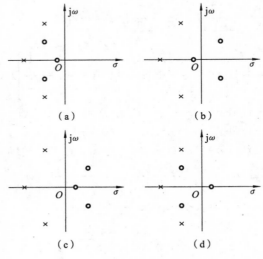

题图 4-42

解 极点都位于 s 左半平面,而零点也都位于 s 左半平面或 $j\omega$ 轴上的网络函数称为"最小相移网络函数",该网络称为"最小相移网络"。如果网络在 s 右半平面有一个或多个零点,那么就称为"非最小相移函数",这类网络称为"非最小相移网络"。据此可知,只有图(a)所示函数为最小相移网络函数。图(b)、(c)、(d)所示的都为非最小相移网络函数。但非最小相移网络函数可以表示为最小相移网络函数与全通函数的乘积。

对图(b)重画零、极点分布图,如题图 4-42(b_1)所示。

$$H(s) = \frac{H_0(s-z_1)(s-\sigma_1-j\omega_1)(s-\sigma_1+j\omega_1)}{(s-p_1)(s-\sigma_2-j\omega_2)(s-\sigma_2+j\omega_2)}$$

$$= \frac{H_0(s-z_1)[(s-\sigma_1)^2+\omega_1^2]}{(s-p_1)(s-\sigma_2-j\omega_2)(s-\sigma_2+j\omega_2)}$$

$$= \underbrace{\frac{H_0(s-z_1)[(s+\sigma_1)^2+\omega_1^2]}{(s-p_1)(s-\sigma_2-j\omega_2)(s-\sigma_2+j\omega_2)}}_{\text{最小相移函数}} \times \underbrace{\frac{(s-\sigma_1)^2+\omega_1^2}{(s+\sigma_1)^2+\omega_1^2}}_{\text{全通函数}}$$

该最小相移函数及全通函数的零、极点分布图分别如题图 4-42(b_2)、(b_3)所示。

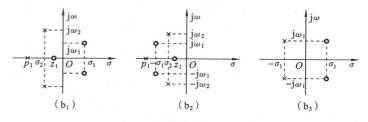

(b_1) (b_2) (b_3)

续题图 4-42

同理可得图(c)的最小相移函数和全通函数的零、极点分布图分别如题图 4-42(c_1)、(c_2)所示;图(d)的最小相移函数和全通函数的零、极点分布图

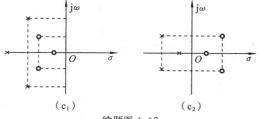

(c_1) (c_2)

续题图 4-42

分别如题图 4-42(d_1)、(d_2)所示。

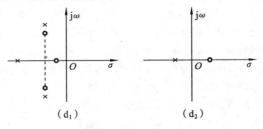

（d_1）　　　　　　（d_2）

续题图 4-42

4-43　题图 4-43(a)所示电路,虚框中是 1：1：1 的理想变压器,激励信号为 $v_1(t)$,响应取 $v_2(t)$,写出电压转移函数 $H(s)=\dfrac{V_2(s)}{V_1(s)}$,画出零、极点分布图,指出是否为全通网络。

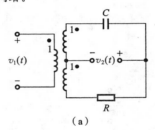

（a）

题图 4-43

解　作出题图 4-43(a)所示电路的 s 域等效模型如题图 4-43(b)所示。设回路电流为 $I(s)$,则有

$$\begin{cases} 2V_1(s)=\left(R+\dfrac{1}{sC}\right)I(s) \\ V_2(s)+V_1(s)=RI(s) \end{cases}$$

解得

$$V_2(s)=\frac{sRC-1}{sRC+1}V_1(s)=\frac{s-\dfrac{1}{RC}}{s+\dfrac{1}{RC}}V_1(s)$$

故

$$H(s)=\frac{V_2(s)}{V_1(s)}=\frac{s-\dfrac{1}{RC}}{s+\dfrac{1}{RC}}$$

该系统函数的零、极点分布图如题图 4-43(c)所示。可见,该系统为全通网络。

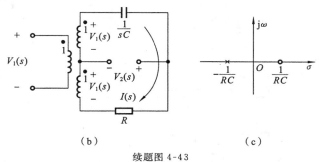

（b）　　　　　　　　　　　（c）

续题图 4-43

4-44 题图 4-44(a)所示格形网络,写出电压转移函数 $H(s)=\dfrac{V_2(s)}{V_1(s)}$。设 $C_1R_1<C_2R_2$,在 s 平面示出 $H(s)$ 零、极点分布,指出是否为全通网络。在网络参数满足什么条件下才能构成全通网络?

解　作出题图 4-44(a)所示电路的 s 域等效模型如题图 4-44(b)所示。由网孔电流法,得

$$\begin{cases}\left(R_1+\dfrac{1}{sC_1}\right)I_1(s)=V_1(s)\\[2mm]\left(R_2+\dfrac{1}{sC_2}\right)I_2(s)=-V_1(s)\end{cases}$$

解得　$I_1(s)=\dfrac{V_1(s)}{R_1+\dfrac{1}{sC_1}}$,　$I_2(s)=\dfrac{-V_1(s)}{R_2+\dfrac{1}{sC_2}}$

题图 4-44

又　　$V_2(s)=\dfrac{1}{sC_1}I_1(s)+R_2 I_2(s)=\dfrac{\dfrac{1}{sC_1}V_1(s)}{R_1+\dfrac{1}{sC_1}}-\dfrac{R_2 V_1(s)}{R_2+\dfrac{1}{sC_2}}$

于是　$H(s)=\dfrac{V_2(s)}{V_1(s)}=\dfrac{\dfrac{1}{sC_1}}{R_1+\dfrac{1}{sC_1}}-\dfrac{R_2}{R_2+\dfrac{1}{sC_2}}=\dfrac{\dfrac{1}{R_1C_1}}{s+\dfrac{1}{R_1C_1}}-\dfrac{s}{s+\dfrac{1}{R_2C_2}}$

$$=\dfrac{\dfrac{1}{R_1C_1R_2C_2}-s^2}{\left(s+\dfrac{1}{R_1C_1}\right)\left(s+\dfrac{1}{R_2C_2}\right)}$$

当 $C_1R_1 < C_2R_2$ 时，$\dfrac{1}{R_1C_1} > \dfrac{1}{R_2C_2}$

零点为　　　$z_1 = \sqrt{\dfrac{1}{R_1C_1R_2C_2}}$,　$z_2 = -\sqrt{\dfrac{1}{R_1C_1R_2C_2}}$

极点为　　　$p_1 = -\dfrac{1}{R_1C_1}$,　　$p_2 = -\dfrac{1}{R_2C_2}$

$H(s)$ 的零、极点分布如题图 4-44(c) 所示。可见该网络不是全通网络。

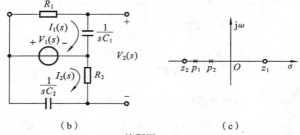

（b）　　　　　　　　　　　　　　　　　　　（c）

续题图 4-44

当 $C_1R_1 = C_2R_2$ 时，$\dfrac{1}{R_1C_1} = \dfrac{1}{R_2C_2}$，$H(s) = \dfrac{\left(\dfrac{1}{R_1C_1}\right)^2 - s^2}{\left(s + \dfrac{1}{R_1C_1}\right)^2} = -\dfrac{s - \dfrac{1}{R_1C_1}}{s + \dfrac{1}{R_1C_1}}$，其

对应网络为全通网络。

4-45　题图 4-45 所示反馈系统，回答下列各问：(1) 写出 $H(s) = \dfrac{V_2(s)}{V_1(s)}$；

(2) K 满足什么条件时系统稳定？(3) 在临界稳定条件下，求系统冲激响应 $h(t)$。

题图 4-45

解　(1) 由题图 4-45 可得

$$[V_1(s) + V_2(s)] \times \dfrac{s}{s^2+4s+4} \times K = V_2(s)$$

解得　　　$H(s) = \dfrac{V_2(s)}{V_1(s)} = \dfrac{\dfrac{Ks}{s^2+4s+4}}{1 - \dfrac{Ks}{s^2+4s+4}} = \dfrac{Ks}{s^2+(4-K)s+4}$

（2）当 $H(s)$ 的极点位于 s 左半平面时，系统稳定。用 R-H 判据。

R-H 阵列：

1	4
$4-K$	0
4	0

R-H 阵列的第一列即 R-H 数列不变号时，$H(s)$ 的极点都位于 s 左半平面。即

$4-K>0\Rightarrow K<4$ 时，系统稳定。

（3）当 $K=4$ 时

$$s^2+(4-K)s+4=s^2+4=(s+\mathrm{j}2)(s-\mathrm{j}2)$$

此时系统函数在 $\mathrm{j}\omega$ 轴上有单阶极点，系统处于临界稳定状态。此时

$$H(s)=\frac{4s}{s^2+4}$$

则系统冲激响应　　　　　　$h(t)=4\cos(2t)u(t)$

4-46 题图 4-46(a) 所示反馈电路，其中 $Kv_2(t)$ 是受控源。（1）求电压转移函数 $H(s)=\dfrac{V_o(s)}{V_1(s)}$；（2）$K$ 满足什么条件时系统稳定？

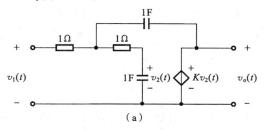

（a）

题图 4-46

解　（1）作出题图 4-46(a) 所示电路的 s 域等效模型如题图 4-46(b) 所示。设网孔电流 $I_1(s)$ 及 $I_2(s)$，则有

$$\begin{cases} \left(\dfrac{1}{s}+2\right)I_1(s)-\left(\dfrac{1}{s}+1\right)I_2(s)=V_1(s) \\[2mm] -\left(\dfrac{1}{s}+1\right)I_1(s)+\left(\dfrac{2}{s}+1\right)I_2(s)=-KV_2(s) \\[2mm] V_2(s)=\dfrac{1}{s}\left[I_1(s)-I_2(s)\right] \end{cases}$$

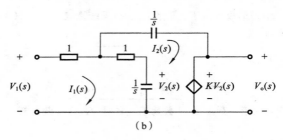

（b）

续题图 4-46

即
$$\begin{cases}(1+2s)I_1(s)-(s+1)I_2(s)=sV_1(s)\\(s+1)I_1(s)-(s+2)I_2(s)=KsV_2(s)\\I_1(s)-I_2(s)=sV_2(s)\end{cases}$$

解得
$$V_2(s)=\frac{V_1(s)}{s^2+(3-K)s+1}$$

而
$$V_o(s)=KV_2(s)=\frac{KV_1(s)}{s^2+(3-K)s+1}$$

于是
$$H(s)=\frac{V_o(s)}{V_1(s)}=\frac{KV_2(s)}{V_1(s)}=\frac{K}{s^2+(3-K)s+1}$$

（2）当 $H(s)$ 的极点位于 s 左半平面时，系统稳定。用 R-H 判据。

R-H 阵列：

1	1
$3-K$	0
1	0

R-H 阵列的第一列即 R-H 数列不变号时，$H(s)$ 的极点都位于 s 左半平面。即

$3-K>0 \Rightarrow K<3$ 时，系统稳定。

4-47　题图 4-47（a）所示反馈系统，其中 $K=\dfrac{\beta Z(s)}{R_i}$。$\beta,R_i$ 以及 F 都为常数

$$Z(s)=\frac{s}{C\left(s^2+\dfrac{G}{C}s+\dfrac{1}{LC}\right)}$$

写出系统函数 $H(s)=\dfrac{V_2(s)}{V_1(s)}$，求极点的实部等于零的条件（产生自激振

荡)。讨论系统出现稳定、不稳定以及临界稳定的条件,在 s 平面示意绘出这三种情况下极点分布图。

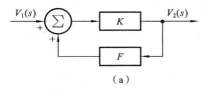

（a）

题图 4-47

解　由题图 4-47(a)所示反馈系统得系统函数

$$H(s)=\frac{V_2(s)}{V_1(s)}=\frac{K}{1-KF}$$

将 $K=\dfrac{\beta Z(s)}{R_i}=\dfrac{\beta s}{R_i C\left(s^2+\dfrac{G}{C}s+\dfrac{1}{LC}\right)}$ 代入上式,得

$$H(s)=\frac{\dfrac{\beta s}{R_i C\left(s^2+\dfrac{G}{C}s+\dfrac{1}{LC}\right)}}{1-\dfrac{\beta s}{R_i C\left(s^2+\dfrac{G}{C}s+\dfrac{1}{LC}\right)}F}=\frac{\beta s}{R_i C\left(s^2+\dfrac{G}{C}s+\dfrac{1}{LC}\right)-F\beta s}$$

$$=\frac{\beta}{R_i C}\left[\frac{s}{s^2+\left(\dfrac{G}{C}-\dfrac{F\beta}{R_i C}\right)s+\dfrac{1}{LC}}\right]$$

极点的实部为零,即有 $\dfrac{G}{C}-\dfrac{F\beta}{R_i C}=0$,亦即当 $G=\dfrac{F\beta}{R_i}$ 时,系统产生自激振荡。

当 $\dfrac{G}{C}-\dfrac{F\beta}{R_i C}>0$,即 $G>\dfrac{F\beta}{R_i}$ 时,系统极点都位于 s 左半平面,系统稳定。此时的零、极点分布如题图 4-47(b)所示。

当 $\dfrac{G}{C}-\dfrac{F\beta}{R_i C}<0$,即 $G<\dfrac{F\beta}{R_i}$ 时,系统不稳定。此时的零、极点分布如题图 4-47(c)所示。

当 $\dfrac{G}{C}-\dfrac{F\beta}{R_i C}=0$,即 $G=\dfrac{F\beta}{R_i}$ 时,系统临界稳定。此时的零、极点分布如题图 4-47(d)所示。

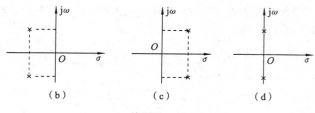

续题图 4-47

4-48　电路如题图 4-48(a)所示,为保证稳定工作,求放大器放大系数 A 的变化范围。设放大器输入阻抗为无限大,输出阻抗等于零。

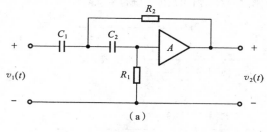

题图 4-48

解　此题关键在于运算放大器处于理想状态下其输入端是开路的,由此用节点电位法分析较简便。

作出题图 4-48(a)所示电路的 s 域等效模型如题图 4-48(b)所示。设节点电压为 $V_3(s)$、$V_4(s)$,则有

$$\begin{cases} -sC_1V_1(s)+\left(\dfrac{1}{R_2}+sC_1+sC_2\right)V_3(s)-\dfrac{1}{R_2}V_2(s)-sC_2V_4(s)=0 \\ -sC_2V_3(s)+\left(\dfrac{1}{R_1}+sC_2\right)V_4(s)=0 \\ V_2(s)=AV_4(s) \end{cases}$$

解得　　$V_2(s)=\dfrac{AR_1R_2C_1C_2s}{R_1R_2C_1C_2s^2+[(1-A)R_1C_2+R_2(C_1+C_2)]s+1}V_1(s)$

$$H(s)=\dfrac{V_2(s)}{V_1(s)}=\dfrac{AR_1R_2C_1C_2s}{R_1R_2C_1C_2s^2+[(1-A)R_1C_2+R_2(C_1+C_2)]s+1}$$

$$=\dfrac{As}{s^2+\left[\dfrac{(1-A)}{R_2C_1}+\dfrac{(C_1+C_2)}{R_1C_1C_2}\right]s+\dfrac{1}{R_1R_2C_1C_2}}$$

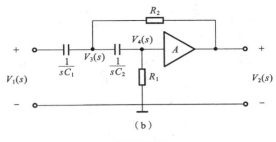

（b）

续题图 4-48

要使系统稳定，需

$$\frac{(1-A)}{R_2 C_1}+\frac{(C_1+C_2)}{R_1 C_1 C_2}>0$$

即

$$A<1+\frac{R_2}{R_1}+\frac{R_2 C_1}{R_1 C_2}$$

4-49 题图 4-49(a)示出互感电路：激励信号为 $v_1(t)$，响应为 $v_2(t)$。

(1) 从物理概念说明此系统是否稳定？ (2) 写出系统函数 $H(s)=\dfrac{V_2(s)}{V_1(s)}$；

(3) 求 $H(s)$ 极点，电路参数满足什么条件才能使极点落在左半平面？此条件实际上是否能满足？

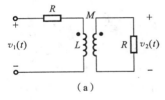

（a）

题图 4-49

解 (1) 此系统能稳定。

虽然输入回路中，在 $v_1(t)$ 作用下产生的电流通过互感的作用，会使输出回路产生电流，但由于互感器只是储能元件，它是无源元件，并不能产生能量，同时在输出回路，由于互感而产生的电流同样也会对输入回路发生影响，其作用是使输入回路相对于同样大小的 $v_1(t)$ 而减少，这是一个负反馈过程，所以系统会稳定。

(2) 作出题图 4-49(a)所示电路的 s 域等效模型如题图 4-49(b)所示。

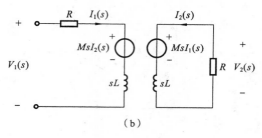

（b）

续题图 4-49

列电路方程如下

$$\begin{cases} (R+sL)I_1(s)+MsI_2(s)=V_1(s) \\ (R+sL)I_2(s)+MsI_1(s)=0 \\ V_2(s)=-RI_2(s) \end{cases}$$

解得

$$V_2(s)=\frac{RMs}{[(R+sL)^2-M^2s^2]}V_1(s)$$

$$H(s)=\frac{V_2(s)}{V_1(s)}=\frac{RMs}{[(R+sL)^2-M^2s^2]}$$

$$=\frac{RM}{L^2-M^2}\left[\frac{s}{\left(s+\dfrac{R}{L-M}\right)\left(s+\dfrac{R}{L+M}\right)}\right]$$

（3）$H(s)$ 极点为　　$p_1=-\dfrac{R}{L-M}$,　　$p_2=-\dfrac{R}{L+M}$

当 $L-M>0$，且 $L+M>0$，即 $L>M$ 时，$H(s)$ 极点均位于 s 左半平面，此条件实际上能满足。

4-50　已知信号表示式为 $f(t)=\mathrm{e}^{at}u(-t)+\mathrm{e}^{-at}u(t)$，式中 $a>0$，试求 $f(t)$ 的双边拉氏变换，给出收敛域。

解　$f(t)$ 的双边拉氏变换为

$$F_d(s)=\int_{-\infty}^{\infty}f(t)\mathrm{e}^{-st}\,\mathrm{d}t=\int_{-\infty}^{0}\mathrm{e}^{at}\mathrm{e}^{-st}\,\mathrm{d}t+\int_{0}^{\infty}\mathrm{e}^{-at}\mathrm{e}^{-st}\,\mathrm{d}t$$

$$=\int_{-\infty}^{0}\mathrm{e}^{(a-s)t}\,\mathrm{d}t+\int_{0}^{\infty}\mathrm{e}^{-(a+s)t}\,\mathrm{d}t$$

上式右侧第一项积分当 $\sigma<a$ 时收敛，第二项积分当 $\sigma>-a$ 时收敛，两者有公共收敛区 $-a<\sigma<a$。因此

$$F_d(s)=\frac{1}{a-s}+\frac{1}{a+s}=\frac{1}{s+a}-\frac{1}{s-a}=\frac{-2a}{s^2-a^2}$$

收敛域为 $-a<\sigma<a$。

4-51　在原教材的 2.9 节利用时域卷积方法分析了通信系统多径失真的消除原理,在此,借助拉氏变换方法研究同一个问题。从以下分析可以看出利用系统函数 $H(s)$ 的概念可以比较直观、简便地求得同样的结果。按 2.9 节式(2-77)已知

$$r(t)=e(t)+ae(t-T)$$

(1) 对上式取拉氏变换,求回波系统的系统函数 $H(s)$;

(2) 令 $H(s)H_i(s)=1$,设计一个逆系统,先求它的系统函数 $H_i(s)$;

(3) 再取 $H_i(s)$ 的逆变换得到此逆系统的冲激响应 $h_i(t)$,它应当与第二章 2.9 节的结果一致。

解　(1) 对原教材式(2-77)取拉氏变换,得

$$R(s)=E(s)+aE(s)\mathrm{e}^{-sT}$$

即

$$R(s)=E(s)(1+a\mathrm{e}^{-sT})$$

于是

$$H(s)=\frac{R(s)}{E(s)}=1+a\mathrm{e}^{-sT}$$

(2) $H_i(s)=\dfrac{1}{H(s)}=\dfrac{1}{1+a\mathrm{e}^{-sT}}$

(3) 由于

$$H_i(s)=\frac{1}{H(s)}=\frac{1}{1+a\mathrm{e}^{-sT}}=\sum_{n=0}^{\infty}(-a\mathrm{e}^{-sT})^n=\sum_{n=0}^{\infty}(-a)^n\mathrm{e}^{-snT}$$

故

$$h_i(t)=\sum_{n=0}^{\infty}(-a)^n\delta(t-nT)$$

结果表明:$h_i(t)$ 与第二章 2.9 节的结果一致。

第5章 傅里叶变换应用于通信系统
——滤波、调制与抽样

5.1 知识点归纳

1. 利用系统函数 $H(j\omega)$ 求响应

（1）系统函数

$$H(j\omega) = \mathscr{F}[h(t)] = H(s)\Big|_{s=j\omega}$$

亦称为系统的频率响应，其模 $|H(j\omega)|$ 称为系统的幅频特性，其辐角 $\varphi(\omega)$ 称为系统的相频特性。

$H(j\omega)$ 描述系统的正弦稳态响应的频率特性，只有稳定的系统才具有 $H(j\omega)$。

（2）系统响应的频谱

$$R(j\omega) = H(j\omega)E(j\omega)$$

此式说明系统的功能是改变输入信号的频谱。具体地说，是对输入信号各频率分量进行加权，使某些频率分量的幅度增强，某些频率分量的幅度削弱或不变，且每个频率分量都产生各自的相位移。

2. 信号传输中的一些重要概念

（1）无失真传输

能实现无失真传输的系统，其频率响应为

$$H(j\omega) = Ke^{-j\omega t_0}$$

即其幅度特性是一常数，相位特性是一通过原点的直线。如此才能保证响应中各频率分量幅度的相对大小与激励信号的情况一样，亦即没有幅度失真；响应中各频率分量比激励中各对应分量滞后同样的时间，即没有相位失真。

无失真传输系统的冲激响应为

$$h(t) = K\delta(t - t_0)$$

（2）调制与解调

调制原理

$$\mathscr{F}[g(t)\cos(\omega_0 t)] = [G(\omega+\omega_0) + G(\omega-\omega_0)]$$

这里，$g(t)$ 为调制信号，亦称为基带信号，$\cos(\omega_0 t)$ 为载波信号，$G(\omega)$ 为 $g(t)$ 的频谱。

解调原理

$$\mathscr{F}\{[g(t)\cos(\omega_0 t)]\cos(\omega_0 t)\} = \frac{1}{2}G(\omega) + \frac{1}{4}[G(\omega+2\omega_0) + G(\omega-2\omega_0)]$$

再利用一个低通滤波器，即可取出 $g(t)$。

3. 理想低通滤波器

（1）网络函数（频域特性）

$$H(j\omega) = |H(j\omega)|e^{j\varphi(\omega)}$$

其中　　　　　　　　$|H(j\omega)| = \begin{cases} 1, & -\omega_c < \omega < \omega_c \\ 0, & \omega\ \text{为其他值} \end{cases}$

$$\varphi(\omega) = -t_0\omega$$

ω_c 为理想低通滤波器的截止频率，t_0 为延时。

（2）时域特性

冲激响应为

$$h(t) = \frac{\omega_c}{\pi}\frac{\sin[\omega_c(t-t_0)]}{\omega_c(t-t_0)} = \frac{\omega_c}{\pi}\text{Sa}[\omega_c(t-t_0)]$$

阶跃响应为

$$r(t) = \frac{1}{2} + \frac{1}{\pi}\text{Si}[\omega_c(t-t_0)]$$

$h(t)$ 和 $r(t)$ 均为非因果的信号。

（3）系统的物理可实现性

① 就时域特性而言，一个物理可实现网络的冲激响应必须满足

$$h(t) = 0, \quad \text{当}\ t < 0$$

② 就频域特性而言，$H(j\omega)$ 需满足佩利-维纳准则，即

$$\int_{-\infty}^{+\infty}\frac{|\ln|H(j\omega)||}{1+\omega^2}\mathrm{d}\omega < +\infty$$

注意，这只是一个必要条件，而非充分条件。

③ 系统可实现性的实质是具有因果性，而正是因果性的限制，系统函数的实部与虚部或模（的对数）与辐角之间形成了希尔伯特变换对的制约关系。

即若

$$H(j\omega)=R(\omega)+jX(\omega)$$

有
$$R(\omega)=\frac{1}{\pi}\int_{-\infty}^{+\infty}\frac{X(\lambda)}{\omega-\lambda}d\lambda$$

$$X(\omega)=-\frac{1}{\pi}\int_{-\infty}^{+\infty}\frac{R(\lambda)}{\omega-\lambda}d\lambda$$

或若 $H(j\omega)=|H(j\omega)|e^{j\varphi(\omega)}$,则

$$\ln H(j\omega)=\ln|H(j\omega)|+j\varphi(\omega)$$

那么 $\ln|H(j\omega)|$ 与 $\varphi(\omega)$ 构成一个希尔伯特变换对。

4. 从抽样信号恢复连续时间信号

(1) 从理想的冲激抽样信号恢复连续时间信号 $f(t)$(时域解释)

$$f(t)=T_s\cdot\frac{\omega_c}{\pi}\sum_{n=-\infty}^{\infty}f(nT_s)\mathrm{Sa}[\omega_c(t-nT_s)]$$

在 $\omega_s=2\omega_c$ 的条件下,

$$f(t)=\sum_{n=-\infty}^{\infty}f(nT_s)\mathrm{Sa}[\omega_c(t-nT_s)]$$

(2) 从实际零阶抽样保持信号 $f_{s0}(t)$ 恢复连续时间信号 $f(t)$(频域解释)

将 $f_{s0}(t)$ 通过具有如下补偿特性的低通滤波器,即可恢复原信号 $f(t)$:

$$H_{0r}(j\omega)=\begin{cases}\dfrac{e^{j\frac{\omega T_s}{2}}}{\mathrm{Sa}\left(\dfrac{\omega T_s}{2}\right)}, & |\omega|\leqslant\dfrac{\omega_s}{2}\\[4mm] 0, & |\omega|>\dfrac{\omega_s}{2}\end{cases}$$

(3) 从实际一阶抽样保持信号 $f_{s1}(t)$ 恢复连续时间信号 $f(t)$(频域解释)

将 $f_{s1}(t)$ 通过具有如下补偿特性的低通滤波器,即可恢复原信号 $f(t)$:

$$H_{1r}(j\omega)=\begin{cases}\dfrac{1}{\mathrm{Sa}^2\left(\dfrac{\omega T_s}{2}\right)}, & |\omega|\leqslant\dfrac{\omega_s}{2}\\[4mm] 0, & |\omega|>\dfrac{\omega_s}{2}\end{cases}$$

5.2　释疑解惑

本章以通信系统为背景,介绍了傅里叶变换在其中的几个方面的应用。

重点在于系统的频域分析,包括对系统的频域系统函数 $H(j\omega)$ 的分析,以及利用傅里叶变换求系统对激励信号的零状态响应问题。

由对 $H(j\omega)$ 的幅度和相位的分析,可得知系统的频域特性,即系统具有何种滤波特性,系统对各频率产生的相移怎样等等信息,而这些特性又通过 $R(j\omega)=H(j\omega)E(j\omega)$ 决定了响应信号中各频率分量的幅度和相位相对于激励信号中相应频率分量的幅度和相位发生的改变。从频域的角度来讲,系统把具有频谱密度为 $E(j\omega)$ 的信号 $e(t)$ 改造成为具有频谱密度为 $R(j\omega)$ 的信号 $r(t)$,由于构成 $r(t)$ 的各频率分量的相对幅度和相位相对于构成 $e(t)$ 的各频率分量已发生了变化,所以 $r(t)$ 的波形与 $e(t)$ 的波形相比就不一样,或出现了失真,这里的物理概念是很清楚的。要学会对一个问题既能从时域方面给出解释,也能从频域方面给出解释,实际上,某些问题给出其频域解释更方便些。

5.3 习 题 详 解

5-1 已知系统函数 $H(j\omega)=\dfrac{1}{j\omega+2}$,激励信号 $e(t)=e^{-3t}u(t)$,试利用傅里叶分析法求响应 $r(t)$。

解 易知激励信号的傅里叶变换

$$E(j\omega)=\frac{1}{j\omega+3}$$

于是响应信号的傅里叶变换

$$R(j\omega)=E(j\omega)H(j\omega)=\frac{1}{j\omega+3}\cdot\frac{1}{j\omega+2}=\frac{1}{j\omega+2}-\frac{1}{j\omega+3}$$

从而得
$$r(t)=\mathscr{F}^{-1}[R(j\omega)]=(e^{-2t}-e^{-3t})u(t)$$

5-2 若系统函数 $H(j\omega)=\dfrac{1}{j\omega+1}$,激励为周期信号 $e(t)=\sin t+\sin(3t)$,试求响应 $r(t)$,画出 $e(t)$,$r(t)$ 波形,讨论经传输是否引起失真。

解 由正弦信号的傅里叶变换可直接写出

$$E(j\omega)=j\pi[\delta(\omega+1)-\delta(\omega-1)]+j\pi[\delta(\omega+3)-\delta(\omega-3)]$$
$$R(j\omega)=E(j\omega)H(j\omega)$$

$$=\frac{j\pi}{j\omega+1}[\delta(\omega+1)-\delta(\omega-1)]+\frac{j\pi}{j\omega+1}[\delta(\omega+3)-\delta(\omega-3)]$$

利用冲激函数的性质

$$F(j\omega)\delta(\omega-\omega_0)=F(j\omega_0)\delta(\omega-\omega_0)$$

可将上式化简为

$$R(j\omega) = j\pi\left[\frac{1}{-j+1}\delta(\omega+1) - \frac{1}{j+1}\delta(\omega-1)\right]$$

$$+ j\pi\left[\frac{1}{-3j+1}\delta(\omega+3) - \frac{1}{3j+1}\delta(\omega-3)\right]$$

$$= j\pi\left[\frac{1}{\sqrt{2}}e^{j\frac{\pi}{4}}\delta(\omega+1) - \frac{1}{\sqrt{2}}e^{-j\frac{\pi}{4}}\delta(\omega-1) + \frac{1}{\sqrt{10}}e^{j\arctan3}\delta(\omega+3)\right.$$

$$\left. - \frac{1}{\sqrt{10}}e^{-j\arctan3}\delta(\omega-3)\right]$$

于是 $r(t) = \mathscr{F}^{-1}\{R(j\omega)\}$

$$= \frac{j\pi}{2\pi}\left\{\frac{1}{\sqrt{2}}e^{j\frac{\pi}{4}}e^{-jt} - \frac{1}{\sqrt{2}}e^{-j\frac{\pi}{4}}e^{jt} + \frac{1}{\sqrt{10}}e^{j\arctan3}\cdot e^{-j3t} - \frac{1}{\sqrt{10}}e^{-j\arctan3}\cdot e^{j3t}\right\}$$

$$= \frac{1}{2j}\left\{\frac{1}{\sqrt{2}}\left[e^{j\left(t-\frac{\pi}{4}\right)} - e^{-j\left(t-\frac{\pi}{4}\right)}\right] + \frac{1}{\sqrt{10}}\left[e^{j(3t-\arctan3)} - e^{-j(3t-\arctan3)}\right]\right\}$$

$$= \frac{1}{\sqrt{2}}\sin\left(t-\frac{\pi}{4}\right) + \frac{1}{\sqrt{10}}\sin(3t-\arctan3)$$

$$\approx \frac{1}{\sqrt{2}}\sin(t-45°) + \frac{1}{\sqrt{10}}\sin(3t-72°)$$

$e(t)$ 的波形如题图 5-2(a)所示，$r(t)$ 的波形如题图 5-2(b)所示。

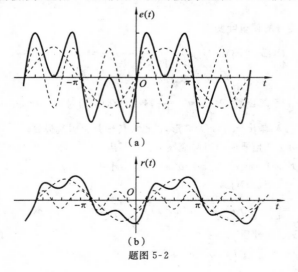

(a)

(b)

题图 5-2

对比 $r(t)$ 与 $e(t)$ 的波形,易见经传输引起了失真。而且由于

$$H(j\omega) = \frac{1}{j\omega + 1}$$

其　　　　　$|H(j\omega)| = \frac{1}{\sqrt{1+\omega^2}}, \quad \varphi(\omega) = -\arctan\omega$

可知,此失真既有因系统函数幅频特性的非常数特性引起的幅度失真,也有因系统函数相频特性的非线性特性引起的相位失真。

5-3　无损 LC 谐振电路如题图 5-3 所示,设 $\omega_0 = \frac{1}{\sqrt{LC}}$,激励信号为电流源 $i(t)$,响应为输出电压 $v(t)$,若 $\mathscr{F}[i(t)] = I(j\omega)$,$\mathscr{F}[v(t)] = V(j\omega)$,求:

(1) $H(j\omega) = \frac{V(j\omega)}{I(j\omega)}, h(t) = \mathscr{F}^{-1}[H(j\omega)]$;

(2) 讨论本题结果与例 5-1(原教材)之结果有何共同特点。

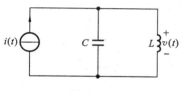

题图 5-3

解　(1) 由题图 5-3 所示电路可写出如下时域方程

$$i(t) = C\frac{dv(t)}{dt} + \frac{1}{L}\int_{-\infty}^{t} v(t)dt$$

对其进行拉氏变换,并利用微分、积分性质可得

$$I(s) = \left(sC + \frac{1}{sL}\right)V(s)$$

从而得　　　$\dfrac{V(s)}{I(s)} = \dfrac{1}{sC + \dfrac{1}{sL}} = \dfrac{sL}{s^2LC + 1} = \dfrac{1}{C}\dfrac{s}{s^2 + \dfrac{1}{LC}}$

而　　　　　　　　　$\omega_0 = \dfrac{1}{\sqrt{LC}}$

故　　　　　$H(s) = \dfrac{V(s)}{I(s)} = \dfrac{1}{C}\dfrac{s}{s^2 + \omega_0^2}$

从而可知冲激响应

$$h(t) = \frac{1}{C}\cos(\omega_0 t)u(t)$$

查附录三或利用频域卷积定理可求得 $h(t)$ 的傅里叶变换为

$$H(j\omega) = \frac{1}{C} \cdot \frac{j\omega}{\omega_0^2 - \omega^2} + \frac{\pi}{2C}[\delta(\omega + \omega_0) + \delta(\omega - \omega_0)]$$

注意,此题求 $H(j\omega)$ 也可利用拉氏变换与傅里叶变换的关系。由

$$H(s) = \frac{1}{C} \frac{s}{s^2 + \omega_0^2}$$

知其极点 $s = \pm j\omega_0$ 是位于虚轴上的。

在这种情况下由拉氏变换求傅氏变换,不能简单地将 s 换成 $j\omega$,因为傅氏变换中必然包含奇异函数项。

一般情况是这样的,若 $f(t)$ 的拉氏变换为

$$F(s) = F_a(s) + \sum_{n=1}^{N} \frac{K_n}{s - j\omega_n}$$

其中,$F_a(s)$ 的极点位于 s 平面之左半平面,$j\omega_n$ 为虚轴上的极点,共有 N 个,K_n 为部分分式分解的系数,则

$$F(j\omega) = F_a(j\omega) + \sum_{n=1}^{N} \frac{K_n}{j(\omega - \omega_n)} + \sum_{n=1}^{N} K_n \pi \delta(\omega - \omega_n)$$

$$= F(s) \bigg|_{s=j\omega} + \sum_{n=1}^{N} K_n \pi \delta(\omega - \omega_n)$$

现在

$$H(s) = \frac{1}{C} \cdot \frac{s}{s^2 + \omega_0^2} = \frac{1}{C} \cdot \left[\frac{\frac{1}{2}}{s + j\omega_0} + \frac{\frac{1}{2}}{s - j\omega_0} \right]$$

故

$$H(j\omega) = \frac{1}{C} \cdot \frac{j\omega}{(j\omega)^2 + \omega_0^2} + \frac{\pi}{2C}[\delta(\omega + \omega_0) + \delta(\omega - \omega_0)]$$

$$= \frac{1}{C} \cdot \frac{j\omega}{\omega_0^2 - \omega^2} + \frac{\pi}{2C}[\delta(\omega + \omega_0) + \delta(\omega - \omega_0)]$$

(2) 例 5-1 中的 $H(j\omega)$ 也是不能直接将 $H(s)$ 中的 s 代之以 $j\omega$ 而获得,正如本题一样。因为两个题目中的电路系统都是临界稳定系统,极点在虚轴上。

5-4 电路如题图 5-4 所示,写出电压转移函数 $H(s) = \dfrac{V_2(s)}{V_1(s)}$,为得到无失真传输,元件参数 R_1, R_2, C_1, C_2 应满足什么关系?

解 运用拉氏变换分析题图 5-4 所示电路,可得

$$\frac{\left(\dfrac{R_2}{sC_2}\right) \Big/ \left(R_2 + \dfrac{1}{sC_2}\right)}{\left(\dfrac{R_2}{sC_2}\right) \Big/ \left(R_2 + \dfrac{1}{sC_2}\right) + \left(\dfrac{R_1}{sC_1}\right) \Big/ \left(R_1 + \dfrac{1}{sC_1}\right)} V_1(s) = V_2(s)$$

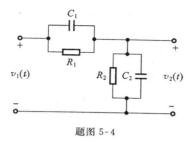

题图 5-4

于是可得电压转移函数

$$H(s) = \frac{V_2(s)}{V_1(s)} = \frac{R_2(sC_1R_1+1)}{sC_1R_1R_2+R_2+sC_2R_1R_2+R_1}$$

$$= \frac{C_1\left(sR_1R_2+\dfrac{R_2}{C_1}\right)}{(C_1+C_2)\left(sR_1R_2+\dfrac{R_1+R_2}{C_1+C_2}\right)} = \frac{C_1}{C_1+C_2} \cdot \frac{s+\dfrac{1}{R_1C_1}}{s+\dfrac{R_1+R_2}{R_1R_2(C_1+C_2)}}$$

显然 $H(s)$ 的极点在左半平面，故系统频率响应为

$$H(j\omega) = \frac{C_1}{C_1+C_2} \cdot \frac{j\omega+\dfrac{1}{R_1C_1}}{j\omega+\dfrac{R_1+R_2}{R_1R_2(C_1+C_2)}}$$

其幅度特性和相位特性分别为

$$|H(j\omega)| = \frac{C_1}{C_1+C_2}\sqrt{\frac{\omega^2+\left(\dfrac{1}{R_1C_1}\right)^2}{\omega^2+\left[\dfrac{R_1+R_2}{R_1R_2(C_1+C_2)}\right]^2}}$$

$$\varphi(\omega) = \arctan R_1C_1\omega - \arctan\frac{R_1R_2(C_1+C_2)}{R_1+R_2}\omega$$

为使系统无失真传输，其幅度特性应为一常数，相位特性为一过原点的直线。而若 $\dfrac{1}{R_1C_1} = \dfrac{R_1+R_2}{R_1R_2(C_1+C_2)}$，即 $R_1C_1 = R_2C_2$，便可使 $|H(j\omega)| = \dfrac{C_1}{C_1+C_2}$，$\varphi(\omega)=0$，所以元件参数 R_1,R_2,C_1,C_2 应满足关系 $R_1C_1 = R_2C_2$。

5-5 电路如题图 5-5 所示，在电流源激励作用下，得到输出电压。写出联系 $i_1(t)$ 与 $v_1(t)$ 的网络函数 $H(s) = \dfrac{V_1(s)}{I_1(s)}$，要使 $v_1(t)$ 与 $i_1(t)$ 波形一样（无失真），确定 R_1 和 R_2（设给定 $L=1$ H，$C=1$ F）。传输过程有无时间延迟？

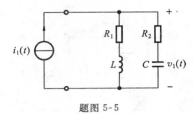

题图 5-5

解 运用拉氏变换分析题图 5-5 所示电路,可得

$$\frac{\left(R_2+\dfrac{1}{sC}\right)(R_1+sL)}{R_2+\dfrac{1}{sC}+R_1+sL}I_1(s)=V_1(s)$$

从而得网络函数

$$H(s)=\frac{V_1(s)}{I_1(s)}=\frac{R_1R_2+R_2sL+\dfrac{R_1}{sC}+\dfrac{L}{C}}{R_2+R_1+\dfrac{1}{sC}+sL}$$

将 $L=1$ H,$C=1$ F 代入得

$$H(s)=\frac{R_2s^2+(1+R_1R_2)s+R_1}{s^2+(R_1+R_2)s+1}$$

系统的频率响应为

$$H(j\omega)=\frac{(R_1-R_2\omega^2)+j\omega(1+R_1R_2)}{(1-\omega^2)+j\omega(R_1+R_2)}$$

其幅度特性和相位特性分别为

$$|H(j\omega)|=\frac{\sqrt{(R_1-R_2\omega^2)^2+[(1+R_1R_2)\omega]^2}}{\sqrt{(1-\omega^2)^2+[(R_1+R_2)\omega]^2}}$$

$$\varphi(\omega)=\arctan\frac{(1+R_1R_2)\omega}{R_1-R_2\omega^2}-\arctan\frac{(R_1+R_2)\omega}{1-\omega^2}$$

为使系统无失真传输,必须满足

$$|H(j\omega)|=\frac{\sqrt{(R_1-R_2\omega^2)^2+[(1+R_1R_2)\omega]^2}}{\sqrt{(1-\omega^2)^2+[(R_1+R_2)\omega]^2}}=K\quad(\text{常数})$$

即 $R_1^2+(1+R_1^2R_2^2)\omega^2+R_2^2\omega^4=K^2[1+(R_1^2+R_2^2+2R_1R_2-2)\omega^2+\omega^4]$

令等式两边对应项系数相等,得

$$R_1=R_2=1\ \Omega$$

当 $R_1=R_2=1$ Ω 时

$$\varphi(\omega) = \arctan\frac{(1+1)\omega}{1-\omega^2} - \arctan\frac{(1+1)\omega}{1-\omega^2} = 0$$

即　　　　　　　　　　　$-\omega t_0 = 0,$　　亦即　　$t_0 = 0$

故当 $R_1 = R_2 = 1\ \Omega$ 时，同时满足了系统无失真传输所需的幅度特性和相位特性，且无时间延迟。

5-6 一个理想低通滤波器的网络函数为

$$H(j\omega) = |H(j\omega)|\ e^{j\varphi(\omega)}$$

其中　　　　　　$|H(j\omega)| = \begin{cases} 1, & -\omega_c < \omega < \omega_c \\ 0, & \omega\ 为其他值 \end{cases}$

$$\varphi(\omega) = -t_0\omega$$

幅度响应与相移响应特性如题图 5-6 所示。证明此滤波器对于 $\dfrac{\pi}{\omega_c}\delta(t)$ 和 $\dfrac{\sin(\omega_c t)}{\omega_c t}$ 的响应是一样的。

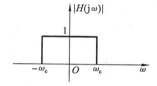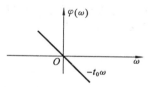

题图 5-6

证明　设输入　　　　　$e_1(t) = \dfrac{\pi}{\omega_c}\delta(t)$

$$e_2(t) = \dfrac{\sin(\omega_c t)}{\omega_c t}$$

易知　　　　　　　　　$E_1(j\omega) = \dfrac{\pi}{\omega_c}$

且　$R_1(j\omega) = E_1(j\omega) \cdot H(j\omega)$

$$= \frac{\pi}{\omega_c}e^{-j\omega t_0},\quad -\omega_c < \omega < \omega_c$$

则　　　$r_1(t) = \mathscr{F}^{-1}[R_1(j\omega)] = \dfrac{1}{2\pi}\displaystyle\int_{-\omega_c}^{\omega_c}\frac{\pi}{\omega_c}e^{-j\omega t_0}\ e^{j\omega t}\,d\omega$

$$= \frac{1}{2\pi}\frac{\pi}{\omega_c}\frac{e^{j\omega(t-t_0)}}{j(t-t_0)}\Bigg|_{-\omega_c}^{\omega_c} = \frac{\sin[\omega_c(t-t_0)]}{\omega_c(t-t_0)}$$

$$= \text{Sa}[\omega_c(t-t_0)]$$

而对于激励 $e_2(t)$,可知

$$E_2(\mathrm{j}\omega)=\frac{\pi}{\omega_c}[u(\omega+\omega_c)-u(\omega-\omega_c)]$$

故　　　　　$R_2(\mathrm{j}\omega)=E_2(\mathrm{j}\omega)\cdot H(\mathrm{j}\omega)=\frac{\pi}{\omega_c}\mathrm{e}^{-\mathrm{j}\omega t_0}\ ,\quad -\omega_c<\omega<\omega_c$

由于 $R_2(\mathrm{j}\omega)=R_1(\mathrm{j}\omega)$,所以

$$r_2(t)=r_1(t)=\mathrm{Sa}[\omega_c(t-t_0)]$$

实际上,对于所给理想低通滤波器,在其通带内,$|H(\mathrm{j}\omega)|=1$,$\varphi(\omega)=-t_0\omega$,这意味着对于输入信号中低于 ω_c 的所有频率分量,其幅度不发生变化只相移 ωt_0,或者说延迟 t_0。而 $e_2(t)$ 中仅包含频率低于 ω_c 的分量,故输出 $r_2(t)$ 与相应输入 $e_2(t)$ 的关系为

$$r_2(t)=e_2(t-t_0)=\frac{\sin[\omega_c(t-t_0)]}{\omega_c(t-t_0)}=\mathrm{Sa}[\omega_c(t-t_0)]$$

由此证明了两个响应是一样的。

5-7　一个理想低通滤波器的系统函数仍为

$$H(\mathrm{j}\omega)=|H(\mathrm{j}\omega)|\,\mathrm{e}^{\mathrm{j}\varphi(\omega)}$$

其中　　　　　$|H(\mathrm{j}\omega)|=\begin{cases}1,&-\omega_c<\omega<\omega_c\\0,&\omega\text{ 为其他值}\end{cases}$

$$\varphi(\omega)=-\omega t_0$$

求此滤波器对于信号 $\dfrac{\sin(\omega_0 t)}{\omega_0 t}$ 的响应。假定 $\omega_0<\omega_c$,ω_c 为滤波器截止频率。

解　已知　　　　$u\left(t+\dfrac{\tau}{2}\right)-u\left(t-\dfrac{\tau}{2}\right)\leftrightarrow\tau\mathrm{Sa}\left(\dfrac{\omega\tau}{2}\right)$

由傅里叶变换的对称性有

$$\tau\mathrm{Sa}\left(\frac{\tau}{2}t\right)\leftrightarrow2\pi\left[u\left(-\omega+\frac{\tau}{2}\right)-u\left(-\omega-\frac{\tau}{2}\right)\right]$$

令 $\tau=2\omega_0$,可得

$$\omega_0\mathrm{Sa}(\omega_0 t)\leftrightarrow2\pi[u(\omega+\omega_0)-u(\omega-\omega_0)]$$

即　　　$E(\mathrm{j}\omega)=\mathscr{F}\left\{\dfrac{\sin(\omega_0 t)}{\omega_0 t}\right\}=\dfrac{2\pi}{\omega_0}[u(\omega+\omega_0)-u(\omega-\omega_0)]$

于是响应信号的傅里叶变换为

$$R(\mathrm{j}\omega)=E(\mathrm{j}\omega)H(\mathrm{j}\omega)$$

$$=\frac{2\pi}{\omega_0}[u(\omega+\omega_0)-u(\omega-\omega_0)]\cdot\mathrm{e}^{-\mathrm{j}\omega t_0}[u(\omega+\omega_c)-u(\omega-\omega_c)]$$

考虑到 $\omega_0 < \omega_c$,故

$$R(j\omega) = \frac{2\pi}{\omega_0}[u(\omega + \omega_0) - u(\omega - \omega_0)]e^{-j\omega t_0}$$

若令 $R_1(j\omega) = \frac{2\pi}{\omega_0}[u(\omega + \omega_0) - u(\omega - \omega_0)]$,易知 $r_1(t) = \frac{\sin(\omega_0 t)}{\omega_0 t}$,从而由时移特性可得

$$r(t) = r_1(t - t_0) = \frac{\sin[\omega_0(t - t_0)]}{\omega_0(t - t_0)} = \mathrm{Sa}[\omega_0(t - t_0)]$$

5-8 已知系统冲激响应 $h(t) = \dfrac{\mathrm{d}}{\mathrm{d}t}\left[\dfrac{\sin(\omega_c t)}{\pi t}\right]$,系统函数 $H(j\omega) = \mathscr{F}[h(t)] = |H(j\omega)|e^{j\varphi(\omega)}$,试画出 $|H(j\omega)|$ 和 $\varphi(\omega)$ 图形。

解 利用与题 5-7 相同的方法可求得

$$\mathscr{F}\left\{\frac{\sin(\omega_c t)}{\pi t}\right\} = u(\omega + \omega_c) - u(\omega - \omega_c)$$

那么利用傅里叶变换的时域微分特性可求出

$$\begin{aligned}
H(j\omega) &= \mathscr{F}\left\{\frac{\mathrm{d}}{\mathrm{d}t}\left[\frac{\sin(\omega_c t)}{\pi t}\right]\right\} \\
&= j\omega[u(\omega + \omega_c) - u(\omega - \omega_c)] \\
&= \begin{cases} \omega e^{j\frac{\pi}{2}}, & 0 < \omega < \omega_c \\ \omega e^{-j\frac{\pi}{2}}, & -\omega_c < \omega < 0 \end{cases}
\end{aligned}$$

即 $\quad |H(j\omega)| = \begin{cases} |\omega|, & 0 < |\omega| < \omega_c \\ 0, & \omega \text{ 为其他值} \end{cases} \qquad \varphi(\omega) = \begin{cases} \dfrac{\pi}{2}, & 0 < \omega < \omega_c \\ -\dfrac{\pi}{2}, & -\omega_c < \omega < 0 \end{cases}$

$|H(j\omega)|$ 和 $\varphi(\omega)$ 的图形分别如题图 5-8(a)、(b)所示。

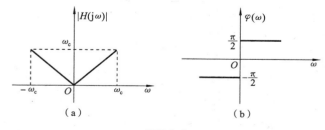

（a） （b）

题图 5-8

5-9 已知理想低通的系统函数表示式为

$$H(j\omega) = \begin{cases} 1, & |\omega| < \dfrac{2\pi}{\tau} \\ 0, & |\omega| > \dfrac{2\pi}{\tau} \end{cases}$$

而激励信号的傅氏变换式为 $E(j\omega) = \tau Sa\left(\dfrac{\omega\tau}{2}\right)$

利用时域卷积定理求响应的时间函数表示式 $r(t)$。

解 我们知道 $\quad r(t) = e(t) * h(t)$

由时域卷积定理可知

$$R(j\omega) = E(j\omega)H(j\omega)$$

由所给的 $H(j\omega)$ 和 $E(j\omega)$ 可知

$$R(j\omega) = \tau Sa\left(\frac{\omega\tau}{2}\right), \quad |\omega| < \frac{2\pi}{\tau}$$

则 $r(t) = \dfrac{1}{2\pi}\displaystyle\int_{-\infty}^{\infty} R(j\omega)e^{j\omega t}\,d\omega = \dfrac{1}{2\pi}\displaystyle\int_{-\frac{2\pi}{\tau}}^{\frac{2\pi}{\tau}} \tau Sa\left(\frac{\omega\tau}{2}\right)e^{j\omega t}\,d\omega$

$= \dfrac{1}{\pi}\displaystyle\int_{-\frac{2\pi}{\tau}}^{\frac{2\pi}{\tau}} \dfrac{\sin\left(\frac{\omega\tau}{2}\right)}{\omega}e^{j\omega t}\,d\omega = \dfrac{1}{\pi}\displaystyle\int_{-\frac{2\pi}{\tau}}^{\frac{2\pi}{\tau}} \dfrac{\sin\left(\frac{\omega\tau}{2}\right)}{\omega}[\cos(\omega t) + j\sin(\omega t)]\,d\omega$

因为积分区间是对称的，而 $\dfrac{\sin\left(\frac{\omega\tau}{2}\right)}{\omega}$ 是偶函数，$\sin(\omega t)$ 是奇函数，所以

$$\int_{-\frac{2\pi}{\tau}}^{\frac{2\pi}{\tau}} j\frac{\sin(\omega\tau/2)}{\omega}\sin(\omega t)\,d\omega = 0$$

即只需考虑积分

$$\int_{-\frac{2\pi}{\tau}}^{\frac{2\pi}{\tau}} \frac{\sin(\omega\tau/2)}{\omega}\cos(\omega t)\,d\omega$$

易知 $\quad r(t) = \dfrac{2}{\pi}\displaystyle\int_{0}^{\frac{2\pi}{\tau}} \dfrac{\sin\left(\frac{\omega\tau}{2}\right)\cos(\omega t)}{\omega}\,d\omega$

$= \dfrac{1}{\pi}\displaystyle\int_{0}^{\frac{2\pi}{\tau}} \dfrac{\sin\left[\omega\left(t+\frac{\tau}{2}\right)\right]}{\omega}\,d\omega - \dfrac{1}{\pi}\displaystyle\int_{0}^{\frac{2\pi}{\tau}} \dfrac{\sin\left[\omega\left(t-\frac{\tau}{2}\right)\right]}{\omega}\,d\omega$ ①

对于式①右边第一个积分，令 $x = \omega\left(t+\frac{\tau}{2}\right)$，则 $dx = \left(t+\frac{\tau}{2}\right)d\omega$，于是有

$$\frac{1}{\pi}\int_0^{\frac{2\pi}{\tau}}\frac{\sin\left[\omega\left(t+\dfrac{\tau}{2}\right)\right]}{\omega}\mathrm{d}\omega = \frac{1}{\pi}\int_0^{\frac{2\pi}{\tau}\left(t+\frac{\tau}{2}\right)}\frac{\dfrac{\sin x}{x}}{t+\dfrac{\tau}{2}}\cdot\frac{1}{t+\dfrac{\tau}{2}}\mathrm{d}x$$

$$= \frac{1}{\pi}\int_0^{\frac{2\pi}{\tau}\left(t+\frac{\tau}{2}\right)}\frac{\sin x}{x}\mathrm{d}x$$

$$= \frac{1}{\pi}\mathrm{Si}\left[\frac{2\pi}{\tau}\left(t+\frac{\tau}{2}\right)\right]$$

同理,对于式①右边第二个积分,若令 $x=\omega\left(t-\dfrac{\tau}{2}\right)$,可得

$$\frac{1}{\pi}\int_{\frac{2\pi}{\tau}}^{\frac{2\pi}{\tau}}\frac{\sin\left[\omega\left(t-\dfrac{\tau}{2}\right)\right]}{\omega}\mathrm{d}\omega = \frac{1}{\pi}\mathrm{Si}\left[\frac{2\pi}{\tau}\left(t-\frac{\tau}{2}\right)\right]$$

综上可得响应的时间函数表示式

$$r(t)=\frac{1}{\pi}\left\{\mathrm{Si}\left[\frac{2\pi}{\tau}\left(t+\frac{\tau}{2}\right)\right]-\mathrm{Si}\left[\frac{2\pi}{\tau}\left(t-\frac{\tau}{2}\right)\right]\right\}$$

5-10　一个理想带通滤波器的幅度特性与相移特性如题图 5-10(a)所示。求它的冲激响应,画响应波形,说明此滤波器是否是物理可实现的?

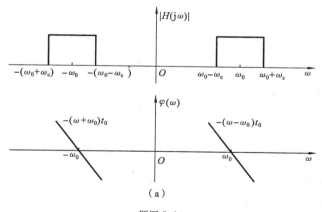

（a）

题图 5-10

解　设一理想低通滤波器的频率响应为

$$H_1(\mathrm{j}\omega)=\begin{cases}\mathrm{e}^{-\mathrm{j}\omega t_0}, & |\omega|\leqslant\omega_c \\ 0, & |\omega|>\omega_c\end{cases}$$

则题图 5-10(a)所给的理想带通滤波器的频率响应可表示为

$$H(j\omega) = H_1(j\omega + j\omega_0) + H_1(j\omega - j\omega_0)$$

于是其冲激响应为

$$h(t) = \mathscr{F}^{-1}[H(j\omega)] = \mathscr{F}^{-1}[H_1(j\omega + j\omega_0) + H_1(j\omega - j\omega_0)]$$

$$= h_1(t)e^{-j\omega_0 t} + h_1(t)e^{j\omega_0 t} = 2h_1(t)\left(\frac{e^{-j\omega_0 t} + e^{j\omega_0 t}}{2}\right) = 2h_1(t)\cos(\omega_0 t)$$

而理想低通的冲激响应为

$$h_1(t) = \mathscr{F}^{-1}[H_1(j\omega)] = \frac{\omega_c}{\pi}Sa[\omega_c(t - t_0)]$$

故

$$h(t) = \frac{2\omega_c}{\pi}Sa[\omega_c(t - t_0)]\cos(\omega_0 t)$$

响应 $h(t)$ 波形如题图 5-10(b_1)、(b_2)所示。几个参数的取值为：$t_0 = 2$，$\omega_0 = 2\pi$，图(b_1)中 $\omega_c = \frac{\pi}{2}$，图(b_2)中 $\omega_c = \frac{\pi}{6}$。

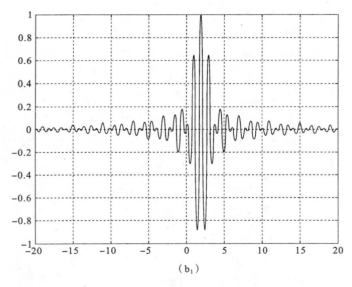

(b_1)

续题图 5-10

从时域上来看,该系统为非因果系统;从频域上来看,$|H(j\omega)|$ 在一段区间上为零。故该滤波器物理不可实现。

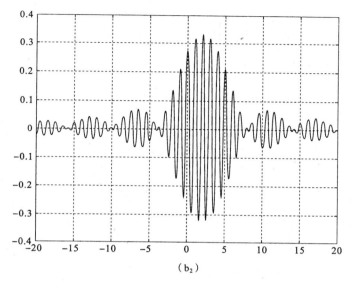

（b₂）

续题图 5-10

5-11 题图 5-11 所示系统，$H_i(j\omega)$ 为理想低通特性

$$H_i(j\omega) = \begin{cases} e^{-j\omega t_0}, & |\omega| \leqslant 1 \\ 0, & |\omega| > 1 \end{cases}$$

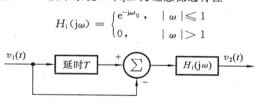

题图 5-11

若：(1) $v_1(t)$ 为单位阶跃信号 $u(t)$，写出 $v_2(t)$ 表示式；

(2) $v_1(t) = \dfrac{2\sin\left(\dfrac{t}{2}\right)}{t}$，写出 $v_2(t)$ 表示式。

解　(1) 由题图 5-11 可知，加法器输出的信号为 $v_1(t-T) - v_1(t)$，此信号亦为理想低通 $H_i(j\omega)$ 的输入。当 $v_1(t) = u(t)$ 时，设此信号为

$$e(t) = u(t-T) - u(t)$$

易知　　　　　　$E(j\omega) = \left[\pi\delta(\omega) + \dfrac{1}{j\omega}\right](e^{-j\omega T} - 1)$

则 $V_2(\mathrm{j}\omega) = E(\mathrm{j}\omega) H_i(\mathrm{j}\omega)$

$$= \left[\pi\delta(\omega) + \frac{1}{\mathrm{j}\omega}\right](\mathrm{e}^{-\mathrm{j}\omega T} - 1)\mathrm{e}^{-\mathrm{j}\omega t_0}, \quad |\omega| \leqslant 1$$

$$= \frac{1}{\mathrm{j}\omega}(\mathrm{e}^{-\mathrm{j}\omega(t_0 + T)} - \mathrm{e}^{-\mathrm{j}\omega t_0}), \quad |\omega| \leqslant 1$$

于是 $v_2(t) = \dfrac{1}{2\pi}\displaystyle\int_{-1}^{1} V_2(\mathrm{j}\omega)\mathrm{e}^{\mathrm{j}\omega t}\,\mathrm{d}\omega = \dfrac{1}{2\pi}\displaystyle\int_{-1}^{1}\dfrac{1}{\mathrm{j}\omega}\big[\mathrm{e}^{-\mathrm{j}\omega(t_0 + T - t)} - \mathrm{e}^{-\mathrm{j}\omega(t_0 - t)}\big]\mathrm{d}\omega$

$$= \frac{1}{2\pi}\int_{-1}^{1}\frac{\cos\omega(t_0 + T - t) - \mathrm{j}\sin\omega(t_0 + T - t)}{\mathrm{j}\omega}\,\mathrm{d}\omega$$

$$- \frac{1}{2\pi}\int_{-1}^{1}\frac{\cos\omega(t_0 - t) - \mathrm{j}\sin\omega(t_0 - t)}{\mathrm{j}\omega}\,\mathrm{d}\omega$$

由于 $\dfrac{\cos\omega(t_0 + T - t)}{\omega}$ 和 $\dfrac{\cos\omega(t_0 - t)}{\omega}$ 均为 ω 的奇函数,故二者在区间 $[-1, 1]$

上的积分为 0;而 $\dfrac{\sin\omega(t_0 + T - t)}{\omega}$ 和 $\dfrac{\sin\omega(t_0 - t)}{\omega}$ 为 ω 的偶函数,故二者在区间

$[-1, 1]$ 上的积分等于在 $[0, 1]$ 上积分的二倍,即

$$v_2(t) = \frac{-1}{\pi}\int_0^1 \frac{\sin\omega(t_0 + T - t)}{\omega}\,\mathrm{d}\omega + \frac{1}{\pi}\int_0^1 \frac{\sin\omega(t_0 - t)}{\omega}\,\mathrm{d}\omega$$

$$= \frac{1}{\pi}\int_0^1 \frac{\sin\omega(t - t_0 - T)}{\omega}\,\mathrm{d}\omega - \frac{1}{\pi}\int_0^1 \frac{\sin\omega(t - t_0)}{\omega}\,\mathrm{d}\omega$$

令 $x_1 = \omega(t - t_0 - T)$, $x_2 = \omega(t - t_0)$,有

$$v_2(t) = \frac{1}{\pi}\int_0^{t - t_0 - T}\frac{\sin x_1}{x_1}\,\mathrm{d}x_1 - \frac{1}{\pi}\int_0^{t - t_0}\frac{\sin x_2}{x_2}\,\mathrm{d}x_2$$

$$= \frac{1}{\pi}\big[\mathrm{Si}(t - t_0 - T) - \mathrm{Si}(t - t_0)\big]$$

(2) 当 $v_1(t) = \dfrac{2\sin\left(\dfrac{t}{2}\right)}{t}$ 时,

$$e(t) = \frac{2\sin\left(\dfrac{t - T}{2}\right)}{t - T} - \frac{2\sin\left(\dfrac{t}{2}\right)}{t}$$

可求得 $E(\mathrm{j}\omega) = 2\pi\left[u\left(\omega + \dfrac{1}{2}\right) - u\left(\omega - \dfrac{1}{2}\right)\right](\mathrm{e}^{-\mathrm{j}\omega T} - 1)$

则 $V_2(\mathrm{j}\omega) = E(\mathrm{j}\omega) H_i(\mathrm{j}\omega)$

$$= 2\pi\left[u\left(\omega + \frac{1}{2}\right) - u\left(\omega - \frac{1}{2}\right)\right](\mathrm{e}^{-\mathrm{j}\omega T} - 1)\mathrm{e}^{-\mathrm{j}\omega t_0}, \quad |\omega| \leqslant 1$$

$$= 2\pi(e^{-j\omega(t_0+T)} - e^{-j\omega t_0}), \quad |\omega| \leqslant \frac{1}{2}$$

于是
$$v_2(t) = \frac{1}{2\pi} \int_{-\frac{1}{2}}^{\frac{1}{2}} V_2(j\omega) e^{j\omega t} \, d\omega$$

$$= \int_{-\frac{1}{2}}^{\frac{1}{2}} [e^{j\omega(t-t_0-T)} - e^{j\omega(t-t_0)}] d\omega$$

$$= \frac{e^{j\frac{1}{2}(t-t_0-T)} - e^{-j\frac{1}{2}(t-t_0-T)}}{j(t-t_0-T)} - \frac{e^{j\frac{1}{2}(t-t_0)} - e^{-j\frac{1}{2}(t-t_0)}}{j(t-t_0)}$$

$$= \frac{\sin\frac{1}{2}(t-t_0-T)}{\frac{1}{2}(t-t_0-T)} - \frac{\sin\frac{1}{2}(t-t_0)}{\frac{1}{2}(t-t_0)}$$

$$= Sa\left[\frac{1}{2}(t-t_0-T)\right] - Sa\left[\frac{1}{2}(t-t_0)\right]$$

5-12　写出题图 5-12(a)所示系统的系统函数 $H(s) = \dfrac{Y(s)}{X(s)}$。以持续时间为 τ 的矩形脉冲作激励 $x(t)$，求 $\tau \gg T$、$\tau \ll T$、$\tau = T$ 三种情况下的输出信号 $y(t)$（从时域直接求或以拉氏变换方法求，讨论所得结果）。

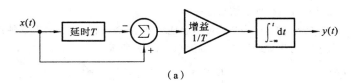

（a）

题图 5-12

解　由题图 5-12(a)可写出
$$y(t) = \int_{-\infty}^{t} \frac{1}{T}[x(t) - x(t-T)] dt$$

于是
$$Y(s) = \frac{1}{sT}[X(s) - X(s)e^{-sT}] = \frac{1}{sT}(1-e^{-sT})X(s)$$

故
$$H(s) = \frac{Y(s)}{X(s)} = \frac{1}{sT}(1-e^{-sT})$$

若以持续时间为 τ 的矩形脉冲作激励 $x(t)$，下面分别用两种方法求 $y(t)$。

（1）时域直接求
$$x(t) = u(t) - u(t-\tau), \quad x(t-T) = u(t-T) - u(t-T-\tau)$$

于是

$$y(t) = \frac{1}{T}\int_{-\infty}^{t} \left[u(t) - u(t-\tau) - u(t-T) + u(t-T-\tau)\right]\mathrm{d}t$$

$$= \frac{1}{T}\left[tu(t) - (t-\tau)u(t-\tau) - (t-T)u(t-T)\right.$$

$$\left. + (t-T-\tau)u(t-T-\tau)\right]$$

（2）拉氏变换法

$$X(s) = \frac{1}{s} - \frac{1}{s}e^{-s\tau}$$

于是

$$Y(s) = \frac{1}{sT}(1 - e^{-sT})\,\frac{1}{s}(1 - e^{-s\tau})$$

$$= \frac{1}{s^2 T}\left[1 - e^{-s\tau} - e^{-sT} + e^{-s(T+\tau)}\right]$$

$$= \frac{1}{T}\frac{1}{s^2}\left[1 - e^{-s\tau} - e^{-sT} + e^{-s(T+\tau)}\right]$$

$$y(t) = \mathscr{L}^{-1}\left[Y(s)\right]$$

$$= \frac{1}{T}\left[tu(t) - (t-\tau)u(t-\tau)\right.$$

$$\left. - (t-T)u(t-T) + (t-T-\tau)u(t-T-\tau)\right]$$

可见两种方法得到的结果是一样的。

根据求得的 $y(t)$ 的表达式可示意性地画出 $\tau \gg T$、$\tau = T$、$\tau \ll T$ 三种情况下的响应 $y(t)$ 分别如题图 5-12(b_1)、(b_2)、(b_3)所示。

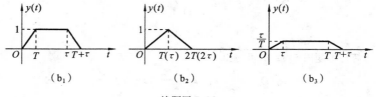

（b_1）　　　　　　　　（b_2）　　　　　　　　（b_3）

续题图 5-12

由三种情况下所得的结果可以看到，当 $\tau \gg T$ 时，响应失真较小，其他两种情况都产生严重失真。我们可以从系统结构框图来说明这个问题。信号 $x(t)$ 经过延时、叠加、放大之后得到 $\frac{1}{T}\left[x(t) - x(t-T)\right]$，当 T 很小时，$\frac{1}{T}\left[x(t) - x(t-T)\right]$ 相当于进行微分运算，故最后再经过一个积分器后就可恢复原始信号。而当 $\tau = T$ 和 $\tau \ll T$ 时不满足构成微分电路的条件，故而失真严重。

5-13　某低通滤波器具有升余弦幅度传输特性,其相频特性为理想特性。若 $H(j\omega)$ 表示式为

$$H(j\omega) = H_i(j\omega)\left[\frac{1}{2} + \frac{1}{2}\cos\left(\frac{\pi}{\omega_c}\omega\right)\right]$$

其中 $H_i(j\omega)$ 为理想低通传输特性

$$H_i(j\omega) = \begin{cases} e^{-j\omega t_0}, & |\omega| < \omega_c \\ 0, & \omega \text{ 为其他值} \end{cases}$$

试求此系统的冲激响应,并与理想低通滤波器之冲激响应相比较。

解　由题意

$$H(j\omega) = H_i(j\omega)\left[\frac{1}{2} + \frac{1}{2}\cos\left(\frac{\pi}{\omega_c}\omega\right)\right]$$

$$= \left[\frac{1}{2} + \frac{1}{2}\cos\left(\frac{\pi}{\omega_c}\omega\right)\right] \cdot \left[u(\omega+\omega_c) - u(\omega-\omega_c)\right] \cdot e^{-j\omega t_0}$$

不妨设

$$H_a(j\omega) = \left[\frac{1}{2} + \frac{1}{2}\cos\left(\frac{\pi}{\omega_c}\omega\right)\right]\left[u(\omega+\omega_c) - u(\omega-\omega_c)\right]$$

可求出

$$\mathscr{F}^{-1}\{u(\omega+\omega_c) - u(\omega-\omega_c)\} = \frac{\omega_c}{\pi}\text{Sa}(\omega_c t)$$

$$\mathscr{F}^{-1}\left\{\cos\left(\frac{\pi}{\omega_c}\omega\right)\right\} = \frac{1}{2}\left[\delta\left(t+\frac{\pi}{\omega_c}\right) + \delta\left(t-\frac{\pi}{\omega_c}\right)\right]$$

于是

$$h_a(t) = \frac{\omega_c}{2\pi}\text{Sa}(\omega_c t) + \frac{1}{2}\frac{\omega_c}{\pi}\text{Sa}(\omega_c t) * \frac{1}{2}\left[\delta\left(t+\frac{\pi}{\omega_c}\right) + \delta\left(t-\frac{\pi}{\omega_c}\right)\right]$$

$$= \frac{\omega_c}{2\pi}\text{Sa}(\omega_c t) + \frac{\omega_c}{4\pi}\text{Sa}\left[\omega_c\left(t+\frac{\pi}{\omega_c}\right)\right] + \frac{\omega_c}{4\pi}\text{Sa}\left[\omega_c\left(t-\frac{\pi}{\omega_c}\right)\right]$$

而所要求的冲激响应为

$$h(t) = h_a(t-t_0)$$

$$= \frac{\omega_c}{2\pi}\left\{\text{Sa}[\omega_c(t-t_0)] + \frac{1}{2}\text{Sa}\left[\omega_c\left(t-t_0+\frac{\pi}{\omega_c}\right)\right]\right.$$

$$\left. + \frac{1}{2}\text{Sa}\left[\omega_c\left(t-t_0-\frac{\pi}{\omega_c}\right)\right]\right\}$$

理想低通滤波器和此系统的冲激响应波形图分别如题图 5-13(a)和(b)所示。与理想低通滤波器的冲激响应相比,此系统的冲激响应也具有抽样函数的形状,但主瓣宽度变宽了,是理想低通的两倍,同时幅度也减小了。

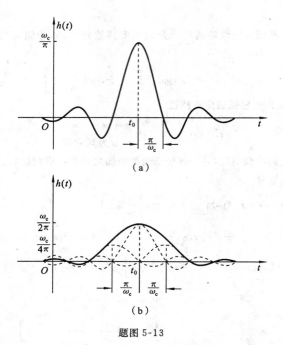

（a）

（b）

题图 5-13

5-14 某低通滤波器具有非线性相移特性,而幅频响应为理想特性。若 $H(j\omega)$ 表示式为

$$H(j\omega) = H_i(j\omega) e^{-j\Delta\varphi(\omega)}$$

其中,$H_i(j\omega)$ 为理想低通传输特性（见题 5-13）,$\Delta\varphi(\omega) \ll 1$,并可展开为

$$\Delta\varphi(\omega) = a_1 \sin\left(\frac{\omega}{\omega_1}\right) + a_2 \sin\left(\frac{2\omega}{\omega_1}\right) + \cdots + a_m \sin\left(\frac{m\omega}{\omega_1}\right)$$

试求此系统的冲激响应,并与理想低通滤波器之冲激响应相比较。

解 因为 $H(j\omega) = H_i(j\omega) e^{-j\Delta\varphi(\omega)}$,又 $\Delta\varphi(\omega) \ll 1$,故取 $e^{-j\Delta\varphi(\omega)}$ 泰勒级数的前两项作近似得

$$e^{-j\Delta\varphi(\omega)} \approx 1 - j\Delta\varphi(\omega)$$

于是　　　　　　　$H(j\omega) = H_i(j\omega)[1 - j\Delta\varphi(\omega)]$

由题意可知

$$\Delta\varphi(\omega) = a_1 \sin\left(\frac{\omega}{\omega_1}\right) + a_2 \sin\left(\frac{2\omega}{\omega_1}\right) + \cdots + a_m \sin\left(\frac{m\omega}{\omega_1}\right)$$

所以

$$H(j\omega) = H_i(j\omega)\Big[1 - ja_1\sin\Big(\frac{\omega}{\omega_1}\Big) - ja_2\sin\Big(\frac{2\omega}{\omega_1}\Big) - \cdots - ja_m\sin\Big(\frac{m\omega}{\omega_1}\Big)\Big]$$

应用欧拉公式有

$$H(j\omega) = H_i(j\omega)\Big[1 - \frac{a_1}{2}(e^{j\frac{\omega}{\omega_1}} - e^{-j\frac{\omega}{\omega_1}}) - \frac{a_2}{2}(e^{j\frac{2\omega}{\omega_1}} - e^{-j\frac{2\omega}{\omega_1}}) - \cdots$$

$$- \frac{a_m}{2}(e^{j\frac{m\omega}{\omega_1}} - e^{-j\frac{m\omega}{\omega_1}})\Big]$$

求其逆变换得

$$h(t) = \mathscr{F}^{-1}[H(j\omega)]$$

$$= h_i(t) - \frac{a_1}{2}\Big[h_i\Big(t+\frac{1}{\omega_1}\Big) - h_i\Big(t-\frac{1}{\omega_1}\Big)\Big]$$

$$- \frac{a_2}{2}\Big[h_i\Big(t+\frac{2}{\omega_1}\Big) - h_i\Big(t-\frac{2}{\omega_1}\Big)\Big]$$

$$- \cdots - \frac{a_m}{2}\Big[h_i\Big(t+\frac{m}{\omega_1}\Big) - h_i\Big(t-\frac{m}{\omega_1}\Big)\Big]$$

其中，$h_i(t)$ 为理想低通的冲激响应，即

$$h_i(t) = \frac{\omega_c}{\pi}\mathrm{Sa}[\omega_c(t-t_0)], \quad \omega_c \text{ 为截止频率}$$

故　　　　　$$h(t) = h_i(t) + \sum_{k=1}^{m}\frac{a_k}{2}\Big[h_i\Big(t-\frac{k}{\omega_1}\Big) - h_i\Big(t+\frac{k}{\omega_1}\Big)\Big]$$

与理想低通的冲激响应 $h_i(t)$ 相比较，可知在 $h_i(t)$ 的两侧出现了 m 对回波，又由于每个回波对中两个峰极性相反$\Big($一个为 $h_i\Big(t-\frac{m}{\omega_1}\Big)$，一个为 $-h_i\Big(t+\frac{m}{\omega_1}\Big)\Big)$，故合成后的 $h(t)$ 将是一个不对称的歪斜波形，即引起失真。

5-15　试利用另一种方法证明因果系统的 $R(\omega)$ 与 $X(\omega)$ 被希尔伯特变换相互约束。

（1）已知 $h(t)=h(t)u(t)$，$h_e(t)$ 和 $h_o(t)$ 分别为 $h(t)$ 的偶分量和奇分量，即

$$h(t)=h_e(t)+h_o(t),$$

证明　　　　　$$h_e(t)=h_o(t)\mathrm{sgn}(t), \quad h_o(t)=h_e(t)\mathrm{sgn}(t)$$

（2）由傅氏变换的奇偶虚实关系已知

$$H(j\omega) = R(\omega) + jX(\omega)$$

$$\mathscr{F}[h_e(t)] = R(\omega), \quad \mathscr{F}[h_o(t)] = jX(\omega)$$

利用上述关系证明 $R(\omega)$ 与 $X(\omega)$ 之间满足希尔伯特变换关系。

证明 （1）因有　　　　　　$h(t) = h(t)u(t)$

故　　　　　　$h_o(t) = \dfrac{1}{2}[h(t)u(t) - h(-t)u(-t)]$

于是　　$h_o(t)\mathrm{sgn}(t) = \dfrac{1}{2}[h(t)u(t)\mathrm{sgn}(t) - h(-t)u(-t)\mathrm{sgn}(t)]$

$$= \begin{cases} \dfrac{1}{2}h(t), & t > 0 \\[2mm] \dfrac{1}{2}h(-t), & t < 0 \end{cases}$$

而　　$h_e(t) = \dfrac{1}{2}[h(t)u(t) + h(-t)u(-t)] = \begin{cases} \dfrac{1}{2}h(t), & t > 0 \\[2mm] \dfrac{1}{2}h(-t), & t < 0 \end{cases}$

可见　　　　　　　　$h_o(t)\mathrm{sgn}(t) = h_e(t)$

同理可证明　　　　　　$h_e(t)\mathrm{sgn}(t) = h_o(t)$

（2）因为　　　　　　$h_e(t) = h_o(t)\mathrm{sgn}(t)$

于是　　　　$\mathscr{F}[h_e(t)] = \dfrac{1}{2\pi}\{\mathscr{F}[h_o(t)] * \mathscr{F}[\mathrm{sgn}(t)]\}$

即　　　　$R(\omega) = \dfrac{1}{2\pi}\left[jX(\omega) * \dfrac{2}{j\omega}\right] = \dfrac{1}{\pi}\left[X(\omega) * \dfrac{1}{\omega}\right]$

根据卷积定义式可得　　　$R(\omega) = \dfrac{1}{\pi}\displaystyle\int_{-\infty}^{\infty} \dfrac{X(\lambda)}{\omega - \lambda}d\lambda$

同理因为　　　　　　$h_o(t) = h_e(t)\mathrm{sgn}(t)$

于是　　　　$\mathscr{F}[h_o(t)] = \dfrac{1}{2\pi}\{\mathscr{F}[h_e(t)] * \mathscr{F}[\mathrm{sgn}(t)]\}$

即　　$jX(\omega) = \dfrac{1}{2\pi}\left[R(\omega) * \dfrac{2}{j\omega}\right], \quad X(\omega) = -\dfrac{1}{\pi}\left[R(\omega) * \dfrac{1}{\omega}\right]$

根据卷积定义式可得　　$X(\omega) = -\dfrac{1}{\pi}\displaystyle\int_{-\infty}^{\infty} \dfrac{R(\lambda)}{\omega - \lambda}d\lambda$

由此证明了 $R(\omega)$ 与 $X(\omega)$ 之间满足希尔伯特变换关系。

5-16　若 $\mathscr{F}[f(t)] = F(\omega)$，令 $Z(\omega) = 2F(\omega)U(\omega)$（只取单边的频谱）。

试证明

$$z(t) = \mathscr{F}^{-1}[Z(\omega)] = f(t) + \hat{f}(t)$$

其中　　　　　　　$\hat{f}(t) = \dfrac{j}{\pi}\left[\displaystyle\int_{-\infty}^{\infty} \dfrac{f(\tau)}{t - \tau}d\tau\right]$

证明 因为 $Z(\omega)$ 为原信号的单边频谱，所以 $Z(\omega)$ 可表示为

$$Z(\omega) = F(\omega)[1 + \mathrm{sgn}\omega] = \begin{cases} 2F(\omega), & \omega > 0 \\ 0, & \omega < 0 \end{cases}$$

对上式求傅里叶反变换即可得

$$z(t) = \mathscr{F}^{-1}[Z(\omega)] = f(t) * \mathscr{F}^{-1}[1 + \mathrm{sgn}\omega]$$

已知
$$\mathrm{sgn}t \leftrightarrow \frac{2}{\mathrm{j}\omega}$$

由傅里叶变换的对称性有

$$\frac{2}{\mathrm{j}t} \leftrightarrow 2\pi\mathrm{sgn}(-\omega)$$

由于符号函数是奇函数，故而有

$$-\frac{1}{\mathrm{j}\pi t} \leftrightarrow \mathrm{sgn}\omega$$

即
$$\mathscr{F}^{-1}[1 + \mathrm{sgn}\omega] = \delta(t) - \frac{1}{\mathrm{j}\pi t} = \delta(t) + \mathrm{j}\frac{1}{\pi t}$$

于是
$$z(t) = f(t) * \left[\delta(t) + \mathrm{j}\frac{1}{\pi t}\right] = f(t) + f(t) * \mathrm{j}\frac{1}{\pi t}$$

$$= f(t) + \mathrm{j}\frac{1}{\pi}\int_{-\infty}^{\infty}\frac{f(\tau)}{t-\tau}\mathrm{d}\tau = f(t) + \hat{f}(t)$$

命题得证。

5-17 对于题图 5-17(a)、(b) 所示抑制载波调幅信号的频谱，由于 $G(\omega)$ 的偶对称性，使 $F(\omega)$ 在 ω_0 和 $-\omega_0$ 之左右对称，利用此特点，可以只发送频谱如题图 5-17(c) 所示的信号，称为单边带信号，以节省频带。试证明在接收端用同步解调可以恢复原信号 $G(\omega)$。

证明 题图 5-17(b) 中的 $F(\omega)$ 代表双边带信号 $f(t)$ 的频谱，这里 $f(t) = g(t)\cos(\omega_0 t)$，$g(t)$ 是基带信号。题图 5-17(c) 中的 $F_1(\omega)$ 代表单边带信号 $f_1(t)$ 的频谱，且 $F_1(\omega) = G(\omega+\omega_0)u(-\omega-\omega_0) + G(\omega-\omega_0)u(\omega-\omega_0)$。而题图 5-17(a) 所示为同步解调原理框图。下面开始推导证明。

当接收端接收到单边带信号 $f_1(t)$ 后，首先将其与 $\cos(\omega_0 t)$ 相乘，设 $f_0(t) = f_1(t)\cos(\omega_0 t)$，则有

$$F_0(\omega) = \frac{1}{2\pi}F_1(\omega) * [\pi\delta(\omega+\omega_0) + \pi\delta(\omega-\omega_0)]$$

$$= \frac{1}{2}[F_1(\omega+\omega_0) + F_1(\omega-\omega_0)]$$

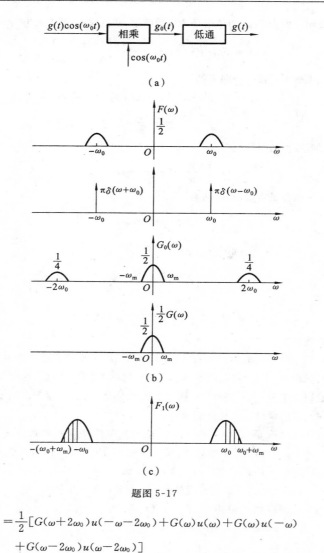

题图 5-17

$$=\frac{1}{2}\left[G(\omega+2\omega_0)u(-\omega-2\omega_0)+G(\omega)u(\omega)+G(\omega)u(-\omega)\right.$$

$$\left.+G(\omega-2\omega_0)u(\omega-2\omega_0)\right]$$

$$=\frac{1}{2}G(\omega)+\frac{1}{2}\left[G(\omega+2\omega_0)u(-\omega-2\omega_0)+G(\omega-2\omega_0)u(\omega-2\omega_0)\right]$$

显然,再经过一个低通滤波器,便可得到 $G(\omega)$,即可恢复原信号。这说明完全可以只发送单边带的信号,以达到节省频带的目的,而在接收端仍可采用同步解调的方法还原原信号。

5-18　试证明题图 5-18(a)所示之系统可以产生单边带信号。图中,信号 $g(t)$ 之频谱 $G(\omega)$ 受限于 $-\omega_m \sim +\omega_m$ 之间,$\omega_0 \gg \omega_m$;$H(j\omega) = -j\,\mathrm{sgn}(\omega)$。设 $v(t)$ 的频谱为 $V(\omega)$,写出 $V(\omega)$ 表示式,并画出图形。

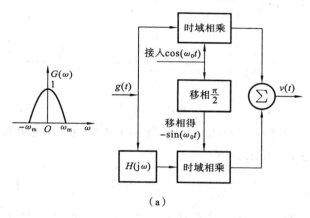

（a）

题图 5-18

解　由题图 5-18(a)所示之系统可知其输入与输出之间的关系为

$$v(t) = g(t)\cos(\omega_0 t) - \sin(\omega_0 t) \cdot \mathscr{F}^{-1}\{G(\omega)H(j\omega)\}$$

则

$$V(\omega) = \frac{1}{2}[G(\omega+\omega_0) + G(\omega-\omega_0)]$$

$$- \frac{1}{2\pi} \cdot j\pi[\delta(\omega+\omega_0) - \delta(\omega-\omega_0)] * [G(\omega)H(j\omega)]$$

$$= \frac{1}{2}[G(\omega+\omega_0) + G(\omega-\omega_0)] + \frac{1}{2j}[G(\omega+\omega_0)H(j\omega+j\omega_0)$$

$$- G(\omega-\omega_0)H(j\omega-j\omega_0)]$$

将 $H(j\omega) = -j\,\mathrm{sgn}(\omega)$ 代入上式,可得 $V(\omega)$ 的表示式为

$$V(\omega) = \frac{1}{2}[G(\omega+\omega_0) + G(\omega-\omega_0)]$$

$$- \frac{1}{2}[G(\omega+\omega_0)\mathrm{sgn}(\omega+\omega_0) - G(\omega-\omega_0)\mathrm{sgn}(\omega-\omega_0)]$$

$$= \frac{1}{2}G(\omega+\omega_0)[1-\text{sgn}(\omega+\omega_0)]$$

$$+ \frac{1}{2}G(\omega-\omega_0)[1+\text{sgn}(\omega-\omega_0)]$$

$$= G(\omega+\omega_0)u(-\omega-\omega_0)+G(\omega-\omega_0)u(\omega-\omega_0)$$

其图形如题图 5-18(b)所示。$(\omega_0 \gg \omega_m)$

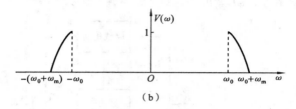

（b）

续题图 5-18

我们还可将本题所涉及的知识扩展一下说明。根据希尔伯特变换式 $\hat{f}(t) = \frac{1}{\pi}\int_{-\infty}^{\infty}\frac{f(\tau)}{t-\tau}d\tau$，可得

$$\hat{g}(t) = \frac{1}{\pi}\int_{-\infty}^{\infty}\frac{g(\tau)}{t-\tau}d\tau = \frac{1}{\pi}\left[g(t)*\frac{1}{t}\right] = -j\left[g(t)*\frac{j}{\pi t}\right]$$

而题图 5-18(a)所示系统中的 $H(j\omega)=-j\text{sgn}(\omega)$，由于 $\mathscr{F}^{-1}\{\text{sgn}(\omega)\} = \frac{j}{\pi t}$，故

$$\mathscr{F}^{-1}\{G(\omega)H(j\omega)\} = \mathscr{F}^{-1}\{-jG(\omega)\text{sgn}(\omega)\} = -j\left[g(t)*\frac{j}{\pi t}\right] = \hat{g}(t)$$

由此可知 $H(j\omega)$ 是一个希尔伯特变换网络。

5-19 已知 $g(t) = \frac{\sin(\omega_c t)}{\omega_c t}$，$s(t)=\cos(\omega_0 t)$，设 $\omega_0 \gg \omega_c$，将它们相乘得到 $f(t)=g(t)s(t)$，若 $f(t)$ 通过一个特性如题图 5-10(a)所示的理想带通滤波器，求输出信号 $f_1(t)$ 的表示式。

解 由题意 $\qquad f(t) = g(t)s(t) = \frac{\sin(\omega_c t)}{\omega_c t}\cos(\omega_0 t)$

由于 $\qquad\qquad \frac{\sin(\omega_c t)}{\omega_c t} \longleftrightarrow \frac{\pi}{\omega_c}[u(\omega+\omega_c)-u(\omega-\omega_c)]$

$$\cos(\omega_0 t) \longleftrightarrow \pi[\delta(\omega+\omega_0)+\delta(\omega-\omega_0)]$$

由频域卷积特性有

$$F(\omega) = \frac{1}{2\pi} \frac{\pi}{\omega_c} [u(\omega + \omega_c) - u(\omega - \omega_c)] * \pi [\delta(\omega + \omega_0) + \delta(\omega - \omega_0)]$$

$$= \frac{\pi}{2\omega_c} \{ [u(\omega + \omega_0 + \omega_c) - u(\omega + \omega_0 - \omega_c)]$$

$$+ [u(\omega - \omega_0 + \omega_c) - u(\omega - \omega_0 - \omega_c)] \}$$

若 $f(t)$ 通过题图 5-10(a) 所示的理想带通滤波器后，输出信号 $f_1(t)$ 的频谱为

$$F_1(\omega) = F(\omega) H(\omega)$$

$$= \frac{\pi}{2\omega_c} [u(\omega + \omega_0 + \omega_c) - u(\omega + \omega_0 - \omega_c)] e^{-j(\omega + \omega_0)t_0}$$

$$+ \frac{\pi}{2\omega_c} [u(\omega - \omega_0 + \omega_c) - u(\omega - \omega_0 - \omega_c)] e^{-j(\omega - \omega_0)t_0}$$

$$= \frac{1}{2\pi} \left\{ \frac{\pi}{\omega_c} [u(\omega + \omega_c) - u(\omega - \omega_c)] e^{-j\omega t_0} \right.$$

$$\left. * \pi [\delta(\omega + \omega_0) + \delta(\omega - \omega_0)] \right\}$$

从而有

$$f_1(t) = \frac{\sin\omega_c(t - t_0)}{\omega_c(t - t_0)} \cdot \cos(\omega_0 t) = \text{Sa}[\omega_c(t - t_0)]\cos(\omega_0 t)$$

5-20　在题图 5-20 所示系统中 $\cos(\omega_0 t)$ 是自激振荡器，理想低通滤波器的转移函数为

$$H_i(j\omega) = [u(\omega + 2\Omega) - u(\omega - 2\Omega)] e^{-j\omega t_0} \ \text{且} \ \omega_0 \gg \Omega$$

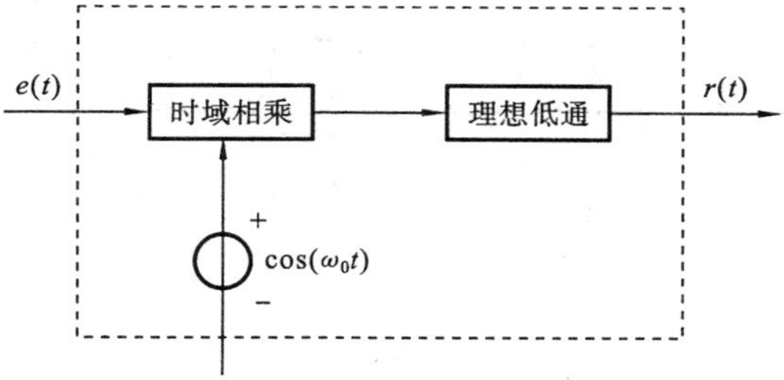

题图 5-20

(1) 求虚框内系统的冲激响应 $h(t)$；

(2) 若输入信号为 $e(t) = \left[\dfrac{\sin(\Omega t)}{\Omega t} \right]^2 \cos(\omega_0 t)$，求系统输出信号 $r(t)$；

(3) 若输入信号为 $e(t)=\left[\dfrac{\sin(\Omega t)}{\Omega t}\right]^2\sin(\omega_0 t)$，求系统输出信号 $r(t)$；

(4) 虚框内系统是否线性时不变系统？

解　(1) 当 $e(t)=\delta(t)$ 时，$r(t)=h(t)$。因为 $\delta(t)\cdot\cos(\omega_0 t)=\delta(t)$，即输入理想低通滤波器的信号也是 $\delta(t)$，这意味着虚框内系统的冲激响应 $h(t)$ 等于理想低通滤波器的冲激响应 $h_i(t)$，或者

$$H(j\omega)=H_i(j\omega)$$

对所给 $H_i(j\omega)$ 求傅里叶反变换，易求得

$$h(t)=h_i(t)=\frac{\sin[2\Omega(t-t_0)]}{\pi(t-t_0)}$$

(2) 设　　　　　　　$g(t)=\left[\dfrac{\sin(\Omega t)}{\Omega t}\right]^2$

那么　$e(t)\cos(\omega_0 t)=g(t)\cos(\omega_0 t)\cos(\omega_0 t)=\dfrac{1}{2}g(t)[1+\cos(2\omega_0 t)]$

$$=\frac{1}{2}g(t)+\frac{1}{2}g(t)\cos(2\omega_0 t)$$

且　　　$\mathscr{F}\{e(t)\cos(\omega_0 t)\}=\dfrac{1}{2}G(\omega)+\dfrac{1}{4}[G(\omega+2\omega_0)+G(\omega-2\omega_0)]$

注意到理想低通滤波器的截止频率为 2Ω，而 $\omega_0\gg\Omega$，故信号 $e(t)\cos(\omega_0 t)$ 经过理想低通滤波器后，只有 $G(\omega)$ 部分保留下来，即

$$R(\omega)=\frac{1}{2}G(\omega)e^{-j\omega t_0}$$

从而得

$$r(t)=\frac{1}{2}g(t-t_0)=\frac{1}{2}\left[\frac{\sin\Omega(t-t_0)}{\Omega(t-t_0)}\right]^2$$

(3) 同(2)理设　　　　$g(t)=\left[\dfrac{\sin(\Omega t)}{\Omega t}\right]^2$

那么　$e(t)\cos(\omega_0 t)=g(t)\sin(\omega_0 t)\cos(\omega_0 t)=\dfrac{1}{2}g(t)\sin(2\omega_0 t)$

且　　　$\mathscr{F}\{e(t)\cos(\omega_0 t)\}=\dfrac{j}{4}[G(\omega+2\omega_0)-G(\omega-2\omega_0)]$

显然经过理想低通后　　　$R(\omega)=0$

从而　　　　　　　　　$r(t)=0$

(4) 虚框内系统是由一乘法器和一理想低通级联而成的。理想低通是一线性时不变系统，则前一子系统若也是 LTI 的，那么虚框内系统就是一

LTI 系统；反之则不然。现在来考察乘法器。由于

$$k_1 e_1(t) + k_2 e_2(t) \rightarrow [k_1 e_1(t) + k_2 e_2(t)]\cos(\omega_0 t)$$
$$= k_1 e_1(t)\cos(\omega_0 t) + k_2 e_2(t)\cos(\omega_0 t)$$

所以它是线性的,然而

$$e(t) \rightarrow e(t)\cos(\omega_0 t), \quad e(t-t_0) \rightarrow e(t-t_0)\cos(\omega_0 t)$$

即它是时变的。综上,虚框内系统是线性时变系统。

5-21 模拟电话路路的频带宽度为 300~3400 Hz,若要利用此信道传送二进制的数据信号需要接入调制解调器(MODEM)以适应信道通带要求,问 MODEM 在此完成了何种功能? 请你试想一种可能实现 MODEM 系统的方案,画出简要的原理框图。(假定数据信号的速率为 1200 bit/s,波形为不归零矩形脉冲。)

解 因为待传送的是二进制的数据信号,而信道是模拟的,所以 MODEM 的功能是进行 D/A 转换,将数字信号转换为适应话路带宽的信号,再进入电信网进行传输。实际上,MODEM 还完成 A/D 转换的功能,因为经传输的模拟信号还需变换成数据信号被接收。综上,MODEM 在此完成的是 A/D、D/A 转换的功能。

由于数据信号为不归零矩形脉冲信号,因而带宽与码速数值相等,即 $B = f = \frac{1}{T} = 1.2$ kHz,而模拟话路的带宽约为 4 kHz,故以下设计的 MODEM 系统不考虑采用时分复用。MODEM 系统的原理框图如题图 5-21 所示。

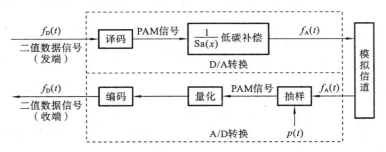

题图 5-21

5-22 若 $x(t)$、$\psi(t)$ 都为实函数,连续函数小波变换的定义可简写为

$$WT_x(a,b) = \frac{1}{\sqrt{a}} \int_{-\infty}^{\infty} x(t)\psi\left(\frac{t-b}{a}\right) dt$$

(1) 若 $\mathscr{F}[x(t)]=X(\omega)$, $\mathscr{F}[\psi(t)]=\Psi(\omega)$, 试证明以上定义式也可用下式给出

$$WT_x(a,b) = \frac{\sqrt{a}}{2\pi}\int_{-\infty}^{\infty} X(\omega)\Psi(-a\omega)e^{j\omega b}\,d\omega$$

(2) 讨论定义式中 a,b 参量的含义(参看例 5-5)。

证明　(1) 根据卷积积分的定义可知

$$\frac{1}{\sqrt{a}}\int_{-\infty}^{\infty} x(t)\psi\left(\frac{t-b}{a}\right)dt = \frac{1}{\sqrt{a}}\int_{-\infty}^{\infty} x(t)\psi\left(-\frac{b-t}{a}\right)dt = \frac{1}{\sqrt{a}}x(b)*\psi\left(-\frac{b}{a}\right)$$

即　　　　　$$WT_x(a,b)=\frac{1}{\sqrt{a}}x(b)*\psi\left(-\frac{b}{a}\right)　　(a,b\text{ 均为变量})$$

考虑到傅里叶变换是对 t 求积分,不妨将上式中的 b 换成变量 t,从而有

$$WT_x(a,t)=\frac{1}{\sqrt{a}}x(t)*\psi\left(-\frac{t}{a}\right)$$

两边同取傅里叶变换,利用卷积和尺度变换特性,有

$$\mathscr{F}\{WT_x(a,t)\}=\frac{1}{\sqrt{a}}X(\omega)\cdot|a|\Psi(-a\omega)=\sqrt{a}X(\omega)\Psi(-a\omega)$$

再对上式两边求傅里叶逆变换,得

$$WT_x(a,t) = \frac{\sqrt{a}}{2\pi}\int_{-\infty}^{\infty} X(\omega)\Psi(-a\omega)e^{j\omega t}\,d\omega$$

最后将 t 换为 b 便得

$$WT_x(a,b) = \frac{\sqrt{a}}{2\pi}\int_{-\infty}^{\infty} X(\omega)\Psi(-a\omega)e^{j\omega b}\,d\omega$$

从而证明了连续函数 $x(t)$ 的小波变换的另外一种定义形式。

(2) 定义式中,参数 a 的值决定了频窗的宽度和中心频率,a 值越小,频窗越宽,中心频率越高;a 值越大,频窗越窄,中心频率越低。

参数 b 的值决定了 $\psi\left(\frac{t}{a}\right)$ 的时移尺度。也就是说小波变换研究的是信号 $x(t)$ 在 b 这个时间点附近区域的局部性能。

综上所述,在连续小波变换的定义式中,a 为频宽尺度参数,b 为时移尺度参数。

5-23　在信号处理技术中应用的"短时傅里叶变换"有两种定义方式,假定信号源为 $x(t)$,时域窗函数为 $g(t)$,第一种定义方式为

$$X_1(\tau,\omega) = \int_{-\infty}^{\infty} x(t)g(t-\tau)e^{-j\omega t}\,dt$$

第二种定义方式为

$$X_2(\tau,\omega) = \int_{-\infty}^{\infty} x(t+\tau)g(t)e^{-j\omega t}\,dt$$

试从物理概念说明参变量 τ 的含义，比较两种定义结果有何联系与区别。

解　将 $X_1(\tau,\omega)$ 与傅里叶变换的定义式 $X(\omega)=\int_{-\infty}^{\infty}x(t)e^{-j\omega t}\,dt$ 相比较可知，所谓短时傅里叶变换实际上就是将信号源 $x(t)$ 通过与一个时域窗函数 $g(t)$ 相乘后的傅里叶变换。时窗 $g(t-\tau)$ 的作用为截取在某一时刻 τ 附近的时间段来对 $x(t)$ 进行局部研究。在第一种定义方式中，$x(t)$ 未移动，窗函数 $g(t)$ 移动了 τ 个时间单位，而第二种定义方式中 $g(t)$ 未动，是 $x(t)$ 移动了 τ 个时间单位。但不管哪种定义方式，都是对 $x(t)$ 在 $t=\tau$ 附近的局部化分析。

由 $X_2(\tau,\omega)=\int_{-\infty}^{\infty}x(t+\tau)g(t)e^{-j\omega t}\,dt$，设 $u=t+\tau$，可得

$$X_2(\tau,\omega)=\int_{-\infty}^{\infty}x(u)g(u-\tau)e^{-j\omega(u-\tau)}\,du=\int_{-\infty}^{\infty}x(u)g(u-\tau)e^{j\omega\tau}e^{-j\omega u}\,du$$

将 $X_1(\tau,\omega)=\int_{-\infty}^{\infty}x(t)g(t-\tau)e^{-j\omega t}\,dt$ 与 $X_2(\tau,\omega)=\int_{-\infty}^{\infty}x(t)g(t-\tau)e^{j\omega\tau}e^{-j\omega t}\,dt$ 相比较可知，$X_2(\tau,\omega)=e^{j\omega\tau}X_1(\tau,\omega)$，即在两种定义方式中，变换结果的相位不同，但幅度相同。

5-24　若 $x(t)=\cos(\omega_m t)$，$\delta_T(t)=\sum_{n=-\infty}^{\infty}\delta(t-nT)$，$T=\dfrac{2\pi}{\omega_s}$，分别画出以下情况 $x(t)\delta_T(t)$ 波形及其频谱 $\mathscr{F}[x(t)\delta_T(t)]$ 图形。讨论从 $x(t)\delta_T(t)$ 能否恢复 $x(t)$。注意比较（1）和（4）结果。（建议画波形时保持 T 不变。）

(1) $\omega_m=\dfrac{\omega_s}{8}=\dfrac{\pi}{4T}$ 　　　(2) $\omega_m=\dfrac{\omega_s}{4}=\dfrac{\pi}{2T}$

(3) $\omega_m=\dfrac{\omega_s}{2}=\dfrac{\pi}{T}$ 　　　(4) $\omega_m=\dfrac{9}{8}\omega_s=\dfrac{9\pi}{4T}$

解　因为 　$x(t)=\cos(\omega_m t)$，　$\delta_T(t)=\sum_{n=-\infty}^{\infty}\delta(t-nT)$

所以　　　　$x(t)\delta_T(t)=\cos(\omega_m t)\cdot\sum_{n=-\infty}^{\infty}\delta(t-nT)$

$$=\sum_{n=-\infty}^{\infty}\cos(\omega_m nT)\delta(t-nT)$$

且　$\mathscr{F}[x(t)\delta_T(t)]=\dfrac{1}{2\pi}X(\omega)*\mathscr{F}[\delta_T(t)]$

$$= \frac{1}{2\pi} \cdot \pi[\delta(\omega+\omega_m)+\delta(\omega-\omega_m)] * \frac{2\pi}{T}\sum_{n=-\infty}^{\infty}\delta\left(\omega-n\frac{2\pi}{T}\right)$$

$$= \frac{\pi}{T}\sum_{n=-\infty}^{\infty}\left[\delta\left(\omega+\omega_m-n\frac{2\pi}{T}\right)+\delta\left(\omega-\omega_m-n\frac{2\pi}{T}\right)\right]$$

$$= \frac{\omega_s}{2}\sum_{n=-\infty}^{\infty}[\delta(\omega+\omega_m-n\omega_s)+\delta(\omega-\omega_m-n\omega_s)]$$

(1) 当 $\omega_m=\dfrac{\omega_s}{8}=\dfrac{\pi}{4T}$ 时，$x(t)\delta_T(t)$ 的波形及其频谱的图形分别如题图 5-24(a_1)、(a_2)所示。因为 $\omega_s=8\omega_m$，满足抽样定理，所以可恢复 $x(t)$。

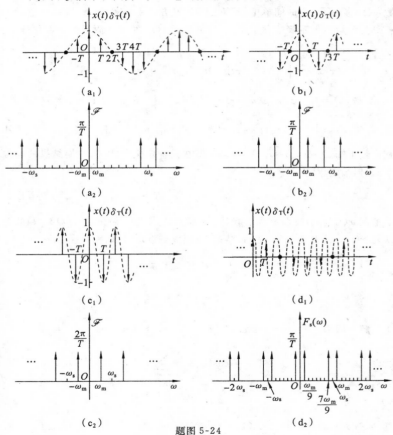

题图 5-24

（2）当 $\omega_m = \dfrac{\omega_s}{4} = \dfrac{\pi}{2T}$ 时，$x(t)\delta_T(t)$ 的波形及其频谱的图形分别如题图 5-24(b_1)、(b_2)所示。因为 $\omega_s = 4\omega_m$，满足抽样定理，所以可恢复 $x(t)$。

（3）当 $\omega_m = \dfrac{\omega_s}{2} = \dfrac{\pi}{T}$ 时，$x(t)\delta_T(t)$ 的波形及其频谱的图形分别如题图 5-24(c_1)、(c_2)所示。因为 $\omega_s = 2\omega_m$，满足抽样定理边界条件，虽然有混叠发生（在 $(2k+1)\omega_m$ 处有冲激的叠加），但混叠并没有引起频谱信息的损失，只需适当地调整低通滤波器的幅度特性，就可恢复 $x(t)$。

（4）当 $\omega_m = \dfrac{9}{8}\omega_s = \dfrac{9\pi}{4T}$ 时，$x(t)\delta_T(t)$ 的波形及其频谱的图形分别如题图 5-24(d_1)、(d_2)所示。因为 $\omega_s = \dfrac{8}{9}\omega_m$，不满足抽样定理，所以 $x(t)\delta_T(t)$ 的频谱中有混叠出现，所以不可正确恢复 $x(t)$。实际上，若理想低通滤波器的截止频率 ω_c 按一般情况那样等于 $\dfrac{\omega_s}{2}$，即 $\dfrac{4}{9}\omega_m$，则其输出的信号是 $\cos\left(\dfrac{\omega_m}{9}t\right)$（这一点从频谱图上便可得知），而非 $\cos(\omega_m t)$，所以说在这种情况下不能恢复 $x(t)$。

对比题图 5-24(a_1)和(d_1)可发现，二者实际上相同（若取相同 T 值），实际上(a_2)和(d_2)也相同，但（1）和（4）中的 ω_m 不相等，被抽样的正弦波是不同的。在（1）中，正弦波在一个周期中被抽取了 6 个样本点，而在（4）中，每 9 个周期中才取 8 个样本点。

5-25 题图 5-25(a)所示抽样系统 $x(t) = A + B\cos\left(\dfrac{2\pi t}{T}\right)$，$p(t) = \displaystyle\sum_{n=-\infty}^{\infty}\delta\left[t - n\cdot(T+\Delta)\right]$，$T \gg \Delta$，理想低通系统函数表达式为

$$H(j\omega) = \begin{cases} 1, & |\omega| < \dfrac{1}{2(T+\Delta)} \\ 0, & \omega \text{ 为其他} \end{cases}$$

输出端可得到 $y(t) = kx(at)$，其中 $a < 1$，k 为实系数。求：

（1）画 $\mathscr{F}[p(t)x(t)]$ 图形；

（2）为实现上述要求给出 Δ 取值范围；

（3）求 a、k；

（4）此系统在电子测量技术中可构成抽样（采样）示波器，试说明此种示波器的功能特点。

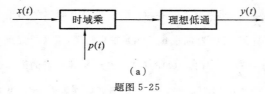

（a）

题图 5-25

解 （1）设 $f_s(t) = x(t)p(t)$，$p(t)$ 为周期 $T_s = T + \Delta$ 的周期信号，则

$$F_s(\omega) = \frac{1}{2\pi}X(\omega) * P(\omega) = \frac{1}{2\pi}X(\omega) * 2\pi\sum_{n=-\infty}^{\infty}P_n\delta(\omega - n\omega_s), \quad \omega_s = \frac{2\pi}{T+\Delta}$$

$$= \sum_{n=-\infty}^{\infty}P_nX(\omega - n\omega_s)$$

其中，P_n 为周期信号 $p(t)$ 的傅里叶级数的系数，即

$$P_n = \frac{1}{T_s}\int_{-\frac{T_s}{2}}^{\frac{T_s}{2}}\delta(t)e^{-jn\omega_s t}dt = \frac{1}{T_s} = \frac{1}{T+\Delta}$$

所以

$$F_s(\omega) = \frac{1}{T+\Delta}\sum_{n=-\infty}^{\infty}X(\omega - n\omega_s), \quad \omega_s = \frac{2\pi}{T+\Delta}$$

其中，

$$X(\omega) = 2A\pi\delta(\omega) + B\pi\left[\delta\left(\omega + \frac{2\pi}{T}\right) + \delta\left(\omega - \frac{2\pi}{T}\right)\right]$$

$F_s(\omega)$ 的图形如题图 5-25(b)所示。（注意 $T \gg \Delta$）

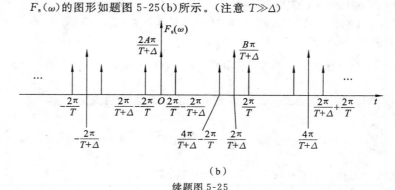

（b）

续题图 5-25

（2）为了使输出 $y(t) = kx(at)$，理想低通滤波系统的截止频率 $\frac{1}{2(T+\Delta)}$
应满足

$$\frac{2\pi}{T} - \frac{2\pi}{T+\Delta} < \frac{1}{2(T+\Delta)} < \frac{2\pi}{T+\Delta}$$

$$\frac{2\pi\Delta}{T(T+\Delta)} < \frac{1}{2(T+\Delta)}$$

从而求得 Δ 的取值范围为 $\qquad \Delta < \dfrac{T}{4\pi}$

（3）由题图 5-25(b)，经过理想低通后

$$Y(\omega) = \frac{2A\pi}{T+\Delta}\delta(\omega) + \frac{B\pi}{T+\Delta}\left[\delta\left(\omega + \frac{2\pi}{T} - \frac{2\pi}{T+\Delta}\right) + \delta\left(\omega - \frac{2\pi}{T} + \frac{2\pi}{T+\Delta}\right)\right]$$

于是
$$y(t) = \frac{A}{T+\Delta} + \frac{B}{T+\Delta}\cos\left[\left(\frac{2\pi}{T} - \frac{2\pi}{T+\Delta}\right)t\right]$$

$$= \frac{1}{T+\Delta}\left[A + B\cos\left(\frac{2\pi}{T}\cdot\frac{\Delta}{T+\Delta}t\right)\right]$$

对比 $y(t) = kx(at)$ 和 $x(t) = A + B\cos\left(\dfrac{2\pi}{T}t\right)$ 可知，

$$a = \frac{\Delta}{T+\Delta}, \quad k = \frac{1}{T+\Delta}$$

（4）此种示波器可以通过改变 Δ 的值来实现对输出波形幅值和频率的调节。具体地说，Δ 减小，$y(t)$ 频率降低，幅值增大；Δ 增大，$y(t)$ 频率升高，幅值减小。

5-26 试设计一个系统使它可以产生题图 5-26(a) 所示的阶梯近似 Sa 函数波形（利用数字电路等课程知识）。近似函数宽度截取 $8T$（中心向左右对称），矩形窄脉冲宽度 $T/8$。每当一个"1"码到来时（由速率为 $2\pi/T$ 的窄脉冲控制）即出现 Sa 码波形（峰值延后 $4T$）。

（1）画出此系统逻辑框图和主要波形；

（2）考虑此系统是否容易实现；

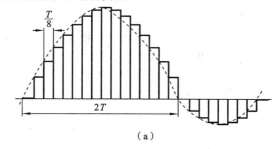

（a）

题图 5-26

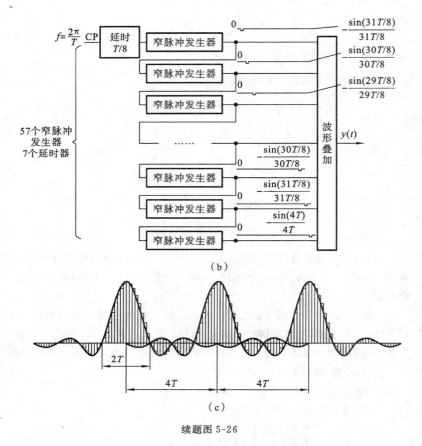

（b）

（c）

续题图 5-26

（3）在得到上述信号之后，若要去除波形中的小阶梯，产生更接近连续 Sa 函数的波形需采取什么办法？

解 （1）产生如题图 5-26(a)所示波形的系统的逻辑框图如题图 5-26 (b)所示，图中亦示出单个窄脉冲的波形。产生的波形 $y(t)$ 如题图 5-26(c) 所示。

（2）此系统不易实现，因为单个脉冲的幅度不易控制，电路的时序也不 易控制，还有涉及到过多的振荡电路。

（3）将 $y(t)$ 通过一个具有补偿特性的低通滤波器

$$H_r(j\omega) = \begin{cases} \dfrac{e^{j\frac{\omega T}{16}}}{Sa\left(\dfrac{\omega T}{16}\right)}, & |\omega| \leqslant \dfrac{16\pi}{T} \\ \\ 0, & |\omega| > \dfrac{16\pi}{T} \end{cases}$$

即可去除波形中的小阶梯。

5-27 本题继续讨论通信系统消除多径失真的原理。在 2.9 节和第 4 章习题 4-51 已经分别采用时域和 s 域研究这个问题，此处，再从频域导出相同的结果。仍引用式(2-77)，已知

$$r(t) = e(t) + ae(t-T)$$

(1) 对上式取傅里叶变换，求回波系统的系统函数 $H(j\omega)$；

(2) 令 $H(j\omega)H_i(j\omega) = 1$，设计一个逆系统，先求它的系统函数 $H_i(j\omega)$；

(3) 再取 $H_i(j\omega)$ 的逆变换得到此逆系统的冲激响应 $h_i(t)$，它应当与前两种方法求得的结果完全一致。

解 (1) 回波系统的输出与输入的关系为

$$r(t) = e(t) + ae(t-T)$$

对上式取傅里叶变换，再整理可得系统函数

$$H(j\omega) = \frac{R(j\omega)}{E(j\omega)} = 1 + ae^{-j\omega T}$$

(2) 设以上回波系统的逆系统具有系统函数 $H_i(j\omega)$，由

$$H(j\omega)H_i(j\omega) = 1$$

可得

$$H_i(j\omega) = \frac{1}{H(j\omega)} = \frac{1}{1 + ae^{-j\omega T}}$$

(3) 考虑到 $a < 1$，有

$$\frac{1}{1 + ae^{-j\omega T}} = \frac{1 - (-ae^{-j\omega T})^{+\infty}}{1 - (-ae^{-j\omega T})} = \sum_{k=0}^{\infty} (-ae^{-j\omega T})^k$$

即

$$H_i(j\omega) = \sum_{k=0}^{\infty} (-ae^{-j\omega T})^k = \sum_{k=0}^{\infty} (-a)^k e^{-j\omega kT}$$

故逆系统的冲激响应

$$h_i(t) = \mathscr{F}^{-1}\{H_i(j\omega)\} = \sum_{k=0}^{\infty} (-a)^k \delta(t-kT)$$

第6章　离散时间系统的时域分析

6.1　知识点归纳

1. 离散时间信号——序列

（1）描述形式

① 闭式表达式；

② 波形；

③ 序列（数列）。

（2）基本运算

① 相加、相乘：两序列同序号的数值逐项对应相加或相乘。

② 移位：$x(n-m)$

若 $m>0$，则 $x(n-m)$ 指原序列 $x(n)$ 逐项依次右移（后移）m 位；若 $m<0$，则指左移（前移）m 位。

③ 反褶：$x(-n)$

④ 尺度倍乘：$x(an)$

若 $a>1$，则波形压缩；若 $0<a<1$，则波形扩展。但需注意，这时要按规律去除某些点或补足相应的零值。

（3）常用的典型序列

① 单位样值信号

$$\delta(n) = \begin{cases} 1 & (n=0) \\ 0 & (n\neq 0) \end{cases}$$

② 单位阶跃序列

$$u(n) = \begin{cases} 1 & (n\geqslant 0) \\ 0 & (n<0) \end{cases}$$

③ 矩形序列

注：本章是原教材第 7 章。

$$R_N(n) = \begin{cases} 1 & (0 \leqslant n \leqslant N-1) \\ 0 & (n < 0, n \geqslant N) \end{cases}$$

④ 斜变序列

$$x(n) = nu(n)$$

⑤ 指数序列

$$x(n) = a^n u(n)$$

当 $|a| > 1$ 时序列发散；当 $|a| < 1$ 时序列收敛。

⑥ 正弦序列、余弦序列

$$x(n) = \sin(n\omega_0), \quad x(n) = \cos(n\omega_0)$$

⑦ 复指数序列

$$x(n) = e^{j\omega_0 n} = \cos(\omega_0 n) + j\sin(\omega_0 n)$$

要注意，当 $\sin(n\omega_0)$、$\cos(n\omega_0)$ 或 $e^{j\omega_0 n}$ 的 $\dfrac{2\pi}{\omega_0}$ 为有理数时，它们才是周期序列，否则它们不呈周期性。具体说来，当 $\dfrac{2\pi}{\omega_0} = \dfrac{P}{N}$（其中 P、N 为正整数）为整数时，其周期为 $\dfrac{P}{N}$；当 $\dfrac{P}{N}$ 不为整数时，周期为 P。

2. 离散时间系统的时域表示

（1）N 阶离散系统数学模型的一般形式

$$\sum_{k=0}^{N} a_k y(n-k) = \sum_{r=0}^{M} b_r x(n-r) \quad \text{后向形式}$$

或

$$\sum_{k=0}^{N} a_k y(n+k) = \sum_{r=0}^{M} b_r x(n+r) \quad \text{前向形式}$$

差分方程的阶数等于未知序列变量 $y(n)$ 的序号的最高与最低值之差。

（2）差分方程的建立

差分方程的建立，一般是根据题意，从未知序列的一般项 $y(n)$ 与其前、后各项，即 $y(n-1), y(n-2)\cdots$ 或 $y(n+1), y(n+2)\cdots$ 的关系入手去进行。除方程本身之外，还应指出变量 n 的取值范围及初始条件才完整。

（3）离散时间系统的基本单元

离散时间系统的基本单元是延时器、乘法器和加法器。

3. 离散时间系统的时域分析（常系数线性差分方程的时域求解）

（1）迭代法

这种方法概念清楚，简便，但不能直接给出一个完整的解析式作为解答。

此法可用来求出序列在某些序号处的值。

(2) 经典法

先分别求齐次解和特解，然后代入边界条件求待定系数。用这种方法求得的齐次解和特解分别是系统的自由响应和强迫响应。

(3) 分别求零输入响应和零状态响应

① 零输入响应的计算公式

$$y_{zi}(n) = \sum_{k=1}^{N} C_{zik} \alpha_k^n$$

其中，α_k 是特征方程的根，系数 C_{zik} 由系统的初始状态值 $y(-1)$，$y(-2)$，…，$y(-N)$ 决定。

② 零状态响应的计算公式

$$y_{zs}(n) = x(n) * h(n) = \sum_{m=-\infty}^{\infty} x(m)h(n-m)$$

$$= \sum_{m=-\infty}^{\infty} h(m)x(n-m)$$

其中，$h(n)$ 为系统的单位样值响应。

(4) 卷积和的计算

① 定义

$$x_1(n) * x_2(n) = \sum_{m=-\infty}^{\infty} x_1(m)x_2(n-m) = \sum_{m=-\infty}^{\infty} x_2(m)x_1(n-m)$$

② 卷积和的运算规律与重要性质

a. 交换律

$$x_1(n) * x_2(n) = x_2(n) * x_1(n)$$

b. 结合律

$$x_1(n) * [x_2(n) * x_3(n)] = [x_1(n) * x_2(n)] * x_3(n)$$

c. 分配律

$$x_1(n) * [x_2(n) + x_3(n)] = x_1(n) * x_2(n) + x_1(n) * x_3(n)$$

d. $x(n)$ 与 $\delta(n)$ 的卷积和

$$x(n) * \delta(n) = x(n)$$

$$x(n) * \delta(n-n_0) = x(n-n_0)$$

e. $x(n)$ 与 $u(n)$ 的卷积和

$$x(n) * u(n) = \sum_{m=-\infty}^{n} x(m)$$

f. 位移序列的卷积和

$$x_1(n-n_1) * x_2(n-n_2) = x_1(n) * x_2(n) * \delta(n-n_1-n_2)$$

③ 两有限长序列相卷积可利用"对位相乘求和"方法。

④ M 点序列与 N 点序列的卷积是 $M+N-1$ 点序列。

⑤ 解卷积

若 $x(n)$ 与 $h(n)$ 均为因果的,则已知 $y(n)$ 和 $h(n)$,求 $x(n)$ 的递推公式为

$$x(n) = \left[y(n) - \sum_{m=0}^{n-1} x(m)h(n-m) \right] \bigg/ h(0)$$

或已知 $y(n)$ 和 $x(n)$,求 $h(n)$ 的递推公式为

$$h(n) = \left[y(n) - \sum_{m=0}^{n-1} h(m)x(n-m) \right] \bigg/ x(0)$$

4. 离散时间系统的因果性与稳定性的时域判别

(1) 系统因果的充分必要条件为

$$h(n)=0 \quad (当 n<0)$$

或可表示为

$$h(n)=h(n)u(n)$$

(2) 系统稳定的充分必要条件为

$$\sum_{n=-\infty}^{\infty} |h(n)| \leqslant M \quad (绝对可和条件)$$

6.2 释 疑 解 惑

零输入响应 $y_{zi}(n)$、零状态响应 $y_{zs}(n)$、自由响应 $y_h(n)$、强迫响应 $y_p(n)$ 的关系

原教材第 22 页中有一个关于这四种响应之间的关系的结论,它是以数学表示的方式给出的,这里结合物理意义进一步阐释一下。零输入响应 $y_{zi}(n)$ 顾名思义是指输入为零时,仅由系统的初始状态引起的,在输入 $x(n)$ 为零的情况下,差分方程就是一个齐次方程;而自由响应 $y_h(n)$ 也是齐次方程的解,故二者具有相同的模式,此模式由特征方程的根 α_k 决定。其实我们若把单位样值 $\delta(n)$ 激励信号等效为起始条件,那么求单位样值响应 $h(n)$ 也变成为求解齐次方程,这意味着 $h(n)$ 与 $y_{zi}(n)$ 和 $y_h(n)$ 的模式也是一样的。三者的不同之处在于确定解中各项系数的边界条件不同:对于因果系统,并且假设激励 $x(n)$ 是在 $n=0$ 时接入系统,则确定 $y_{zi}(n)$ 中的系数是以 $y(-$

1)，$y(-2)$，…为边界条件；而确定 $y_h(n)$ 中的系数是以 $y(0)$，$y(1)$，…为边界条件(注意：求 $y_h(n)$ 中各项系数是在 $y_h(n)$ 与 $y_p(n)$ 合成全响应 $y(n)$ 之后再利用边界条件去进行的)。两种边界条件的物理意义不同，$y(-1)$，$y(-2)$，…这些值是在未接入 $x(n)$ 之前的系统初始状态值，而 $y(0)$，$y(1)$，…是接入 $x(n)$，系统产生响应之后全响应的值。这里顺便说明，确定 $h(n)$ 中的系数需要由 $h(n)$ 是"零状态响应"这一概念出发，即假设 $h(-1)$、$h(-2)$ 等为零，然后将激励信号 $\delta(n)$ 的作用等效成一个起始条件 $h(0)$ 来求 $h(n)$ 中的系数。

至于零状态响应 $y_{zs}(n)$，由于它是信号 $x(n)$ 输入系统 $h(n)$ 所引起的响应，所以它等于 $x(n)$ 与 $h(n)$ 的卷积，这也意味着 $y_{zs}(n)$ 的模式由 $x(n)$ 和 $h(n)$ 共同决定，即既包含特征根 α_k 的信息，又包含 $x(n)$ 的信息。因此在原教材第 22 页中有

$$y_{zs}(n) = \sum_{k=1}^{N} C_{zsk} \alpha_k^n + D(n)$$

其中上式右边第一项来自于 $h(n)$，第二项来自于 $x(n)$。而强迫响应 $y_p(n)$ 由于完全取决于激励信号 $x(n)$，所以它就等于零状态响应 $y_{zs}(n)$ 中的一部分。

综上所述，这四种响应之间的关系可概述为：$y_{zi}(n)$ 是 $y_h(n)$ 的一部分，$y_p(n)$ 是 $y_{zs}(n)$ 的一部分；$y_h(n)$ 由 $y_{zi}(n)$ 与 $y_{zs}(n)$ 中的一部分构成。

6.3　习 题 详 解

6-1　分别绘出以下各序列的图形。

(1) $x(n) = \left(\dfrac{1}{2}\right)^n u(n)$ 　　　　(2) $x(n) = 2^n u(n)$

(3) $x(n) = \left(-\dfrac{1}{2}\right)^n u(n)$ 　　　(4) $x(n) = (-2)^n u(n)$

(5) $x(n) = 2^{n-1} u(n-1)$ 　　　(6) $x(n) = \left(\dfrac{1}{2}\right)^{n-1} u(n)$

解　各序列的图形分别如题图 6-1(a)、(b)、(c)、(d)、(e)、(f)所示。

6-2　分别绘出以下各序列的图形。

(1) $x(n) = nu(n)$ 　　　　　(2) $x(n) = -nu(-n)$

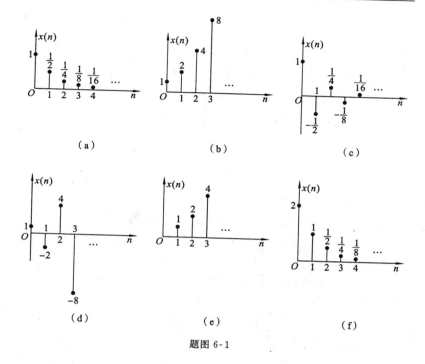

题图 6-1

(3) $x(n)=2^{-n}u(n)$ (4) $x(n)=\left(-\dfrac{1}{2}\right)^{-n}u(n)$

(5) $x(n)=-\left(\dfrac{1}{2}\right)^{n}u(-n)$ (6) $x(n)=\left(\dfrac{1}{2}\right)^{n+1}u(n+1)$

解 (1)~(6)序列的图形分别如题图 6-2(a)、(b)、(c)、(d)、(e)、(f)所示。

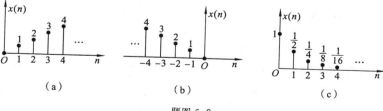

题图 6-2

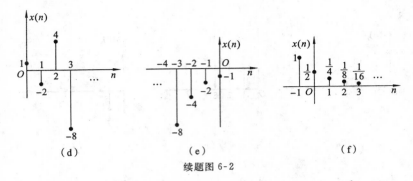

（d）　　　　　　（e）　　　　　　（f）

续题图 6-2

6-3　分别绘出以下各序列的图形。

(1) $x(n)=\sin\left(\dfrac{n\pi}{5}\right)$　　　　　(2) $x(n)=\cos\left(\dfrac{n\pi}{10}-\dfrac{\pi}{5}\right)$

(3) $x(n)=\left(\dfrac{5}{6}\right)^{n}\sin\left(\dfrac{n\pi}{5}\right)$

解　(1)～(3)序列的图形分别如题图 6-3(a)、(b)、(c)所示。

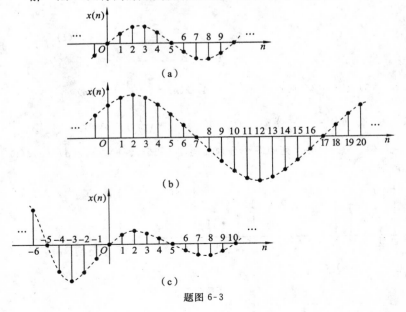

（a）

（b）

（c）

题图 6-3

6-4　判断以下各序列是否是周期性的,如果是周期性的,试确定其周期。

（1）$x(n) = A\cos\left(\dfrac{3\pi}{7}n - \dfrac{\pi}{8}\right)$　　　　　（2）$x(n) = e^{j\left(\frac{n}{8} - \pi\right)}$

解　　（1）因为 $\dfrac{2\pi}{\omega} = \dfrac{2\pi}{3\pi/7} = \dfrac{14}{3}$ 是有理数,所以 $x(n)$ 是周期性的,且周期为 14。

（2）因为 $\dfrac{2\pi}{\omega} = \dfrac{2\pi}{\dfrac{1}{8}} = 16\pi$ 为无理数,所以 $x(n)$ 是非周期性的。

6-5　列出题图 6-5(a)所示系统的差分方程,已知边界条件 $y(-1) = 0$。分别求以下输入序列时的输出 $y(n)$,并绘出其图形(用逐次迭代方法求)。

（1）$x(n) = \delta(n)$

（2）$x(n) = u(n)$

（3）$x(n) = u(n) - u(n-5)$

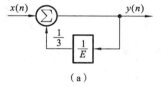

（a）

题图 6-5

解　首先由题图 6-5(a)写出该系统的差分方程为

$$y(n) - \frac{1}{3}y(n-1) = x(n)$$

下面用逐次迭代方法求 $y(n)$。以上方程可改写为

$$y(n) = x(n) + \frac{1}{3}y(n-1)$$

（1）当 $x(n) = \delta(n)$ 时,依次令 $n = 0, 1, 2, \cdots$,得

$$y(0) = \delta(0) + \frac{1}{3}y(-1) = 1 + \frac{1}{3} \times 0 = 1$$

$$y(1) = \delta(1) + \frac{1}{3}y(0) = 0 + \frac{1}{3} \times 1 = \frac{1}{3}$$

$$y(2) = \delta(2) + \frac{1}{3}y(1) = 0 + \frac{1}{3} \times \frac{1}{3} = \left(\frac{1}{3}\right)^2$$

$$\vdots$$

归纳可得

$$y(n) = \left(\frac{1}{3}\right)^n, \quad n \geqslant 0$$

或可表示为

$$y(n) = \left(\frac{1}{3}\right)^n u(n)$$

其图形如题图 6-5(b)所示。

(2) 当 $x(n)=u(n)$ 时,依次令 $n=0,1,2,\cdots,$ 得

$$y(0)=u(0)+\frac{1}{3}y(-1)=1+\frac{1}{3}\times 0=1=\frac{3-\left(\frac{1}{3}\right)^{0}}{2}$$

$$y(1)=u(1)+\frac{1}{3}y(0)=1+\frac{1}{3}\times 1=\frac{4}{3}=\frac{3-\left(\frac{1}{3}\right)}{2}$$

$$y(2)=u(2)+\frac{1}{3}y(1)=1+\frac{1}{3}\times\frac{4}{3}=\frac{13}{3^{2}}=\frac{3-\left(\frac{1}{3}\right)^{2}}{2}$$

$$\vdots$$

归纳可得

$$y(n)=\frac{3-\left(\frac{1}{3}\right)^{n}}{2}, \quad n\geqslant 0$$

或可表示为

$$y(n)=\left[\frac{3}{2}-\frac{1}{2}\left(\frac{1}{3}\right)^{n}\right]u(n)$$

其图形如题图 6-5(c)所示。

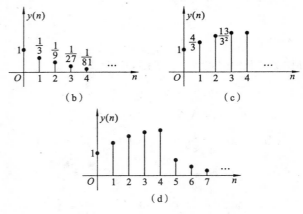

续题图 6-5

(3) 当 $x(n)=u(n)-u(n-5)$ 时,在迭代之前可对 $x(n)$ 进行分析。序列 $x(n)$ 的长度为 5,是有限的。且当 $0\leqslant n\leqslant 4$ 时,$x(n)=u(n)$;当 $n\geqslant 5$ 时,$x(n)$ $=0$,所以当 $0\leqslant n\leqslant 4$ 时,$y(n)$ 与上一小题(2)中的 $y(n)$ 一样,而当 $n\geqslant 5$ 时,$x(n)=0$,差分方程变成 $y(n)=\frac{1}{3}y(n-1)$,故只需考虑 $n\geqslant 5$ 时的该方程。

$$y(5) = \frac{1}{3} y(4) = \frac{1}{3} \left[\frac{3}{2} - \frac{1}{2} \left(\frac{1}{3} \right)^4 \right] = \frac{1}{3} \times \frac{121}{3^4} = \frac{121}{3^5}$$

$$y(6) = \frac{1}{3} y(5) = \frac{1}{3} \times \frac{121}{3^5} = \frac{121}{3^6}$$

$$\vdots$$

不难归纳得
$$y(n) = \frac{121}{3^n}, \quad n \geqslant 5$$

综上所述，

$$y(n) = \left[\frac{3}{2} - \frac{1}{2} \left(\frac{1}{3} \right)^n \right] [u(n) - u(n-5)] + \frac{121}{3^n} u(n-5)$$

或可表示为

$$y(n) = \delta(n) + \frac{4}{3} \delta(n-1) + \frac{13}{3^2} \delta(n-2) + \frac{40}{3^3} \delta(n-3) + \frac{121}{3^4} \delta(n-4)$$

$$+ \frac{121}{3^n} u(n-5)$$

其图形如题图 6-5(d)所示。

6-6　列出题图 6-6 所示系统的差分方程，已知边界条件 $y(-1)=0$ 并限定当 $n<0$ 时，全部 $y(n)=0$，若 $x(n)=\delta(n)$，求 $y(n)$。比较本题与习题 6-5 相应的结果。

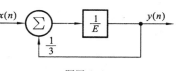

题图 6-6

解　由题图 6-6 可写出该系统的差分方程为

$$y(n+1) = x(n) + \frac{1}{3} y(n)$$

可表示为
$$y(n) = \frac{1}{3} y(n-1) + x(n-1)$$

仍用迭代方法，依次令 $n = 0, 1, 2, \cdots$，可得

$$y(0) = \frac{1}{3} y(-1) + \delta(-1) = 0 + 0 = 0$$

$$y(1) = \frac{1}{3} y(0) + \delta(0) = 0 + 1 = 1$$

$$y(2) = \frac{1}{3} y(1) + \delta(1) = \frac{1}{3} \times 1 + 0 = \frac{1}{3}$$

$$y(3) = \frac{1}{3} y(2) + \delta(2) = \frac{1}{3} \times \frac{1}{3} + 0 = \left(\frac{1}{3} \right)^2$$

$$y(4) = \frac{1}{3}y(3) + \delta(3) = \frac{1}{3} \times \left(\frac{1}{3}\right)^2 + 0 = \left(\frac{1}{3}\right)^3$$

$$\vdots$$

归纳得　　　　$y(n) = \left(\frac{1}{3}\right)^{n-1}, \quad n \geqslant 1$

或表示为　　　$y(n) = \left(\frac{1}{3}\right)^{n-1} u(n-1)$

　　与题 6-5(1) 比较：此题中的序列 $y(n)$ 的第一个非零值位于 $n=1$，而题 6-5(1) 中的 $y(n)$ 的第一个非零值位于 $n=0$。题 6-5(1) 中的 $y(n)$ 向右移一个单位即可得到此题中的 $y(n)$，关于这一点，从两个 $y(n)$ 的表达式便可看出。

　　6-7　在习题 6-5 中，若限定当 $n>0$ 时，全部 $y(n)=0$，以 $y(1)=0$ 为边界条件，求当 $x(n)=\delta(n)$ 时的响应 $y(n)$。这时，可以得到一个左边序列，试解释为什么会出现这种结果。

　　解　习题 6-5 中的差分方程为

$$y(n) = x(n) + \frac{1}{3}y(n-1)$$

若限定当 $n>0$ 时，全部 $y(n)=0$，则迭代时分别令 $n=1,0,-1,-2,\cdots$。先将上式改写为

$$y(n-1) = 3y(n) - 3x(n)$$

从而有

$$y(0) = 3y(1) - 3\delta(1) = 0 - 0 = 0$$
$$y(-1) = 3y(0) - 3\delta(0) = 0 - 3 = -3$$
$$y(-2) = 3y(-1) - 3\delta(-1) = -3^2$$
$$y(-3) = 3y(-2) - 3\delta(-2) = -3^3$$

$$\vdots$$

归纳得　　　　　　　$y(n) = -3^{-n}, \quad n \leqslant -1$

或将 $y(n)$ 表示为　　　$y(n) = -3^{-n} u(-n-1)$

　　$y(n)$ 是个左边序列。之所以得到一个左边序列，是因为限定了当 $n>0$ 时，$y(n)=0$，即 $y(n)$ 的非零值只可能出现在 $n<0$ 的范围内。

　　6-8　列出题图 6-8 所示系统的差分方程，指出其阶次。

　　解　由题图 6-8 可写出如下方程

$$b_0 y(n) = a_0 x(n) + a_1 x(n-1) - b_1 y(n-1)$$

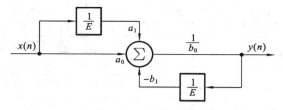

题图 6-8

整理可得该系统的差分方程

$$b_0 y(n) + b_1 y(n-1) = a_0 x(n) + a_1 x(n-1)$$

该方程是一阶的。

6-9 列出题图 6-9 所示系统的差分方程,指出其阶次。

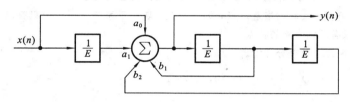

题图 6-9

解 由题图 6-9 可写出如下方程

$$y(n) = a_0 x(n) + a_1 x(n-1) + b_1 y(n-1) + b_2 y(n-2)$$

整理可得该系统的差分方程

$$y(n) - b_1 y(n-1) - b_2 y(n-2) = a_0 x(n) + a_1 x(n-1)$$

此方程为二阶的。

6-10 已知描述系统的差分方程表示式为

$$y(n) = \sum_{r=0}^{7} b_r x(n-r)$$

试绘出此离散系统的方框图。如果 $y(-1)=0, x(n)=\delta(n)$,试求 $y(n)$,指出此时 $y(n)$ 有何特点,这种特点与系统的结构有何关系。

解 根据系统的差分方程可画出如题图 6-10 所示的方框图。

若 $y(-1)=0, x(n)=\delta(n)$,由差分方程易得

$$y(0) = b_0, \quad y(1) = b_1, \quad y(2) = b_2, \quad y(3) = b_3$$
$$y(4) = b_4, \quad y(5) = b_5, \quad y(6) = b_6, \quad y(7) = b_7$$

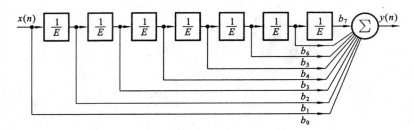

题图 6-10

而当 $n<0$ 或 $n>7$ 时，

$$y(n)=0$$

此时 $y(n)$ 是有限长序列,且在非零值区间内的值为 $b_r(r=0,1,\cdots,7)$,即正好是各前向支路的增益。$y(n)$ 的这一特点取决于系统在结构上只有前向支路、没有反馈支路的特点。

6-11 解差分方程。

(1) $y(n)-\dfrac{1}{2}y(n-1)=0,y(0)=1$

(2) $y(n)-2y(n-1)=0,y(0)=\dfrac{1}{2}$

(3) $y(n)+3y(n-1)=0,y(1)=1$

(4) $y(n)+\dfrac{2}{3}y(n-1)=0,y(0)=1$

解 (1) 特征方程为 $\qquad\qquad \alpha-\dfrac{1}{2}=0$

求得特征根 $\qquad\qquad\qquad \alpha=\dfrac{1}{2}$

于是齐次解 $\qquad\qquad\qquad y(n)=C\left(\dfrac{1}{2}\right)^n$

将 $y(0)=1$ 代入上式,得 $\qquad C=1$

因而 $\qquad\qquad\qquad\qquad y(n)=\left(\dfrac{1}{2}\right)^n$

(2) 特征方程为 $\qquad\qquad \alpha-2=0$

求得特征根 $\qquad\qquad\qquad \alpha=2$

于是齐次解 $\qquad\qquad\qquad y(n)=C2^n$

将 $y(0)=\dfrac{1}{2}$ 代入上式,得 $\qquad C=\dfrac{1}{2}$

因而 $\qquad\qquad\qquad y(n)=\dfrac{1}{2}\cdot 2^n=2^{n-1}$

（3）特征方程为 $\qquad \alpha+3=0$

求得特征根 $\qquad\qquad \alpha=-3$

于是齐次解 $\qquad\qquad y(n)=C(-3)^n$

将 $y(1)=1$ 代入上式,得 $\qquad C=-\dfrac{1}{3}$

因而 $\qquad\qquad y(n)=-\dfrac{1}{3}\cdot(-3)^n=(-3)^{n-1}$

（4）特征方程为 $\qquad \alpha+\dfrac{2}{3}=0$

求得特征根 $\qquad\qquad \alpha=-\dfrac{2}{3}$

于是齐次解 $\qquad\qquad y(n)=C\left(-\dfrac{2}{3}\right)^n$

将 $y(0)=1$ 代入上式,得 $\qquad C=1$

因而 $\qquad\qquad y(n)=\left(-\dfrac{2}{3}\right)^n$

6-12 解差分方程。

（1）$y(n)+3y(n-1)+2y(n-2)=0, y(-1)=2, y(-2)=1$

（2）$y(n)+2y(n-1)+y(n-2)=0, y(0)=y(-1)=1$

（3）$y(n)+y(n-2)=0, y(0)=1, y(1)=2$

解 （1）特征方程为 $\qquad \alpha^2+3\alpha+2=0$

求得特征根 $\qquad\qquad \alpha_1=-1, \quad \alpha_2=-2$

于是齐次解 $\qquad\qquad y(n)=C_1(-1)^n+C_2(-2)^n$

将 $y(-1)=2, y(-2)=1$ 代入上式,得方程组

$$\begin{cases} -C_1-\dfrac{1}{2}C_2=2 \\[2mm] C_1+\dfrac{1}{4}C_2=1 \end{cases}$$

解得 $\qquad\qquad C_1=4, \quad C_2=-12$

因而 $\qquad\qquad y(n)=4(-1)^n-12(-2)^n$

（2）特征方程为 $\qquad \alpha^2+2\alpha+1=0$

求得特征根　　　　　　$\alpha_1 = \alpha_2 = -1$　（重根）

于是齐次解　　　　　　$y(n) = (C_1 n + C_2)(-1)^n$

将 $y(0) = y(-1) = 1$ 代入上式，得方程组

$$\begin{cases} C_2 = 1 \\ (-C_1 + C_2) \times (-1) = 1 \end{cases}$$

解得　　　　　　　　$C_1 = 2, \quad C_2 = 1$

因而　　　　　　　　$y(n) = (2n+1)(-1)^n$

（3）特征方程为　　　　$\alpha^2 + 1 = 0$

求得特征根　　　　　　$\alpha_1 = j, \quad \alpha_2 = -j$

于是齐次解

$$y(n) = C_1 j^n + C_2 (-j)^n = C_1 e^{j\frac{n\pi}{2}} + C_2 e^{-j\frac{n\pi}{2}}$$

将 $y(0) = 1, y(1) = 2$ 代入上式，得方程组

$$\begin{cases} C_1 + C_2 = 1 \\ C_1 j - C_2 j = 2 \end{cases}$$

解得　　　　　　$C_1 = \frac{1}{2} - j, \quad C_2 = \frac{1}{2} + j$

因而　　　$y(n) = \frac{1}{2}(e^{j\frac{n\pi}{2}} + e^{-j\frac{n\pi}{2}}) - j(e^{j\frac{n\pi}{2}} - e^{-j\frac{n\pi}{2}})$

$$= \cos\left(\frac{n\pi}{2}\right) + 2\sin\left(\frac{n\pi}{2}\right)$$

6-13　解差分方程。

$$y(n) - 7y(n-1) + 16y(n-2) - 12y(n-3) = 0,$$
$$y(1) = -1, \quad y(2) = -3, \quad y(3) = -5$$

解　特征方程为　　$\alpha^3 - 7\alpha^2 + 16\alpha - 12 = 0$

求得特征根　　　　$\alpha_1 = 3, \quad \alpha_2 = \alpha_3 = 2$

于是齐次解　　　$y(n) = C_1 3^n + (C_2 n + C_3) 2^n$

将 $y(1) = -1, y(2) = -3, y(3) = -5$ 代入上式，得方程组

$$\begin{cases} 3C_1 + 2(C_2 + C_3) = -1 \\ 9C_1 + 4(2C_2 + C_3) = -3 \\ 27C_1 + 8(3C_2 + C_3) = -5 \end{cases}$$

求得　　　　$C_1 = 1, \quad C_2 = -1, \quad C_3 = -1$

因而　　　　　$y(n) = 3^n - (n+1)2^n$

6-14　解差分方程 $y(n)=-5y(n-1)+n$。已知边界条件 $y(-1)=0$。

解　特征方程为　　　　　　$\alpha+5=0$

求得特征根　　　　　　　　　　$\alpha=-5$

于是齐次解　　　　　　　$y_h(n)=C(-5)^n$

令特解　　　　　　　　　$y_p(n)=D_1 n+D_2$

将 $y_p(n)$ 代入原方程,有

$$D_1 n+D_2+5[D_1(n-1)+D_2]=n$$

平衡两边对应项系数得　　　$D_1=\dfrac{1}{6}$,　$D_2=\dfrac{5}{36}$

则全解　　　　　$y(n)=y_h(n)+y_p(n)=C(-5)^n+\dfrac{1}{6}n+\dfrac{5}{36}$

将 $y(-1)=0$ 代入上式,得　　　$C=-\dfrac{5}{36}$

因而　　　　　　　$y(n)=\dfrac{1}{36}\left[(-5)^{n+1}+6n+5\right]$

6-15　解差分方程 $y(n)+2y(n-1)=n-2$,已知 $y(0)=1$。

解　特征方程为　　　$\alpha+2=0$

求得特征根　　　　　　　　　　$\alpha=-2$

于是齐次解　　　　　　　$y_h(n)=C(-2)^n$

令特解　　　　　　　　　$y_p(n)=D_1 n+D_2$

将 $y_p(n)$ 代入原方程,有

$$D_1 n+D_2+2D_1(n-1)+2D_2=n-2$$

平衡两边对应项系数得　　　$D_1=\dfrac{1}{3}$,　$D_2=-\dfrac{4}{9}$

则全解　　　　　$y(n)=y_h(n)+y_p(n)=C(-2)^n+\dfrac{1}{3}n-\dfrac{4}{9}$

将 $y(0)=1$ 代入上式,得　　　$C=\dfrac{13}{9}$

因而　　　　　　　$y(n)=\dfrac{1}{9}\left[13(-2)^n+3n-4\right]$

6-16　解差分方程 $y(n)+2y(n-1)+y(n-2)=3^n$,已知 $y(-1)=0$,$y(0)=0$。

解　特征方程为　　　$\alpha^2+2\alpha+1=0$

求得特征根　　　　　　　　　　$\alpha_1=\alpha_2=-1$

于是齐次解 $\qquad y_h(n)=(C_1 n+C_2)(-1)^n$

令特解 $\qquad y_p(n)=D_1 3^n$

将 $y_p(n)$ 代入原方程,有

$$D_1 \cdot 3^n + 2D_1 \cdot 3^{n-1} + D_1 \cdot 3^{n-2} = 3^n$$

平衡两边相应项系数得 $\qquad D_1=\dfrac{9}{16}$

则全解 $\qquad y(n)=y_h(n)+y_p(n)=(C_1 n+C_2)(-1)^n+\dfrac{9}{16} \cdot 3^n$

将 $y(-1)=0, y(0)=0$ 代入上式,得方程组

$$\begin{cases} -(-C_1+C_2)+\dfrac{9}{16}\times\dfrac{1}{3}=0 \\ C_2+\dfrac{9}{16}=0 \end{cases}$$

求得 $\qquad C_1=-\dfrac{3}{4}, \quad C_2=-\dfrac{9}{16}$

因而 $\qquad y(n)=\left(-\dfrac{3}{4}n-\dfrac{9}{16}\right)(-1)^n+\dfrac{9}{16}3^n$

6-17 解差分方程 $y(n)+y(n-2)=\sin n$,已知 $y(-1)=0, y(-2)=0$。

解 特征方程为 $\qquad \alpha^2+1=0$

求得特征根 $\qquad \alpha_1=j, \quad \alpha_2=-j$

于是齐次解 $\quad y_h(n)=C_1 j^n+C_2(-j)^n=C_1 e^{j\frac{n\pi}{2}}+C_2 e^{-j\frac{n\pi}{2}}$

令特解 $\qquad y_p(n)=D_1 e^{jn}+D_2 e^{-jn}$

将 $y_p(n)$ 代入原方程有

$$D_1 e^{jn}+D_2 e^{-jn}+D_1 e^{j(n-2)}+D_2 e^{-j(n-2)}=\dfrac{1}{2j}e^{jn}-\dfrac{1}{2j}e^{-jn}$$

对比上式两边对应项可得

$$D_1=\dfrac{-j}{2(1+e^{-j2})}=\dfrac{-j}{2e^{-j}(e^j+e^{-j})}=\dfrac{-je^j}{4\cos 1}$$

$$D_2=\dfrac{j}{2(1+e^{j2})}=\dfrac{j}{2e^j(e^{-j}+e^j)}=\dfrac{je^{-j}}{4\cos 1}$$

则全解 $\quad y(n)=C_1 e^{j\frac{n\pi}{2}}+C_2 e^{-j\frac{n\pi}{2}}+\dfrac{-je^j}{4\cos 1}e^{jn}+\dfrac{je^{-j}}{4\cos 1}e^{-jn}$

将 $y(-1)=0, y(-2)=0$ 代入上式,得方程组

$$\begin{cases} -jC_1 + jC_2 + \dfrac{-j}{4\cos 1} + \dfrac{j}{4\cos 1} = 0 \\[2mm] -C_1 - C_2 + \dfrac{-je^{-j}}{4\cos 1} + \dfrac{je^{j}}{4\cos 1} = 0 \end{cases}$$

解得

$$C_1 = C_2 = -\frac{1}{4}\tan 1$$

因而

$$y(n) = -\frac{1}{4}(\tan 1)(e^{j\frac{n\pi}{2}} + e^{-j\frac{n\pi}{2}}) + \frac{-j}{4\cos 1}[e^{j(n+1)} - e^{-j(n+1)}]$$

$$= -\frac{1}{2}(\tan 1)\cos\left(\frac{n\pi}{2}\right) + \frac{1}{2\cos 1}\sin(n+1)$$

$$= \frac{1}{2\cos 1}[\sin n\cos 1 + \cos n\sin 1] - \frac{1}{2}(\tan 1)\cos\left(\frac{n\pi}{2}\right)$$

$$= \frac{1}{2}\sin n + \frac{1}{2}(\tan 1)(\cos n) - \frac{1}{2}(\tan 1)\cos\left(\frac{n\pi}{2}\right)$$

6-18　解差分方程 $y(n) - y(n-1) = n$，已知 $y(-1) = 0$。

(1) 用迭代法逐次求出数值解，归纳一个闭式解答（对于 $n \geqslant 0$）。

(2) 分别求齐次解与特解，讨论此题应如何假设特解函数式。

解　(1) 先将差分方程改写为

$$y(n) = y(n-1) + n$$

因为求的是当 $n \geqslant 0$ 时的 $y(n)$，故依次令 $n = 0, 1, 2, \cdots$，有

$$y(0) = y(-1) + 0 = 0 + 0 = 0$$
$$y(1) = y(0) + 1 = 0 + 1$$
$$y(2) = y(1) + 2 = 1 + 2$$
$$y(3) = y(2) + 3 = 1 + 2 + 3$$
$$y(4) = y(3) + 4 = 1 + 2 + 3 + 4$$
$$\vdots$$

可归纳 $y(n)$ 的闭式表达式为

$$y(n) = \sum_{k=0}^{n} k = \frac{1}{2}n(n+1), \quad n \geqslant 0$$

(2) 易知齐次解

$$y_h(n) = C \cdot 1^n = C$$

因为齐次方程的特征根为 1，齐次解是常数，而 $x(n)$ 也是常数，故特解应设为

$$y_p(n) = D_2 n^2 + D_1 n$$

将 $y_p(n)$ 代入原方程，有

$$D_2 n^2 + D_1 n - D_2 (n-1)^2 - D_1 (n-1) = n$$

对比两边对应项系数可得

$$D_1 = D_2 = \frac{1}{2}$$

因而

$$y(n) = C + \frac{1}{2} n^2 + \frac{1}{2} n$$

将 $y(-1)=0$ 代入上式，得 $\qquad C=0$

故最终得 $\qquad y(n) = \frac{1}{2} n^2 + \frac{1}{2} n = \frac{1}{2} n(n+1) \quad (n \geqslant 0)$

6-19 如果题 6-18 中方程式改为 $y(n) - y(n-1) = n^3$，重复回答上题所问。

解 齐次解依然为 $\qquad y_h(n) = C$

但此时特解应设为

$$y_p(n) = D_4 n^4 + D_3 n^3 + D_2 n^2 + D_1 n$$

将 $y_p(n)$ 代入原方程，有

$$D_4 n^4 + D_3 n^3 + D_2 n^2 + D_1 n - D_4 (n-1)^4 - D_3 (n-1)^3$$
$$- D_2 (n-1)^2 - D_1 (n-1) = n^3$$

对比两边对应项系数可求得

$$D_4 = \frac{1}{4}, \quad D_3 = \frac{1}{2}, \quad D_2 = \frac{1}{4}, \quad D_1 = 0$$

因而全解 $\qquad y(n) = C + \frac{1}{4} n^4 + \frac{1}{2} n^3 + \frac{1}{4} n^2$

将 $y(-1)=0$ 代入上式，得 $\qquad C=0$

故最终得 $\qquad y(n) = \frac{1}{4} n^4 + \frac{1}{2} n^3 + \frac{1}{4} n^2 = \frac{1}{4} n^2 (n^2 + 2n + 1)$

$$= \frac{1}{4} n^2 (n+1)^2 = \left[\frac{n(n+1)}{2} \right]^2$$

6-20 某系统的输入输出关系可由二阶常系数线性差分方程描述，如果相应于输入为 $x(n) = u(n)$ 的响应为

$$y(n) = [2^n + 3(5^n) + 10] u(n)$$

(1) 若系统起始为静止的，试决定此系统的二阶差分方程。

(2) 若激励为 $x(n) = 2[u(n) - u(n-10)]$，求响应 $y(n)$。

解 (1) 由于差分方程是二阶的，故其齐次方程有两个特征根，而输入 $x(n) = u(n)$，由此可判断得知该方程的齐次解和特解分别为

$$y_h(n) = [2^n + 3(5^n)]u(n), \quad y_p(n) = 10u(n)$$

且两个特征根分别为

$$\alpha_1 = 2, \quad \alpha_2 = 5$$

由这两个特征根,不妨设此二阶差分方程为

$$y(n) - 7y(n-1) + 10y(n-2) = b_0 x(n) + b_1 x(n-1) + b_2 x(n-2) \quad ①$$

因为系统起始是静止的,这意味着

$$y(-1) = y(-2) = 0$$

对方程式①进行逐次迭代,将 $x(n) = u(n)$ 代入,令 $n = 0, 1, 2$,可得

$$y(0) = 7y(-1) - 10y(-2) + b_0 u(0) + b_1 u(-1) + b_2 u(-2)$$
$$= b_0 u(0) = b_0 \times 1 = b_0$$
$$y(1) = 7y(0) + b_0 u(1) + b_1 u(0) = 7b_0 + b_0 + b_1 = 8b_0 + b_1$$
$$y(2) = 7y(1) - 10y(0) + b_0 u(2) + b_1 u(1) + b_2 u(0)$$
$$= 7(8b_0 + b_1) - 10b_0 + b_0 + b_1 + b_2 = 47b_0 + 8b_1 + b_2$$

而由题目所给的 $y(n) = [2^n + 3(5^n) + 10]u(n)$ 可求得

$$y(0) = 14, \quad y(1) = 27, \quad y(2) = 89$$

于是有方程组

$$\begin{cases} b_0 = 14 \\ 8b_0 + b_1 = 27 \\ 47b_0 + 8b_1 + b_2 = 89 \end{cases}$$

解得

$$b_0 = 14, \quad b_1 = -85, \quad b_2 = 111$$

故此二阶差分方程为

$$y(n) - 7y(n-1) + 10y(n-2) = 14x(n) - 85x(n-1) + 111x(n-2)$$

(2) 因为系统是起始静止的,且当 $x(n) = u(n)$ 时,

$$y(n) = [2^n + 3(5^n) + 10]u(n)$$

由线性时不变系统的线性及时不变特性可知,当 $x_1(n) = 2u(n)$ 时,

$$y_1(n) = 2[2^n + 3(5^n) + 10]u(n)$$

当 $x_2(n) = 2u(n-10)$ 时,

$$y_2(n) = 2[2^{n-10} + 3 \cdot (5^{n-10}) + 10]u(n-10)$$

即当 $x(n) = 2[u(n) - u(n-10)]$ 时,

$$y(n) = 2\{[2^n + 3(5^n) + 10]u(n) - [2^{n-10} + 3 \cdot (5^{n-10}) + 10]u(n-10)\}$$

6-21　一个乒乓球从 H 米高度自由下落至地面,每次弹跳起的最高值是前一次最高值的 2/3。若以 $y(n)$ 表示第 n 次跳起的最高值,试列写描述此过程的差分方程式。又若给定 $H = 2$ m,解此差分方程。

解 若 $y(n)$ 表示第 n 次跳起的最高值,则 $y(n-1)$ 表示第 $n-1$ 次跳起的最高值,由题意有差分方程

$$y(n) = \frac{2}{3} y(n-1)$$

即

$$y(n) - \frac{2}{3} y(n-1) = 0$$

易知该方程的解

$$y(n) = C\left(\frac{2}{3}\right)^n$$

由题意 $y(0) = H = 2$ m,代入上式可求得 $C = 2$,因此有

$$y(n) = 2\left(\frac{2}{3}\right)^n$$

6-22 如果在第 n 个月初向银行存款 $x(n)$ 元,月利率为 α,每月利息不取出,试用差分方程写出第 n 月初的本利和 $y(n)$。设 $x(n) = 10$ 元,$\alpha = 0.003$,$y(0) = 20$ 元,求 $y(n)$,若 $n = 12$,$y(12)$ 为多少?

解 分析题意可知第 n 月初的本利和 $y(n)$ 由以下几项构成:

① 第 n 个月初的存款 $x(n)$,

② 第 $n-1$ 个月初的本利和 $y(n-1)$,

③ $y(n-1)$ 在第 $n-1$ 月的利息 $\alpha y(n-1)$。

故可列出等式 $y(n) = x(n) + y(n-1) + \alpha y(n-1)$

即所求差分方程为

$$y(n) - (1+\alpha) y(n-1) = x(n)$$

易知该方程的齐次解为 $y_h(n) = C(1+\alpha)^n$

考虑到 $x(n) = 10$ 元为常数,故令特解 $y_p(n) = D$,并代入原方程,有

$$D - (1+\alpha)D = 10, \quad 得 D = -\frac{10}{\alpha}$$

从而

$$y(n) = C(1+\alpha)^n - \frac{10}{\alpha}$$

将初始值 $y(0) = 20$ 代入上式可求得 $C = 20 + \frac{10}{\alpha}$,故

$$y(n) = \left(20 + \frac{10}{\alpha}\right)(1+\alpha)^n - \frac{10}{\alpha}$$

令 $n = 12$ 可求得

$$y(12) = \left(20 + \frac{10}{0.003}\right)(1+0.003)^{12} - \frac{10}{0.003} = 142.73(元)$$

6-23　把 $x(n)$ 升的液体 A 和 $[100-x(n)]$ 升的液体 B 都倒入一容器中（限定 $x(n)\leqslant 100$ 升），该容器内已有 900 升的 A 与 B 的混合液。均匀混合后，再从容器倒出 100 升混合液。如此重复上述过程，在第 n 个循环结束时，若 A 在混合液中所占百分比为 $y(n)$，试列出求 $y(n)$ 的差分方程。如果已知 $x(n)=50$，$y(0)=0$，解 $y(n)$，并指出其中的自由分量与强迫分量，当 $n\rightarrow+\infty$ 时 $y(n)$ 为多少？再从直觉的概念解释此结果。

解　若 $y(n)$ 表示在第 n 个循环结束时，A 在混合液中所占比例，则 $y(n-1)$ 表示在第 $n-1$ 个循环结束时 A 在混合液中所占比例，由题意，有

$$\frac{900y(n-1)+x(n)}{1000}=y(n)$$

即所求差分方程为　　$1000y(n)-900y(n-1)=x(n)$

或可表示为　　　　$y(n)-0.9y(n-1)=0.001x(n)$

易知该方程的齐次解　　　$y_h(n)=C0.9^n$

由于 $x(n)=50$ 为常数，故设特解 $y_p(n)=D$，并将之代入所求得的差分方程，有

$$D-0.9D=0.001\times 50,\quad 得 D=0.5$$

从而　　　　　　　$y(n)=C0.9^n+0.5$

最后将初始值 $y(0)=0$ 代入上式可求得 $C=-0.5$，故

$$y(n)=-0.5\times 0.9^n+0.5$$

其中自由分量为 -0.5×0.9^n，强迫分量为 0.5。且当 $n\rightarrow+\infty$ 时，

$$y(\infty)=0.5$$

由于每次倒入的都是 A、B 各占 50% 的混合液，因此不管原先容器内的 900 升混合液是怎样的，经过无限次倒入、混匀、倒出的过程，A 所占比例当然是 50%。直觉的结论与以上计算的结果相吻合。

6-24　"开关电容"是在集成电路中用来替代电阻的一种基本单元。在题图 6-24(a) 中，开关 S_1、S_2（在集成芯片内由两只 MOS 晶体管实现）和电容 C_1 组成开关电容用以传送电荷，它们相当于连续系统中的电阻，再与另一电容 C_2 可构成离散系统中的一阶低通滤波器。

(1) 设 $t=nT$ 时刻输入与输出电压分别为 $x(t)=x(nT)$ 和 $y(t)=y(nT)$。在 $t=nT$ 时 S_1 通、S_2 断，$t=nT+\dfrac{T}{2}$ 时 S_1 断、S_2 通，利用电荷转移关系求 $y\left(nT+\dfrac{T}{2}\right)$ 值。

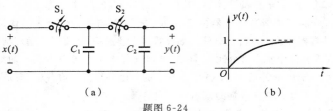

题图 6-24

（2）重复上述动作，当 $t=(n+1)T$ 时 S_1 通、S_2 断，当 $t=(n+1)T+\dfrac{T}{2}$ 时 S_1 断、S_2 通，……，列写描述 $y(n)$ 与 $x(n)$ 关系的差分方程式（令 $T=1$）。

（3）若 $x(t)=u(t)$，求系统的零状态响应 $y(n)$ 表达式，并画 $y(t)$ 波形。

解　（1）当 $t=nT$ 时 S_1 通、S_2 断，此时 C_1 上的电量

$$Q_1 = C_1 x(nT) \hspace{3cm} ①$$

C_2 上的电量

$$Q_2 = C_2 y(nT) \hspace{3cm} ②$$

当 $t=nT+\dfrac{T}{2}$ 时 S_1 断、S_2 通，总电荷 Q_1+Q_2 在 C_1、C_2 上重新分配。设电荷转移达到稳定后 C_1 上电量为 Q'_1，C_2 上电量为 Q'_2，则有

$$Q'_1/C_1 = Q'_2/C_2 = y\left(nT+\frac{T}{2}\right) \hspace{2cm} ③$$

且

$$Q'_1 + Q'_2 = Q_1 + Q_2 \hspace{3cm} ④$$

由式①、②、③、④可得

$$y\left(nT+\frac{T}{2}\right) = \frac{C_1}{C_1+C_2}x(nT) + \frac{C_2}{C_1+C_2}y(nT)$$

（2）当 $t=(n+1)T$ 时，S_2 断，故 C_2 上的电荷量不变（等于重新分配并达到稳态之后的 Q'_2），输出电压值也不变，等于半个时钟周期前的值，即 $y[(n+1)T]=y\left(nT+\dfrac{T}{2}\right)$。结合上一问已求出的结果，可知

$$y[(n+1)T] = \frac{C_1}{C_1+C_2}x(nT) + \frac{C_2}{C_1+C_2}y(nT)$$

令 $T=1$，于是得到差分方程

$$y(n+1) - \frac{C_2}{C_1+C_2}y(n) = \frac{C_1}{C_1+C_2}x(n)$$

（3）零状态响应 $y(n)=x(n)*h(n)$。由题意 $x(n)=u(n)$，而单位样值

响应 $h(n)$ 未知。下面用逐次迭代法求 $h(n)$。

由(2)中已求出的差分方程可知

$$h(n+1) - \frac{C_2}{C_1 + C_2} h(n) = \frac{C_1}{C_1 + C_2} \delta(n)$$

且 $h(-1) = 0$。依次令 $n = -1, 0, 1, 2, \cdots$，可得

$$h(0) = \frac{C_2}{C_1 + C_2} h(-1) + \frac{C_1}{C_1 + C_2} \delta(-1) = 0$$

$$h(1) = \frac{C_2}{C_1 + C_2} h(0) + \frac{C_1}{C_1 + C_2} \delta(0) = \frac{C_1}{C_1 + C_2}$$

$$h(2) = \frac{C_2}{C_1 + C_2} h(1) + \frac{C_1}{C_1 + C_2} \delta(1) = \frac{C_1 \cdot C_2}{(C_1 + C_2)^2}$$

$$h(3) = \frac{C_2}{C_1 + C_2} h(2) + \frac{C_1}{C_1 + C_2} \delta(2) = \frac{C_1 \cdot C_2^2}{(C_1 + C_2)^3}$$

$$\vdots$$

归纳可得

$$h(n) = \frac{C_1 \cdot C_2^{n-1}}{(C_1 + C_2)^n}, \quad n \geqslant 1$$

或

$$h(n) = \frac{C_1 \cdot C_2^{n-1}}{(C_1 + C_2)^n} u(n-1)$$

于是零状态响应

$$y(n) = x(n) * h(n) = \sum_{k=-\infty}^{\infty} u(n-k) \cdot \frac{C_1 \cdot C_2^{k-1}}{(C_1 + C_2)^k} u(k-1)$$

$$= \frac{C_1}{C_2} \sum_{k=1}^{n} \left(\frac{C_2}{C_1 + C_2} \right)^k = \frac{C_1}{C_2} \cdot \frac{\dfrac{C_2}{C_1 + C_2} \left[1 - \left(\dfrac{C_2}{C_1 + C_2} \right)^n \right]}{1 - \dfrac{C_2}{C_1 + C_2}}$$

$$= \left[1 - \left(\frac{C_2}{C_1 + C_2} \right)^n \right] u(n-1)$$

考虑到当 $n = 0$ 时，$y(0) = 0$，故也可将 $y(n)$ 表示为

$$y(n) = \left[1 - \left(\frac{C_2}{C_1 + C_2} \right)^n \right] u(n)$$

分析 $y(n)$ 可知，当 $n \to +\infty$ 时，$y(n) \to 1$，可见此电路是一个低通滤波器。将 $y(n)$ 看作为电路的输出电压 $y(t)$ 的抽样值，那么取 $y(n)$ 的包络就是 $y(t)$ 的波形了。故 $y(t)$ 的波形如题图 6-24(b)所示。

6-25 对于例 7-4(原教材)的电阻梯形网络，按所列方程式及给定的边界条件 $v(0) = E, v(N) = 0$，求解 $v(n)$ 表示式(注意：答案中有系数 N)。如果

$N \to +\infty$(无限节的梯形网络),试写出 $v(n)$ 的近似式。

解　例 7-4 已求出差分方程为

$$v(n) - 3v(n-1) + v(n-2) = 0$$

其特征方程为

$$\alpha^2 - 3\alpha + 1 = 0$$

可求得特征根

$$\alpha_1 = \frac{3+\sqrt{5}}{2}, \quad \alpha_2 = \frac{3-\sqrt{5}}{2}$$

于是齐次解为

$$v(n) = C_1 \left(\frac{3+\sqrt{5}}{2} \right)^n + C_2 \left(\frac{3-\sqrt{5}}{2} \right)^n$$

将边界条件 $v(0) = E, v(N) = 0$ 代入上式,得方程组

$$\begin{cases} C_1 + C_2 = E \\ C_1 \left(\dfrac{3+\sqrt{5}}{2} \right)^N + C_2 \left(\dfrac{3-\sqrt{5}}{2} \right)^N = 0 \end{cases}$$

解方程组可求得(在以下表示中,为简洁起见,直接利用 α_1, α_2)

$$C_1 = \frac{\alpha_2^N}{\alpha_2^N - \alpha_1^N} E, \quad C_2 = \frac{\alpha_1^N}{\alpha_1^N - \alpha_2^N} E$$

于是 $v(n)$ 的表示式为

$$v(n) = \frac{\alpha_2^N \cdot E}{\alpha_2^N - \alpha_1^N} \cdot \alpha_1^n + \frac{\alpha_1^N \cdot E}{\alpha_1^N - \alpha_2^N} \cdot \alpha_2^n, \quad n \geqslant 0$$

其中 $\alpha_1 = \dfrac{3+\sqrt{5}}{2}, \alpha_2 = \dfrac{3-\sqrt{5}}{2}$。

当 $N \to +\infty$ 时,　　　　　$C_1 \to 0, \quad C_2 \to E$

因此 $N \to +\infty$ 时,$v(n)$ 的近似式为 $E \left(\dfrac{3-\sqrt{5}}{2} \right)^n$,即

$$\lim_{N \to +\infty} v(n) = E \left(\frac{3-\sqrt{5}}{2} \right)^n$$

6-26　对于原教材中图 7-15 所示的 RC 低通网络,如果给定 $\dfrac{T}{RC} = 0.1$, $x(n) = u(n), y(0) = 0$,求解差分方程式(7-28),画出完全响应 $y(n)$ 图形,描出 10 个样点。如果激励为阶跃信号 $x(t) = u(t)$,解微分方程求 $y(t)$,将 $y(t)$ 波形也画在 $y(n)$ 图形之同一坐标中以便比较。$\left(\text{注意,横坐标可取为 } t' = n \cdot \dfrac{T}{RC} \text{。} \right)$

解　原教材式(7-28)为

$$y(n+1) = \left(1 - \frac{T}{RC}\right)y(n) + \frac{T}{RC}x(n)$$

将 $\frac{T}{RC}=0.1$ 代入上式,得

$$y(n+1)=0.9y(n)+0.1x(n)$$

此方程的齐次解　　　　　　　　$y_\mathrm{h}(n)=C0.9^n$

设特解 $y_\mathrm{p}(n)=D$,将之代入以上方程可求得 $D=1$,故全解

$$y(n)=C0.9^n+1$$

再利用初始值 $y(0)=0$ 可确定 C 的值为 $C=-1$,考虑到该 RC 低通网络是一因果系统,响应 $y(n)$ 出现的时间不会超前于激励 $x(n)$ 施加的时间,因而

$$y(n)=(1-0.9^n)u(n)$$

原教材图 7-15 所示低通网络的微分方程为

$$RC\frac{\mathrm{d}y(t)}{\mathrm{d}t}+y(t)=x(t)$$

在 $x(t)=u(t)$,$y(0)=0$ 的条件下可求得

$$y(t)=(1-\mathrm{e}^{-\frac{1}{RC}t})u(t)$$

$y(n)$ 和 $y(t)$ 的图形均示于题图 6-26 中,其中 $y(n)$ 用"$*$"表示,$y(t)$ 为图中的实曲线。

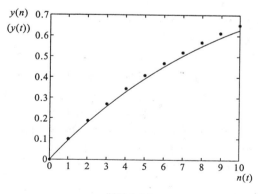

题图 6-26

6-27 本题讨论一个饶有兴趣的"海诺塔(Tower of Hanoi)"问题。有若干个直径逐次增加的中心有孔之圆盘。起初,它们都套在同一个木桩上(见题图 6-27),尺寸最大的位于最下面,随尺寸减小依次向上排列。现在,

将圆盘按下述规则转移到另外两个木桩上:(1) 每次只准传递一个,(2) 在传递过程中,不允许有大盘子位于小盘子之上,(3) 可以在三个木桩之间任意传递。为使 n 个盘子转移到另一木桩上,并保持其原始的上下相对位置不变,需要传递 $y(n)$ 次,列出求 $y(n)$ 的差分方程式,并求解。[提示:$y(0)=0$,$y(1)=1$,$y(2)=3$,$y(3)=7$,…。]

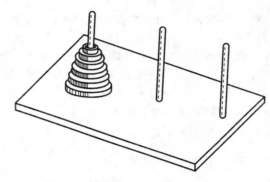

题图 6-27

解　首先我们对这个"海诺塔"问题进行一下分析,通过分析,我们可列出所要求的差分方程。

设题图 6-27 中套有圆盘的木桩为 a,中间的木桩为 b,另外一个木桩为 c。由题意可知,为使 n 个盘子转移到另一木桩上,并保持其原始的上下相对位置不变,需要传递 $y(n)$ 次。现假设 a 上套有 n 个盘子,则将上面的 $n-1$ 个盘子转移到 b 上,且保持这 $n-1$ 个盘子的上下相对位置不变,需传递 $y(n-1)$ 次,若再将 a 上第 n 个(最大的那个)盘子移至 c 上,这就传递了 $y(n-1)+1$ 次,最后再将 b 上的 $n-1$ 个盘子保持上下相对位置不变地移至 c 上,又需传递 $y(n-1)$ 次,这样共传递了 $2y(n-1)+1$ 次。实际上,这样一个过程的结果就是将 a 上的 n 个盘子保持上下位置不变地转移到了 c 上,而由题意,所需传递的次数为 $y(n)$,所以可列出如下关系式

$$y(n) = 2y(n-1) + 1$$

即所求的差分方程为　　　　$y(n) - 2y(n-1) = 1$

此方程的齐次解 $y_h(n) = C2^n$,设特解 $y_p(n) = D$,通过代入原方程可求得 $D = -1$,从而全解

$$y(n) = C2^n - 1$$

由于 $y(0)=0$（移 0 个盘子的传递次数为 0），所以 $C=1$。最终可得

$$y(n)=2^n-1$$

6-28　以下各序列是系统的单位样值响应 $h(n)$，试分别讨论各系统的因果性与稳定性。

(1) $\delta(n)$　　　　　　(2) $\delta(n-5)$　　　　　(3) $\delta(n+4)$

(4) $2u(n)$　　　　　　(5) $u(3-n)$　　　　　　(6) $2^n u(n)$

(7) $3^n u(-n)$　　　　(8) $2^n[u(n)-u(n-5)]$　　(9) $0.5^n u(n)$

(10) $0.5^n u(-n)$　　(11) $\dfrac{1}{n}u(n)$　　　　　(12) $\dfrac{1}{n!}u(n)$

解　(1) 因为 $h(n)=\delta(n)=0$，当 $n<0$ 时

且

$$\sum_{n=-\infty}^{\infty}|h(n)|=1<\infty$$

所以该系统既是因果的，又是稳定的。

(2) 因为 $h(n)=\delta(n-5)=0$，当 $n<0$ 时

且

$$\sum_{n=-\infty}^{\infty}|h(n)|=1<\infty$$

所以该系统既是因果的，又是稳定的。

(3) 因为 $h(n)=\delta(n+4)=1$，当 $n=-4$ 时

但

$$\sum_{n=-\infty}^{\infty}|h(n)|=1<\infty$$

所以该系统是非因果的，但是稳定的。

(4) 因为 $h(n)=2u(n)=0$，当 $n<0$ 时

但

$$\sum_{n=-\infty}^{\infty}|h(n)|\rightarrow\infty$$

所以该系统是因果的，但不稳定。

(5) 因为 $h(n)=u(3-n)=1$，当 $n\leqslant3$ 时

但

$$\sum_{n=-\infty}^{\infty}|h(n)|\rightarrow\infty$$

所以该系统既不是因果的，又不是稳定的。

(6) 因为 $h(n)=2^n u(n)=0$，当 $n<0$ 时

且

$$\sum_{n=-\infty}^{\infty}|h(n)|=\sum_{n=0}^{\infty}2^n\rightarrow\infty$$

所以该系统是因果的，但不稳定。

(7) 因为 $h(n)=3^n u(-n)\neq 0$,当 $n\leqslant 0$ 时

但
$$\sum_{n=-\infty}^{\infty} |h(n)| = \sum_{n=-\infty}^{0} 3^n = \sum_{n=0}^{\infty} \left(\frac{1}{3}\right)^n = \frac{3}{2} < \infty$$

所以该系统是非因果的,但是稳定的。

(8) 因为 $h(n)=2^n[u(n)-u(n-5)]=0$,当 $n<0$ 时

且
$$\sum_{n=-\infty}^{\infty} |h(n)| = \sum_{n=0}^{4} 2^n = 2^5 - 1 = 31 < \infty$$

所以该系既是因果的,又是稳定的。

(9) 因为 $h(n)=0.5^n u(n)=0$,当 $n<0$ 时

且
$$\sum_{n=-\infty}^{\infty} |h(n)| = \sum_{n=0}^{\infty} 0.5^n = 2 < \infty$$

所以该系既是因果的,又是稳定的。

(10) 因为 $h(n)=0.5^n u(-n)\neq 0$,当 $n<0$ 时

且
$$\sum_{n=-\infty}^{\infty} |h(n)| = \sum_{n=-\infty}^{0} 0.5^n = \sum_{n=0}^{\infty} 2^n \to \infty$$

所以该系既不是因果的,又不是稳定的。

(11) 因为 $h(n)=\frac{1}{n}u(n)=0$,当 $n<0$ 时

且
$$\sum_{n=-\infty}^{\infty} |h(n)| = \sum_{n=0}^{\infty} \frac{1}{n} \to \infty$$

所以该系统是因果的,但不稳定。

(12) 因为 $h(n)=\frac{1}{n!}u(n)=0$,当 $n<0$ 时

且
$$\sum_{n=-\infty}^{\infty} |h(n)| = \sum_{n=0}^{\infty} \frac{1}{n!} < \infty$$

所以该系统既是因果的,又是稳定的。

6-29 以下每个系统 $x(n)$ 表示激励,$y(n)$ 表示响应。判断每个激励与响应的关系是否是线性的? 是否是时不变的?

(1) $y(n)=2x(n)+3$ (2) $y(n)=x(n)\sin\left(\frac{2\pi}{7}n+\frac{\pi}{6}\right)$

(3) $y(n)=[x(n)]^2$ (4) $y(n) = \sum_{m=-\infty}^{n} x(m)$

解 (1) 由于 $x_1(n) \to y_1(n)=2x_1(n)+3$

$x_2(n) \to y_2(n)=2x_2(n)+3$

但 $$k_1 x_1(n) + k_2 x_2(n) \to 2[k_1 x_1(n) + k_2 x_2(n)] + 3$$
$$\neq k_1 y_1(n) + k_2 y_2(n)$$

因此该系统是非线性的。

设 $x_1(n) = x(n-m)$，由激励与响应的关系可知

$$y_1(n) = 2x_1(n) + 3 = 2x(n-m) + 3 = y(n-m)$$

因此该系统是时不变的。

（2）由于　　$$x_1(n) \to y_1(n) = x_1(n) \sin\left(\frac{2\pi}{7}n + \frac{\pi}{6}\right)$$

$$x_2(n) \to y_2(n) = x_2(n) \sin\left(\frac{2\pi}{7}n + \frac{\pi}{6}\right)$$

且　　$$k_1 x_1(n) + k_2 x_2(n) \to [k_1 x_1(n) + k_2 x_2(n)] \sin\left(\frac{2\pi}{7}n + \frac{\pi}{6}\right)$$

$$= k_1 y_1(n) + k_2 y_2(n)$$

因此该系统是线性的。

设 $x_1(n) = x(n-m)$，由激励与响应的关系可知

$$y_1(n) = x_1(n) \sin\left(\frac{2\pi}{7}n + \frac{\pi}{6}\right) = x(n-m) \sin\left(\frac{2\pi}{7}n + \frac{\pi}{6}\right)$$

$$\neq y(n-m) = x(n-m) \sin\left[\frac{2\pi}{7}(n-m) + \frac{\pi}{6}\right]$$

因此该系统是时变的。

（3）由于　　$$x_1(n) \to y_1(n) = [x_1(n)]^2$$

$$x_2(n) \to y_2(n) = [x_2(n)]^2$$

但　$$k_1 x_1(n) + k_2 x_2(n) \to [k_1 x_1(n) + k_2 x_2(n)]^2 \neq k_1 y_1(n) + k_2 y_2(n)$$

因此该系统是非线性的。

设 $x_1(n) = x(n-m)$，由激励与响应的关系可知

$$y_1(n) = [x_1(n)]^2 = [x(n-m)]^2 = y(n-m)$$

因此该系统是时不变的。

（4）由于　　$$x_1(n) \to y_1(n) = \sum_{m=-\infty}^{n} x_1(m)$$

$$x_2(n) \to y_2(n) = \sum_{m=-\infty}^{n} x_2(m)$$

且　　$$k_1 x_1(n) + k_2 x_2(n) \to \sum_{m=-\infty}^{n} k_1 x_1(m) + \sum_{m=-\infty}^{n} k_2 x_2(m)$$

$$= k_1 y_1(n) + k_2 y_2(n)$$

因此该系统是线性的。

设 $x_1(n) = x(n - n_0)$，由激励与响应的关系可知

$$y_1(n) = \sum_{m=-\infty}^{n} x_1(m) = \sum_{m=-\infty}^{n} x(m - n_0) \xrightarrow{\ \ \diamondsuit\ i = m - n_0\ \ } \sum_{i=-\infty}^{n-n_0} x(i) = y(n - n_0)$$

因此该系统是时不变的。

6-30　对于线性时不变系统：

（1）已知激励为单位阶跃信号之零状态响应（阶跃响应）是 $g(n)$，试求冲激响应 $h(n)$；

（2）已知冲激响应 $h(n)$，试求阶跃响应 $g(n)$。

解　（1）阶跃响应为 $g(n)$，即 $u(n) \to g(n)$

由时不变特性知　　　　　　　$u(n-1) \to g(n-1)$

而　　　　　　　　　　　　$\delta(n) = u(n) - u(n-1)$

由　　　　　　　　　　　　$h(n) = \delta(n) * h(n)$

得冲激响应

$$h(n) = [u(n) - u(n-1)] * h(n) = u(n) * h(n) - u(n-1) * h(n)$$

$$= g(n) - g(n-1)$$

（2）由于　　　　　　　$u(n) = \sum_{m=0}^{\infty} \delta(n - m)$

且由时不变特性知　　　　$\delta(n-m) \to h(n-m)$

故阶跃响应

$$g(n) = u(n) * h(n) = \left[\sum_{m=0}^{\infty} \delta(n-m) \right] * h(n) = \sum_{m=0}^{\infty} [\delta(n-m) * h(n)]$$

$$= \sum_{m=0}^{\infty} h(n-m)$$

6-31　以下各序列中，$x(n)$ 是系统的激励函数，$h(n)$ 是线性时不变系统的单位样值响应。分别求出各 $y(n)$，画 $y(n)$ 图形（用卷积方法）。

（1）$x(n), h(n)$ 见题图 6-31(a)

（2）$x(n), h(n)$ 见题图 6-31(b)

（3）$x(n) = \alpha^n u(n), 0 < \alpha < 1$；　$h(n) = \beta^n u(n), 0 < \beta < 1, \beta \neq \alpha$

（4）$x(n) = u(n)$，　$h(n) = \delta(n-2) - \delta(n-3)$

解　（1）由题图 6-31(a)可知，$x(n)$ 和 $h(n)$ 均为有限长序列，因此可采用"对位相乘求和"的方法求卷积。

$$\{x(n)\} = \{1 \quad 2 \quad 1\}$$

$$\{h(n)\} = \{1 \quad 1 \quad 1\}$$

$x(n)$:		1	2	1
$h(n)$:		1	1	1
		1	2	1
	1	2	1	
1	2	1		

$$y(n): 1 \quad 3 \quad 4 \quad 3 \quad 1$$

即　　　　　$$\{y(n)\} = \{1 \quad 3 \quad 4 \quad 3 \quad 1\}$$

$y(n)$ 的图形如题图 6-31(a_1)所示。

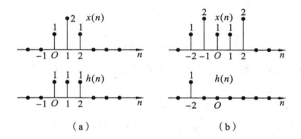

(a)　　　　　　　　(b)

题图 6-31

(2) 由题图 6-31(b)可知，$h(n)=\delta(n+2)$，由 $\delta(n)$ 的卷积特性可得

$$y(n)=x(n)*h(n)=x(n)*\delta(n+2)=x(n+2)$$

$y(n)$ 的图形如题图 6-31(b_1)所示。

(3) $$y(n) = x(n)*h(n) = \sum_{m=-\infty}^{\infty} x(m)h(n-m) = \sum_{m=0}^{n}\alpha^m\beta^{n-m}$$

$$\xrightarrow{\beta\neq\alpha}\beta^n\sum_{m=0}^{n}\left(\frac{\alpha}{\beta}\right)^m = \beta^n\cdot\frac{1-\left(\frac{\alpha}{\beta}\right)^{n+1}}{1-\frac{\alpha}{\beta}} = \frac{\beta^{n+1}-\alpha^{n+1}}{\beta-\alpha}u(n)$$

$y(n)$ 的图形如题图 6-31(c_1)所示。

(注意，$y(n)$ 的图形可能会因 β、α 的取值而不同于题图 6-31(c_1))

(4) $$y(n)=x(n)*h(n)=u(n)*[\delta(n-2)-\delta(n-3)]$$

$$=u(n-2)-u(n-3)=\delta(n-2)$$

$y(n)$ 的图形如题图 6-31(d_1)所示。

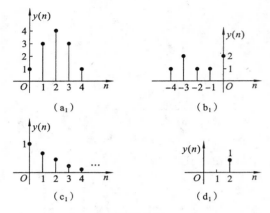

续题图 6-31

6-32 已知线性时不变系统的单位样值响应 $h(n)$ 以及输入 $x(n)$，求输出 $y(n)$，并绘图示出 $y(n)$。

(1) $h(n) = x(n) = u(n) - u(n-4)$

(2) $h(n) = 2^n[u(n) - u(n-4)]$，　$x(n) = \delta(n) - \delta(n-2)$

(3) $h(n) = \left(\dfrac{1}{2}\right)^n u(n)$，　$x(n) = u(n) - u(n-5)$

解　(1) $h(n)$ 和 $x(n)$ 均为有限长序列，因此可采用"对位相乘求和"方法求卷积。

$$\{x(n)\} = \{\underset{\uparrow}{1} \quad 1 \quad 1 \quad 1\}$$

$$\{h(n)\} = \{\underset{\uparrow}{1} \quad 1 \quad 1 \quad 1\}$$

$$
\begin{array}{llllll}
x(n): & & & & 1 & 1 & 1 & 1 \\
h(n): & & & & 1 & 1 & 1 & 1 \\
\hline
& & & & 1 & 1 & 1 & 1 \\
& & & 1 & 1 & 1 & 1 \\
& & 1 & 1 & 1 & 1 \\
& 1 & 1 & 1 & 1 \\
\hline
y(n): & 1 & 2 & 3 & 4 & 3 & 2 & 1
\end{array}
$$

故　　　　　　　　$\{y(n)\} = \{\underset{\uparrow}{1} \quad 2 \quad 3 \quad 4 \quad 3 \quad 2 \quad 1\}$

$y(n)$ 的图形如题图 6-32(a) 所示。

(2) 因为　$h(n) * \delta(n) = h(n)$，　$h(n) * \delta(n-2) = h(n-2)$

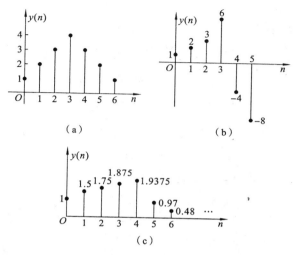

（a）

（b）

（c）

题图 6-32

所以
$$h(n) * x(n) = h(n) - h(n-2)$$

即
$$y(n) = 2^n [u(n) - u(n-4)] - 2^{n-2} [u(n-2) - u(n-6)]$$
$$= \delta(n) + 2\delta(n-1) + 3\delta(n-2) + 6\delta(n-3) - 4\delta(n-4) - 8\delta(n-5)$$

$y(n)$ 的图形如题图 6-32(b)所示。

（3）令 $x_1(n) = u(n)$，则
$$y_1(n) = x_1(n) * h(n) = \sum_{m=-\infty}^{\infty} u(n-m) \left(\frac{1}{2}\right)^m u(m) = \sum_{m=0}^{n} \left(\frac{1}{2}\right)^m$$
$$= \frac{1 - 0.5^{n+1}}{0.5} u(n) = [2 - 0.5^n] u(n)$$

又
$$h(n) * u(n-5) = h(n) * [u(n) * \delta(n-5)] = h(n) * u(n) * \delta(n-5)$$
$$= y_1(n) * \delta(n-5)$$

故
$$y(n) = h(n) * x(n) = y_1(n) - y_1(n-5)$$
$$= [2 - 0.5^n] u(n) - [2 - 0.5^{n-5}] u(n-5)$$

$y(n)$ 的图形如题图 6-32(c)所示。

6-33 如题图 6-33 所示的系统包括两个级联的线性时不变系统,它们的单位样值响应分别为 $h_1(n)$ 和 $h_2(n)$。已知 $h_1(n) = \delta(n) - \delta(n-3)$, $h_2(n)$

$=(0.8)^n u(n)$。令 $x(n)=u(n)$。

(1) 按下式求 $y(n)$，

$$y(n) = [x(n) * h_1(n)] * h_2(n)$$

(2) 按下式求 $y(n)$，

$$y(n) = x(n) * [h_1(n) * h_2(n)]$$

两种方法的结果应当是一样的(卷积结合律)。

题图 6-33

解　(1) $y(n)=[x(n) * h_1(n)] * h_2(n)$

$$= \{u(n) * [\delta(n)-\delta(n-3)]\} * 0.8^n u(n)$$

$$= [u(n)-u(n-3)] * 0.8^n u(n)$$

不妨先考虑 $u(n) * 0.8^n u(n)$，令其为 $y_1(n)$，有

$$y_1(n) = u(n) * 0.8^n u(n) = \sum_{m=-\infty}^{\infty} u(n-m) \cdot 0.8^m u(m) = \sum_{m=0}^{n} 0.8^m$$

$$= \frac{1-0.8^{n+1}}{1-0.8} u(n)$$

则知

$$u(n-3) * 0.8^n u(n) = \delta(n-3) * u(n) * 0.8^n u(n) = \frac{1-0.8^{n-2}}{1-0.8} u(n-3)$$

即

$$y(n) = \frac{1-0.8^{n+1}}{1-0.8} u(n) - \frac{1-0.8^{n-2}}{1-0.8} u(n-3)$$

(2) $y(n)=x(n) * [h_1(n) * h_2(n)]$

$$= u(n) * \{[\delta(n)-\delta(n-3)] * 0.8^n u(n)\}$$

$$= u(n) * [0.8^n u(n)-0.8^{n-3} u(n-3)]$$

由(1)中结果知

$$u(n) * 0.8^n u(n) = \frac{1-0.8^{n+1}}{1-0.8} u(n)$$

故

$$u(n) * 0.8^{n-3} u(n-3) = u(n) * 0.8^n u(n) * \delta(n-3)$$

$$= \frac{1-0.8^{n-2}}{1-0.8} u(n-3)$$

即

$$y(n) = \frac{1-0.8^{n+1}}{1-0.8} u(n) - \frac{1-0.8^{n-2}}{1-0.8} u(n-3)$$

当然,在以上计算过程中,也可以完全根据卷积和的定义来求。不管用什么方法,(1)、(2)的计算结果是完全一样的。

6-34 已知一线性时不变系统的单位样值响应 $h(n)$ 除在 $N_0 \leqslant n \leqslant N_1$ 区间之外都为零。而输入 $x(n)$ 除在 $N_2 \leqslant n \leqslant N_3$ 区间之外均为零。这样,响应 $y(n)$ 除在 $N_4 \leqslant n \leqslant N_5$ 之外均被限制为零。试用 N_0,N_1,N_2,N_3 来表示 N_4 与 N_5。

解　由卷积和的定义可知

$$y(n) = x(n) * h(n) = \sum_{m=-\infty}^{\infty} h(m)x(n-m)$$

由题意,$h(m)$ 不都为零值的区间为 $N_0 \leqslant m \leqslant N_1$;$x(n-m)$ 不都为零值的区间为 $N_2 \leqslant n-m \leqslant N_3$,即 $n-N_3 \leqslant m \leqslant n-N_2$,要注意,这里的 n 为变量,它可取任意整数。

但当 $n-N_2 < N_0$,即 $n < N_0+N_2$ 时,$h(m)$ 与 $x(n-m)$ 没有交叠,意味着 $y(n)=0$;同样当 $n-N_3 > N_1$,即 $n > N_1+N_3$ 时,$h(m)$ 与 $x(n-m)$ 也没有交叠,$y(n)=0$。所以对于 $y(n)$ 而言,其值都为零的区间为 $n < N_0+N_2$ 及 $n > N_1+N_3$,换言之,其值不都为零的区间为 $N_0+N_2 \leqslant n \leqslant N_1+N_3$,故有

$$N_4 = N_0+N_2, \quad N_5 = N_1+N_3$$

6-35 某地质勘探测试设备给出的发射信号 $x(n)=\delta(n)+\dfrac{1}{2}\delta(n-1)$,接收回波信号 $y(n)=\left(\dfrac{1}{2}\right)^n u(n)$,若地层反射特性的系统函数以 $h(n)$ 表示,且满足 $y(n)=h(n)*x(n)$。

(1) 求 $h(n)$;

(2) 以延时、相加、倍乘运算为基本单元,试画出系统方框图。

解　(1) 已知 $y(n)=h(n)*x(n)$,且知道 $y(n)$ 和 $x(n)$,要求 $h(n)$,这是一个解卷积(反卷积)问题。可直接利用推导出的计算 $h(n)$ 的公式:

$$h(n) = \left[y(n) - \sum_{m=0}^{n-1} h(m)x(n-m) \right] \Big/ x(0)$$

由以上公式可逐次迭代求得

$$h(0)=y(0)/x(0)=1/1=1$$

$$h(1)=[y(1)-h(0)x(1)]/x(0)=\left(\frac{1}{2}-\frac{1}{2}\right)\Big/1=0$$

$$h(2)=[y(2)-h(0)x(2)-h(1)x(1)]/x(0)$$

$$= \left[\left(\frac{1}{2} \right)^2 - 0 - 0 \right] \Big/ 1 = \left(\frac{1}{2} \right)^2$$

$$h(3) = [y(3) - h(0)x(3) - h(1)x(2) - h(2)x(1)]/x(0)$$

$$= \left[\left(\frac{1}{2} \right)^3 - 0 - 0 - \left(\frac{1}{2} \right)^3 \right] \Big/ 1 = 0$$

$$h(4) = [y(4) - h(0)x(4) - h(1)x(3) - h(2)x(2) - h(3)x(1)]/x(0)$$

$$= \left[\left(\frac{1}{2} \right)^4 - 0 - 0 - 0 - 0 \right] \Big/ 1 = \left(\frac{1}{2} \right)^4$$

$$\vdots$$

归纳可得　　　　　　　　$h(n) = \begin{cases} \left(\dfrac{1}{2} \right)^n, & n\ 为偶数 \\[2mm] 0, & n\ 为奇数 \end{cases}$

$h(n)$也可表示为　　　　　　$h(n) = \left(\dfrac{1}{2} \right)^n u\left(\dfrac{n}{2} \right)$

　　(2) 由求取得到的 $h(n)$可知

$$4h(n+2) - h(n) = 4\delta(n+2)$$

即　　　　　　　　$h(n+2) - \frac{1}{4}h(n) = \delta(n+2)$

这意味着此探测设备的数学模型为

$$y(n+2) - \frac{1}{4}y(n) = x(n+2)$$

或　　　　　　　　$y(n) - \frac{1}{4}y(n-2) = x(n)$

系统方框图如题图 6-35 所示。

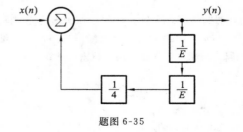

题图 6-35

第7章 z变换、离散时间系统的z域分析

7.1 知识点归纳

1. z变换

（1）定义

$$X(z) = \mathscr{Z}[x(n)] = \begin{cases} \sum_{n=0}^{\infty} x(n)z^{-n}, & \text{单边 } z \text{ 变换} \\ \sum_{n=-\infty}^{\infty} x(n)z^{-n}, & \text{双边 } z \text{ 变换} \end{cases}$$

如果 $x(n)$ 为因果序列，即 $x(n) = x(n)u(n)$，则其双边 z 变换与单边 z 变换等同。由 z 变换的定义可知，序列的 z 变换是复变量 z^{-1} 的幂级数（亦称洛朗级数），其系数是序列 $x(n)$ 值。

（2）收敛域

对于任意给定的有界序列 $x(n)$，使 z 变换定义式级数收敛之所有 z 值的集合，就是 z 变换 $X(z)$ 的收敛域（简写为 ROC）。

① 有限长序列的 z 变换收敛域至少为 $0 < |z| < \infty$，且可能还包括 $z = 0$ 或 $z = \infty$，由序列 $x(n)$ 的形式所决定；

② 右边序列的收敛域是半径为 R_{x_1} 的圆外部分。若 $x(n)$ 起始于一个大于等于 0 的位置，则 ROC 包括 $z = \infty$，即 $|z| > R_{x_1}$；若 $x(n)$ 起始于一个小于 0 的位置，则 ROC 不包括 $z = \infty$，即 $R_{x_1} < |z| < \infty$；

③ 左边序列的收敛域是半径为 R_{x_2} 的圆内部分。若 $x(n)$ 起始于一个大于 0 的位置，则 ROC 不包括 $z = 0$，即 $0 < |z| < R_{x_2}$；若 $x(n)$ 起始于一个小于等于 0 的位置，则 ROC 包括 $z = 0$，即 $|z| < R_{x_2}$；

④ 双边序列的收敛域是一个圆环，即 $R_{x_1} < |z| < R_{x_2}$。

注：本章是原教材第 8 章。

(3) 典型序列的 z 变换

单位样值函数　　　$\mathscr{Z}[\delta(n)]=1,\quad 0 \leqslant |z| \leqslant \infty$

单位阶跃序列　$\mathscr{Z}[u(n)]=\dfrac{z}{z-1}=\dfrac{1}{1-z^{-1}},\quad |z|>1$

斜变序列　　　　$\mathscr{Z}[nu(n)]=\dfrac{z}{(z-1)^2},\quad |z|>1$

指数序列　　$\mathscr{Z}[a^n u(n)]=\dfrac{z}{z-a}=\dfrac{1}{1-az^{-1}},\quad |z|>|a|$

正弦序列　$\mathscr{Z}[\sin(\omega_0 n)u(n)]=\dfrac{z\sin\omega_0}{z^2-2z\cos\omega_0+1},\quad |z|>1$

余弦序列　$\mathscr{Z}[\cos(\omega_0 n)u(n)]=\dfrac{z(z-\cos\omega_0)}{z^2-2z\cos\omega_0+1},\quad |z|>1$

(4) 逆 z 变换

① 围线积分法(留数法)

$$x(n)=\sum_m [X(z)z^{n-1} \text{ 在 } C \text{ 内极点的留数}]$$
$$=\sum_m \mathrm{Res}[X(z)z^{n-1}]_{z=z_m}$$

式中,Res 表示极点的留数,z_m 为 $X(z)z^{n-1}$ 的极点。

若 $X(z)z^{n-1}$ 在 $z=z_m$ 处有 s 阶极点,则它的留数由下式确定

$$\mathrm{Res}[X(z)z^{n-1}]_{z=z_m}=\frac{1}{(s-1)!}\left\{\frac{\mathrm{d}^{s-1}}{\mathrm{d}z^{s-1}}[(z-z_m)^s X(z)z^{n-1}]\right\}_{z=z_m}$$

② 幂级数展开法(长除法)

利用长除法,将有理函数 $X(z)=\dfrac{N(z)}{D(z)}$ 展开为 z^{-1} 的幂级数

$\sum\limits_{n=-\infty}^{\infty}x(n)z^{-n}$,其系数就是序列 $x(n)$。

在进行长除之前,需要将分子和分母多项式 $N(z)$ 和 $D(z)$ 按正确的顺序排列。具体来说,若 $X(z)$ 的 ROC 是 $|z|>R_{x_1}$,则 $x(n)$ 必是右边序列,此时 $N(z),D(z)$ 按 z 的降幂(或 z^{-1} 的升幂)次序进行排列;若 $X(z)$ 的 ROC 是 $|z|<R_{x_2}$,则 $x(n)$ 必是左边序列,此时 $N(z),D(z)$ 按 z 的升幂(或 z^{-1} 的降幂)次序进行排列。

③ 部分分式展开法

若 $X(z)=\dfrac{N(z)}{D(z)}$,其中 $N(z),D(z)$ 均为 z 的多项式,可先将 $\dfrac{X(z)}{z}$ 展开成

一些部分分式之和,然后每个分式都乘以 z,再对每个分式求逆变换,最后相加即可得 $x(n)$。

注意,也可直接将 $X(z)$ 进行展开,若部分分式具有 $\dfrac{c}{z-p}$ 的形式,其中 c 和 p 均为常数,则在求逆变换时,可利用位移性质。

(5) z变换的基本性质

若
$$\mathscr{Z}[x(n)]=X(z), \quad R_{x_1}<|z|<R_{x_2}$$
$$\mathscr{Z}[y(n)]=Y(z), \quad R_{y_1}<|z|<R_{y_2}$$

则:

① 线性性
$$\mathscr{Z}[ax(n)+by(n)]=aX(z)+bY(z) \quad (a,b \text{ 为常数})$$
$$\max(R_{x_1},R_{y_1})<|z|<\min(R_{x_2},R_{y_2})$$

② 位移性(时移特性)

双边 z 变换
$$\mathscr{Z}[x(n\pm m)]=z^{\pm m}X(z), \quad \text{ROC 不变}$$

单边 z 变换
$$\mathscr{Z}[x(n-m)]=z^{-m}\left[X(z)+\sum_{k=-m}^{-1}x(k)z^{-k}\right], \quad \text{ROC 不变}$$
$$\mathscr{Z}[x(n+m)]=z^{m}\left[X(z)-\sum_{k=0}^{m-1}x(k)z^{-k}\right], \quad \text{ROC 不变}$$

注意:序列位移使 z 变换在 $z=0$ 或 $z=\infty$ 处的零极点情况发生变化,因此在 $x(n)$ 是双边序列的情况下,ROC 不会改变,但若 $x(n)$ 为其他类型的序列,则 ROC 可能发生改变。

③ 序列线性加权(z域微分)
$$\mathscr{Z}[nx(n)]=-z\frac{\mathrm{d}}{\mathrm{d}z}X(z), \quad \text{ROC 不变}$$

④ 序列指数加权(z域尺度变换)
$$\mathscr{Z}[a^n x(n)]=X\left(\frac{z}{a}\right), \quad |a|R_{x_1}<|z|<|a|R_{x_2}$$

特别地,当 $a=-1$ 时,
$$\mathscr{Z}[(-1)^n x(n)]=X(-z), \quad \text{ROC 不变}$$

⑤ 初值定理
$$x(0)=\lim_{z\to\infty}X(z)$$

条件：$x(n)$ 是因果序列。

⑥ 终值定理

$$x(\infty) = \lim_{z \to 1}[(z-1)X(z)]$$

条件：$X(z)$ 的极点必须位于单位圆内，在单位圆上只能位于 $z=1$ 且只是一阶极点。

⑦ 时域卷积定理

$$\mathscr{Z}[x(n) * y(n)] = X(z)Y(z)$$

$$\max(R_{x_1}, R_{y_1}) < |z| < \min(R_{x_2}, R_{y_2})$$

⑧ 序列相乘（z 域卷积）

$$\mathscr{Z}[x(n)y(n)] = \frac{1}{2\pi j}\oint_{C_1} X\left(\frac{z}{v}\right)Y(v)v^{-1}\mathrm{d}v = \frac{1}{2\pi j}\oint_{C_2} X(v)Y\left(\frac{z}{v}\right)v^{-1}\mathrm{d}v$$

$$R_{x_1}R_{y_1} < |z| < R_{x_2}R_{y_2}$$

其中，C_1，C_2 分别为 $X\left(\dfrac{z}{v}\right)$ 与 $Y(v)$ 或 $X(v)$ 与 $Y\left(\dfrac{z}{v}\right)$ 收敛域重叠部分内逆时针旋转的围线。

（6）z 变换与拉氏变换的关系

① 抽样信号 $x_s(t) = x(t) \cdot \delta_T(t)$ 的拉氏变换在 $s = \dfrac{1}{T}\ln z$ 的条件下等于抽样所得离散信号 $x(nT)$ 的 z 变换，即

$$\mathscr{L}[x(t) \cdot \delta_T(t)] = X(s)\Big|_{s=\frac{1}{T}\ln z} = X(z) = \mathscr{Z}[x(nT)] \quad (\diamondsuit\ T=1)$$

② 若连续时间信号 $x(t)$ 经均匀抽样构成序列 $x(n)$，且 $\mathscr{L}[x(t)] = X(s)$，$\mathscr{Z}[x(n)] = X(z)$，则

$$X(z) = \sum \mathrm{Res}\left[\frac{zX(s)}{z - \mathrm{e}^{sT}}\right]_{X(s)\text{的诸极点}}$$

2. 离散时间系统的 z 域分析

对于差分方程

$$\sum_{k=0}^{N} a_k y(n-k) = \sum_{r=0}^{M} b_r x(n-r)$$

将等式两边取单边 z 变换，并利用位移特性，可得到

$$Y(z) = \underbrace{\frac{-\displaystyle\sum_{k=0}^{N}\left[a_k z^{-k} \cdot \sum_{l=-k}^{-1} y(l)z^{-l}\right]}{\displaystyle\sum_{k=0}^{N} a_k z^{-k}}}_{Y_{zi}(z)} + \underbrace{X(z) \cdot \frac{\displaystyle\sum_{r=0}^{M} b_r z^{-r}}{\displaystyle\sum_{k=0}^{N} a_k z^{-k}}}_{Y_{zs}(z)}$$

① 上式右边第一项是零输入响应,它由起始状态 $y(l)(-N \leqslant l \leqslant -1)$ 产生;上式右边第二项是零状态响应,这里假设激励 $x(n)$ 是因果序列。

② 离散系统的系统函数

$$H(z) = \frac{Y_{zs}(z)}{X(z)} = \frac{\displaystyle\sum_{r=0}^{M} b_r z^{-r}}{\displaystyle\sum_{k=0}^{N} a_k z^{-k}}$$

$H(z)$ 与单位样值响应 $h(n)$ 是一对 z 变换,即 $\mathscr{Z}[h(n)] = H(z)$。

由差分方程求系统函数,可以对方程进行单边 z 变换,并假设起始状态 $y(l)(-N \leqslant l \leqslant -1)$ 为零;或直接对方程进行双边 z 变换。

③ 系统函数 $H(z)$ 与系统的因果性和稳定性的关系

i) 因果系统的 $H(z)$ 的收敛域必为:$a < |z| \leqslant \infty$;

ii) 稳定系统的 $H(z)$ 的收敛域必包含单位圆在内;

iii) 因果稳定系统的 $H(z)$ 的 ROC 必满足条件:$\begin{cases} a < |z| \leqslant \infty \\ a < 1 \end{cases}$;

iv) 因果稳定系统的所有极点都落在单位圆内。若 $H(z)$ 在单位圆上有一阶极点,但其他极点都在单位圆内,则系统边界稳定。

3. 离散时间系统的频率响应 $H(e^{j\omega})$

频率响应 $H(e^{j\omega})$ 是离散稳定系统在正弦序列作用下的稳态响应特性,即

$$H(e^{j\omega}) = H(z) \Big|_{z=e^{j\omega}}$$

$H(e^{j\omega})$ 与单位样值响应 $h(n)$ 是一对傅里叶变换,即

$$H(e^{j\omega}) = \sum_{n=-\infty}^{\infty} h(n) e^{-j\omega n} = |H(e^{j\omega})| e^{j\varphi(\omega)}$$

其中,$|H(e^{j\omega})|$ 是离散系统的幅度响应,$\varphi(\omega)$ 是相位响应。

离散系统频率响应 $H(e^{j\omega})$ 与连续系统频率响应 $H(j\omega)$ 的最大区别在于前者是周期函数,其周期 $\omega_s = \dfrac{2\pi}{T}$(若令 $T=1$,则 $\omega_s = 2\pi$)。

7.2　释 疑 解 惑

1. 离散时间信号(序列)的表达式

与连续时间信号相比,离散时间信号的表示形式存在多样性,譬如一个

矩形序列,可以用$[u(n)-u(n-3)]$表示,也可以用$[\delta(n)+\delta(n-1)+\delta(n-2)]$来表示。多样性这一点在求逆$z$变换时体现得也很充分,下面举例说明。

已知　　　　　　　$X(z)=\dfrac{z^2+1}{z^2-3z+2}$,　　$|z|>2$

求 $x(n)$。

解法一: 由于　$\dfrac{X(z)}{z}=\dfrac{z^2+1}{z(z-2)(z-1)}=\dfrac{\frac{1}{2}}{z}+\dfrac{\frac{5}{2}}{z-2}+\dfrac{-2}{z-1}$

于是　　　　　　　$X(z)=\dfrac{1}{2}+\dfrac{\frac{5}{2}z}{z-2}-\dfrac{2z}{z-1}$

则　　　　　　　$x(n)=\dfrac{1}{2}\delta(n)+\left[\dfrac{5}{2}\cdot 2^n-2\right]u(n)$

解法二: 由于

$$X(z)=1+\frac{3z-1}{(z-2)(z-1)}=1+\frac{5}{z-2}-\frac{2}{z-1}$$

于是　　　　　　$x(n)=\delta(n)+[5\cdot 2^{n-1}-2]u(n-1)$

　　两种不同解法得到的 $x(n)$ 具有不同的表达形式,但分别由这两个看起来不同的表达式,我们得到的序列都是$\{1,3,8,18,\cdots\}$,由此说明两个表达式都正确。

　　此题要注意,不能对 $X(z)$ 直接进行部分分式展开,因为 $X(z)$ 并非真分式。

2. z 变换的收敛域

　　序列 $x(n)$ 的 z 变换定义为形如 $\displaystyle\sum_{n=-\infty}^{\infty}x(n)z^{-n}$ 的幂级数,故其收敛域以圆周为边界。一般情况下,收敛域的边界有内、外两个圆周,收敛域为两圆周中间所夹区域,即圆环形;当 $x(n)$ 为右边序列时,外圆周的半径变为无穷大;当 $x(n)$ 为左边序列时,内圆周的半径缩小为 0。还要注意一点,在收敛域内不包含 $X(z)$ 的任何极点,因为根据极点的概念可知,极点可使 $X(z)$ 的值为无限大,而 $X(z)=\displaystyle\sum_{n=-\infty}^{\infty}x(n)z^{-n}$,使 $X(z)$ 的值无限大,就是使级数 $\displaystyle\sum_{n=-\infty}^{\infty}x(n)z^{-n}$ 发散,所以极点不可能位于收敛区域内,一定位于其之外。亦由此可知,对于有限长度的序列,其极点(若有的话)一定是在 $z=0$ 或 $z=\infty$,在其他点处,是不可能存在其极点的。

3. 利用 z 变换解差分方程

若已知差分方程和初始条件,可利用单边 z 变换求解差分方程,获得全响应 $y(n)$。但由于差分方程有前向形式和后向形式两种,初始条件可能是 $y(-1),y(-2),\cdots$,也可能是 $y(0),y(1),\cdots$,其中前一种初始条件代表系统的初始状态值,后一种初始条件则代表系统的全响应在 $n=0,1,\cdots$ 时刻的值,在对差分方程进行单边 z 变换,并利用位移性质之后,所需的初始值并非所给的初始值,这时应该善于利用迭代方法。下面举例说明。

已知
$$y(n)-0.9y(n-1)=0.05u(n)$$
且
$$y(0)=0.95$$
求 $y(n)$。

解法一: 若直接对所给差分方程进行单边 z 变换,可得

$$(1-0.9z^{-1})Y(z)-0.9y(-1)=0.05 \cdot \frac{z}{z-1} \qquad ①$$

可见需要的初始值为 $y(-1)$,而非题目所给的 $y(0)$,这时可用迭代方法,令差分方程中 $n=0$,可得

$$y(0)-0.9y(-1)=0.05$$

将 $y(0)=0.95$ 代入上式,解得 $y(-1)=1$,然后将 $y(-1)=1$ 代入式①中可求得

$$Y(z)=\frac{z(0.95z-0.9)}{(z-1)(z-0.9)}$$

求逆 z 变换得

$$y(n)=[0.5+0.45(0.9)^n]u(n)$$

解法二: 在解法一中所遇到的问题,也可通过将差分方程进行变化而解决:将差分方程中各项的序号加 1,得

$$y(n+1)-0.9y(n)=0.05u(n+1)$$

再对其进行单边 z 变换,有

$$(z-0.9)Y(z)-zy(0)=\frac{0.05z}{z-1} \cdot z-z \cdot 0.05$$

将所给 $y(0)$ 的值代入并整理可得

$$Y(z)=\frac{0.05z^2+0.9z(z-1)}{(z-1)(z-0.9)}=\frac{z(0.95z-0.9)}{(z-1)(z-0.9)}$$

显然求逆变换可得到相同的 $y(n)$。

在这种解法中，要注意方程的右边也是取的单边 z 变换，若令 $x(n)=0.05u(n)$，则 $x(n+1)=0.05u(n+1)$，对其进行单边 z 变换得 $zX(z)-zx(0)$，也就是 $\dfrac{0.05z^2}{z-1}-0.05z$，若方程右边没处理好，就会出错。

7.3　习 题 详 解

7-1　求下列序列的 z 变换 $X(z)$，并标明收敛域，绘出 $X(z)$ 的零、极点分布图。

(1) $\left(\dfrac{1}{2}\right)^n u(n)$　　　　　(2) $\left(-\dfrac{1}{4}\right)^n u(n)$

(3) $\left(\dfrac{1}{3}\right)^{-n} u(n)$　　　　　(4) $\left(\dfrac{1}{3}\right)^n u(-n)$

(5) $-\left(\dfrac{1}{2}\right)^n u(-n-1)$　　　(6) $\delta(n+1)$

(7) $\left(\dfrac{1}{2}\right)^n [u(n)-u(n-10)]$　(8) $\left(\dfrac{1}{2}\right)^n u(n)+\left(\dfrac{1}{3}\right)^n u(n)$

(9) $\delta(n)-\dfrac{1}{8}\delta(n-3)$

解　(1) 根据 z 变换定义有

$$X(z)=\sum_{n=-\infty}^{\infty}\left(\frac{1}{2}\right)^n u(n)z^{-n}=\sum_{n=0}^{\infty}\left(\frac{1}{2z}\right)^n$$
$$=\frac{1}{1-\dfrac{1}{2z}}=\frac{z}{z-\dfrac{1}{2}}\quad\left(|z|>\frac{1}{2}\right)$$

$X(z)$ 的零、极点分布图如题图 7-1(a)所示。

(2) 根据 z 变换定义有

$$X(z)=\sum_{n=-\infty}^{\infty}\left(-\frac{1}{4}\right)^n u(n)z^{-n}=\sum_{n=0}^{\infty}\left(-\frac{1}{4z}\right)^n$$
$$=\frac{1}{1+\dfrac{1}{4z}}=\frac{z}{z+\dfrac{1}{4}}\quad\left(|z|>\frac{1}{4}\right)$$

$X(z)$ 的零、极点分布图如题图 7-1(b)所示。

(3) 根据 z 变换定义有

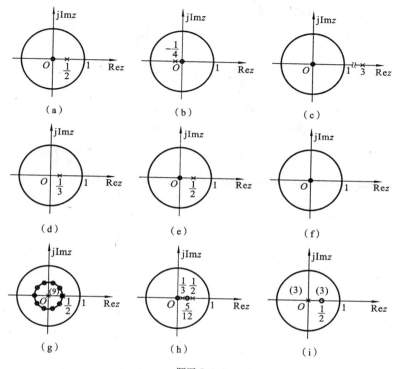

题图 7-1

$$X(z) = \sum_{n=-\infty}^{\infty} \left(\frac{1}{3}\right)^{-n} u(n) z^{-n} = \sum_{n=0}^{\infty} \left(\frac{3}{z}\right)^{n} = \frac{1}{1 - \dfrac{3}{z}} = \frac{z}{z-3} \quad (\mid z \mid > 3)$$

$X(z)$ 的零、极点分布图如题图 7-1(c)所示。

（4）根据 z 变换定义有

$$X(z) = \sum_{n=-\infty}^{\infty} \left(\frac{1}{3}\right)^{n} u(-n) z^{-n} = \sum_{n=0}^{-\infty} \left(\frac{1}{3z}\right)^{n} = \sum_{n=0}^{\infty} (3z)^{n}$$

$$= \frac{1}{1 - 3z} = -\frac{\dfrac{1}{3}}{z - \dfrac{1}{3}} \quad \left(\mid z \mid < \frac{1}{3}\right)$$

$X(z)$ 的零、极点分布图如题图 7-1(d)所示。

（5）根据 z 变换定义有

$$X(z) = -\sum_{n=-\infty}^{\infty} \left(\frac{1}{2}\right)^n u(-n-1) z^{-n} = -\sum_{n=-1}^{-\infty} \left(\frac{1}{2z}\right)^n = -\sum_{n=1}^{\infty} (2z)^n$$

$$= -\frac{2z}{1-2z} = \frac{z}{z-\frac{1}{2}} \quad \left(|z| < \frac{1}{2}\right)$$

$X(z)$ 的零、极点分布图如题图 7-1(e) 所示。

（6）根据 z 变换定义有

$$X(z) = \sum_{n=-\infty}^{\infty} \delta(n+1) z^{-n} = 1 \cdot z^{-(-1)} = z \quad (|z| < \infty)$$

$X(z)$ 有一个零点在 $z=0$，无有限极点。其零、极点分布图如题图 7-1(f) 所示。

（7）根据 z 变换定义有

$$X(z) = \sum_{n=-\infty}^{\infty} \left(\frac{1}{2}\right)^n [u(n) - u(n-10)] z^{-n} = \sum_{n=0}^{9} \left(\frac{1}{2}\right)^n z^{-n}$$

$$= \sum_{n=0}^{9} \left(\frac{1}{2z}\right)^n = \frac{1 - \left(\frac{1}{2z}\right)^{10}}{1 - \frac{1}{2z}} = \frac{z^{10} - z^{-10}}{z^9 \left(z - \frac{1}{2}\right)} \quad (|z| > 0)$$

可见 $X(z)$ 有十个一阶零点，它们是 $z_k = \frac{1}{2} e^{j\frac{k\pi}{5}}$，$(k=0,1,\cdots,9)$，其中 $z_0 = \frac{1}{2}$ 与极点 $p = \frac{1}{2}$ 相抵消；$X(z)$ 在 $p=0$ 处有个九阶极点。其零、极点分布图如题图 7-1(g) 所示。

（8）根据 z 变换定义有

$$X(z) = \sum_{n=-\infty}^{\infty} \left(\frac{1}{2}\right)^n u(n) z^{-n} + \sum_{n=-\infty}^{\infty} \left(\frac{1}{3}\right)^n u(n) z^{-n}$$

$$= \sum_{n=0}^{\infty} \left(\frac{1}{2z}\right)^n + \sum_{n=0}^{\infty} \left(\frac{1}{3z}\right)^n$$

级数 $\sum\limits_{n=0}^{\infty} \left(\frac{1}{2z}\right)^n$ 的收敛域为 $|z| > \frac{1}{2}$，且

$$\sum_{n=0}^{\infty} \left(\frac{1}{2z}\right)^n = \frac{z}{z - \frac{1}{2}}$$

级数 $\sum\limits_{n=0}^{\infty}\left(\dfrac{1}{3z}\right)^{n}$ 的收敛域为 $|z|>\dfrac{1}{3}$,且

$$\sum_{n=0}^{\infty}\left(\frac{1}{3z}\right)^{n}=\frac{z}{z-\dfrac{1}{3}}$$

故

$$X(z)=\frac{z}{z-\dfrac{1}{2}}+\frac{z}{z-\dfrac{1}{3}}\quad\left(|z|>\frac{1}{2}\right)$$

$$=\frac{2z\left(z-\dfrac{5}{12}\right)}{\left(z-\dfrac{1}{2}\right)\left(z-\dfrac{1}{3}\right)}\quad\left(|z|>\frac{1}{2}\right)$$

可见 $X(z)$ 的两个零点分别位于 $z_1=0,z_2=\dfrac{5}{12}$,两个极点分别位于 $p_1=\dfrac{1}{2}$,

$p_2=\dfrac{1}{3}$。

其零、极点分布图如题图 7-1(h)所示。

（9）根据 z 变换定义有

$$X(z)=\sum_{n=-\infty}^{\infty}\left[\delta(n)-\frac{1}{8}\delta(n-3)\right]z^{-n}$$

$$=1\cdot z^{0}-\frac{1}{8}z^{-3}=1-\frac{1}{8}z^{-3}=\frac{z^{3}-\dfrac{1}{8}}{z^{3}}\quad(|z|>0)$$

可见 $X(z)$ 在 $z=\dfrac{1}{2}$ 有个三阶零点,在 $p=0$ 有个三阶极点。其零、极点分布图如题图 7-1(i)所示。

7-2　求双边序列 $x(n)=\left(\dfrac{1}{2}\right)^{|n|}$ 的 z 变换,并标明收敛域及绘出零、极点分布图。

解　$x(n)=\left(\dfrac{1}{2}\right)^{|n|}=\left(\dfrac{1}{2}\right)^{n}u(n)+\left(\dfrac{1}{2}\right)^{-n}u(-n-1)$

或可将 $x(n)$ 表示为

$$x(n)=\left(\frac{1}{2}\right)^{n}u(n-1)+\left(\frac{1}{2}\right)^{-n}u(-n)$$

于是根据 z 变换的定义有

$$X(z)=\sum_{n=0}^{\infty}\left(\frac{1}{2}\right)^{n}z^{-n}+\sum_{n=-\infty}^{-1}\left(\frac{1}{2}\right)^{-n}z^{-n}$$

$$\left(\text{或 } X(z) = \sum_{n=1}^{\infty}\left(\frac{1}{2}\right)^{n}z^{-n} + \sum_{n=-\infty}^{0}\left(\frac{1}{2}\right)^{-n}z^{-n}\right)$$

$$= \sum_{n=0}^{\infty}\left(\frac{1}{2z}\right)^{n} + \sum_{n=1}^{\infty}\left(\frac{z}{2}\right)^{n}$$

$$= \frac{1}{1-\dfrac{1}{2z}} + \frac{\dfrac{z}{2}}{1-\dfrac{z}{2}}$$

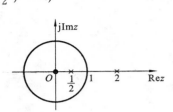

其中,第一项的收敛域为 $|z|>\dfrac{1}{2}$,第二项

的收敛域为 $|z|<2$,因此

题图 7-2

$$X(z) = \frac{-1.5z}{(z-0.5)(z-2)} \quad \left(\frac{1}{2}<|z|<2\right)$$

$X(z)$ 的零、极点分布图如题图 7-2 所示。

　　7-3 求下列序列的 z 变换,并标明收敛域,绘出零极点分布图。

　　(1) $x(n)=Ar^{n}\cos(n\omega_0+\phi)\cdot u(n)$ 　 $(0<r<1)$

　　(2) $x(n)=R_N(n)=u(n)-u(n-N)$

　　解　(1) 由于

$$\cos(n\omega_0+\phi) = \frac{1}{2}\left[e^{j(n\omega_0+\phi)}+e^{-j(n\omega_0+\phi)}\right] = \frac{1}{2}\left[e^{jn\omega_0}\cdot e^{j\phi}+e^{-jn\omega_0}\cdot e^{-j\phi}\right]$$

因此　　　　　　　$x(n)=Ar^{n}\cos(n\omega_0+\phi)u(n)$

$$= \frac{1}{2}A\left[r^{n}e^{jn\omega_0}e^{j\phi}+r^{n}e^{-jn\omega_0}e^{-j\phi}\right]u(n)$$

$$= \frac{1}{2}A\left[e^{j\phi}(re^{j\omega_0})^{n}+e^{-j\phi}(re^{-j\omega_0})^{n}\right]u(n) \quad (0<r<1)$$

又知　　　　　　$\mathscr{Z}\{(re^{j\omega_0})^{n}u(n)\} = \dfrac{z}{z-re^{j\omega_0}} \quad (|z|>r)$

$$\mathscr{Z}\{(re^{-j\omega_0})^{n}u(n)\} = \frac{z}{z-re^{-j\omega_0}} \quad (|z|>r)$$

故　　　　　　$X(z) = \dfrac{1}{2}A\left(\dfrac{ze^{j\phi}}{z-re^{j\omega_0}}+\dfrac{ze^{-j\phi}}{z-re^{-j\omega_0}}\right)$

$$= \frac{1}{2}A\frac{2z^{2}\cos\phi-2zr\cos(\omega_0-\phi)}{z^{2}-2zr\cos\omega_0+r^{2}}$$

$$= A\frac{z^{2}\cos\phi-zr\cos(\omega_0-\phi)}{z^{2}-2zr\cos\omega_0+r^{2}} \quad (|z|>r)$$

$$= A \frac{z[z\cos\phi - r\cos(\omega_0 - \phi)]}{(z - re^{j\omega_0})(z - re^{-j\omega_0})} \quad (|z| > r)$$

可见 $X(z)$ 的零点 $z_1 = 0, z_2 = \dfrac{r\cos(\omega_0 - \phi)}{\cos\phi}$，极点 $p_1 = re^{j\omega_0}, p_2 = re^{-j\omega_0}$。

零、极点分布图如题图 7-3(a) 所示。

(2) 根据 z 变换定义有

$$X(z) = \sum_{n=0}^{N-1} z^{-n} = \frac{1 - \left(\frac{1}{z}\right)^N}{1 - \frac{1}{z}} = \frac{1 - z^{-N}}{1 - z^{-1}} = \frac{z^N - 1}{z^{N-1}(z-1)} \quad (|z| > 0)$$

可见 $X(z)$ 有 N 个一阶零点，均匀分布在单位圆周上，其中位于 $z=1$ 处的零点与同样位于该处的一个极点抵消掉；而 $X(z)$ 的极点只有一个 $(N-1)$ 阶的，位于 $p=0$。

题图 7-3(b) 所示的零、极点分布图是以 $N=12$ 为例。

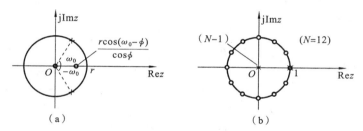

题图 7-3

7-4 直接从下列 z 变换看出它们所对应的序列。

(1) $X(z) = 1 \quad (|z| \leqslant \infty)$

(2) $X(z) = z^3 \quad (|z| < \infty)$

(3) $X(z) = z^{-1} \quad (0 < |z| \leqslant \infty)$

(4) $X(z) = -2z^{-2} + 2z + 1 \quad (0 < |z| < \infty)$

(5) $X(z) = \dfrac{1}{1 - az^{-1}} \quad (|z| > a)$

(6) $X(z) = \dfrac{1}{1 - az^{-1}} \quad (|z| < a)$

解 根据单位样值函数的 z 变换、z 变换的位移性以及原教材的表 8-2 和表 8-3 可直接得知

(1) $x(n)=\delta(n)$ (2) $x(n)=\delta(n+3)$

(3) $x(n)=\delta(n-1)$ (4) $x(n)=-2\delta(n-2)+2\delta(n+1)+\delta(n)$

(5) $x(n)=a^n u(n)$ (6) $x(n)=-a^n u(-n-1)$

7-5 求下列 $X(z)$ 的逆变换 $x(n)$。

(1) $X(z)=\dfrac{1}{1+0.5z^{-1}}$ $(|z|>0.5)$

(2) $X(z)=\dfrac{1-0.5z^{-1}}{1+\dfrac{3}{4}z^{-1}+\dfrac{1}{8}z^{-2}}$ $\left(|z|>\dfrac{1}{2}\right)$

(3) $X(z)=\dfrac{1-\dfrac{1}{2}z^{-1}}{1-\dfrac{1}{4}z^{-2}}$ $\left(|z|>\dfrac{1}{2}\right)$

(4) $X(z)=\dfrac{1-az^{-1}}{z^{-1}-a}$ $\left(|z|>\left|\dfrac{1}{a}\right|\right)$

解 (1) 由 $a^n u(n)\leftrightarrow\dfrac{1}{1-az^{-1}}(|z|>|a|)$ 知

$$x(n)=(-0.5)^n u(n)$$

(2) 由于

$$X(z)=\frac{1-0.5z^{-1}}{1+\frac{3}{4}z^{-1}+\frac{1}{8}z^{-2}}=\frac{1-0.5z^{-1}}{\left(1+\frac{2}{4}z^{-1}\right)\left(1+\frac{1}{4}z^{-1}\right)}$$

$$=\frac{4}{1+\frac{1}{2}z^{-1}}-\frac{3}{1+\frac{1}{4}z^{-1}}\quad\left(|z|>\frac{1}{2}\right)$$

故

$$x(n)=\left[4\left(-\frac{1}{2}\right)^n-3\left(-\frac{1}{4}\right)^n\right]u(n)$$

(3) 由于 $X(z)=\dfrac{1-\dfrac{1}{2}z^{-1}}{1-\dfrac{1}{4}z^{-2}}=\dfrac{1-\dfrac{1}{2}z^{-1}}{\left(1-\dfrac{1}{2}z^{-1}\right)\left(1+\dfrac{1}{2}z^{-1}\right)}$

$$=\frac{1}{1+\frac{1}{2}z^{-1}}\quad\left(|z|>\frac{1}{2}\right)$$

故

$$x(n)=\left(-\frac{1}{2}\right)^n u(n)$$

(4) 由于 $X(z)=\dfrac{1-az^{-1}}{z^{-1}-a}=-a+\dfrac{1-a^2}{z^{-1}-a}$

$$= -a - \frac{\dfrac{1}{a} - a}{1 - \dfrac{1}{a} z^{-1}} \quad \left(|z| > \left| \dfrac{1}{a} \right| \right)$$

故
$$x(n) = -a\delta(n) + \left(a - \dfrac{1}{a} \right) \left(\dfrac{1}{a} \right)^n u(n)$$

7-6　利用三种逆 z 变换方法求下列 $X(z)$ 的逆变换 $x(n)$。

$$X(z) = \frac{10z}{(z-1)(z-2)} \quad (|z| > 2)$$

解　分别采用部分分式展开法、留数法和幂级数展开法来求 $x(n)$。

（1）部分分式展开法

由于
$$\frac{X(z)}{z} = \frac{10}{(z-1)(z-2)} = \frac{10}{z-2} - \frac{10}{z-1}$$

即
$$X(z) = \frac{10z}{z-2} - \frac{10z}{z-1} \quad (|z| > 2)$$

上式右边第一项的收敛域显然为 $|z| > 2$，第二项的收敛域应为 $|z| > 1$，故
$$x(n) = 10(2^n - 1)u(n)$$

（2）留数法

因为 $X(z)$ 的收敛域为 $|z| > 2$，由此可判断 $x(n)$ 必为一右边序列。

$$x(n) = \sum_m \text{Res}[X(z)z^{n-1}]_{z=z_m} = \sum_m \text{Res}\left[\frac{10z^n}{(z-1)(z-2)} \right]_{z=z_m}$$

当 $n \geqslant 0$ 时，$X(z)z^{n-1}$ 只有两个一阶极点 $z=1$ 和 $z=2$，易求得

$$\text{Res}\left[\frac{10z^n}{(z-1)(z-2)} \right]_{z=1} = -10$$

$$\text{Res}\left[\frac{10z^n}{(z-1)(z-2)} \right]_{z=2} = 10 \cdot 2^n$$

当 $n < 0$ 时，$X(z)z^{n-1}$ 除了 $z=1$ 和 $z=2$ 这两个一阶极点之外，在 $z=0$ 处也有极点，且其阶数随着 n 值而改变。为简单起见，可利用在 $z=\infty$ 的留数，因为对于 $X(z)z^{n-1}$ 来说，它在所有极点处的留数之和等于 0，即当 $n < 0$ 时，

$$x(n) = -\text{Res}\left[\frac{10z^n}{(z-1)(z-2)} \right]_{z=\infty}$$

又
$$\text{Res}\left[\frac{10z^n}{(z-1)(z-2)} \right]_{z=\infty} = -\text{Res}\left[\frac{10z^{-n}}{\left(\dfrac{1}{z} - 1 \right) \left(\dfrac{1}{z} - 2 \right)} \cdot \frac{1}{z^2} \right]_{z=0}$$

$$= -\text{Res}\left[\frac{5z^{-n}}{(z-1)(z-0.5)} \right]_{z=0}$$

显然当 $n<0$ 时，$z=0$ 并非 $\dfrac{5z^{-n}}{(z-1)(z-0.5)}$ 的极点（或可理解为可去的），故

$$\text{Res}\left[\dfrac{10z^n}{(z-1)(z-2)}\right]_{z=\infty}=-\text{Res}\left[\dfrac{5z^{-n}}{(z-1)(z-0.5)}\right]_{z=0}=0$$

从而有　　　　　　　　　　$x(n)=0,\quad$ 当 $n<0$ 时

综上所述，有　　　　　　　$x(n)=10\cdot(2^n-1)u(n)$

（3）幂级数展开法

前面已分析过，$x(n)$ 是一右边序列，因此 $X(z)$ 的分子、分母多项式应按 z 的降幂顺序排成以下形式

$$X(z)=\dfrac{10z}{z^2-3z+2}$$

然后进行长除

$$
\begin{array}{r}
10z^{-1}+30z^{-2}+70z^{-3}+\cdots \\
z^2-3z+2\overline{)\,10z\phantom{-30+20z^{-1}}} \\
10z-30+20z^{-1} \\
\hline
30-20z^{-1} \\
30-90z^{-1}+60z^{-2} \\
\hline
70z^{-1}-60z^{-2} \\
70z^{-1}-210z^{-2}+140z^{-3} \\
\hline
150z^{-2}-140z^{-3} \\
\vdots
\end{array}
$$

即　　$X(z)=10z^{-1}+30z^{-2}+70z^{-3}+\cdots=\displaystyle\sum_{n=1}^{\infty}10\cdot(2^n-1)z^{-n}$

从而知　　　　　　$x(n)=10\cdot(2^n-1)u(n-1)$

考虑到当 $n=0$ 时，$2^n-1=0$，故 $x(n)$ 也可表示为

$$x(n)=10\cdot(2^n-1)u(n)$$

7-7　已知 $x(n)$ 的 z 变换为 $X(z)$，试证明下列关系。

（1）$\mathscr{Z}[a^nx(n)]=X\left(\dfrac{z}{a}\right)$　　　　（2）$\mathscr{Z}[\mathrm{e}^{-an}x(n)]=X(\mathrm{e}^az)$

（3）$\mathscr{Z}[nx(n)]=-z\dfrac{\mathrm{d}X(z)}{\mathrm{d}z}$　　　（4）$\mathscr{Z}[x^*(n)]=X^*(z^*)$

（对于以上各式可为单边，也可为双边 z 变换）

证明　以下证明过程皆由 z 变换的定义出发，且利用的是双边 z 变换。

(1) $\mathscr{Z}[a^n x(n)] = \sum_{n=-\infty}^{\infty} a^n x(n) z^{-n} = \sum_{n=-\infty}^{\infty} x(n) \left(\frac{z}{a}\right)^{-n} = X\left(\frac{z}{a}\right)$

(2) $\mathscr{Z}[e^{-an} x(n)] = \sum_{n=-\infty}^{\infty} e^{-an} x(n) z^{-n} = \sum_{n=-\infty}^{\infty} x(n)(e^a z)^{-n} = X(e^a z)$

(3) 由 $x(n)$ 的 z 变换

$$X(z) = \sum_{n=-\infty}^{\infty} x(n) z^{-n}$$

两边对 z 求导,有　　$\dfrac{\mathrm{d}X(z)}{\mathrm{d}z} = -\sum_{n=-\infty}^{\infty} n x(n) z^{-n-1}$

两边同乘以 $(-z)$,有　　$-z \dfrac{\mathrm{d}X(z)}{\mathrm{d}z} = \sum_{n=-\infty}^{\infty} n x(n) z^{-n}$

可见　　$\mathscr{Z}[n x(n)] = -z \dfrac{\mathrm{d}X(z)}{\mathrm{d}z}$

(4) $\mathscr{Z}[x^*(n)] = \sum_{n=-\infty}^{\infty} x^*(n) z^{-n} = \sum_{n=-\infty}^{\infty} x^*(n)[(z^*)^{-n}]^*$

$\qquad = \sum_{n=-\infty}^{\infty} [x(n)(z^*)^{-n}]^* = [X(z^*)]^* = X^*(z^*)$

以上各 z 变换的性质得以证明。

7-8　已知 $x(n)$ 的双边 z 变换为 $X(z)$,证明

$$\mathscr{Z}[x(-n)] = X(z^{-1})$$

证明　由双边 z 变换定义有

$$\mathscr{Z}[x(-n)] = \sum_{n=-\infty}^{\infty} x(-n) z^{-n} \xrightarrow{\text{令 } m=-n} \sum_{m=\infty}^{-\infty} x(m) z^m$$

$$= \sum_{m=-\infty}^{\infty} x(m)(z^{-1})^{-m} = X(z^{-1})$$

命题得证。

7-9　利用幂级数展开法求 $X(z) = e^z (|z| < \infty)$ 所对应的序列 $x(n)$。

解　复指数函数是全平面解析的函数,其在 $z=0$ 处的泰勒展式为

$$e^z = \sum_{n=0}^{\infty} \frac{z^n}{n!}$$

由　　$X(z) = e^z = \sum_{n=0}^{\infty} \frac{z^n}{n!}$

令 $m=-n$,有

$$X(z) = \sum_{m=0}^{-\infty} \frac{z^{-m}}{(-m)!}$$

再令 $n=m$,可得

$$X(z) = \sum_{n=-\infty}^{0} \frac{1}{(-n)!} z^{-n}$$

即 $X(z)$ 的幂级数展开式为 $\sum\limits_{n=-\infty}^{0} \frac{1}{(-n)!} z^{-n}$,取系数部分,再考虑 n 的取值范围可得

$$x(n) = \frac{1}{(-n)!} u(-n)$$

7-10 求下列 $X(z)$ 的逆变换 $x(n)$。

(1) $X(z) = \dfrac{10}{(1-0.5z^{-1})(1-0.25z^{-1})}$ ($|z|>0.5$)

(2) $X(z) = \dfrac{10z^2}{(z-1)(z+1)}$ ($|z|>1$)

(3) $X(z) = \dfrac{1+z^{-1}}{1-2z^{-1}\cos\omega+z^{-2}}$ ($|z|>1$)

解 (1) 由于收敛域为 $|z|>0.5$,因此 $x(n)$ 为右边序列。对 $X(z)$ 进行部分分式展开可得

$$X(z) = \frac{20}{1-0.5z^{-1}} - \frac{10}{1-0.25z^{-1}}$$

于是有 $x(n) = [20 \cdot (0.5)^n - 10 \cdot (0.25)^n] u(n)$

(2) 由于收敛域为 $|z|>1$,因此 $x(n)$ 为右边序列。对 $X(z)$ 进行部分分式展开可得

$$X(z) = \frac{5z}{z-1} + \frac{5z}{z+1}$$

于是有 $x(n) = 5[1+(-1)^n]u(n)$

(3) 由于收敛域为 $|z|>1$,因此 $x(n)$ 为右边序列。由

$$X(z) = \frac{1+z^{-1}}{1-2z^{-1}\cos\omega+z^{-2}} = \frac{1+z^{-1}}{1-z^{-1}(e^{j\omega}+e^{-j\omega})+z^{-2}}$$

$$= \frac{1+z^{-1}}{(z^{-1}-e^{j\omega})(z^{-1}-e^{-j\omega})} = \frac{\dfrac{1+e^{j\omega}}{e^{j\omega}-e^{-j\omega}}}{z^{-1}-e^{j\omega}} + \frac{\dfrac{1+e^{-j\omega}}{e^{-j\omega}-e^{j\omega}}}{z^{-1}-e^{-j\omega}}$$

$$= \frac{-\dfrac{1+e^{-j\omega}}{e^{j\omega}-e^{-j\omega}}}{1-e^{-j\omega}z^{-1}} + \frac{\dfrac{1+e^{j\omega}}{e^{j\omega}-e^{-j\omega}}}{1-e^{j\omega}z^{-1}}$$

于是有

$$x(n) = \left[-\frac{1 + e^{-j\omega}}{2j\sin\omega} e^{-jn\omega} + \frac{1 + e^{j\omega}}{2j\sin\omega} e^{jn\omega} \right] u(n)$$

$$= \frac{\sin(n+1)\omega + \sin n\omega}{\sin\omega} u(n)$$

7-11　求下列 $X(z)$ 的逆变换 $x(n)$。

（1）$X(z) = \dfrac{z^{-1}}{(1 - 6z^{-1})^2}$ 　　　$(|z| > 6)$

（2）$X(z) = \dfrac{z^{-2}}{1 + z^{-2}}$ 　　　$(|z| > 1)$

解　（1）注意到　　$X(z) = \dfrac{z^{-1}}{(1 - 6z^{-1})^2} = \dfrac{z}{(z - 6)^2}$ 　　$(|z| > 6)$

由变换对　　　　$\mathscr{Z}[6^n u(n)] = \dfrac{z}{z - 6}$ 　　$(|z| > 6)$

然后利用 z 域微分性质有

$$\mathscr{Z}[n 6^n u(n)] = -z \frac{\mathrm{d}\left(\dfrac{z}{z - 6}\right)}{\mathrm{d}z} = \frac{6z}{(z - 6)^2} \quad (|z| > 6)$$

可知所求　　　　$x(n) = \dfrac{1}{6} n 6^n u(n) = n 6^{n-1} u(n)$

（2）因为

$$X(z) = \frac{z^{-2}}{1 + z^{-2}} = \frac{1}{z^2 + 1} = \frac{1}{(z + j)(z - j)} = \frac{\frac{1}{2}j}{z + j} - \frac{\frac{1}{2}j}{z - j} \quad (|z| > 1)$$

所以　$x(n) = \dfrac{j}{2}\left[(-j)^{n-1} - j^{n-1}\right] u(n-1) = \dfrac{j}{2}\left[j \cdot (-j)^n + j \cdot j^n\right] u(n-1)$

$$= -\frac{1}{2}\left(e^{-j\frac{n\pi}{2}} + e^{j\frac{n\pi}{2}}\right) u(n-1) = -\cos\left(\frac{n\pi}{2}\right) u(n-1)$$

注：此题还可用另一种解法，如下所示。

$$X(z) = \frac{z^{-2}}{1 + z^{-2}} = 1 - \frac{1}{1 + z^{-2}} = 1 - \frac{1}{(j - z^{-1})(-j - z^{-1})}$$

$$= 1 + \frac{\frac{1}{2j}}{j - z^{-1}} - \frac{\frac{1}{2j}}{-j - z^{-1}}$$

$$= 1 - \frac{\frac{1}{2}}{1 + jz^{-1}} - \frac{\frac{1}{2}}{1 - jz^{-1}} \quad (|z| > 1)$$

从而　　　　$x(n) = \delta(n) - \left[\frac{1}{2}(-j)^n + \frac{1}{2}(j)^n\right] u(n)$

$$= \delta(n) - \cos\left(\frac{n\pi}{2}\right)u(n)$$

7-12 画出 $X(z) = \dfrac{-3z^{-1}}{2-5z^{-1}+2z^{-2}}$ 的

零、极点分布图,在下列三种收敛域下,哪
种情况对应左边序列,右边序列,双边序
列? 并求各对应序列。

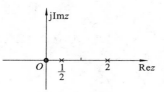

题图 7-12

(1) $|z| > 2$

(2) $|z| < 0.5$

(3) $0.5 < |z| < 2$

解　因为

$$X(z) = \frac{-3z^{-1}}{2-5z^{-1}+2z^{-2}} = \frac{-3z}{2z^2-5z+2} = \frac{-\dfrac{3}{2}z}{\left(z-\dfrac{1}{2}\right)(z-2)}$$

可见 $X(z)$ 的零点为 $z=0$,极点为 $p_1 = \dfrac{1}{2}$ 和 $p_2 = 2$。

$X(z)$ 的零、极点分布图如题图 7-12 所示。对 $X(z)$ 进行部分分式展开,得

$$X(z) = \frac{z}{z-\dfrac{1}{2}} - \frac{z}{z-2}$$

(1) 当 $|z| > 2$ 时,对应右边序列,此时

$$x(n) = \left[\left(\frac{1}{2}\right)^n - 2^n\right]u(n)$$

(2) 当 $|z| < 0.5$ 时,对应左边序列,此时

$$x(n) = \left[2^n - \left(\frac{1}{2}\right)^n\right]u(-n-1)$$

(3) 当 $0.5 < |z| < 2$ 时,对应一个双边序列,此时

$$x(n) = \left(\frac{1}{2}\right)^n u(n) + 2^n u(-n-1)$$

7-13 已知因果序列的 z 变换 $X(z)$,求序列的初值 $x(0)$ 与终值 $x(\infty)$。

(1) $X(z) = \dfrac{1+z^{-1}+z^{-2}}{(1-z^{-1})(1-2z^{-1})}$

(2) $X(z) = \dfrac{1}{(1-0.5z^{-1})(1+0.5z^{-1})}$

(3) $X(z) = \dfrac{z^{-1}}{1 - 1.5z^{-1} + 0.5z^{-2}}$

解　(1) 根据初值定理有

$$x(0) = \lim_{z \to \infty} X(z) = \lim_{z \to \infty} \frac{1 + z^{-1} + z^{-2}}{(1 - z^{-1})(1 - 2z^{-1})} = 1$$

对于终值定理,只有当 $X(z)$ 的极点位于单位圆内(或在 $z=1$ 仅为一阶),才可应用终值定理,因为只有满足以上条件,才可保证当 $n \to \infty$ 时,$x(n)$ 收敛。现在对于所给 $X(z)$,它有一个极点 $z=2$ 位于单位圆外,因而 $x(\infty)$ 不存在。

(2) 根据初值定理有

$$x(0) = \lim_{z \to \infty} X(z) = \lim_{z \to \infty} \frac{1}{(1 - 0.5z^{-1})(1 + 0.5z^{-1})} = 1$$

根据终值定理有

$$x(\infty) = \lim_{z \to 1}[(z-1)X(z)]$$

$$= \lim_{z \to 1}(z-1) \frac{z^2}{(z - 0.5)(z + 0.5)} = 0$$

(3) 根据初值定理有

$$x(0) = \lim_{z \to \infty} X(z) = \lim_{z \to \infty} \frac{z^{-1}}{1 - 1.5z^{-1} + 0.5z^{-2}} = 0$$

根据终值定理有

$$x(\infty) = \lim_{z \to 1}[(z-1)X(z)] = \lim_{z \to 1}(z-1) \frac{z}{(z-1)(z-0.5)}$$

$$= \lim_{z \to 1} \frac{z}{z - 0.5} = 2$$

7-14　已知 $X(z) = \ln\left(1 + \dfrac{a}{z}\right)$ ($|z| > |a|$),求对应的序列 $x(n)$。

[提示:利用级数展开式 $\ln(1 + y) = \displaystyle\sum_{n=1}^{\infty} (-1)^{n+1} \frac{y^n}{n}$, $|y| < 1$]

解　因为 $|z| > |a|$,所以 $\left|\dfrac{a}{z}\right| < 1$,满足级数展开条件,于是有

$$X(z) = \ln\left(1 + \frac{a}{z}\right)$$

$$= \sum_{n=1}^{\infty} (-1)^{n+1} \frac{\left(\dfrac{a}{z}\right)^n}{n} \quad \left(\left|\frac{a}{z}\right| < 1\right)$$

$$= \sum_{n=1}^{\infty} (-1)^{n+1} \frac{a^n}{n} z^{-n} \quad (|z| > |a|)$$

再考虑 n 的取值范围,从而可得

$$x(n) = (-1)^{n+1} \frac{a^n}{n} u(n-1)$$

7-15 证明表 8-5(原教材)中所列的和函数 z 变换公式,即:已知 $\mathscr{Z}[x(n)] = X(z)$,则

$$\mathscr{Z}\left[\sum_{k=0}^{n} x(k)\right] = \frac{z}{z-1} X(z)$$

证明 令 $g(n) = \sum_{k=0}^{n} x(k)$,则

$$g(n+1) - g(n) = \sum_{k=0}^{n+1} x(k) - \sum_{k=0}^{n} x(k) = x(n+1)$$

对上式两边取 z 变换,有

$$zG(z) - G(z) = zX(z)$$

因而

$$G(z) = \frac{z}{z-1} X(z)$$

即

$$\mathscr{Z}\left[\sum_{k=0}^{n} x(k)\right] = \frac{z}{z-1} X(z)$$

7-16 试证明实序列的相关定理。

$$\mathscr{Z}\left[\sum_{m=-\infty}^{\infty} h(m)x(m-n)\right] = H(z)X\left(\frac{1}{z}\right)$$

其中

$$H(z) = \mathscr{Z}[h(n)], \quad X(z) = \mathscr{Z}[x(n)]$$

证明 查表 8-5(原教材)可知,(题 7-8 亦证明了该性质)

$$\mathscr{Z}[x(-n)] = X\left(\frac{1}{z}\right)$$

由于

$$h(n) * x(-n) = \sum_{m=-\infty}^{\infty} h(m)x(m-n)$$

因此由 z 变换的卷积性质可得

$$\mathscr{Z}[h(n) * x(-n)] = H(z) \cdot \mathscr{Z}[x(-n)] = H(z)X\left(\frac{1}{z}\right)$$

7-17 利用卷积定理求 $y(n) = x(n) * h(n)$,已知

(1) $x(n) = a^n u(n), \quad h(n) = b^n u(-n)$

(2) $x(n) = a^n u(n), \quad h(n) = \delta(n-2)$

(3) $x(n) = a^n u(n), \quad h(n) = u(n-1)$

解 由卷积定理可知

$$y(n) = \mathscr{Z}^{-1}[X(z)H(z)]$$

(1) $X(z) = \dfrac{z}{z-a}$　$(|z| > |a|)$,　$H(z) = -\dfrac{b}{z-b}$　$(|z| < |b|)$

从而　　$y(n) = \mathscr{Z}^{-1}\left[\dfrac{z}{z-a} \cdot \dfrac{b}{b-z}\right]$

$$= \mathscr{Z}^{-1}\left[\dfrac{b}{b-a}\left(\dfrac{z}{z-a} + \dfrac{z}{b-z}\right)\right]　(|a| < |z| < |b|)$$

$$= \dfrac{b}{b-a}[a^n u(n) + b^n u(-n-1)]$$

（注意：这里假设 $|b| > |a|$。）

(2) $X(z) = \dfrac{z}{z-a}$　$(|z| > |a|)$,　$H(z) = z^{-2}$　$(|z| > 0)$

从而　　　　$y(n) = \mathscr{Z}^{-1}\left[\dfrac{z}{z-a} \cdot z^{-2}\right]$　$(|z| > |a|)$

$$= a^{n-2} u(n-2)$$

(3) $X(z) = \dfrac{z}{z-a}$　$(|z| > |a|)$,　$H(z) = \dfrac{z}{z-1} \cdot z^{-1} = \dfrac{1}{z-1}$　$(|z| > 1)$

从而　$y(n) = \mathscr{Z}^{-1}\left[\dfrac{z}{z-a} \cdot \dfrac{1}{z-1}\right]$

$$= \mathscr{Z}^{-1}\left[\dfrac{\frac{1}{a-1}z}{z-a} + \dfrac{\frac{1}{1-a}z}{z-1}\right]　(|z| > \max(|a|, 1))$$

$$= \left(\dfrac{1}{a-1}a^n + \dfrac{1}{1-a}\right)u(n) = \dfrac{1-a^n}{1-a}u(n)$$

7-18　利用 z 变换求例 7-15（原教材）中给出的两序列的卷积，即求

$$y(n) = x(n) * h(n)$$

其中　　　　　　$h(n) = a^n u(n)$　$(0 < a < 1)$

$$x(n) = R_N(n) = u(n) - u(n-N)$$

解　$H(z) = \dfrac{z}{z-a}$　$(|z| > a)$

$$X(z) = \dfrac{z}{z-1} - \dfrac{z}{z-1} \cdot z^{-N}　(|z| > 0)$$

由卷积定理有

$$Y(z) = H(z)X(z) = \dfrac{z}{z-a}\left(\dfrac{z}{z-1} - \dfrac{z}{z-1} \cdot z^{-N}\right)$$

$$= \frac{z}{z-a} \cdot \frac{z}{z-1} - \frac{z}{z-a} \cdot \frac{z}{z-1} \cdot z^{-N} \quad (|z|>a)$$

令
$$Y_1(z) = \frac{z}{z-a} \cdot \frac{z}{z-1}$$

由于
$$Y_1(z) = \frac{\dfrac{a}{a-1}z}{z-a} + \dfrac{\dfrac{1}{1-a}z}{z-1} \quad (|z|>a)$$

因此
$$y_1(n) = \frac{1-a^{n+1}}{1-a} u(n)$$

再由位移性可知
$$\mathscr{Z}^{-1}\left[\frac{z}{z-a} \cdot \frac{z}{z-1} \cdot z^{-N}\right] = \frac{1-a^{n-N+1}}{1-a} u(n-N)$$

因而
$$y(n) = \frac{1-a^{n+1}}{1-a} u(n) - \frac{1-a^{n+1-N}}{1-a} u(n-N)$$

7-19　已知下列 z 变换式 $X(z)$ 和 $Y(z)$，利用 z 域卷积定理求 $x(n)$ 与 $y(n)$ 乘积的 z 变换。

(1) $X(z) = \dfrac{1}{1-0.5z^{-1}}$ 　$(|z|>0.5)$

　　$Y(z) = \dfrac{1}{1-2z}$ 　$(|z|<0.5)$

(2) $X(z) = \dfrac{0.99}{(1-0.1z^{-1})(1-0.1z)}$ 　$(0.1<|z|<10)$

　　$Y(z) = \dfrac{1}{1-10z}$ 　$(|z|>0.1)$

(3) $X(z) = \dfrac{z}{z-e^{-b}}$ 　$(|z|>e^{-b})$

　　$Y(z) = \dfrac{z\sin\omega_0}{z^2-2z\cos\omega_0+1}$ 　$(|z|>1)$

解　(1) 由 z 域卷积定理有
$$\mathscr{Z}[x(n)y(n)] = \frac{1}{2\pi j}\oint_C X(v)Y\left(\frac{z}{v}\right)v^{-1}\,dv$$

$X(v)$ 的收敛域为 $|v|>0.5$，$Y\left(\dfrac{z}{v}\right)$ 的收敛域为 $|v|>|2z|$，故 $X(v)Y\left(\dfrac{z}{v}\right)$ 的收敛域为 $|v|>\max(0.5,|2z|)$，C 为该区域内逆时针旋转的围线。

$$\frac{1}{2\pi\mathrm{j}}\oint_C X(v)Y\left(\frac{z}{v}\right)v^{-1}\mathrm{d}v = \frac{1}{2\pi\mathrm{j}}\oint_C \frac{1}{1-0.5v^{-1}} \cdot \frac{1}{1-2\frac{z}{v}}v^{-1}\mathrm{d}v$$

$$= \frac{1}{2\pi\mathrm{j}}\oint_C \frac{v}{v-0.5} \cdot \frac{1}{v-2z}\mathrm{d}v$$

围线 C 包围了两个一阶极点 $v_1=0.5, v_2=2z$。于是

$$\mathscr{Z}[x(n)y(n)] = \mathrm{Res}\left[\frac{v}{(v-0.5)(v-2z)}\right]_{v=0.5}$$

$$+ \mathrm{Res}\left[\frac{v}{(v-0.5)(v-2z)}\right]_{v=2z}$$

$$= \frac{0.5}{0.5-2z} + \frac{2z}{2z-0.5}$$

$$= 1 \quad (|z| \geqslant 0)$$

(2) 由 z 域卷积定理有

$$\mathscr{Z}[x(n)y(n)] = \frac{1}{2\pi\mathrm{j}}\oint_C X(v)Y\left(\frac{z}{v}\right)v^{-1}\mathrm{d}v$$

$X(v)$ 的收敛域为 $0.1<|v|<10, Y\left(\frac{z}{v}\right)$ 的收敛域为 $|v|<|10z|$，故 $X(v)Y\left(\frac{z}{v}\right)$ 的收敛域为 $0.1<|v|<\min(10,|10z|)$，C 为该区域内逆时针旋转的围线。

$$\frac{1}{2\pi\mathrm{j}}\oint_C X(v)Y\left(\frac{z}{v}\right)v^{-1}\mathrm{d}v = \frac{1}{2\pi\mathrm{j}}\oint_C \frac{0.99}{(1-0.1v^{-1})(1-0.1v)} \cdot \frac{1}{1-10\frac{z}{v}}v^{-1}\mathrm{d}v$$

$$= \frac{1}{2\pi\mathrm{j}}\oint_C \frac{-9.9v}{(v-0.1)(v-10)(v-10z)}\mathrm{d}v$$

围线 C 仅包围了一个一阶极点 $v=0.1$。于是

$$\mathscr{Z}[x(n)y(n)] = \mathrm{Res}\left[\frac{-9.9v}{(v-0.1)(v-10)(v-10z)}\right]_{v=0.1}$$

$$= \frac{1}{1-100z} \quad (|z|>0.01)$$

(3) 由 z 域卷积定理有

$$\mathscr{Z}[x(n)y(n)] = \frac{1}{2\pi\mathrm{j}}\oint_C Y(v)X\left(\frac{z}{v}\right)v^{-1}\mathrm{d}v$$

$Y(v)$ 的收敛域为 $|v|>1, X\left(\frac{z}{v}\right)$ 的收敛域为 $|v|<|e^b z|$，故

$Y(v)X\left(\dfrac{z}{v}\right)$ 的收敛域为 $1<|v|<|e^b z|$，C 为该区域内逆时针旋转的围线。

$$\frac{1}{2\pi j}\oint_C Y(v)X\left(\frac{z}{v}\right)v^{-1}\mathrm{d}v = \frac{1}{2\pi j}\oint_C \frac{v\sin\omega_0}{v^2-2v\cos\omega_0+1}\cdot\frac{\dfrac{z}{v}}{\dfrac{z}{v}-e^{-b}}\cdot v^{-1}\mathrm{d}v$$

$$= \frac{1}{2\pi j}\oint_C \frac{\sin\omega_0}{(v-e^{j\omega_0})(v-e^{-j\omega_0})}\cdot\frac{z}{z-ve^{-b}}\mathrm{d}v$$

围线 C 包围了两个一阶极点 $v_1=e^{j\omega_0}$，$v_2=e^{-j\omega_0}$。于是

$$\mathscr{Z}[x(n)y(n)] = \mathrm{Res}\left[\frac{z}{z-ve^{-b}}\cdot\frac{\sin\omega_0}{(v-e^{j\omega_0})(v-e^{-j\omega_0})}\right]_{v=e^{j\omega_0}}$$

$$+ \mathrm{Res}\left[\frac{z}{z-ve^{-b}}\cdot\frac{\sin\omega_0}{(v-e^{j\omega_0})(v-e^{-j\omega_0})}\right]_{v=e^{-j\omega_0}}$$

$$= \frac{z}{2j(z-e^{j\omega_0}e^{-b})}-\frac{z}{2j(z-e^{-j\omega_0}e^{-b})}$$

$$= \frac{e^{-b}z\sin\omega_0}{z^2-2e^{-b}z\cos\omega_0+e^{-2b}}\quad(|z|>e^{-b})$$

7-20　在第七章 7.7 节（原教材）中曾介绍利用时域特性的解卷积方法，实际问题中，往往也利用变换域方法计算解卷积。本题研究一种称为"同态滤波"的解卷积算法原理。在此，需要用到 z 变换性质和对数计算。设 $x(n)=x_1(n)*x_2(n)$，若要直接把相互卷积的信号 $x_1(n)$ 与 $x_2(n)$ 分开将遇到困难。但是，对于两个相加的信号往往容易借助某种线性滤波方法使二者分离。题图 7-20 示出用同态滤波解卷积的原理框图，其中各部分作用如下：

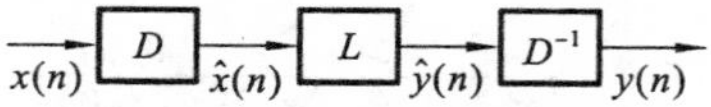

题图 7-20

（1）D 运算表示将 $x(n)$ 取 z 变换、取对数和逆 z 变换，得到包含 $x_1(n)$ 和 $x_2(n)$ 信息的相加形式。

（2）L 为线性滤波器，容易将两个相加项分离，取出所需信号。

（3）D^{-1} 相当于 D 的逆运算，也即取 z 变换、指数以及逆 z 变换，至此，可从 $x(n)$ 中按需要分离出 $x_1(n)$ 或 $x_2(n)$，完成解卷积运算。

试写出以上各步运算的表达式。

解　因 $x(n)=x_1(n)*x_2(n)$，故由题意有

D 运算：

$$X(z) = X_1(z) \cdot X_2(z)$$

$$\ln[X(z)] = \ln[X_1(z)] + \ln[X_2(z)]$$

$$\mathscr{Z}^{-1}\{\ln[X(z)]\} = \hat{x}(n) = \hat{x}_1(n) + \hat{x}_2(n)$$

L 运算：

若要得到 $x_2(n)$，则当 $\hat{x}(n)$ 经过线性滤波器时，$\hat{x}_1(n)$ 被滤除掉，即

$$\hat{y}(n) = \hat{x}_2(n)$$

D^{-1} 运算：

$$\mathscr{Z}[\hat{x}_2(n)] = \hat{X}_2(z)$$

$$\exp[\hat{X}_2(z)] = X_2(z)$$

$$\mathscr{Z}^{-1}[X_2(z)] = x_2(n)$$

最后得到
$$y(n) = x_2(n)$$

7-21　用单边 z 变换解下列差分方程。

(1) $y(n+2) + y(n+1) + y(n) = u(n)$

　　$y(0) = 1, y(1) = 2$

(2) $y(n) + 0.1y(n-1) - 0.02y(n-2) = 10u(n)$

　　$y(-1) = 4, y(-2) = 6$

(3) $y(n) - 0.9y(n-1) = 0.05u(n)$

　　$y(-1) = 0$

(4) $y(n) - 0.9y(n-1) = 0.05u(n)$

　　$y(-1) = 1$

(5) $y(n) = -5y(n-1) + nu(n)$

　　$y(-1) = 0$

(6) $y(n) + 2y(n-1) = (n-2)u(n)$

　　$y(0) = 1$

解　(1) 对差分方程两边取单边 z 变换，有

$$z^2[Y(z) - y(0) - y(1)z^{-1}] + z[Y(z) - y(0)] + Y(z) = \frac{z}{z-1}$$

代入边界条件并整理可得

$$Y(z) = \frac{z^3 + 2z^2 - 2z}{(z-1)(z^2+z+1)} = z\left\{ \frac{\dfrac{1}{3}}{z-1} + \frac{\dfrac{2}{3}z + \dfrac{7}{3}}{z^2+z+1} \right\}$$

$$= z \left\{ \frac{\frac{1}{3}}{z-1} + \frac{\frac{4}{\sqrt{3}} \cdot \frac{\sqrt{3}}{2}}{z^2+z+1} + \frac{\frac{2}{3}\left(z+\frac{1}{2}\right)}{z^2+z+1} \right\}$$

由

$$\mathscr{Z}\left[\sin(\omega_0 n)u(n)\right] = \frac{z\sin\omega_0}{z^2-2z\cos\omega_0+1}$$

$$\mathscr{Z}\left[\cos(\omega_0 n)u(n)\right] = \frac{z(z-\cos\omega_0)}{z^2-2z\cos\omega_0+1}$$

可得

$$y(n) = \left[\frac{1}{3} + \frac{4}{\sqrt{3}}\sin\left(\frac{2\pi}{3}n\right) + \frac{2}{3}\cos\left(\frac{2\pi}{3}n\right)\right]u(n)$$

注：此题亦可按如下方法做。

$$Y(z) = \frac{\frac{1}{3}z}{z-1} + z \cdot \frac{\frac{2}{3}z + \frac{7}{3}}{\left(z+\frac{1}{2}+\mathrm{j}\frac{\sqrt{3}}{2}\right)\left(z+\frac{1}{2}-\mathrm{j}\frac{\sqrt{3}}{2}\right)}$$

$$= \frac{\frac{1}{3}z}{z-1} + \frac{\left(\frac{1}{3}+\mathrm{j}\frac{2}{\sqrt{3}}\right)z}{z+\frac{1}{2}+\mathrm{j}\frac{\sqrt{3}}{2}} + \frac{\left(\frac{1}{3}-\mathrm{j}\frac{2}{\sqrt{3}}\right)z}{z+\frac{1}{2}-\mathrm{j}\frac{\sqrt{3}}{2}}$$

从而

$$y(n) = \frac{1}{3}u(n) + \left(\frac{1}{3}+\mathrm{j}\frac{2}{\sqrt{3}}\right) \cdot \mathrm{e}^{-\mathrm{j}\frac{2\pi}{3}n}u(n) + \left(\frac{1}{3}-\mathrm{j}\frac{2}{\sqrt{3}}\right) \cdot \mathrm{e}^{\mathrm{j}\frac{2\pi}{3}n}u(n)$$

$$= \frac{1}{3}u(n) + \frac{1}{3}\left(\mathrm{e}^{-\mathrm{j}\frac{2\pi}{3}n}+\mathrm{e}^{\mathrm{j}\frac{2\pi}{3}n}\right)u(n) + \frac{2}{\mathrm{j}\sqrt{3}}\left(\mathrm{e}^{\mathrm{j}\frac{2\pi}{3}n}-\mathrm{e}^{-\mathrm{j}\frac{2\pi}{3}n}\right)u(n)$$

$$= \left[\frac{1}{3} + \frac{2}{3}\cos\left(\frac{2\pi}{3}n\right) + \frac{4}{\sqrt{3}}\sin\left(\frac{2\pi}{3}n\right)\right]u(n)$$

(2) 对差分方程两边取单边 z 变换，有

$$Y(z) + 0.1\left[z^{-1}Y(z)+y(-1)\right] - 0.02\left[z^{-2}Y(z)+z^{-1}y(-1)+y(-2)\right]$$

$$= \frac{10z}{z-1}$$

代入边界条件并整理得

$$Y(z) = \frac{9.72z^3+0.36z^2-0.08z}{(z-1)(z^2+0.1z-0.02)} = z \cdot \frac{9.72z^2+0.36z-0.08}{(z-1)(z+0.2)(z-0.1)}$$

$$= \frac{\frac{250}{27}z}{z-1} + \frac{\frac{148}{225}z}{z+0.2} - \frac{\frac{133}{675}z}{z-0.1}$$

从而
$$y(n) = \left[\frac{250}{27} + \frac{148}{225}(-0.2)^n - \frac{133}{675}(0.1)^n\right]u(n)$$
$$\approx [9.26 + 0.66(-0.2)^n - 0.2(0.1)^n]u(n)$$

(3) 对差分方程两边取单边 z 变换,有
$$Y(z) - 0.9[z^{-1}Y(z) + y(-1)] = 0.05\frac{z}{z-1}$$

代入边界条件并整理得
$$Y(z) = \frac{0.05z^2}{(z-0.9)(z-1)} = \frac{-0.45z}{z-0.9} + \frac{0.5z}{z-1}$$

从而
$$y(n) = [0.5 - 0.45(0.9)^n]u(n)$$

(4) 对差分方程两边取单边 z 变换,有
$$Y(z) - 0.9[z^{-1}Y(z) + y(-1)] = 0.05\frac{z}{z-1}$$

代入边界条件并整理得
$$Y(z) = \frac{0.95z^2 - 0.9z}{(z-0.9)(z-1)} = \frac{0.45z}{z-0.9} + \frac{0.5z}{z-1}$$

从而
$$y(n) = [0.45(0.9)^n + 0.5]u(n)$$

(5) 对差分方程两边取单边 z 变换,有
$$Y(z) = -5[z^{-1}Y(z) + y(-1)] + \frac{z}{(z-1)^2}$$

代入边界条件并整理得
$$Y(z) = \frac{z^2}{(z-1)^2(z+5)} = \frac{\frac{1}{6}z}{(z-1)^2} + \frac{\frac{5}{36}z}{z-1} + \frac{-\frac{5}{36}z}{z+5}$$

从而
$$y(n) = \left[\frac{1}{6}n + \frac{5}{36} - \frac{5}{36}(-5)^n\right]u(n)$$

(6) 对差分方程两边取单边 z 变换,得
$$Y(z) + 2[z^{-1}Y(z) + y(-1)] = \frac{z}{(z-1)^2} - \frac{2z}{z-1}$$

为获得 $y(-1)$ 的值,可利用逐次迭代的方法,令原差分方程中 $n=0$,再将 $y(0)=1$ 代入,可得 $y(-1) = -\frac{3}{2}$。将 $y(-1)$ 的值代入上式并整理得
$$Y(z) = \frac{z(z^2 - 3z + 3)}{(z-1)^2(z+2)} = \frac{\frac{1}{3}z}{(z-1)^2} + \frac{-\frac{4}{9}z}{z-1} + \frac{\frac{13}{9}}{z+2}$$

从而　　　　　　　　$y(n)=\dfrac{1}{9}\big[3n-4+13(-2)^n\big]u(n)$

7-22　用 z 变换求解习题 6-25 电阻梯形网络结点电压的差分方程

$$v(n+2)-3v(n+1)+v(n)=0$$

其中　　　　$v(0)=E,\quad v(N)=0$（当 $N\to+\infty$），$\quad n=0,1,2,\cdots,N$

　解　对差分方程取单边 z 变换,有

$$z^2\{V(z)-v(0)-v(1)z^{-1}\}-3z\{V(z)-v(0)\}+V(z)=0$$

将 $v(0)=E$ 代入并整理,得

$$V(z)=\frac{Ez^2+[v(1)-3E]z}{z^2-3z+1}=\frac{Ez^2+[v(1)-3E]z}{\left(z-\dfrac{3-\sqrt5}{2}\right)\left(z-\dfrac{3+\sqrt5}{2}\right)}$$

　　由于 $v(1)$ 未知,所以 $V(z)$ 的分子多项式无法确定。但根据 $V(z)$ 的极点情况可知其必可展开为

$$V(z)=\frac{Az}{z-\dfrac{3-\sqrt5}{2}}+\frac{Bz}{z-\dfrac{3+\sqrt5}{2}}$$

即 $v(n)$ 必具有如下模式

$$v(n)=\left[A\left(\frac{3-\sqrt5}{2}\right)^n+B\left(\frac{3+\sqrt5}{2}\right)^n\right]u(n)$$

但由题意知,当 $N\to+\infty$ 时,$v(N)=0$,故 $v(n)$ 中不可能包含 $B\left(\dfrac{3+\sqrt5}{2}\right)^n u(n)$ 项,或可推知 $B=0$,于是就有

$$V(z)=\frac{Ez^2+[v(1)-3E]z}{\left(z-\dfrac{3-\sqrt5}{2}\right)\left(z-\dfrac{3+\sqrt5}{2}\right)}=\frac{Ez\left[z+\dfrac{v(1)-3E}{E}\right]}{\left(z-\dfrac{3-\sqrt5}{2}\right)\left(z-\dfrac{3+\sqrt5}{2}\right)}=\frac{Az}{z-\dfrac{3-\sqrt5}{2}}$$

　　对比上式两边,可知

$$A=E,\quad 3-\frac{v(1)}{E}=\frac{3+\sqrt5}{2}\quad\text{（这里不必求出 }v(1)\text{ 的值）}$$

考虑到 n 的取值范围,这样就有

$$v(n)=E\left(\frac{3-\sqrt5}{2}\right)^n,\quad n=0,1,2,\cdots,N$$

　　注:此题也可在得到 $V(z)=\dfrac{Ez^2+[v(1)-3E]z}{\left(z-\dfrac{3-\sqrt5}{2}\right)\left(z-\dfrac{3+\sqrt5}{2}\right)}$ 之后发现,极点

$z=\dfrac{3+\sqrt{5}}{2}$ 在单位圆外,不可能使 $v(N)=0$,当 $N\rightarrow +\infty$ 时。由此可推知 $V(z)$ 在此处必有一零点可与此极点抵消,于是就得到 $V(z)=\dfrac{Ez}{z-\dfrac{3-\sqrt{5}}{2}}$,从而有

$v(n)$ 的表达式。

7-23　因果系统的系统函数 $H(z)$ 如下所示,试说明这些系统是否稳定。

(1) $\dfrac{z+2}{8z^2-2z-3}$　　　　(2) $\dfrac{8(1-z^{-1}-z^{-2})}{2+5z^{-1}+2z^{-2}}$

(3) $\dfrac{2z-4}{2z^2+z-1}$　　　　(4) $\dfrac{1+z^{-1}}{1-z^{-1}+z^{-2}}$

解　因为此题涉及的系统都是因果的,所以只需考查 $H(z)$ 的极点是否都位于单位圆内,如果是,则系统稳定;如果不是,则系统不稳定。

(1) $H(z)=\dfrac{z+2}{8z^2-2z-3}=\dfrac{z+2}{(2z+1)(4z-3)}=\dfrac{\dfrac{1}{8}z+\dfrac{1}{4}}{\left(z+\dfrac{1}{2}\right)\left(z-\dfrac{3}{4}\right)}$

两极点 $-\dfrac{1}{2}$ 和 $\dfrac{3}{4}$ 均在单位圆内,故系统稳定。

(2) $H(z)=\dfrac{8(1-z^{-1}-z^{-2})}{2+5z^{-1}+2z^{-2}}=\dfrac{8(z^2-z-1)}{(2z+1)(z+2)}=\dfrac{4(z^2-z-1)}{\left(z+\dfrac{1}{2}\right)(z+2)}$

一个极点 $-\dfrac{1}{2}$ 在单位圆内,一个极点 -2 在单位圆外,故系统不稳定。

(3) $H(z)=\dfrac{2z-4}{2z^2+z-1}=\dfrac{2z-4}{(z+1)(2z-1)}=\dfrac{z-2}{(z+1)\left(z-\dfrac{1}{2}\right)}$

两个极点一个在单位圆内,另一个 $z=-1$ 在单位圆上,但是一阶的,故系统边界稳定,或可认为是不稳定的。

(4) $H(z)=\dfrac{1+z^{-1}}{1-z^{-1}+z^{-2}}=\dfrac{z^2+z}{\left(z-\dfrac{1+\sqrt{3}j}{2}\right)\left(z-\dfrac{1-\sqrt{3}j}{2}\right)}$

两极点 $\dfrac{1}{2}+\dfrac{\sqrt{3}}{2}j$ 和 $\dfrac{1}{2}-\dfrac{\sqrt{3}}{2}j$ 均在单位圆上,但均为一阶的,故系统边界稳定,或可认为是不稳定的。

7-24 已知一阶因果离散系统的差分方程为

$$y(n) + 3y(n-1) = x(n)$$

试求：

(1) 系统的单位样值响应 $h(n)$；

(2) 若 $x(n) = (n+n^2)u(n)$，求响应 $y(n)$。

解 (1) 对差分方程求单边 z 变换，并认为初始状态 $y(-1)=0$，于是得

$$Y(z) + 3z^{-1}Y(z) = X(z)$$

则系统函数

$$H(z) = \frac{Y(z)}{X(z)} = \frac{1}{1+3z^{-1}} = \frac{z}{z+3}$$

求逆 z 变换，得单位样值响应

$$h(n) = (-3)^n u(n)$$

(2) 由于　$\mathscr{Z}[nu(n)] = \frac{z}{(z-1)^2}$

$$\mathscr{Z}[n^2 u(n)] = -z\frac{\mathrm{d}}{\mathrm{d}z}\left[\frac{z}{(z-1)^2}\right] = \frac{z(z+1)}{(z-1)^3}$$

因而

$$X(z) = \frac{z}{(z-1)^2} + \frac{z(z+1)}{(z-1)^3} = \frac{2z^2}{(z-1)^3}$$

于是

$$Y(z) = X(z)H(z) = \frac{z \cdot 2z^2}{(z+3)(z-1)^3}$$

$$= \frac{-\frac{9}{32}z}{z+3} + \frac{\frac{1}{2}z}{(z-1)^3} + \frac{\frac{7}{8}z}{(z-1)^2} + \frac{\frac{9}{32}z}{z-1}$$

由于

$$\mathscr{Z}^{-1}\left[\frac{\frac{1}{2}z}{(z-1)^3}\right] = \frac{1}{2} \cdot \frac{1}{2}n(n-1)u(n)$$

$$\mathscr{Z}^{-1}\left[\frac{\frac{7}{8}z}{(z-1)^2}\right] = \frac{7}{8}nu(n)$$

故响应

$$y(n) = -\frac{9}{32}(-3)^n u(n) + \frac{1}{4}n(n-1)u(n) + \frac{7}{8}nu(n) + \frac{9}{32}u(n)$$

$$= \frac{1}{32}[-9(-3)^n + 8n^2 + 20n + 9]u(n)$$

7-25 写出题图 7-25 所示离散系统的差分方程，并求系统函数 $H(z)$ 及单位样值响应 $h(n)$。

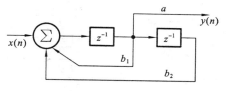

题图 7-25

解　由题图 7-25 可写出差分方程如下

$$\frac{1}{a}y(n+1)=x(n)+\frac{b_1}{a}y(n)+\frac{b_2}{a}y(n-1)$$

将两边各项的序号减 1，并整理可得此离散系统的差分方程为

$$y(n)-b_1 y(n-1)-b_2 y(n-2)=ax(n-1)$$

通过对此差分方程求零状态条件下的单边 z 变换，可求得系统函数为

$$H(z)=\frac{Y(z)}{X(z)}=\frac{az^{-1}}{1-b_1 z^{-1}-b_2 z^{-2}}=\frac{az}{z^2-b_1 z-b_2}$$

对 $\dfrac{H(z)}{z}$ 进行部分分式展开，有

$$H(z)=\frac{a}{\sqrt{b_1^2+4b_2}}\left[\frac{z}{z-\dfrac{b_1+\sqrt{b_1^2+4b_2}}{2}}-\frac{z}{z-\dfrac{b_1-\sqrt{b_1^2+4b_2}}{2}}\right]$$

从而得

$$h(n)=\frac{a}{\sqrt{b_1^2+4b_2}}\left[\left(\frac{b_1+\sqrt{b_1^2+4b_2}}{2}\right)^n-\left(\frac{b_1-\sqrt{b_1^2+4b_2}}{2}\right)^n\right]u(n)$$

7-26　由下列差分方程画出离散系统的结构图，并求系统函数 $H(z)$ 及单位样值响应 $h(n)$。

(1) $3y(n)-6y(n-1)=x(n)$

(2) $y(n)=x(n)-5x(n-1)+8x(n-3)$

(3) $y(n)-\dfrac{1}{2}y(n-1)=x(n)$

(4) $y(n)-3y(n-1)+3y(n-2)-y(n-3)=x(n)$

(5) $y(n)-5y(n-1)+6y(n-2)=x(n)-3x(n-2)$

解　(1) 将差分方程转化为 $y(n)=\dfrac{1}{3}x(n)+2y(n-1)$，易画出该离散系统的结构图如题图 7-26(a) 所示。

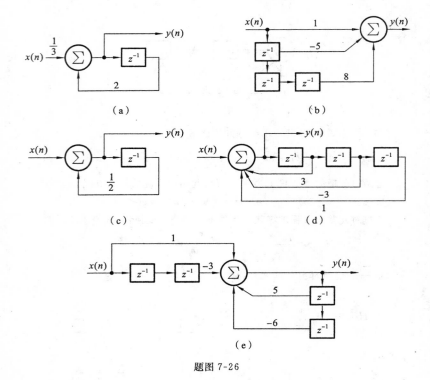

题图 7-26

系统函数为

$$H(z)=\frac{Y(z)}{X(z)}=\frac{\dfrac{1}{3}}{1-2z^{-1}}=\frac{\dfrac{1}{3}z}{z-2}$$

单位样值响应为 $\qquad h(n)=\dfrac{1}{3}(2)^n u(n)$

(2) 直接由差分方程可画出系统结构图,如题图 7-26(b)所示。

系统函数为 $\qquad H(z)=1-5z^{-1}+8z^{-3}$

单位样值响应为 $\quad h(n)=\delta(n)-5\delta(n-1)+8\delta(n-3)$

(3) 将差分方程转化为 $y(n)=x(n)+\dfrac{1}{2}y(n-1)$,易画出该系统的结构图如题图 7-26(c)所示。

系统函数为　　　　　　$H(z) = \dfrac{1}{1 - \dfrac{1}{2}z^{-1}} = \dfrac{z}{z - \dfrac{1}{2}}$

单位样值响应为　　　　　$h(n) = \left(\dfrac{1}{2}\right)^n u(n)$

(4) 将差分方程转化为 $y(n) = x(n) + 3y(n-1) - 3y(n-2) + y(n-3)$，易画出该系统的结构图如题图 7-26(d) 所示。

系统函数为

$$H(z) = \frac{1}{1 - 3z^{-1} + 3z^{-2} - z^{-3}} = \frac{z^3}{z^3 - 3z^2 + 3z - 1} = \frac{z^3}{(z-1)^3}$$

由表 8-2(原教材)可知单位样值响应为

$$h(n) = \frac{1}{2}(n+1)(n+2)u(n)$$

(5) 将差分方程转化为 $y(n) = x(n) - 3x(n-2) + 5y(n-1) - 6y(n-2)$，易画出该系统的结构图如题图 7-26(e) 所示。

系统函数为　　　$H(z) = \dfrac{1 - 3z^{-2}}{1 - 5z^{-1} + 6z^{-2}} = \dfrac{z^2 - 3}{z^2 - 5z + 6} = 1 - \dfrac{1}{z-2} + \dfrac{6}{z-3}$

单位样值响应为

$$h(n) = \delta(n) - 2^{n-1}u(n-1) + 6 \times 3^{n-1}u(n-1)$$

$$= -\frac{1}{2}\delta(n) - \frac{1}{2} \times 2^n u(n) + 2 \times 3^n u(n)$$

7-27　求下列系统函数在 $10 < |z| \leqslant \infty$ 及 $0.5 < |z| < 10$ 两种收敛域情况下系统的单位样值响应，并说明系统的稳定性与因果性。

$$H(z) = \frac{9.5z}{(z - 0.5)(10 - z)}$$

解　$H(z) = \dfrac{9.5z}{(z-0.5)(10-z)} = \dfrac{z}{z-0.5} - \dfrac{z}{z-10}$

当 $10 < |z| \leqslant \infty$ 时，$h(n)$ 为右边序列，对 $H(z)$ 求逆 z 变换得单位样值响应为

$$h(n) = (0.5^n - 10^n)u(n)$$

显然此时系统是因果的，但由于有一个极点在单位圆外，故系统不稳定。

当 $0.5 < |z| < 10$ 时，$h(n)$ 为双边序列，对 $H(z)$ 求逆 z 变换得单位样值响应为

$$h(n) = 0.5^n u(n) + 10^n u(-n-1)$$

显然此时系统是非因果的,但由于收敛域包含单位圆周,故系统是稳定的。

7-28　在语音信号处理技术中,一种描述声道模型的系统函数具有如下形式

$$H(z) = \frac{1}{1 - \sum_{i=1}^{P} a_i z^{-i}}$$

若取 $P=8$,试画出此声道模型的结构图。

解　根据所给的系统函数,可写出 $P=8$ 时,该声道模型的差分方程为

$$y(n) - a_1 y(n-1) - a_2 y(n-2) - a_3 y(n-3)$$
$$- a_4 y(n-4) - a_5 y(n-5) - a_6 y(n-6)$$
$$- a_7 y(n-7) - a_8 y(n-8) = x(n)$$

或

$$y(n) = x(n) + \sum_{i=1}^{8} a_i y(n-i)$$

由此画出此声道模型的结构图如题图 7-28 所示。

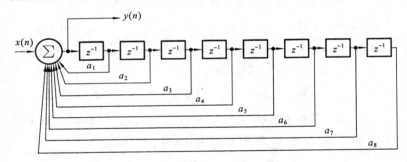

题图 7-28

7-29　对于下列差分方程所表示的离散系统

$$y(n) + y(n-1) = x(n)$$

(1) 求系统函数 $H(z)$ 及单位样值响应 $h(n)$,并说明系统的稳定性。

(2) 若系统起始状态为零,如果 $x(n)=10u(n)$,求系统的响应。

解　(1) 易看出此系统的系统函数为

$$H(z) = \frac{1}{1 + z^{-1}} = \frac{z}{z+1}$$

故而单位样值响应为　　　$h(n) = (-1)^n u(n)$

由于 $H(z)$ 唯一的一个极点在单位圆上,且是一阶的,因此系统边界稳

定,也可认为不稳定。

（2）系统起始状态为零,则零输入响应为零。当激励 $x(n) = 10u(n)$ 时,

$$Y_{zs}(z) = X(z)H(z) = \frac{10z}{z-1} \cdot \frac{z}{z+1} = \frac{5z}{z-1} + \frac{5z}{z+1}$$

从而
$$y_{zs}(n) = 5[1+(-1)^n]u(n)$$

即系统的响应为 $5[1+(-1)^n]u(n)$。

7-30 对于题图 7-30 所示的一阶离散系统（$0<a<1$）,求该系统在单位阶跃序列 $u(n)$ 或复指数序列 $e^{jn\omega}u(n)$ 激励下的响应、瞬态响应及稳态响应。

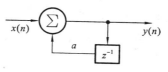

题图 7-30

解 由题图 7-30 可写出此一阶系统的差分方程为

$$y(n) = x(n) + ay(n-1)$$

则系统函数为
$$H(z) = \frac{1}{1-az^{-1}} = \frac{z}{z-a}$$

当 $x(n) = u(n)$ 时,
$$X(z) = \frac{z}{z-1}$$

$$Y(z) = X(z)H(z) = \frac{z}{z-1} \cdot \frac{z}{z-a} = \frac{\frac{a}{a-1}z}{z-a} + \frac{\frac{1}{1-a}z}{z-1}$$

于是得
$$y(n) = \left(\frac{a}{a-1}a^n + \frac{1}{1-a}\right)u(n)$$

由 $0<a<1$ 知,其中 $\frac{a}{a-1}a^nu(n)$ 为瞬态响应,$\frac{1}{1-a}u(n)$ 为稳态响应。

当 $x(n) = e^{jn\omega}u(n)$ 时,
$$X(z) = \frac{z}{z-e^{j\omega}}$$

$$Y(z) = X(z)H(z) = \frac{z}{z-e^{j\omega}} \cdot \frac{z}{z-a} = \frac{\frac{a}{a-e^{j\omega}}z}{z-a} + \frac{\frac{e^{j\omega}}{e^{j\omega}-a}z}{z-e^{j\omega}}$$

于是得
$$y(n) = \left(\frac{a}{a-e^{j\omega}}a^n + \frac{e^{j\omega}}{e^{j\omega}-a}e^{jn\omega}\right)u(n)$$

其中 $\frac{a}{a-e^{j\omega}}a^nu(n)$ 为瞬态响应,$\frac{e^{j\omega}}{e^{j\omega}-a}e^{jn\omega}u(n)$ 为稳态响应。

7-31   用计算机对测量的随机数据 $x(n)$ 进行平均处理,当收到一个测量数据后,计算机就把这一次输入数据与前三次输入数据进行平均。试求这一运算过程的频率响应。

解   由题意,$x(n)$ 表示第 n 次的输入数据,则 $x(n-1)$、$x(n-2)$、$x(n-3)$ 分别表示第 $n-1$ 次、第 $n-2$ 次、第 $n-3$ 次,即前三次的输入数据。设 $y(n)$ 表示第 n 次的平均处理结果,那么有

$$y(n) = \frac{1}{4}\big[x(n) + x(n-1) + x(n-2) + x(n-3)\big]$$

对以上差分方程两边同时取离散时间傅里叶变换(DTFT),有

$$Y(e^{j\omega}) = \frac{1}{4}X(e^{j\omega})(1 + e^{-j\omega} + e^{-j2\omega} + e^{-j3\omega})$$

则频率响应为

$$
\begin{aligned}
H(e^{j\omega}) &= \frac{Y(e^{j\omega})}{X(e^{j\omega})} = \frac{1}{4}(1 + e^{-j\omega} + e^{-j2\omega} + e^{-j3\omega}) \\
&= \frac{1}{4}(1 + e^{-j\omega})(1 + e^{-j2\omega}) \\
&= \frac{1}{4}e^{-j\frac{\omega}{2}}e^{-j\omega}(e^{j\frac{\omega}{2}} + e^{-j\frac{\omega}{2}})(e^{j\omega} + e^{-j\omega}) \\
&= \frac{1}{4}e^{-j\frac{3\omega}{2}} \cdot 4\cos\left(\frac{\omega}{2}\right)\cos(\omega) \\
&= e^{-j\frac{3\omega}{2}}\cos(\omega)\cos\left(\frac{\omega}{2}\right)
\end{aligned}
$$

7-32   已知系统函数

$$H(z) = \frac{z}{z-k} \quad (k \text{ 为常数})$$

(1)写出对应的差分方程;

(2)画出该系统的结构图;

(3)求系统的频率响应,并画出 $k = 0, 0.5, 1$ 三种情况下系统的幅度响应和相位响应。

解   (1)由 $H(z) = \dfrac{z}{z-k} = \dfrac{1}{1-kz^{-1}}$ 可得差分方程为

$$y(n) - ky(n-1) = x(n)$$

(2)将差分方程转化为

$$y(n) = ky(n-1) + x(n)$$

由此可画出该系统的结构图，如题图 7-32(a)所示。

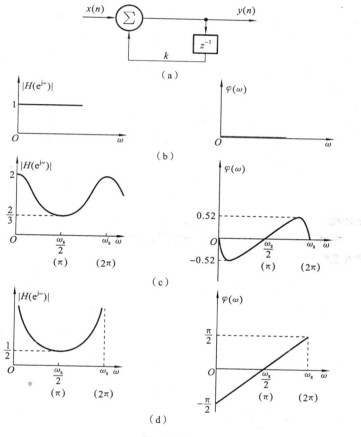

（a）

（b）

（c）

（d）

题图 7-32

（3）系统的频率响应为

$$H(e^{j\omega}) = \frac{e^{j\omega}}{e^{j\omega} - k} = \frac{1}{1 - ke^{-j\omega}} = \frac{1}{1 - k(\cos\omega - j\sin\omega)}$$

从而有幅度响应

$$|H(e^{j\omega})| = \frac{1}{\sqrt{(1 - k\cos\omega)^2 + (k\sin\omega)^2}} = \frac{1}{\sqrt{1 + k^2 - 2k\cos\omega}}$$

相位响应

$$\varphi(\omega) = 0 - \arctan\left(\frac{k\sin\omega}{1-k\cos\omega}\right) = -\arctan\left(\frac{k\sin\omega}{1-k\cos\omega}\right)$$

① 当 $k=0$ 时，

$$|H(e^{j\omega})| = 1, \quad \varphi(\omega) = 0$$

此时的幅度响应和相位响应如题图 7-32(b) 所示。

② 当 $k=0.5$ 时，

$$|H(e^{j\omega})| = \frac{1}{\sqrt{1.25-\cos\omega}}, \quad \varphi(\omega) = -\arctan\left(\frac{\sin\omega}{2-\cos\omega}\right)$$

此时的幅度响应和相位响应如题图 7-32(c) 所示。

③ 当 $k=1$ 时，

$$|H(e^{j\omega})| = \frac{1}{2\left|\sin\dfrac{\omega}{2}\right|}, \quad \varphi(\omega) = -\frac{\pi}{2} + \frac{\omega}{2}$$

此时的幅度响应和相位响应如题图 7-32(d) 所示。

7-33 利用 z 平面零、极点矢量作图方法大致画出下列系统函数所对应的系统幅度响应。

$$(1)\ H(z) = \frac{1}{z-0.5} \qquad\qquad (2)\ H(z) = \frac{z}{z-0.5}$$

$$(3)\ H(z) = \frac{z+0.5}{z}$$

解 (1) 零、极点矢量图如题图 7-33(a_1) 所示。由此图可看出，当 $\omega=0$ 时，极点矢量 $\boldsymbol{B}_1$ 的长度最短，且为 $\dfrac{1}{2}$；当 $e^{j\omega}$ 点逆时针旋转时，$\boldsymbol{B}_1$ 的长度逐渐增大，一直到 $\omega=\pi$ 点时，$\boldsymbol{B}_1$ 的长度达到最大，且为 $\dfrac{3}{2}$；当 $e^{j\omega}$ 点继续逆时针旋转时，$\boldsymbol{B}_1$ 的长度又逐渐减小，一直到 $\omega=2\pi$ 点（即 $e^{j\omega}$ 点转了一圈）时，$\boldsymbol{B}_1$ 的长度又达到了 $\dfrac{1}{2}$。这样，系统的幅度响应为，当 $\omega=0$ 时，$|H(e^{j\omega})|=2$，达到最大；当 $\omega=\pi$ 时，$|H(e^{j\omega})|=\dfrac{2}{3}$，达到最小；当 ω 由 π 变化到 2π 时，$|H(e^{j\omega})|$ 的变化过程与前述过程正好相反。于是可得到系统幅度响应，如题图 7-33(a_2) 所示。

(2) 零、极点矢量图如题图 7-33(b_1) 所示。与题图 7-33(a_1) 相比，多了一个位于原点处的零点，由于位于原点处的零点与极点对幅度响应均不产生

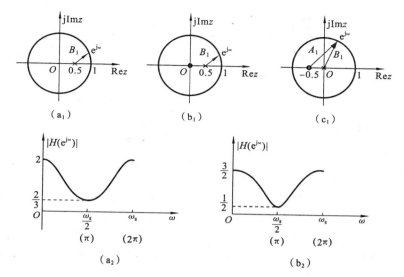

(a_1)　　　　(b_1)　　　　(c_1)

(a_2)　　　　　　　(b_2)

题图 7-33

影响,所以此系统的幅度响应与(1)同,即仍如题图 7-33(a_2)所示。

(3) 零、极点矢量图如题图 7-33(c_1)所示。一个极点位于 $z=0$ 处,对幅度响应没有影响,一个零点位于 $z=-0.5$ 处。当 $\omega=0$ 时,零点矢量 A_1 的长度最长,且为 $\frac{3}{2}$;当 $e^{j\omega}$ 点逆时针旋转时,A_1 的长度逐渐减小,一直到 $\omega=\pi$ 时,A_1 的长度达到最小,为 $\frac{1}{2}$;当 $e^{j\omega}$ 点继续逆时针旋转时,A_1 的长度又逐渐增大,一直到 $\omega=2\pi$ 时,A_1 的长度又达到了 $\frac{3}{2}$。这样,系统的幅度响应为,当 $\omega=0$ 时,$|H(e^{j\omega})|=\frac{3}{2}$,达到最大;当 $\omega=\pi$ 时,$|H(e^{j\omega})|=\frac{1}{2}$,达到最小;当 ω 由 π 变化到 2π 时,$|H(e^{j\omega})|$ 的变化过程与前述过程正好相反。于是可得到系统幅度响应,如题图 7-33(b_2)所示。

7-34 已知横向数字滤波器的结构如题图 7-34(a)所示。试以 $M=8$ 为例,

(1) 写出差分方程;

(2) 求系统函数 $H(z)$;

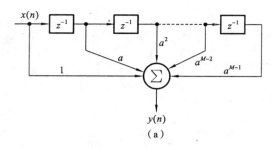

题图 7-34

（3）求单位样值响应 $h(n)$；

（4）画出 $H(z)$ 的零极点图；

（5）粗略画出系统的幅度响应。

解　（1）由题图 7-34(a)可写出差分方程为（以 $M=8$ 为例）

$$y(n) = x(n) + ax(n-1) + a^2 x(n-2) + a^3 x(n-3) + a^4 x(n-4)$$
$$+ a^5 x(n-5) + a^6 x(n-6) + a^7 x(n-7)$$
$$= \sum_{i=0}^{7} a^i x(n-i)$$

（2）对（1）中求得的差分方程取 z 变换，得系统函数

$$H(z) = \frac{Y(z)}{X(z)}$$
$$= 1 + az^{-1} + a^2 z^{-2} + a^3 z^{-3} + a^4 z^{-4} + a^5 z^{-5} + a^6 z^{-6} + a^7 z^{-7}$$
$$= \frac{1 - a^8 z^{-8}}{1 - az^{-1}} = \frac{z^8 - a^8}{z^8 - az^7}$$

（3）因为当 $x(n) = \delta(n)$ 时，$y(n) = h(n)$，所以由（1）中已求得的差分方程知单位样值响应

$$h(n) = \sum_{i=0}^{7} a^i \delta(n-i)$$

（4）令 $z^8 - az^7 = 0$，得 $z^7 = 0$ 或 $z = a$，则 $H(z)$ 的极点：$p_1 = 0$（7 阶），$p_2 = a$。令 $z^8 - a^8 = 0$，得 $z^8 = a^8(\cos 2k\pi + \mathrm{j}\sin 2k\pi) = a^8 \mathrm{e}^{\mathrm{j}2k\pi}$，则

$H(z)$ 的零点

$$z_k = |a| \mathrm{e}^{\mathrm{j}\frac{2k\pi}{8}} \quad (k = 0, 1, \cdots, 7)$$

$H(z)$ 的零、极点图如题图 7-34(b)所示。

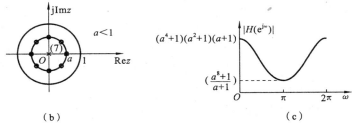

（b）   （c）

续题图 7-34

（5）系统的频率响应

$$H(e^{j\omega}) = \frac{1 - a^8 e^{-j8\omega}}{1 - a e^{-j\omega}} = \frac{1 - a^8 \cos(8\omega) + j a^8 \sin(8\omega)}{1 - a\cos(\omega) + j a\sin(\omega)}$$

幅度响应
$$|H(e^{j\omega})| = \sqrt{\frac{1 + a^{16} - 2a^8 \cos(8\omega)}{1 + a^2 - 2a\cos(\omega)}}$$

系统的幅度响应如题图 7-34(c) 所示。

7-35 求题图 7-35(a) 所示系统的差分方程、系统函数及单位样值响应。并大致画出系统函数 $H(z)$ 的零极点图及系统的幅度响应。

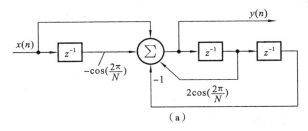

（a）

题图 7-35

解 由题图 7-35(a) 可写出差分方程为

$$y(n) = x(n) - \cos\left(\frac{2\pi}{N}\right)x(n-1) + 2\cos\left(\frac{2\pi}{N}\right)y(n-1) - y(n-2)$$

即 $\quad y(n) - 2\cos\left(\frac{2\pi}{N}\right)y(n-1) + y(n-2) = x(n) - \cos\left(\frac{2\pi}{N}\right)x(n-1)$

系统函数为

$$H(z) = \frac{1 - \cos\left(\frac{2\pi}{N}\right)z^{-1}}{1 - 2\cos\left(\frac{2\pi}{N}\right)z^{-1} + z^{-2}} = \frac{z\left[z - \cos\left(\frac{2\pi}{N}\right)\right]}{z^2 - 2\cos\left(\frac{2\pi}{N}\right)z + 1}$$

由附录五(原教材)的 z 变换表可知

$$h(n) = \cos\left(\frac{2\pi}{N}n\right)u(n)$$

$H(z)$ 的零点为
$$z_1 = 0, \quad z_2 = \cos\left(\frac{2\pi}{N}\right)$$

$H(z)$ 的极点为
$$p_1 = e^{j\frac{2\pi}{N}}, \quad p_2 = e^{-j\frac{2\pi}{N}}$$

$H(z)$ 的零、极点图如题图 7-35(b)所示。

系统的频率响应为

$$H(e^{j\omega}) = \frac{1 - \cos\left(\frac{2\pi}{N}\right)e^{-j\omega}}{1 - 2\cos\left(\frac{2\pi}{N}\right)e^{-j\omega} + e^{-j2\omega}}$$

幅度响应 $|H(e^{j\omega})|$ 如题图 7-35(c)所示。

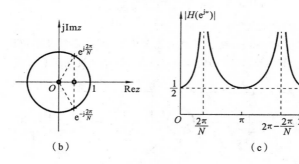

(b)　　　　　　　　(c)

续题图 7-35

7-36 已知离散系统差分方程表示式

$$y(n) - \frac{1}{3}y(n-1) = x(n)$$

(1) 求系统函数和单位样值响应;

(2) 若系统的零状态响应为 $y(n) = 3\left[\left(\frac{1}{2}\right)^n - \left(\frac{1}{3}\right)^n\right]u(n)$,求激励信号 $x(n)$;

(3) 画系统函数的零、极点分布图;

(4) 粗略画出幅频响应特性曲线;

(5) 画系统的结构框图。

解 (1) 易写出系统函数

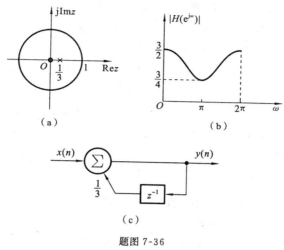

（a）

（b）

（c）

题图 7-36

$$H(z) = \frac{1}{1 - \frac{1}{3}z^{-1}} = \frac{z}{z - \frac{1}{3}}$$

则单位样值响应为

$$h(n) = \left(\frac{1}{3}\right)^n u(n)$$

（2）因为系统的零状态响应

$$y(n) = 3\left[\left(\frac{1}{2}\right)^n - \left(\frac{1}{3}\right)^n\right]u(n)$$

于是

$$Y(z) = \frac{3z}{z - \frac{1}{2}} - \frac{3z}{z - \frac{1}{3}} = \frac{\frac{1}{2}z}{\left(z - \frac{1}{2}\right)\left(z - \frac{1}{3}\right)}$$

从而有

$$X(z) = \frac{Y(z)}{H(z)} = \frac{\frac{1}{2}}{z - \frac{1}{2}}$$

求逆 z 变换得激励信号

$$x(n) = \frac{1}{2}\left(\frac{1}{2}\right)^{n-1}u(n-1) = \left(\frac{1}{2}\right)^n u(n-1)$$

（3）由 $H(z)$ 的表达式易知，$H(z)$ 只有一个一阶极点 $p = \frac{1}{3}$ 和一个一阶

零点 $z=0$。系统函数的零、极点分布图如题图 7-36(a)所示。

（4）系统的频率响应为

$$H(e^{j\omega}) = \frac{e^{j\omega}}{e^{j\omega} - \frac{1}{3}}$$

幅度响应　　　　$$|H(e^{j\omega})| = \frac{1}{\sqrt{\frac{10}{9} - \frac{2}{3}\cos\omega}}$$

幅频响应特性曲线如题图 7-36(b)所示。

（5）将差分方程转化为

$$y(n) = x(n) + \frac{1}{3}y(n-1)$$

由此易画出系统的结构框图如题图 7-36(c)所示。

7-37　已知离散系统差分方程表示式

$$y(n) - \frac{3}{4}y(n-1) + \frac{1}{8}y(n-2) = x(n) + \frac{1}{3}x(n-1)$$

（1）求系统函数和单位样值响应；

（2）画系统函数的零、极点分布图；

（3）粗略画出幅频响应特性曲线；

（4）画系统的结构框图。

解　（1）易写出系统函数为

$$H(z) = \frac{1 + \frac{1}{3}z^{-1}}{1 - \frac{3}{4}z^{-1} + \frac{1}{8}z^{-2}} = \frac{z\left(z + \frac{1}{3}\right)}{\left(z - \frac{1}{2}\right)\left(z - \frac{1}{4}\right)}$$

$$= \frac{\frac{10}{3}z}{z - \frac{1}{2}} + \frac{-\frac{7}{3}z}{z - \frac{1}{4}}$$

则单位样值响应

$$h(n) = \left[\frac{10}{3}\left(\frac{1}{2}\right)^n - \frac{7}{3}\left(\frac{1}{4}\right)^n\right]u(n)$$

（2）由 $H(z)$ 的表达式可知，$H(z)$ 的极点为：$p_1 = \frac{1}{2}$，$p_2 = \frac{1}{4}$，二者均为一阶；$H(z)$ 的零点为：$z_1 = 0$，$z_2 = -\frac{1}{3}$，二者亦为一阶的。系统函数的零、极

点分布图如题图 7-37(a)所示。

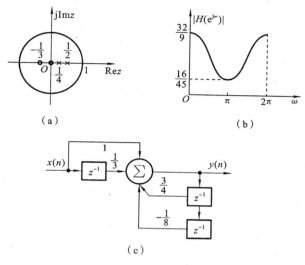

（a）

（b）

（c）

题图 7-37

（3）系统的频率响应为

$$H(\mathrm{e}^{\mathrm{j}\omega}) = \frac{\mathrm{e}^{\mathrm{j}\omega}\left(\mathrm{e}^{\mathrm{j}\omega} + \dfrac{1}{3}\right)}{\mathrm{e}^{\mathrm{j}2\omega} - \dfrac{3}{4}\mathrm{e}^{\mathrm{j}\omega} + \dfrac{1}{8}}$$

于是 $|H(\mathrm{e}^{\mathrm{j}\omega})| = \dfrac{|\mathrm{e}^{\mathrm{j}\omega}|\left|\mathrm{e}^{\mathrm{j}\omega} + \dfrac{1}{3}\right|}{\left|\mathrm{e}^{\mathrm{j}\omega} - \dfrac{1}{2}\right|\left|\mathrm{e}^{\mathrm{j}\omega} - \dfrac{1}{4}\right|}$

$$= \frac{\left|\left(\cos\omega + \dfrac{1}{3}\right) + \mathrm{j}\sin\omega\right|}{\left|\left(\cos\omega - \dfrac{1}{2}\right) + \mathrm{j}\sin\omega\right|\left|\left(\cos\omega - \dfrac{1}{4}\right) + \mathrm{j}\sin\omega\right|}$$

$$= \sqrt{\frac{\dfrac{10}{9} + \dfrac{2}{3}\cos\omega}{\left(\dfrac{5}{4} - \cos\omega\right)\left(\dfrac{17}{16} - \dfrac{1}{2}\cos\omega\right)}}$$

当 $\omega=0$ 时， $|H(\mathrm{e}^{\mathrm{j}\omega})| = \dfrac{32}{9}$

当 $\omega=\pi$ 时，　　　　　　　　$|H(e^{j\omega})|=\dfrac{16}{45}$

在区间 $[0,\pi]$ 内，可由题图 7-37(a)的零、极点分布图看出，$|H(e^{j\omega})|$ 是单调减的，故幅频响应特性曲线大致如题图 7-37(b)所示。

（4）由系统差分方程可画出系统结构框图如题图 7-37(c)所示。

7-38 已知系统函数

$$H(z)=\frac{z^2-(2a\cos\omega_0)z+a^2}{z^2-(2a^{-1}\cos\omega_0)z+a^{-2}}\quad(a>1)$$

（1）画出 $H(z)$ 在 z 平面的零、极点分布图；

（2）借助 $s\sim z$ 平面的映射规律，利用 $H(s)$ 的零、极点分布特性说明此系统具有全通特性。

解　（1）求 $H(z)$ 的零、极点需对其分子、分母多项式进行因式分解。利用欧拉公式

$$\cos\omega_0=\frac{1}{2}(e^{j\omega_0}+e^{-j\omega_0})$$

有　　　　　　$H(z)=\dfrac{z^2-(ae^{j\omega_0}+ae^{-j\omega_0})z+a^2}{z^2-(a^{-1}e^{j\omega_0}+a^{-1}e^{-j\omega_0})z+a^{-2}}$

$$=\frac{(z-ae^{j\omega_0})(z-ae^{-j\omega_0})}{(z-a^{-1}e^{j\omega_0})(z-a^{-1}e^{-j\omega_0})}\quad(a>1)$$

可见，$H(z)$ 有两个共轭复零点 $z_{1,2}=ae^{\pm j\omega_0}$ 和两个共轭复极点 $p_{1,2}=a^{-1}e^{\pm j\omega_0}$。由此得知 $H(z)$ 的零、极点分布图如题图 7-38 所示。

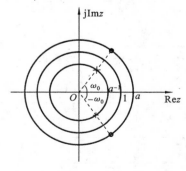

题图 7-38

（2）z 平面上的复变量 z 与 s 平面上的复变量 s 的关系为

$$s = \frac{1}{T}\ln z$$

其中，T 为抽样的时间间隔。

利用此关系可求得 s 平面上与以上零点 $z_{1,2}$ 和极点 $p_{1,2}$ 对应的零点 $s_{1,2}$ 和极点 $\lambda_{1,2}$ 为

$$s_{1,2} = \frac{1}{T}\ln a \pm j\frac{\omega_0}{T}$$

$$\lambda_{1,2} = -\frac{1}{T}\ln a \pm j\frac{\omega_0}{T}$$

或不妨令 $T=1$，则有

$$s_{1,2} = \ln a \pm j\omega_0$$

$$\lambda_{1,2} = -\ln a \pm j\omega_0$$

由于 $H(s)$ 的零点 s_1, s_2 分别与极点 λ_1, λ_2 关于 $j\omega$ 轴互为镜像，因此系统具有全通特性。

第8章 系统的状态变量分析

8.1 知识点归纳

1. 基本概念

（1）状态变量

对于线性动态系统,在任意时刻 t,都能与激励一起用一组线性代数方程来确定系统全部响应的一组独立完备的变量称为系统的状态变量。

（2）状态矢量

将 k 阶系统中的 k 个状态变量 $\lambda_1(t),\lambda_2(t),\cdots,\lambda_k(t)$ 排成一个 $k \times 1$ 阶的列矩阵 $\boldsymbol{\lambda}(t)$,即

$$\boldsymbol{\lambda}(t) = \begin{bmatrix} \lambda_1(t) \\ \lambda_2(t) \\ \vdots \\ \lambda_k(t) \end{bmatrix} = \begin{bmatrix} \lambda_1(t) & \lambda_2(t) & \cdots & \lambda_k(t) \end{bmatrix}^{\mathrm{T}}$$

此列矩阵 $\boldsymbol{\lambda}(t)$ 称为 k 维状态矢量,简称状态矢量。

（3）状态与初始状态

状态变量在某一确定时刻 t_0 的值,即为系统在 t_0 时刻的状态,亦即

$$\boldsymbol{\lambda}(t_0) = \begin{bmatrix} \lambda_1(t_0) & \lambda_2(t_0) & \cdots & \lambda_k(t_0) \end{bmatrix}^{\mathrm{T}}$$

状态变量在 $t=0_-$ 时刻的值称为系统的初始状态或起始状态,即

$$\boldsymbol{\lambda}(0_-) = \begin{bmatrix} \lambda_1(0_-) & \lambda_2(0_-) & \cdots & \lambda_k(0_-) \end{bmatrix}^{\mathrm{T}}$$

（4）状态空间

以 k 个状态变量为坐标轴而构成的 k 维空间称为状态空间;或者说安放状态矢量的空间即称为状态空间。状态矢量在 k 个坐标轴上的投影即相应为 k 个状态变量。

注:本章是原教材第 12 章。

（5）状态轨迹

当时间变量 t 变化时,状态矢量的末端点在状态空间中所描绘出的轨迹称为状态轨迹。

（6）状态方程

对于一个 k 阶系统而言,状态方程是体现系统的状态与输入之间关系的 k 元一阶方程组。

对于连续时间系统,状态方程是描述系统状态变量变化规律的一组一阶微分方程组;对于离散时间系统,状态方程是描述系统状态变量变化规律的一组一阶差分方程组。用矢量矩阵形式可分别表示为

连续系统　　$[\lambda'(t)]_{k \times 1} = A_{k \times k} \lambda_{k \times 1}(t) + B_{k \times m} e_{m \times 1}(t)$

离散系统　　$[\lambda(n+1)]_{k \times 1} = A_{k \times k} \lambda_{k \times 1}(n) + B_{k \times m} x_{m \times 1}(n)$

（7）输出方程

输出方程是体现系统的输出与输入及系统状态之间关系的方程组。可表示为

连续系统　　$[r(t)]_{r \times 1} = C_{r \times k} \lambda_{k \times 1}(t) + D_{r \times m} e_{m \times 1}(t)$

离散系统　　$[y(n)]_{r \times 1} = C_{r \times k} \lambda_{k \times 1}(n) + D_{r \times m} x_{m \times 1}(n)$

（8）状态变量法

以状态变量为独立完备变量,以状态方程和输出方程为研究对象,对多输入、多输出系统进行分析的方法称为状态变量分析法。

2. 状态方程和输出方程的建立

（1）由电路图求状态方程和输出方程

首先选取电路中所有独立电容电压和独立电感电流作为状态变量,然后分别列写包含状态变量一阶导数在内的节点电流方程和回路电压方程,最后消去方程中除激励之外的所有非状态变量,将状态方程和输出方程写成标准形式。

（2）由系统的输入-输出方程或模拟框图、信号流图求状态方程和输出方程

状态变量的个数等于系统的阶数。选所有的积分器或延时器的输出作为状态变量,再根据每个状态变量与其他状态变量及输入之间的关系,以及输出与每个状态变量及输入之间的关系,列写状态方程和输出方程。

（3）由系统函数求状态方程和输出方程

首先根据系统函数作出系统的直接模拟框图或并联模拟框图或串联模

拟框图,然后选所有的积分器或延时器的输出或每个子系统的输出作为状态变量,再依据每个状态变量与其他状态变量及输入之间的关系,以及输出与每个状态变量及输入之间的关系列写状态方程和输出方程。

3. 连续时间系统状态方程的求解

(1)拉普拉斯变换法

状态变量的复频域解

$$\boldsymbol{\Lambda}(s) = (s\boldsymbol{I} - \boldsymbol{A})^{-1}\boldsymbol{\lambda}(0_-) + (s\boldsymbol{I} - \boldsymbol{A})^{-1}\boldsymbol{B}\boldsymbol{E}(s)$$

输出变量的复频域解

$$\boldsymbol{R}(s) = \underbrace{\boldsymbol{C}(s\boldsymbol{I} - \boldsymbol{A})^{-1}\boldsymbol{\lambda}(0_-)}_{R_{zi}(s)} + \underbrace{\left[\boldsymbol{C}(s\boldsymbol{I} - \boldsymbol{A})^{-1}\boldsymbol{B} + \boldsymbol{D}\right]\boldsymbol{E}(s)}_{R_{zs}(s)}$$

(2)时域解法

状态变量的时域解

$$\boldsymbol{\lambda}(t) = \mathrm{e}^{\boldsymbol{A}t}\boldsymbol{\lambda}(0_-) + \int_0^t \mathrm{e}^{\boldsymbol{A}(t-\tau)}\boldsymbol{B}\boldsymbol{e}(\tau)\mathrm{d}\tau$$

即

$$\boldsymbol{\lambda}(t) = \mathrm{e}^{\boldsymbol{A}t}\boldsymbol{\lambda}(0_-) + \mathrm{e}^{\boldsymbol{A}t}\boldsymbol{B} * \boldsymbol{e}(t)$$

输出变量的时域解

$$\boldsymbol{r}(t) = \underbrace{\boldsymbol{C}\mathrm{e}^{\boldsymbol{A}t}\boldsymbol{\lambda}(0_-)}_{r_{zi}(t)} + \underbrace{\left[\boldsymbol{C}\mathrm{e}^{\boldsymbol{A}t}\boldsymbol{B} + \boldsymbol{D}\boldsymbol{\delta}(t)\right] * \boldsymbol{e}(t)}_{r_{zs}(t)}$$

(3)系统转移函数矩阵

$$\boldsymbol{H}(s) \stackrel{\mathrm{def}}{=\!=\!=} \boldsymbol{C}(s\boldsymbol{I} - \boldsymbol{A})^{-1}\boldsymbol{B} + \boldsymbol{D}$$

(4)系统冲激响应矩阵

$$\boldsymbol{h}(t) = \mathscr{L}^{-1}\{\boldsymbol{H}(s)\} = \boldsymbol{C}\mathrm{e}^{\boldsymbol{A}t}\boldsymbol{B} + \boldsymbol{D}\boldsymbol{\delta}(t)$$

(5)状态转移矩阵与特征矩阵

$\mathrm{e}^{\boldsymbol{A}t}$——系统的状态转移矩阵

$\mathscr{L}\{\mathrm{e}^{\boldsymbol{A}t}\} = (s\boldsymbol{I} - \boldsymbol{A})^{-1}$——系统的特征矩阵

$\mathrm{e}^{\boldsymbol{A}t}$ 的时域解法:先求系统矩阵 $\boldsymbol{A}$ 的特征根,然后代入 $\mathrm{e}^{\boldsymbol{A}t}$ 的有限项之和表达式:$\sum_{i=0}^{k-1} C_i \boldsymbol{A}_i$ 中求 C_i。

4. 离散时间系统状态方程的求解

(1)z 变换法

状态变量的 z 域解

$$\boldsymbol{\Lambda}(z) = (z\boldsymbol{I} - \boldsymbol{A})^{-1}z\boldsymbol{\lambda}(0) + (z\boldsymbol{I} - \boldsymbol{A})^{-1}\boldsymbol{B}\boldsymbol{X}(z)$$

$$= (I - z^{-1}A)^{-1} \lambda(0) + (zI - A)^{-1} BX(z)$$

输出变量的 z 域解

$$Y(z) = \underbrace{C(zI-A)^{-1}z\lambda(0)}_{Y_{zi}(z)} + \underbrace{[C(zI-A)^{-1}B+D]X(z)}_{Y_{zs}(z)}$$

（2）时域解法

状态变量的时域解

$$\lambda(n) = A^n\lambda(0)u(n) + \Big[\sum_{i=0}^{n-1} A^{n-1-i}Bx(i)\Big]u(n-1)$$

$$= A^n\lambda(0)u(n) + [A^{n-1} * Bx(n)]u(n-1)$$

输出变量的时域解

$$y(n) = \underbrace{CA^n\lambda(0)u(n)}_{y_{zi}(n)} + \underbrace{\Big[\sum_{i=0}^{n-1} CA^{n-1-i}Bx(i)\Big]u(n-1) + Dx(n)u(n)}_{y_{zs}(n)}$$

（3）系统转移函数矩阵

$$H(z) = C(zI-A)^{-1}B + D = Cz^{-1}(I-z^{-1}A)^{-1}B + D$$

（4）系统单位脉冲响应矩阵

$$h(n) = \mathscr{Z}^{-1}\{H(z)\} = CA^{n-1}Bu(n-1) + D\delta(n)$$

（5）状态转移矩阵与特征矩阵

A^n——系统的状态转移矩阵

$\mathscr{Z}\{A^n\} = (I-z^{-1}A)^{-1}$——系统的特征矩阵

5. 由状态方程判断因果系统的稳定性

（1）连续时间系统

$|sI-A|$ 称为连续时间系统的特征多项式，$|sI-A|=0$ 称为连续时间系统的特征方程，其根称为特征根，也称为系统的自然频率或固有频率。

若系统的特征根全部位于左半 s 平面，则系统稳定；只要有一个特征根位于右半 s 平面，系统就不稳定；在 s 平面的虚轴上的单根对应临界稳定状态。

（2）离散时间系统

$|zI-A|$ 称为离散时间系统的特征多项式，$|zI-A|=0$ 称为离散时间系统的特征方程，其根称为特征根，也称为系统的自然频率或固有频率。

若系统的特征根全部位于 z 平面的单位圆内，则系统稳定；只要有一个特征根落在 z 平面的单位圆外，系统就不稳定；在 z 平面单位圆上的单根对应临界稳定状态。

6. 系统的可控制性与可观测性

（1）系统可控性的定义

当系统用状态方程描述时，给定系统的任意初始状态，可以找到容许的输入量（即控制矢量），在有限时间之内把系统的所有状态引向状态空间的原点（即初始状态），如果可以做到这一点，则称系统是完全可控制的；如果只有对部分状态变量能够做到这一点，则称系统是不完全可控制的。

（2）k 阶系统完全可控的充要条件

可控阵 $M=\begin{bmatrix} B & \vdots & AB & \vdots & A^2B & \vdots & \cdots & \vdots & A^{k-1}B \end{bmatrix}$ 满秩是 k 阶系统完全可控的充要条件。

（3）系统可观性定义

如果系统用状态方程来描述，在给定控制后，能在有限时间间隔内（$0 < t < t_1$）根据系统输出唯一地确定系统的所有起始状态，则称系统完全可观；若只能确定部分起始状态，则称系统不完全可观。

（4）k 阶系统完全可观的充要条件

可观阵 $N=\begin{bmatrix} C \\ CA \\ \vdots \\ CA^{k-1} \end{bmatrix}$ 满秩是 k 阶系统完全可观的充要条件。

8.2　释疑解惑

本章的重点是建立系统的状态变量模型，其中最关键的是设定状态变量。注意，状态变量的个数应该等于系统的阶数。最简单的方法是，首先，根据系统方程或系统函数画出系统的模拟框图或信号流图，然后选所有积分器或延时器的输出为状态变量，再对每个状态变量列写一阶微分方程或一阶差分方程即得状态方程，最后再根据框图或流图列写输出方程。

状态模型的求解方法则与输入输出模型的求解方法完全一样，可以采用时域的卷积方法，也可以采用拉普拉斯变换或 z 变换的方法，与输入输出模型不同的是，状态模型求解过程中涉及矢量计算，所以需要用到矩阵的知识。

特别要注意的是：状态变量分析法适合于多输入-多输出系统的分析，对于单输入-单输出系统则不宜用状态变量分析法，否则，会使简单问题复杂化。

8.3 习 题 详 解

8-1　如题图 8-1 所示电路,输出变量取 $r(t) = v_{C_2}(t)$,状态变量取 C_1 和 C_2 上的电压 $\lambda_1(t) = v_{C_1}(t)$ 和 $\lambda_2(t) = v_{C_2}(t)$,且有 $C_1 = C_2 = 1\text{ F}, R_0 = R_1 = R_2 = 1\ \Omega$。列写系统的状态方程和输出方程。

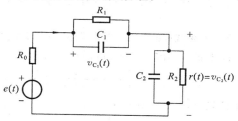

题图 8-1

解　设流过电阻 R_0 的电流为 $i(t)$,则根据 KVL 可列方程如下:

$$R_0 i(t) + v_{C_1}(t) + v_{C_2}(t) = e(t) \qquad ①$$

又

$$i(t) = \frac{v_{C_1}(t)}{R_1} + C_1 v'_{C_1}(t) \qquad ②$$

$$i(t) = \frac{v_{C_2}(t)}{R_2} + C_2 v'_{C_2}(t) \qquad ③$$

将②、③式分别代入①式,得

$$\begin{cases} R_0 \dfrac{v_{C_1}(t)}{R_1} + R_0 C_1 v'_{C_1}(t) + v_{C_1}(t) + v_{C_2}(t) = e(t) \\[2mm] R_0 \dfrac{v_{C_2}(t)}{R_2} + R_0 C_2 v'_{C_2}(t) + v_{C_1}(t) + v_{C_2}(t) = e(t) \end{cases}$$

将 $\lambda_1(t) = v_{C_1}(t)$、$\lambda_2(t) = v_{C_2}(t)$、$C_1 = C_2 = 1\text{ F}, R_0 = R_1 = R_2 = 1\ \Omega$ 代入上述方程组,得

$$\begin{cases} \lambda'_1(t) = -2\lambda_1(t) - \lambda_2(t) + e(t) \\ \lambda'_2(t) = -\lambda_1(t) - 2\lambda_2(t) + e(t) \end{cases}$$

此即系统的状态方程,其矩阵形式为

$$\begin{bmatrix} \lambda'_1(t) \\ \lambda'_2(t) \end{bmatrix} = \begin{bmatrix} -2 & -1 \\ -1 & -2 \end{bmatrix} \begin{bmatrix} \lambda_1(t) \\ \lambda_2(t) \end{bmatrix} + \begin{bmatrix} 1 \\ 1 \end{bmatrix} e(t)$$

系统的输出方程为 $r(t) = v_{C_2}(t) = \lambda_2(t)$，其矩阵形式为

$$r(t) = \begin{bmatrix} 0 & 1 \end{bmatrix} \begin{bmatrix} \lambda_1(t) \\ \lambda_2(t) \end{bmatrix}$$

8-2 已知系统的传输算子表达式为

$$H(p) = \frac{1}{(p+1)(p+2)}$$

试建立一个二阶状态方程，使其 **A** 矩阵具有对角阵形式，并画出系统的流图。

解 当系统用并联形式的框图或流图来模拟时，取各积分器的输出为状态变量，则其状态方程的 **A** 矩阵具有对角阵形式。

根据　　　$H(p) = \dfrac{1}{(p+1)(p+2)} = \dfrac{1}{p+1} - \dfrac{1}{p+2}$

可画出系统并联形式的流图如题图 8-2 所示。

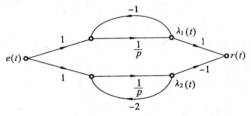

题图 8-2

设积分器的输出为状态变量 $\lambda_1(t)$、$\lambda_2(t)$，则由流图可得状态方程：

$$\begin{cases} \lambda_1'(t) = -\lambda_1(t) + e(t) \\ \lambda_2'(t) = -2\lambda_2(t) + e(t) \end{cases}$$

矩阵形式为

$$\begin{bmatrix} \lambda_1'(t) \\ \lambda_2'(t) \end{bmatrix} = \begin{bmatrix} -1 & 0 \\ 0 & -2 \end{bmatrix} \begin{bmatrix} \lambda_1(t) \\ \lambda_2(t) \end{bmatrix} + \begin{bmatrix} 1 \\ 1 \end{bmatrix} e(t)$$

输出方程为　　　　　$r(t) = \lambda_1(t) - \lambda_2(t)$

或　　　　　　　$r(t) = \begin{bmatrix} 1 & -1 \end{bmatrix} \begin{bmatrix} \lambda_1(t) \\ \lambda_2(t) \end{bmatrix}$

即　　　$\boldsymbol{A} = \begin{bmatrix} -1 & 0 \\ 0 & -2 \end{bmatrix}$, $\boldsymbol{B} = \begin{bmatrix} 1 \\ 1 \end{bmatrix}$, $\boldsymbol{C} = \begin{bmatrix} 1 & -1 \end{bmatrix}$, $\boldsymbol{D} = 0$

8-3 给定系统微分方程表达式如下：

$$a\frac{d^3y(t)}{dt^3}+b\frac{d^2y(t)}{dt^2}+c\frac{dy(t)}{dt}+dy(t)=0$$

选状态变量为 $\lambda_1(t)=ay(t)$

$$\lambda_2(t)=a\frac{dy(t)}{dt}+by(t)$$

$$\lambda_3(t)=a\frac{d^2y(t)}{dt^2}+b\frac{dy(t)}{dt}+cy(t)$$

输出量取
$$r(t)=\frac{dy(t)}{dt}$$

列写状态方程和输出方程。

解　由 $\lambda_1(t)=ay(t)$，$\lambda_2(t)=a\frac{dy(t)}{dt}+by(t)$ 可得

$$\lambda_2(t)=\lambda_1'(t)+\frac{b}{a}\lambda_1(t)$$

即
$$\lambda_1'(t)=-\frac{b}{a}\lambda_1(t)+\lambda_2(t) \qquad ①$$

又
$$\lambda_3(t)=a\frac{d^2y(t)}{dt^2}+b\frac{dy(t)}{dt}+cy(t)=\lambda_2'(t)+\frac{c}{a}\lambda_1(t)$$

即
$$\lambda_2'(t)=-\frac{c}{a}\lambda_1(t)+\lambda_3(t) \qquad ②$$

将 $\lambda_1(t)$、$\lambda_2(t)$、$\lambda_3(t)$ 表达式代入方程：

$$a\frac{d^3y(t)}{dt^3}+b\frac{d^2y(t)}{dt^2}+c\frac{dy(t)}{dt}+dy(t)=0$$

可得
$$\lambda_3'(t)+\frac{d}{a}\lambda_1(t)=0$$

即
$$\lambda_3'(t)=-\frac{d}{a}\lambda_1(t) \qquad ③$$

①、②、③式即为系统的状态方程，其矩阵形式为

$$\begin{bmatrix}\lambda_1'(t)\\\lambda_2'(t)\\\lambda_3'(t)\end{bmatrix}=\begin{bmatrix}-\frac{b}{a}&1&0\\-\frac{c}{a}&0&1\\-\frac{d}{a}&0&0\end{bmatrix}\begin{bmatrix}\lambda_1(t)\\\lambda_2(t)\\\lambda_3(t)\end{bmatrix}$$

又由
$$\lambda_2(t)=a\frac{dy(t)}{dt}+by(t)$$

得

$$\frac{\mathrm{d}y(t)}{\mathrm{d}t}=\frac{1}{a}\lambda_2(t)-\frac{b}{a}y(t)=\frac{1}{a}\lambda_2(t)-\frac{b}{a^2}\lambda_1(t)$$

故输出方程为

$$r(t)=\frac{\mathrm{d}y(t)}{\mathrm{d}t}=-\frac{b}{a^2}\lambda_1(t)+\frac{1}{a}\lambda_2(t)$$

即

$$r(t)=\begin{bmatrix}-\dfrac{b}{a^2}&\dfrac{1}{a}&0\end{bmatrix}\begin{bmatrix}\lambda_1(t)\\\lambda_2(t)\\\lambda_3(t)\end{bmatrix}$$

8-4 给定系统流图如题图 8-4(a)所示,列写状态方程和输出方程。

解 设各积分器的输出为状态变量 $\lambda_1(t)$、$\lambda_2(t)$,如题图 8-4(b)所示。

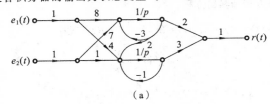

(a)

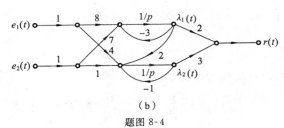

(b)

题图 8-4

由图可得状态方程和输出方程分别为

$$\begin{cases}\lambda_1'(t)=-3\lambda_1(t)+8e_1(t)+7e_2(t)\\\lambda_2'(t)=2\lambda_1(t)-\lambda_2(t)+4e_1(t)+e_2(t)\end{cases}$$

及

$$r(t)=2\lambda_1(t)+3\lambda_2(t)$$

矩阵形式为

$$\begin{bmatrix}\lambda_1'(t)\\\lambda_2'(t)\end{bmatrix}=\begin{bmatrix}-3&0\\2&-1\end{bmatrix}\begin{bmatrix}\lambda_1(t)\\\lambda_2(t)\end{bmatrix}+\begin{bmatrix}8&7\\4&1\end{bmatrix}\begin{bmatrix}e_1(t)\\e_2(t)\end{bmatrix}$$

$$r(t)=\begin{bmatrix}2&3\end{bmatrix}\begin{bmatrix}\lambda_1(t)\\\lambda_2(t)\end{bmatrix}$$

8-5 给定离散时间系统框图如题图 8-5(a)所示,列写状态方程和输出方程。

解　设四个延时器的输出为状态变量 $\lambda_1(n)$、$\lambda_2(n)$、$\lambda_3(n)$、$\lambda_4(n)$，如题图 8-5(b)所示。

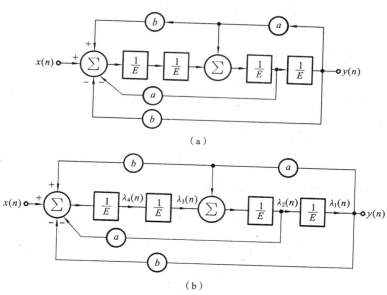

（a）

（b）

题图 8-5

由图可得状态方程和输出方程分别为

$$\begin{cases} \lambda_1(n+1)=\lambda_2(n) \\ \lambda_2(n+1)=a\lambda_1(n)+\lambda_3(n) \\ \lambda_3(n+1)=\lambda_4(n) \\ \lambda_4(n+1)=(ab-b)\lambda_1(n)-a\lambda_2(n)+x(n) \end{cases}$$

及

$$y(n)=\lambda_1(n)$$

写成矩阵形式，有

$$\begin{bmatrix} \lambda_1(n+1) \\ \lambda_2(n+1) \\ \lambda_3(n+1) \\ \lambda_4(n+1) \end{bmatrix}=\begin{bmatrix} 0 & 1 & 0 & 0 \\ a & 0 & 1 & 0 \\ 0 & 0 & 0 & 1 \\ ab-b & -a & 0 & 0 \end{bmatrix}\begin{bmatrix} \lambda_1(n) \\ \lambda_2(n) \\ \lambda_3(n) \\ \lambda_4(n) \end{bmatrix}+\begin{bmatrix} 0 \\ 0 \\ 0 \\ 1 \end{bmatrix}x(n)$$

及

$$y(n)=\begin{bmatrix}1 & 0 & 0 & 0\end{bmatrix}\begin{bmatrix}\lambda_1(n)\\ \lambda_2(n)\\ \lambda_3(n)\\ \lambda_4(n)\end{bmatrix}$$

8-6 （1）给定系统用微分方程描述为

$$\frac{\mathrm{d}^2 r(t)}{\mathrm{d}t^2}+a_1\frac{\mathrm{d}r(t)}{\mathrm{d}t}+a_2 r(t)=b_0\frac{\mathrm{d}^2 e(t)}{\mathrm{d}t^2}+b_1\frac{\mathrm{d}e(t)}{\mathrm{d}t}+b_2 e(t)$$

用题图 8-6 的流图形式模拟该系统，列写对应于题图 8-6 形式的状态方程，并求 $\alpha_1,\alpha_2,\beta_0,\beta_1,\beta_2$ 与原方程系数之间的关系。

（2）给定系统用微分方程描述为

$$\frac{\mathrm{d}^2 r(t)}{\mathrm{d}t^2}+4\frac{\mathrm{d}r(t)}{\mathrm{d}t}+3r(t)=\frac{\mathrm{d}^2 e(t)}{\mathrm{d}t^2}+6\frac{\mathrm{d}e(t)}{\mathrm{d}t}+8e(t)$$

求对应于（1）问所示状态方程的各系数。

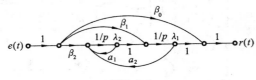

题图 8-6

解　（1）由流图可得状态方程和输出方程如下：

$$\begin{cases}\lambda_1'(t)=\lambda_2(t)+\beta_1 e(t)\\ \lambda_2'(t)=\alpha_2\lambda_1(t)+\alpha_1\lambda_2(t)+\beta_2 e(t)\end{cases}$$

$$r(t)=\lambda_1(t)+\beta_0 e(t)$$

则　　　$r'(t)=\lambda_1'(t)+\beta_0 e'(t)=\lambda_2(t)+\beta_1 e(t)+\beta_0 e'(t)$

$$r''(t)=\lambda_2'(t)+\beta_1 e'(t)+\beta_0 e''(t)=\alpha_2\lambda_1(t)+\alpha_1\lambda_2(t)+\beta_2 e(t)+\beta_1 e'(t)+\beta_0 e''(t)$$

将 $r''(t)$、$r'(t)$、$r(t)$ 代入方程 $\dfrac{\mathrm{d}^2 r(t)}{\mathrm{d}t^2}+a_1\dfrac{\mathrm{d}r(t)}{\mathrm{d}t}+a_2 r(t)=b_0\dfrac{\mathrm{d}^2 e(t)}{\mathrm{d}t^2}+b_1\dfrac{\mathrm{d}e(t)}{\mathrm{d}t}$

$+b_2 e(t)$ 中，得

$$\begin{aligned}&(\alpha_2+a_2)\lambda_1(t)+(\alpha_1+a_1)\lambda_2(t)+(\beta_2+a_1\beta_1+a_2\beta_0)e(t)\\ &\quad+(\beta_1+a_1\beta_0)e'(t)+\beta_0 e''(t)\\ &=b_0 e''(t)+b_1 e'(t)+b_2 e(t)\end{aligned}$$

比较方程两边的系数，可得

$$\begin{cases} \alpha_2+a_2=0 \\ \alpha_1+a_1=0 \\ \beta_2+a_1\beta_1+a_2\beta_0=b_2 \\ \beta_1+a_1\beta_0=b_1 \\ \beta_0=b_0 \end{cases} \Rightarrow \begin{cases} \alpha_1=-a_1 \\ \alpha_2=-a_2 \\ \beta_0=b_0 \\ \beta_1=-a_1b_0+b_1 \\ \beta_2=(a_1^2-a_2)b_0-a_1b_1+b_2 \end{cases}$$

(2) 由于在(1)中给定方程中令 $a_1=4$，$a_2=3$，$b_0=1$，$b_1=6$，$b_2=8$，则两方程描述同一系统，由此可得

$$\alpha_1=-4, \quad \alpha_2=-3, \quad \beta_0=1, \quad \beta_1=2, \quad \beta_2=-3$$

即对应于(1)的状态方程为

$$\begin{cases} \lambda_1'(t)=\lambda_2(t)+2e(t) \\ \lambda_2'(t)=-3\lambda_1(t)-4\lambda_2(t)-3e(t) \end{cases}$$

输出方程为

$$r(t)=\lambda_1(t)+e(t)$$

8-7 试将题图 8-7(a)和(b)分别改画为一阶流图组合的形式，一阶流图的结构如题图 8-7(c)所示，并列写系统的状态方程和输出方程。在图 8-7

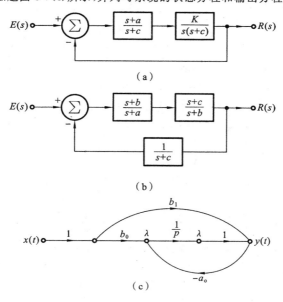

（a）

（b）

（c）

题图 8-7

(c)中传输算子为 $H(p)=\dfrac{b_1+\dfrac{b_0}{p}}{1+\dfrac{a_0}{p}}$。考虑图中结点 λ 之后增益为 1 的通路在

本题中能否省去?

解 (a) 由于 $\dfrac{s+a}{s+c}=\dfrac{1+a/s}{1+c/s}$

$$\frac{K}{s(s+c)}=\frac{K}{s}\times\frac{1}{s+c}=\frac{K}{s}\times\frac{1/s}{1+c/s}$$

说明题图 8-7(a)所示系统可由如题图 8-7(c)所示的三个一阶系统级联组成,其流图如题图 8-7(a_1)所示。

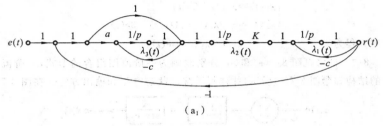

(a_1)

续题图 8-7

选取三个积分器的输出为状态变量 $\lambda_1(t)$、$\lambda_2(t)$、$\lambda_3(t)$,则状态方程

$$\begin{cases}\lambda_1'(t)=-c\lambda_1(t)+K\lambda_2(t)\\\lambda_2'(t)=\lambda_3(t)+e(t)-\lambda_1(t)\\\lambda_3'(t)=a[e(t)-\lambda_1(t)]-c\lambda_2'(t)\end{cases}$$

即

$$\begin{cases}\lambda_1'(t)=-c\lambda_1(t)+K\lambda_2(t)\\\lambda_2'(t)=-\lambda_1(t)+\lambda_3(t)+e(t)\\\lambda_3'(t)=(c-a)\lambda_1(t)-c\lambda_3(t)+(a-c)e(t)\end{cases}$$

输出方程为 $\qquad r(t)=\lambda_1(t)$

(b) 由 $\dfrac{s+b}{s+a}=\dfrac{1+b/s}{1+a/s}$,$\dfrac{s+c}{s+b}=\dfrac{1+c/s}{1+b/s}$,$\dfrac{1}{s+c}=\dfrac{1/s}{1+c/s}$ 可画出由三个如题图

8-7(c)所示的一阶系统组成的流图如题图 8-7(b_1)所示。

选取三个积分器的输出为状态变量 $\lambda_1(t)$、$\lambda_2(t)$、$\lambda_3(t)$,则状态方程

$$\begin{cases}\lambda_1'(t)=-b[\lambda_1(t)+\lambda_2(t)+e(t)-\lambda_3(t)]+c[\lambda_2(t)+e(t)-\lambda_3(t)]\\\lambda_2'(t)=-a[\lambda_2(t)+e(t)-\lambda_3(t)]+b[e(t)-\lambda_3(t)]\\\lambda_3'(t)=\lambda_1(t)+\lambda_2(t)+e(t)-\lambda_3(t)-c\lambda_3(t)\end{cases}$$

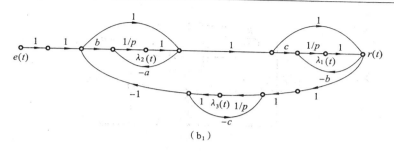

（b₁）

续题图 8-7

即
$$\begin{cases}\lambda_1'(t)=-b\lambda_1(t)+(c-b)\lambda_2(t)+(b-c)\lambda_3(t)+(c-b)e(t)\\ \lambda_2'(t)=-a\lambda_2(t)+(a-b)\lambda_3(t)+(b-a)e(t)\\ \lambda_3'(t)=\lambda_1(t)+\lambda_2(t)-(c+1)\lambda_3(t)+e(t)\end{cases}$$

输出方程为
$$r(t)=\lambda_1(t)+\lambda_2(t)-\lambda_3(t)+e(t)$$

图(c)中结点 λ 之后增益为 1 的通路在本题中不能省去。

8-8　列写题图 8-8(a)所示网络的状态方程和输出方程。

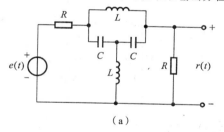

（a）

题图 8-8

解　设电感电流的方向及电容电压的极性如题图 8-8(b)所示。

据图(b)，可得 $Li_1'(t)=u_1(t)+u_2(t)$

即
$$i_1'(t)=\frac{1}{L}u_1(t)+\frac{1}{L}u_2(t)$$

又由 KCL 及 KVL 有
$$\begin{cases}Cu_1'(t)+i_2(t)=Cu_2'(t)\\ R[i_1(t)+Cu_1'(t)]+u_1(t)-Li_2'(t)=e(t)\\ Li_2'(t)+u_2(t)+R[i_1(t)+Cu_2'(t)]=0\end{cases}$$

解上述方程组得

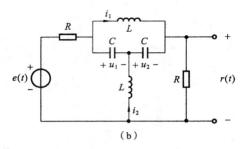

（b）

续题图 8-8

$$\begin{cases} i_2'(t)=-\dfrac{R}{2L}i_2(t)+\dfrac{1}{2L}u_1(t)-\dfrac{1}{2L}u_2(t)-\dfrac{1}{2L}e(t) \\[2mm] u_1'(t)=-\dfrac{1}{C}i_1(t)-\dfrac{1}{2C}i_2(t)-\dfrac{1}{2RC}u_1(t)-\dfrac{1}{2RC}u_2(t)+\dfrac{1}{2RC}e(t) \\[2mm] u_2'(t)=-\dfrac{1}{C}i_1(t)+\dfrac{1}{2C}i_2(t)-\dfrac{1}{2RC}u_1(t)-\dfrac{1}{2RC}u_2(t)+\dfrac{1}{2RC}e(t) \end{cases}$$

若设状态变量

$$\begin{cases} \lambda_1(t)=i_1(t) \\ \lambda_2(t)=i_2(t) \\ \lambda_3(t)=u_1(t) \\ \lambda_4(t)=u_2(t) \end{cases}$$

则状态方程

$$\begin{cases} \lambda_1'(t)=\dfrac{1}{L}\lambda_3(t)+\dfrac{1}{L}\lambda_4(t) \\[2mm] \lambda_2'(t)=-\dfrac{R}{2L}\lambda_2(t)+\dfrac{1}{2L}\lambda_3(t)-\dfrac{1}{2L}\lambda_4(t)-\dfrac{1}{2L}e(t) \\[2mm] \lambda_3'(t)=-\dfrac{1}{C}\lambda_1(t)-\dfrac{1}{2C}\lambda_2(t)-\dfrac{1}{2RC}\lambda_3(t)-\dfrac{1}{2RC}\lambda_4(t)+\dfrac{1}{2RC}e(t) \\[2mm] \lambda_4'(t)=-\dfrac{1}{C}\lambda_1(t)+\dfrac{1}{2C}\lambda_2(t)-\dfrac{1}{2RC}\lambda_3(t)-\dfrac{1}{2RC}\lambda_4(t)+\dfrac{1}{2RC}e(t) \end{cases}$$

　输出方程为　$r(t)=-Li_2'(t)-u_2(t)=\dfrac{R}{2}\lambda_2(t)-\dfrac{1}{2}\lambda_3(t)$

$$-\dfrac{1}{2}\lambda_4(t)+\dfrac{1}{2}e(t)$$

8-9　已知

$$A = \begin{bmatrix} 0 & 1 & 0 \\ 0 & 0 & 1 \\ 0 & 1 & 0 \end{bmatrix}$$

借助拉氏变换求逆的方法计算 e^{At}。

解　$sI - A = \begin{bmatrix} s & 0 & 0 \\ 0 & s & 0 \\ 0 & 0 & s \end{bmatrix} - \begin{bmatrix} 0 & 1 & 0 \\ 0 & 0 & 1 \\ 0 & 1 & 0 \end{bmatrix} = \begin{bmatrix} s & -1 & 0 \\ 0 & s & -1 \\ 0 & -1 & s \end{bmatrix}$

$$(sI - A)^{-1} = \frac{\text{adj}(sI - A)}{|sI - A|} = \frac{1}{s^3 - s} \begin{bmatrix} s^2 - 1 & s & 1 \\ 0 & s^2 & s \\ 0 & s & s^2 \end{bmatrix}$$

$$= \begin{bmatrix} \dfrac{1}{s} & \dfrac{1}{s^2 - 1} & \dfrac{1}{s(s^2 - 1)} \\ 0 & \dfrac{s}{s^2 - 1} & \dfrac{1}{s^2 - 1} \\ 0 & \dfrac{1}{s^2 - 1} & \dfrac{s}{s^2 - 1} \end{bmatrix}$$

$$= \begin{bmatrix} \dfrac{1}{s} & \dfrac{1/2}{s-1} - \dfrac{1/2}{s+1} & \dfrac{1/2}{s-1} + \dfrac{1/2}{s+1} - \dfrac{1}{s} \\ 0 & \dfrac{1/2}{s-1} + \dfrac{1/2}{s+1} & \dfrac{1/2}{s-1} - \dfrac{1/2}{s+1} \\ 0 & \dfrac{1/2}{s-1} - \dfrac{1/2}{s+1} & \dfrac{1/2}{s-1} + \dfrac{1/2}{s+1} \end{bmatrix}$$

取拉氏反变换,得

$$e^{At} = \begin{bmatrix} 1 & \dfrac{1}{2}(e^t - e^{-t}) & \dfrac{1}{2}(e^t + e^{-t}) - 1 \\ 0 & \dfrac{1}{2}(e^t + e^{-t}) & \dfrac{1}{2}(e^t - e^{-t}) \\ 0 & \dfrac{1}{2}(e^t - e^{-t}) & \dfrac{1}{2}(e^t + e^{-t}) \end{bmatrix} u(t)$$

8-10　给定系统的状态方程和初始条件为

$$\begin{bmatrix} \lambda_1'(t) \\ \lambda_2'(t) \end{bmatrix} = \begin{bmatrix} 1 & -2 \\ 1 & 4 \end{bmatrix} \begin{bmatrix} \lambda_1(t) \\ \lambda_2(t) \end{bmatrix}; \quad \begin{bmatrix} \lambda_1(0_-) \\ \lambda_2(0_-) \end{bmatrix} = \begin{bmatrix} 3 \\ 2 \end{bmatrix}$$

用拉氏变换方法求解该系统。

解　$A = \begin{bmatrix} 1 & -2 \\ 1 & 4 \end{bmatrix}$, $B = 0$, $\lambda(0_-) = \begin{bmatrix} \lambda_1(0_-) \\ \lambda_2(0_-) \end{bmatrix} = \begin{bmatrix} 3 \\ 2 \end{bmatrix}$

状态变量的复频域解

$$\boldsymbol{\Lambda}(s)=(s\boldsymbol{I}-\boldsymbol{A})^{-1}\boldsymbol{\lambda}(0_-)+(s\boldsymbol{I}-\boldsymbol{A})^{-1}\boldsymbol{B}\boldsymbol{E}(s)$$

为此先求 $(s\boldsymbol{I}-\boldsymbol{A})^{-1}$。

$$(s\boldsymbol{I}-\boldsymbol{A})^{-1}=\begin{bmatrix}s-1 & 2\\ -1 & s-4\end{bmatrix}^{-1}=\frac{1}{(s-2)(s-3)}\begin{bmatrix}s-4 & -2\\ 1 & s-4\end{bmatrix}$$

$$(s\boldsymbol{I}-\boldsymbol{A})^{-1}\boldsymbol{\lambda}(0_-)=\frac{1}{(s-2)(s-3)}\begin{bmatrix}s-4 & -2\\ 1 & s-4\end{bmatrix}\begin{bmatrix}3\\ 2\end{bmatrix}$$

$$=\frac{1}{(s-2)(s-3)}\begin{bmatrix}3s-16\\ 2s+1\end{bmatrix}=\begin{bmatrix}\dfrac{10}{s-2}-\dfrac{7}{s-3}\\ \dfrac{-5}{s-2}+\dfrac{7}{s-3}\end{bmatrix}$$

由于 $\boldsymbol{B}=0$，故 $\boldsymbol{\Lambda}(s)=(s\boldsymbol{I}-\boldsymbol{A})^{-1}\boldsymbol{\lambda}(0_-)$，于是对上式取逆变换即可得状态变量的解为

$$\boldsymbol{\lambda}(t)=\begin{bmatrix}\lambda_1(t)\\ \lambda_2(t)\end{bmatrix}=\begin{bmatrix}10e^{2t}-7e^{3t}\\ -5e^{2t}+7e^{3t}\end{bmatrix}u(t)$$

8-11 若每年从外地进入某城市的人口是上一年外地人口的 α 倍，而离开该城市的人口是上一年该市人口的 β 倍，全国每年人口的自然增长率为 γ 倍（α,β,γ 都以百分比表示）。试建立一个离散时间系统的状态方程，描述该城市和外地人口的动态发展规律。为了预测未来若干年后的人口数量，还需要知道哪些数据？

解 设第 n 年该市人口数为 $\lambda_1(n)$，外地人口数为 $\lambda_2(n)$，则第 $(n+1)$ 年进入该市的人口数为 $\alpha\lambda_2(n)$，离开该市的人口数为 $\beta\lambda_1(n)$。

依题意，有

$$\lambda_1(n+1)=(1+\gamma)[(1-\beta)\lambda_1(n)+\alpha\lambda_2(n)]$$
$$\lambda_2(n+1)=(1+\gamma)[(1-\alpha)\lambda_2(n)+\beta\lambda_1(n)]$$

为了预测未来若干年后的人口数量，还需要知道某起始年份的人口数 $\lambda_1(0)$ 和 $\lambda_2(0)$，上述状态方程加上此起始条件即可求解未来人口的数量。

8-12 一离散时间系统如题图 8-12 所示。

(1) 当输入 $x(n)=\delta(n)$ 时，求 $\lambda_1(n)$ 和 $\lambda_2(n)$ 及 $y(n)=h(n)$；

(2) 列写系统的差分方程。

解 (1) 由题图 8-12 可得状态方程和输出方程：

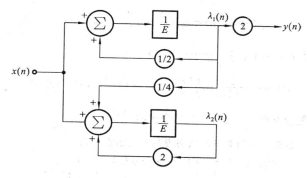

题图 8-12

$$\begin{cases} \lambda_1(n+1)=\dfrac{1}{2}\lambda_1(n)+x(n) \\[2mm] \lambda_2(n+1)=\dfrac{1}{4}\lambda_1(n)+2\lambda_2(n)+x(n) \end{cases}$$

及

$$y(n)=2\lambda_1(n)$$

即

$$A=\begin{bmatrix}1/2 & 0 \\ 1/4 & 2\end{bmatrix},\quad B=\begin{bmatrix}1 \\ 1\end{bmatrix},\quad C=[2\ \ 0],\quad D=0$$

又

$$X(z)=1,\quad \lambda(0)=0$$

故

$$\Lambda(z)=(zI-A)^{-1}z\lambda(0)+(zI-A)^{-1}BX(z)=(zI-A)^{-1}B$$

$$(zI-A)^{-1}=\begin{bmatrix}z-1/2 & 0 \\ -1/4 & z-2\end{bmatrix}^{-1}=\begin{bmatrix}\dfrac{1}{z-1/2} & 0 \\[3mm] \dfrac{-1/6}{z-1/2}+\dfrac{1/6}{z-2} & \dfrac{1}{z-2}\end{bmatrix}$$

$$(zI-A)^{-1}B=\begin{bmatrix}\dfrac{1}{z-1/2} & 0 \\[3mm] \dfrac{-1/6}{z-1/2}+\dfrac{1/6}{z-2} & \dfrac{1}{z-2}\end{bmatrix}\begin{bmatrix}1 \\ 1\end{bmatrix}=\begin{bmatrix}\dfrac{1}{z-1/2} \\[3mm] \dfrac{-1/6}{z-1/2}+\dfrac{7/6}{z-2}\end{bmatrix}$$

于是

$$\lambda(n)=\begin{bmatrix}\left(\dfrac{1}{2}\right)^{n-1} \\[3mm] -\dfrac{1}{6}\left(\dfrac{1}{2}\right)^{n-1}+\dfrac{7}{6}(2)^{n-1}\end{bmatrix}u(n-1)$$

即

$$\lambda_1(n)=\left(\dfrac{1}{2}\right)^{n-1}u(n-1)$$

$$\lambda_2(n)=-\dfrac{1}{6}\left(\dfrac{1}{2}\right)^{n-1}u(n-1)+\dfrac{7}{6}(2)^{n-1}u(n-1)$$

$$y(n) = h(n) = 2\lambda_1(n) = \left(\frac{1}{2}\right)^{n-2} u(n-1)$$

(2) 由 $h(n) = \left(\frac{1}{2}\right)^{n-2} u(n-1)$ 可得

$$H(z) = \frac{2}{z-1/2} = \frac{Y(z)}{X(z)}, \quad zY(z) - \frac{1}{2}Y(z) = 2X(z)$$

故系统的差分方程为　　$y(n+1) - \frac{1}{2}y(n) = 2x(n)$

8-13 已知一离散系统的状态方程和输出方程为

$$\begin{bmatrix} \lambda_1(n+1) \\ \lambda_2(n+1) \end{bmatrix} = \begin{bmatrix} 1 & -2 \\ a & b \end{bmatrix} \begin{bmatrix} \lambda_1(n) \\ \lambda_2(n) \end{bmatrix} + \begin{bmatrix} 1 \\ 0 \end{bmatrix} x(n)$$

$$y(n) = \begin{bmatrix} 1 & 1 \end{bmatrix} \begin{bmatrix} \lambda_1(n) \\ \lambda_2(n) \end{bmatrix}$$

给定当 $n \geqslant 0$ 时，$x(n) = 0$ 和 $y(n) = 8(-1)^n - 5(-2)^n$，求：(1) 常数 a, b；(2) $\lambda_1(n)$ 和 $\lambda_2(n)$ 的闭式解。

解 (1) 系统参数矩阵为

$$A = \begin{bmatrix} 1 & -2 \\ a & b \end{bmatrix}, \quad B = \begin{bmatrix} 1 \\ 0 \end{bmatrix}, \quad C = \begin{bmatrix} 1 & 1 \end{bmatrix}, \quad D = 0$$

因为 $y(n) = 8(-1)^n - 5(-2)^n$ 是系统的零输入响应，所以系统的特征根为 $\alpha_1 = -1, \alpha_2 = -2$，此即矩阵 A 的特征根。又由状态方程可得

$$|\alpha I - A| = \begin{bmatrix} \alpha-1 & 2 \\ -a & \alpha-b \end{bmatrix} = (\alpha-1)(\alpha-b) + 2a = 0$$

将 $\alpha_1 = -1, \alpha_2 = -2$ 分别代入上述特征方程，可得

$$\begin{cases} a+b+1 = 0 \\ 2a+3b+6 = 0 \end{cases}, \quad \text{解得} \quad \begin{cases} a = 3 \\ b = -4 \end{cases}$$

(2) 设

$$\begin{bmatrix} \lambda_1(n) \\ \lambda_2(n) \end{bmatrix} = \begin{bmatrix} C_1(-1)^n + C_2(-2)^n \\ C_3(-1)^n + C_4(-2)^n \end{bmatrix}$$

则　　　　$y(n) = \lambda_1(n) + \lambda_2(n) = (C_1+C_3)(-1)^n + (C_2+C_4)(-2)^n$

因　　　　　　　　$y(n) = 8(-1)^n - 5(-2)^n$

所以　　　　$\begin{cases} C_1+C_3 = 8 \\ C_2+C_4 = -5 \end{cases} \Rightarrow \begin{cases} C_1 = 8-C_3 \\ C_2 = -5-C_4 \end{cases}$

即
$$\begin{bmatrix} \lambda_1(n) \\ \lambda_2(n) \end{bmatrix} = \begin{bmatrix} (8-C_3)(-1)^n + (-5-C_4)(-2)^n \\ C_3(-1)^n + C_4(-2)^n \end{bmatrix} \quad ①$$

由状态方程,得

$$\lambda_1(n+1) = \lambda_1(n) - 2\lambda_2(n) = (8-3C_3)(-1)^n + (-5-3C_4)(-2)^n \quad ②$$

$$\lambda_2(n+1) = 3\lambda_1(n) - 4\lambda_2(n) = (24-7C_3)(-1)^n + (-15-7C_4)(-2)^n \quad ③$$

在②、③式中令 $n = n-1$,得

$$\begin{cases} \lambda_1(n) = -(8-3C_3)(-1)^n + \left(\dfrac{5}{2} + \dfrac{3}{2}C_4\right)(-2)^n \\ \lambda_2(n) = -(24-7C_3)(-1)^n + \left(\dfrac{15}{2} + \dfrac{7}{2}C_4\right)(-2)^n \end{cases} \quad ④$$

比较①式和④式,得

$$\begin{cases} 8-3C_3 = -(8-3C_3) \\ -5-C_4 = \dfrac{5}{2} + \dfrac{3}{2}C_4 \end{cases}$$

解得 $C_3 = 4, C_4 = -3$,将其代入①式可得

$$\begin{bmatrix} \lambda_1(n) \\ \lambda_2(n) \end{bmatrix} = \begin{bmatrix} 4(-1)^n - 2(-2)^n \\ 4(-1)^n - 3(-2)^n \end{bmatrix} u(n)$$

8-14 已知一离散系统的状态方程和输出方程为

$$\begin{cases} \lambda_1(n+1) = \lambda_1(n) - \lambda_2(n) \\ \lambda_2(n+1) = -\lambda_1(n) - \lambda_2(n) \end{cases}$$

$$y(n) = \lambda_1(n)\lambda_2(n) + x(n)$$

(1) 给定 $\lambda_1(0) = 2, \lambda_2(0) = 2$,求状态方程的零输入解;

(2) 求系统的差分方程表示式;

(3) 给定(1)的起始条件,且给定 $x(n) = 2^n, n \geqslant 0$。求输出响应 $y(n)$,并求(2)中差分方程的特解。

解 (1) 因为 $\boldsymbol{\Lambda}(z) = (z\boldsymbol{I} - \boldsymbol{A})^{-1} z\boldsymbol{\lambda}(0) + (z\boldsymbol{I} - \boldsymbol{A})^{-1}\boldsymbol{B}X(z)$

$$\boldsymbol{A} = \begin{bmatrix} 1 & -1 \\ -1 & -1 \end{bmatrix}$$

所以

$$(z\boldsymbol{I} - \boldsymbol{A})^{-1} z = \begin{bmatrix} z-1 & 1 \\ 1 & z+1 \end{bmatrix}^{-1} z = \begin{bmatrix} \dfrac{z+1}{z^2-2} & \dfrac{-1}{z^2-2} \\ \dfrac{-1}{z^2-2} & \dfrac{z-1}{z^2-2} \end{bmatrix} z$$

$$= \begin{bmatrix} \dfrac{\frac{1}{4}(2+\sqrt{2})}{z-\sqrt{2}}+\dfrac{\frac{1}{4}(2-\sqrt{2})}{z+\sqrt{2}} & \dfrac{-\frac{\sqrt{2}}{4}}{z-\sqrt{2}}+\dfrac{\frac{\sqrt{2}}{4}}{z+\sqrt{2}} \\[3mm] \dfrac{-\frac{\sqrt{2}}{4}}{z-\sqrt{2}}+\dfrac{\frac{\sqrt{2}}{4}}{z+\sqrt{2}} & \dfrac{\frac{1}{4}(2-\sqrt{2})}{z-\sqrt{2}}+\dfrac{\frac{1}{4}(2+\sqrt{2})}{z+\sqrt{2}} \end{bmatrix} z$$

$$(z\boldsymbol{I}-\boldsymbol{A})^{-1}z\boldsymbol{\lambda}(0)= \begin{bmatrix} \dfrac{\frac{1}{4}(2+\sqrt{2})}{z-\sqrt{2}}+\dfrac{\frac{1}{4}(2-\sqrt{2})}{z+\sqrt{2}} & \dfrac{-\frac{\sqrt{2}}{4}}{z-\sqrt{2}}+\dfrac{\frac{\sqrt{2}}{4}}{z+\sqrt{2}} \\[3mm] \dfrac{-\frac{\sqrt{2}}{4}}{z-\sqrt{2}}+\dfrac{\frac{\sqrt{2}}{4}}{z+\sqrt{2}} & \dfrac{\frac{1}{4}(2-\sqrt{2})}{z-\sqrt{2}}+\dfrac{\frac{1}{4}(2+\sqrt{2})}{z+\sqrt{2}} \end{bmatrix} z \begin{bmatrix} 2 \\ 2 \end{bmatrix}$$

$$= \begin{bmatrix} \dfrac{z}{z-\sqrt{2}}+\dfrac{z}{z+\sqrt{2}} \\[3mm] \dfrac{(1-\sqrt{2})z}{z-\sqrt{2}}+\dfrac{(1+\sqrt{2})z}{z+\sqrt{2}} \end{bmatrix}$$

状态方程的零输入解为

$$\lambda(n)= \begin{bmatrix} (\sqrt{2})^{n}+(-\sqrt{2})^{n} \\ (1-\sqrt{2})(\sqrt{2})^{n}+(1+\sqrt{2})(-\sqrt{2})^{n} \end{bmatrix} u(n)$$

（2）由状态方程可得

$$[\lambda_1(n+1)]^2 = [\lambda_1(n)-\lambda_2(n)]^2 \qquad ①$$

$$[\lambda_2(n+1)]^2 = [-\lambda_1(n)-\lambda_2(n)]^2 \qquad ②$$

$$\lambda_1(n+2)\lambda_2(n+2) = -\{[\lambda_1(n+1)]^2-[\lambda_2(n+1)]^2\} \qquad ③$$

①－②式得　　$$[\lambda_1(n+1)]^2-[\lambda_2(n+1)]^2 = -4\lambda_1(n)\lambda_2(n) \qquad ④$$

由③式得　　$$[\lambda_1(n+1)]^2-[\lambda_2(n+1)]^2 = -\lambda_1(n+2)\lambda_2(n+2) \qquad ⑤$$

比较④、⑤两式可得　$$\lambda_1(n)\lambda_2(n)=\frac{1}{4}\lambda_1(n+2)\lambda_2(n+2) \qquad ⑥$$

又由输出方程可得

$$\lambda_1(n)\lambda_2(n)=y(n)-x(n)$$

$$\lambda_1(n+2)\lambda_2(n+2)=y(n+2)-x(n+2)$$

依据⑥式有　　$$y(n)-x(n)=\frac{1}{4}y(n+2)-\frac{1}{4}x(n+2)$$

即差分方程为　　$$y(n+2)-4y(n)=x(n+2)-4x(n)$$

（3）将 $\lambda_1(n),\lambda_2(n),x(n)$ 代入输出方程,得

$$y(n)=[(\sqrt{2})^n+(-\sqrt{2})^n][(1-\sqrt{2})(\sqrt{2})^n+(1+\sqrt{2})(-\sqrt{2})^n]+2^n$$
$$=3(2)^n+2(-2)^n,\quad n\geqslant0$$

求特解：将 $x(n)=2^n,n\geqslant0$ 代入差分方程的右边,结果为 0,故差分方程的特解为 0。

8-15　已知两个系统有这样的关系

$$\begin{cases}\boldsymbol{\lambda}'(t)=\boldsymbol{A}\boldsymbol{\lambda}(t)+\boldsymbol{B}e(t)\\\boldsymbol{r}_1(t)=\boldsymbol{C}\boldsymbol{\lambda}(t)\end{cases}$$

$$\begin{cases}\boldsymbol{\gamma}'(t)=-\boldsymbol{A}^{\mathrm{T}}\boldsymbol{\gamma}(t)+\boldsymbol{C}^{\mathrm{T}}e(t)\\\boldsymbol{r}_2(t)=\boldsymbol{B}^{\mathrm{T}}\boldsymbol{\gamma}(t)\end{cases}$$

证明：如果系统起始是静止的,则这两个系统的输出冲激响应有下列关系

$$h_1(t)=h_2(-t)$$

证明　由所给状态方程和输出方程知：两系统均为单输入、单输出系统,因此 $h_1(t),h_2(t)$ 均为标量,即 1×1 的矩阵,因此有

$$[h_1(t)]^{\mathrm{T}}=h_1(t),\quad[h_2(t)]^{\mathrm{T}}=h_2(t)$$

又　　　　　　$h_1(t)=\boldsymbol{C}\mathrm{e}^{\boldsymbol{A}t}\boldsymbol{B},\quad h_2(t)=\boldsymbol{B}^{\mathrm{T}}\mathrm{e}^{-\boldsymbol{A}^{\mathrm{T}}t}\boldsymbol{C}^{\mathrm{T}}$

于是　　$h_2(-t)=\boldsymbol{B}^{\mathrm{T}}\mathrm{e}^{\boldsymbol{A}^{\mathrm{T}}t}\boldsymbol{C}^{\mathrm{T}}=[\boldsymbol{C}\mathrm{e}^{\boldsymbol{A}t}\boldsymbol{B}]^{\mathrm{T}}=[h_1(t)]^{\mathrm{T}}=h_1(t)$

故有　　　　　　　　　　$h_1(t)=h_2(-t)$

8-16　给定线性时不变系统的状态方程和输出方程

$$\begin{cases}\boldsymbol{\lambda}'(t)=\boldsymbol{A}\boldsymbol{\lambda}(t)+\boldsymbol{B}e(t)\\\boldsymbol{r}(t)=\boldsymbol{C}\boldsymbol{\lambda}(t)\end{cases}$$

其中

$$\boldsymbol{A}=\begin{bmatrix}-2&2&-1\\0&-2&0\\1&-4&0\end{bmatrix},\quad\boldsymbol{B}=\begin{bmatrix}0\\1\\1\end{bmatrix},\quad\boldsymbol{C}=\begin{bmatrix}1&0&0\end{bmatrix}$$

（1）检查该系统的可控性和可观性；

（2）求系统的转移函数。

解　（1）先考查可控性

$$\boldsymbol{AB}=\begin{bmatrix}-2&2&-1\\0&-2&0\\1&-4&0\end{bmatrix}\begin{bmatrix}0\\1\\1\end{bmatrix}=\begin{bmatrix}1\\-2\\-4\end{bmatrix}$$

$$A^2B = AAB = \begin{bmatrix} -2 & 2 & -1 \\ 0 & -2 & 0 \\ 1 & -4 & 0 \end{bmatrix} \begin{bmatrix} 1 \\ -2 \\ -4 \end{bmatrix} = \begin{bmatrix} -2 \\ 4 \\ 9 \end{bmatrix}$$

$$M = \begin{bmatrix} B & AB & AB^2 \end{bmatrix} = \begin{bmatrix} 0 & 1 & -2 \\ 1 & -2 & 4 \\ 1 & -4 & 9 \end{bmatrix}$$

rank$M=3$，即可控阵满秩，说明系统完全可控。

再考查可观性

$$CA = \begin{bmatrix} 1 & 0 & 0 \end{bmatrix} \begin{bmatrix} -2 & 2 & -1 \\ 0 & -2 & 0 \\ 1 & -4 & 0 \end{bmatrix} = \begin{bmatrix} -2 & 2 & -1 \end{bmatrix}$$

$$CA^2 = CAA = \begin{bmatrix} -2 & 2 & -1 \end{bmatrix} \begin{bmatrix} -2 & 2 & -1 \\ 0 & -2 & 0 \\ 1 & -4 & 0 \end{bmatrix} = \begin{bmatrix} 3 & -4 & 2 \end{bmatrix}$$

$$N = \begin{bmatrix} C \\ CA \\ CA^2 \end{bmatrix} = \begin{bmatrix} 1 & 0 & 0 \\ -2 & 2 & -1 \\ 3 & -4 & 2 \end{bmatrix}$$

rank$N \neq 3$，即可观阵不满秩，说明系统不完全可观。

$$(2) \quad \boldsymbol{\Phi}(s) = (s\boldsymbol{I} - \boldsymbol{A})^{-1} = \begin{bmatrix} s+2 & -2 & 1 \\ 0 & s+2 & 0 \\ -1 & 4 & s \end{bmatrix}^{-1}$$

$$= \frac{1}{(s+2)(s+1)^2} \begin{bmatrix} s(s+2) & 2(s+2) & -(s+2) \\ 0 & (s+1)^2 & 0 \\ s+2 & -2(s+3) & (s+2)^2 \end{bmatrix}$$

$$= \begin{bmatrix} \dfrac{s}{(s+1)^2} & \dfrac{2}{(s+1)^2} & -\dfrac{1}{(s+1)^2} \\ 0 & \dfrac{1}{s+2} & 0 \\ \dfrac{1}{(s+1)^2} & -\dfrac{4s+6}{(s+2)(s+1)^2} & \dfrac{s+2}{(s+1)^2} \end{bmatrix}$$

$$H(s) = C\boldsymbol{\Phi}(s)B + D = C\boldsymbol{\Phi}(s)B$$

$$=\begin{bmatrix}1 & 0 & 0\end{bmatrix}\begin{bmatrix}\dfrac{s}{(s+1)^2} & \dfrac{2}{(s+1)^2} & -\dfrac{1}{(s+1)^2} \\ 0 & \dfrac{1}{s+2} & 0 \\ \dfrac{1}{(s+1)^2} & -\dfrac{4s+6}{(s+2)(s+1)^2} & \dfrac{s+2}{(s+1)^2}\end{bmatrix}\begin{bmatrix}0\\1\\1\end{bmatrix}$$

$$=\begin{bmatrix}\dfrac{s}{(s+1)^2} & \dfrac{2}{(s+1)^2} & -\dfrac{1}{(s+1)^2}\end{bmatrix}\begin{bmatrix}0\\1\\1\end{bmatrix}$$

$$=\frac{2}{(s+1)^2}-\frac{1}{(s+1)^2}=\frac{1}{(s+1)^2}$$

即
$$H(s)=\frac{1}{(s+1)^2}$$

8-17 判断习题 8-1 的可控性与可观性，并求系统函数。

解 由习题 8-1 得

$$\begin{bmatrix}\lambda_1'(t)\\\lambda_2'(t)\end{bmatrix}=\begin{bmatrix}-2 & -1\\-1 & -2\end{bmatrix}\begin{bmatrix}\lambda_1(t)\\\lambda_2(t)\end{bmatrix}+\begin{bmatrix}1\\1\end{bmatrix}e(t)$$

$$r(t)=\lambda_2(t)=\begin{bmatrix}0 & 1\end{bmatrix}\begin{bmatrix}\lambda_1(t)\\\lambda_2(t)\end{bmatrix}$$

即
$$A=\begin{bmatrix}-2 & -1\\-1 & -2\end{bmatrix},\quad B=\begin{bmatrix}1\\1\end{bmatrix},\quad C=\begin{bmatrix}0 & 1\end{bmatrix},\quad D=0$$

$$(sI-A)^{-1}=\begin{bmatrix}s+2 & 1\\1 & s+2\end{bmatrix}^{-1}=\frac{1}{(s+1)(s+3)}\begin{bmatrix}s+2 & -1\\-1 & s+2\end{bmatrix}$$

$$H(s)=C(sI-A)^{-1}B=\begin{bmatrix}0 & 1\end{bmatrix}\frac{1}{(s+1)(s+3)}\begin{bmatrix}s+2 & -1\\-1 & s+2\end{bmatrix}\begin{bmatrix}1\\1\end{bmatrix}$$

$$=\frac{1}{(s+1)(s+3)}\begin{bmatrix}-1 & s+2\end{bmatrix}\begin{bmatrix}1\\1\end{bmatrix}=\frac{1}{s+3}$$

又
$$M=\begin{bmatrix}B & AB\end{bmatrix}=\begin{bmatrix}\begin{bmatrix}1\\1\end{bmatrix} & \begin{bmatrix}-2 & -1\\-1 & -2\end{bmatrix}\begin{bmatrix}1\\1\end{bmatrix}\end{bmatrix}=\begin{bmatrix}1 & -3\\1 & -3\end{bmatrix}$$

$$N=\begin{bmatrix}C\\CA\end{bmatrix}=\begin{bmatrix}\begin{bmatrix}0 & 1\end{bmatrix}\\\begin{bmatrix}0 & 1\end{bmatrix}\begin{bmatrix}-2 & -1\\-1 & -2\end{bmatrix}\end{bmatrix}=\begin{bmatrix}0 & 1\\-1 & -2\end{bmatrix}$$

rank$M\neq2$ 不满秩，rank$N=2$ 满秩，故该系统不完全可控但完全可观。

8-18 已知线性时不变系统的状态方程的参数矩阵为

$$\boldsymbol{A}=\begin{bmatrix}1&0&0&0\\0&2&0&0\\-6&-2&3&0\\-3&-2&0&4\end{bmatrix},\quad \boldsymbol{B}=\begin{bmatrix}1\\0\\3\\2\end{bmatrix},\quad \boldsymbol{C}=\begin{bmatrix}-4&-3&1&1\end{bmatrix}$$

(1) 将参数矩阵 $\boldsymbol{A}$ 化为对角线形式；

(2) 判断系统的可控性与可观性；

(3) 求系统函数 $H(s)$。

解　(1) 把 $\boldsymbol{A}$ 矩阵对角化，即寻求 $\boldsymbol{A}$ 的特征矢量，为此先求 $\boldsymbol{A}$ 的特征值。

$$|\alpha\boldsymbol{I}-\boldsymbol{A}|=\begin{vmatrix}\alpha-1&0&0&0\\0&\alpha-2&0&0\\6&2&\alpha-3&0\\3&2&0&\alpha-4\end{vmatrix}=(\alpha-1)(\alpha-2)(\alpha-3)(\alpha-4)=0$$

特征根为　　　　　$\alpha_1=1,\alpha_2=2,\alpha_3=3,\alpha_4=4$

按特征矢量 $\boldsymbol{\xi}$ 的定义 $\boldsymbol{A\xi}=\alpha\boldsymbol{\xi}$，即由此求特征矢量。令属于 $\alpha_1=1$ 的特征矢量为

$$\boldsymbol{\xi}_1=\begin{bmatrix}C_{11}\\C_{21}\\C_{31}\\C_{41}\end{bmatrix},\text{则有}$$

$$[\alpha_1\boldsymbol{I}-\boldsymbol{A}]\boldsymbol{\xi}_1=\begin{bmatrix}0&0&0&0\\0&-1&0&0\\6&2&-2&0\\3&2&0&-3\end{bmatrix}\begin{bmatrix}C_{11}\\C_{21}\\C_{31}\\C_{41}\end{bmatrix}=0$$

或　　$\begin{cases}-C_{21}=0\\6C_{11}+2C_{21}-2C_{31}=0\\3C_{11}+2C_{21}-3C_{41}=0\end{cases}\Rightarrow\begin{cases}C_{21}=0\\C_{31}=3C_{11}\\C_{41}=C_{11}\end{cases}$

属于 $\alpha_1=1$ 的特征矢量是多解的，其中之一可表示为

$$\boldsymbol{\xi}_1=\begin{bmatrix}1\\0\\3\\1\end{bmatrix}$$

同样,令属于 $\alpha_2 = 2$ 的特征矢量为

$$\boldsymbol{\xi}_2 = \begin{bmatrix} C_{12} \\ C_{22} \\ C_{32} \\ C_{42} \end{bmatrix}, \quad \text{则有} \quad [\alpha_2 \boldsymbol{I} - \boldsymbol{A}]\boldsymbol{\xi}_2 = \begin{bmatrix} 1 & 0 & 0 & 0 \\ 0 & 0 & 0 & 0 \\ 6 & 2 & -1 & 0 \\ 3 & 2 & 0 & -2 \end{bmatrix} \begin{bmatrix} C_{12} \\ C_{22} \\ C_{32} \\ C_{42} \end{bmatrix} = 0$$

或 $\quad \begin{cases} C_{12} = 0 \\ 6C_{12} + 2C_{22} - C_{32} = 0 \\ 3C_{12} + 2C_{22} - 2C_{42} = 0 \end{cases} \Rightarrow \begin{cases} C_{12} = 0 \\ C_{32} = 2C_{22} \\ C_{42} = C_{22} \end{cases}$

属于 $\alpha_2 = 2$ 的特征矢量也是多解的,其中之一可表示为

$$\boldsymbol{\xi}_2 = \begin{bmatrix} 0 \\ 1 \\ 2 \\ 1 \end{bmatrix}$$

再令属于 $\alpha_3 = 3$ 的特征矢量为

$$\boldsymbol{\xi}_3 = \begin{bmatrix} C_{13} \\ C_{23} \\ C_{33} \\ C_{43} \end{bmatrix}$$

则有 $\quad [\alpha_3 \boldsymbol{I} - \boldsymbol{A}]\boldsymbol{\xi}_3 = \begin{bmatrix} 2 & 0 & 0 & 0 \\ 0 & 1 & 0 & 0 \\ 6 & 2 & 0 & 0 \\ 3 & 2 & 0 & -1 \end{bmatrix} \begin{bmatrix} C_{13} \\ C_{23} \\ C_{33} \\ C_{43} \end{bmatrix} = 0$

或 $\quad \begin{cases} 2C_{13} = 0 \\ C_{23} = 0 \\ 6C_{13} + 2C_{23} = 0 \\ 3C_{13} + 2C_{23} - C_{43} = 0 \end{cases} \Rightarrow C_{13} = C_{23} = C_{43} = 0, \quad \text{所以} \quad \boldsymbol{\xi}_3 = \begin{bmatrix} 0 \\ 0 \\ 1 \\ 0 \end{bmatrix}$

最后令属于 $\alpha_4 = 4$ 的特征矢量为

$$\boldsymbol{\xi}_4 = \begin{bmatrix} C_{14} \\ C_{24} \\ C_{34} \\ C_{44} \end{bmatrix}, \quad \text{则有} \quad [\alpha_4 \boldsymbol{I} - \boldsymbol{A}]\boldsymbol{\xi}_4 = \begin{bmatrix} 3 & 0 & 0 & 0 \\ 0 & 2 & 0 & 0 \\ 6 & 2 & 1 & 0 \\ 3 & 2 & 0 & 0 \end{bmatrix} \begin{bmatrix} C_{14} \\ C_{24} \\ C_{34} \\ C_{44} \end{bmatrix} = 0$$

或 $\begin{cases} 3C_{14}=0 \\ 2C_{24}=0 \\ 6C_{14}+2C_{24}+C_{34}=0 \\ 3C_{14}+2C_{24}=0 \end{cases} \Rightarrow C_{14}=C_{24}=C_{34}=0,$ 所以 $\xi_4=\begin{bmatrix}0\\0\\0\\1\end{bmatrix}$

从而 $P^{-1}=\begin{bmatrix}C_{11}&C_{12}&C_{13}&C_{14}\\C_{21}&C_{22}&C_{23}&C_{24}\\C_{31}&C_{32}&C_{33}&C_{34}\\C_{41}&C_{42}&C_{43}&C_{44}\end{bmatrix}=\begin{bmatrix}1&0&0&0\\0&1&0&0\\3&2&1&0\\1&1&0&1\end{bmatrix}$

$P=\begin{bmatrix}1&0&0&0\\0&1&0&0\\3&2&1&0\\1&1&0&1\end{bmatrix}^{-1}=\begin{bmatrix}1&0&0&0\\0&1&0&0\\-3&-2&1&0\\-1&-1&0&1\end{bmatrix}$

所以有

$\hat{A}=PAP^{-1}=\begin{bmatrix}1&0&0&0\\0&1&0&0\\-3&-2&1&0\\-1&-1&0&1\end{bmatrix}\begin{bmatrix}1&0&0&0\\0&2&0&0\\-6&-2&3&0\\-3&-2&0&4\end{bmatrix}\begin{bmatrix}1&0&0&0\\0&1&0&0\\3&2&1&0\\1&1&0&1\end{bmatrix}$

$=\begin{bmatrix}1&0&0&0\\0&2&0&0\\0&0&3&0\\0&0&0&4\end{bmatrix}$

$\hat{B}=PB=\begin{bmatrix}1&0&0&0\\0&1&0&0\\-3&-2&1&0\\-1&-1&0&1\end{bmatrix}\begin{bmatrix}1\\0\\3\\2\end{bmatrix}=\begin{bmatrix}1\\0\\0\\1\end{bmatrix}$

$\hat{C}=CP^{-1}=\begin{bmatrix}-4&-3&1&1\end{bmatrix}\begin{bmatrix}1&0&0&0\\0&1&0&0\\3&2&1&0\\1&1&0&1\end{bmatrix}=\begin{bmatrix}0&0&1&1\end{bmatrix}$

$$\hat{D}=D=0$$

（2）可由 $M=[\hat{B}\quad \hat{A}\hat{B}\quad \hat{A}^2\hat{B}\quad \hat{A}^3\hat{B}]$ 判别可控性，由 $N=[\hat{C}\quad \hat{C}\hat{A}\quad \hat{C}\hat{A}^2\quad \hat{C}\hat{A}^3]^T$ 判别可观性。

$$\hat{A}\hat{B}=\begin{bmatrix}1&0&0&0\\0&2&0&0\\0&0&3&0\\0&0&0&4\end{bmatrix}\begin{bmatrix}1\\0\\0\\1\end{bmatrix}=\begin{bmatrix}1\\0\\0\\4\end{bmatrix}$$

$$\hat{A}^2\hat{B}=\hat{A}\hat{A}\hat{B}=\begin{bmatrix}1&0&0&0\\0&2&0&0\\0&0&3&0\\0&0&0&4\end{bmatrix}\begin{bmatrix}1\\0\\0\\4\end{bmatrix}=\begin{bmatrix}1\\0\\0\\16\end{bmatrix}$$

$$\hat{A}^3\hat{B}=\hat{A}\hat{A}^2\hat{B}=\begin{bmatrix}1&0&0&0\\0&2&0&0\\0&0&3&0\\0&0&0&4\end{bmatrix}\begin{bmatrix}1\\0\\0\\16\end{bmatrix}=\begin{bmatrix}1\\0\\0\\64\end{bmatrix},\quad M=\begin{bmatrix}1&1&1&1\\0&0&0&0\\0&0&0&0\\1&4&16&64\end{bmatrix}$$

显然矩阵 M 不满秩，所以系统不完全可控。

又　　$\hat{C}\hat{A}=\begin{bmatrix}0&0&1&1\end{bmatrix}\begin{bmatrix}1&0&0&0\\0&2&0&0\\0&0&3&0\\0&0&0&4\end{bmatrix}=\begin{bmatrix}0&0&3&4\end{bmatrix}$

$$\hat{C}\hat{A}^2=\hat{C}\hat{A}\hat{A}=\begin{bmatrix}0&0&3&4\end{bmatrix}\begin{bmatrix}1&0&0&0\\0&2&0&0\\0&0&3&0\\0&0&0&4\end{bmatrix}=\begin{bmatrix}0&0&9&16\end{bmatrix}$$

$$\hat{C}\hat{A}^3=\hat{C}\hat{A}^2\hat{A}=\begin{bmatrix}0&0&9&16\end{bmatrix}\begin{bmatrix}1&0&0&0\\0&2&0&0\\0&0&3&0\\0&0&0&4\end{bmatrix}=\begin{bmatrix}0&0&27&64\end{bmatrix}$$

$$N=\begin{bmatrix}0&0&1&1\\0&0&3&4\\0&0&9&16\\0&0&27&64\end{bmatrix}$$

显然矩阵 N 也不满秩，所以系统不完全可观。

(3) $H(s)=C(sI-A)^{-1}B+D=\hat{C}(sI-\hat{A})^{-1}\hat{B}+\hat{D}$

$$(s\boldsymbol{I}-\hat{\boldsymbol{A}})^{-1}=\begin{bmatrix} s-1 & 0 & 0 & 0 \\ 0 & s-2 & 0 & 0 \\ 0 & 0 & s-3 & 0 \\ 0 & 0 & 0 & s-4 \end{bmatrix}^{-1}=\begin{bmatrix} \dfrac{1}{s-1} & 0 & 0 & 0 \\ 0 & \dfrac{1}{s-2} & 0 & 0 \\ 0 & 0 & \dfrac{1}{s-3} & 0 \\ 0 & 0 & 0 & \dfrac{1}{s-4} \end{bmatrix}$$

$$H(s)=\hat{\boldsymbol{C}}(s\boldsymbol{I}-\hat{\boldsymbol{A}})^{-1}\hat{\boldsymbol{B}}=\begin{bmatrix} 0 & 0 & 1 & 1 \end{bmatrix}\begin{bmatrix} \dfrac{1}{s-1} & 0 & 0 & 0 \\ 0 & \dfrac{1}{s-2} & 0 & 0 \\ 0 & 0 & \dfrac{1}{s-3} & 0 \\ 0 & 0 & 0 & \dfrac{1}{s-4} \end{bmatrix}\begin{bmatrix} 1 \\ 0 \\ 0 \\ 1 \end{bmatrix}$$

$$=\begin{bmatrix} 0 & 0 & \dfrac{1}{s-3} & \dfrac{1}{s-4} \end{bmatrix}\begin{bmatrix} 1 \\ 0 \\ 0 \\ 1 \end{bmatrix}=\frac{1}{s-4}$$

8-19 考虑可控且可观的两个单输入-单输出系统 S_1 和 S_2，它们的状态方程和输出方程分别为

$$S_1:\boldsymbol{\lambda}_1'(t)=\boldsymbol{A}_1\boldsymbol{\lambda}_1(t)+\boldsymbol{B}_1\boldsymbol{e}_1(t)$$

$$\boldsymbol{r}_1(t)=\boldsymbol{C}_1\boldsymbol{\lambda}_1(t)$$

其中 $\boldsymbol{A}_1=\begin{bmatrix} 0 & 1 \\ -3 & -4 \end{bmatrix}$, $\boldsymbol{B}_1=\begin{bmatrix} 0 \\ 1 \end{bmatrix}$, $\boldsymbol{C}_1=\begin{bmatrix} 2 & 1 \end{bmatrix}$。

$$S_2:\boldsymbol{\lambda}_2'(t)=\boldsymbol{A}_2\boldsymbol{\lambda}_2(t)+\boldsymbol{B}_2\boldsymbol{e}_2(t)$$

$$\boldsymbol{r}_2(t)=\boldsymbol{C}_2\boldsymbol{\lambda}_2(t)$$

其中 $\boldsymbol{A}_2=-2, \boldsymbol{B}_2=1, \boldsymbol{C}_2=1$。

现在考虑串联系统如题图 8-19 所示。

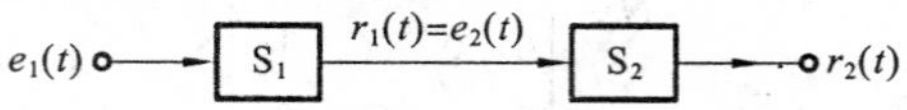

题图 8-19

（1）求串联系统的状态方程和输出方程，令

$$\boldsymbol{\lambda}(t)=\begin{bmatrix}\lambda_1(t)\\\lambda_2(t)\end{bmatrix}$$

（2）检查串联系统的可控性和可观性；

（3）求系统 S_1 和 S_2 分别的转移函数及串联系统的转移函数；串联系统转移函数有无零极点相消现象？（2）的结果说明什么？

解　（1）$\boldsymbol{\lambda}_1'(t)=\boldsymbol{A}_1\boldsymbol{\lambda}_1(t)+\boldsymbol{B}_1\boldsymbol{e}_1(t)$

$\boldsymbol{\lambda}_2'(t)=\boldsymbol{A}_2\boldsymbol{\lambda}_2(t)+\boldsymbol{B}_2\boldsymbol{e}_2(t)$

因为 $\boldsymbol{e}_2(t)=\boldsymbol{r}_1(t)$，而 $\boldsymbol{r}_1(t)=\boldsymbol{C}_1\boldsymbol{\lambda}_1(t)$，所以

$$\boldsymbol{\lambda}_2'(t)=\boldsymbol{A}_2\boldsymbol{\lambda}_2(t)+\boldsymbol{B}_2\boldsymbol{C}_1\boldsymbol{\lambda}_1(t)$$

故串联系统的状态方程为

$$\boldsymbol{\lambda}'(t)=\begin{bmatrix}\boldsymbol{\lambda}_1'(t)\\\boldsymbol{\lambda}_2'(t)\end{bmatrix}=\begin{bmatrix}\boldsymbol{A}_1&0\\\boldsymbol{B}_2\boldsymbol{C}_1&\boldsymbol{A}_2\end{bmatrix}\begin{bmatrix}\boldsymbol{\lambda}_1(t)\\\boldsymbol{\lambda}_2(t)\end{bmatrix}+\begin{bmatrix}\boldsymbol{B}_1\\0\end{bmatrix}\boldsymbol{e}_1(t)$$

其中　$\boldsymbol{A}_1=\begin{bmatrix}0&1\\-3&-4\end{bmatrix}$，$\boldsymbol{B}_2\boldsymbol{C}_1=\begin{bmatrix}2&1\end{bmatrix}$，$\boldsymbol{A}_2=-2$，$\boldsymbol{B}_1=\begin{bmatrix}0\\1\end{bmatrix}$

输出方程为

$$\boldsymbol{r}_2(t)=\boldsymbol{C}_2\boldsymbol{\lambda}_2(t)=\boldsymbol{\lambda}_2(t)=\begin{bmatrix}0&0&\vdots&1\end{bmatrix}\begin{bmatrix}\lambda_1(t)\\\lambda_2(t)\end{bmatrix}$$

（2）串联系统各矩阵为

$$\boldsymbol{A}=\begin{bmatrix}0&1&0\\-3&-4&0\\2&1&-2\end{bmatrix},\quad \boldsymbol{B}=\begin{bmatrix}0\\1\\0\end{bmatrix},\quad \boldsymbol{C}=\begin{bmatrix}0&0&1\end{bmatrix},\quad \boldsymbol{D}=0$$

$$\boldsymbol{A}\boldsymbol{B}=\begin{bmatrix}0&1&0\\-3&-4&0\\2&1&-2\end{bmatrix}\begin{bmatrix}0\\1\\0\end{bmatrix}=\begin{bmatrix}1\\-4\\1\end{bmatrix},$$

$$\boldsymbol{A}^2\boldsymbol{B}=\begin{bmatrix}0&1&0\\-3&-4&0\\2&1&-2\end{bmatrix}\begin{bmatrix}1\\-4\\1\end{bmatrix}=\begin{bmatrix}-4\\13\\-4\end{bmatrix}$$

可控阵

$$\boldsymbol{M}=\begin{bmatrix}\boldsymbol{B}&\boldsymbol{A}\boldsymbol{B}&\boldsymbol{A}^2\boldsymbol{B}\end{bmatrix}=\begin{bmatrix}0&1&-4\\1&-4&13\\0&1&-4\end{bmatrix}$$

由于矩阵 M 中有两行元素相同，所以 M 不满秩，故该系统不完全可控。

又

$$CA = \begin{bmatrix} 0 & 0 & 1 \end{bmatrix} \begin{bmatrix} 0 & 1 & 0 \\ -3 & -4 & 0 \\ 2 & 1 & -2 \end{bmatrix} = \begin{bmatrix} 2 & 1 & -2 \end{bmatrix}$$

$$CA^2 = CAA = \begin{bmatrix} 2 & 1 & -2 \end{bmatrix} \begin{bmatrix} 0 & 1 & 0 \\ -3 & -4 & 0 \\ 2 & 1 & -2 \end{bmatrix} = \begin{bmatrix} -7 & -4 & 4 \end{bmatrix}$$

可观阵

$$N = \begin{bmatrix} C \\ CA \\ CA^2 \end{bmatrix} = \begin{bmatrix} 0 & 0 & 1 \\ 2 & 1 & -2 \\ -7 & -4 & 4 \end{bmatrix}$$

$\text{rank} N = 3$，即 N 矩阵不满秩，故该系统完全可观。

(3) $H_1(s) = C_1(sI - A_1)^{-1}B_1 + D_1 = C_1(sI - A_1)^{-1}B_1$

$$(sI - A_1)^{-1} = \begin{bmatrix} s & -1 \\ 3 & s+4 \end{bmatrix}^{-1} = \frac{1}{(s+1)(s+3)} \begin{bmatrix} s+4 & 1 \\ -3 & s \end{bmatrix}$$

$$H_1(s) = \begin{bmatrix} 2 & 1 \end{bmatrix} \frac{1}{(s+1)(s+3)} \begin{bmatrix} s+4 & 1 \\ -3 & s \end{bmatrix} \begin{bmatrix} 0 \\ 1 \end{bmatrix}$$

$$= \frac{1}{(s+1)(s+3)} \begin{bmatrix} 2s+5 & s+2 \end{bmatrix} \begin{bmatrix} 0 \\ 1 \end{bmatrix}$$

$$= \frac{s+2}{(s+1)(s+3)}$$

$$H_2(s) = C_2(sI - A_2)^{-1}B_2 + D_2 = (s+2)^{-1} = \frac{1}{s+2}$$

串联系统的转移函数为

$$H(s) = H_1(s)H_2(s) = \frac{s+2}{(s+1)(s+3)} \times \frac{1}{s+2} = \frac{1}{(s+1)(s+3)}$$

可见串联系统转移函数有零极点相消现象。

(2)的结果说明：系统的状态变量不完全受输入控制，而从输出中则可完全观测到所有的状态变量。同时系统若不完全可控或不完全可观，则其系统函数必有零极点相消现象。而零极点相消的部分恰好是不可控制或不可观测的部分。因此，用转移函数描述系统是不全面的，而用状态方程和输出方程来描述系统则更全面、更详尽。

8-20 已知线性时不变系统的状态方程和输出方程为

$$\lambda'_{k\times1}(t)=A_{k\times k}\lambda_{k\times1}(t)+B_{k\times1}e(t)$$
$$r(t)=C_{1\times k}\lambda_{k\times1}(t)+De(t)$$

且有 $CB=0,CAB=0,\cdots,CA^{k-1}B=0$。

证明：该系统不可能同时完全可控和完全可观。

证明　可控阵 $M=[B\quad AB\quad\cdots\quad A^{k-1}B]$

可观阵
$$N=\begin{bmatrix}C\\CA\\\vdots\\CA^{k-1}\end{bmatrix}$$

于是

$$NM=\begin{bmatrix}C\\CA\\\vdots\\CA^{k-1}\end{bmatrix}[B\quad AB\quad\cdots\quad A^{k-1}B]$$

$$=\begin{bmatrix}CB & CAB & \cdots & CA^{k-1}B\\CAB & CA^2B & \cdots & CA^kB\\\vdots & \vdots & \ddots & \vdots\\CA^{k-1}B & CA^kB & \cdots & CA^{2k-1}B\end{bmatrix}$$

因为 $CB=0,CAB=0,\cdots,CA^{k-1}B=0$，所以 $\det NM=0$，亦即 $\det N\det M=0$。故 N 和 M 不可能同时满秩，则该系统不可能完全可控和完全可观。

8-21　利用状态变量方法分析前一章习题 11-11（题图 11-11，见原教材）所示倒立摆系统之稳定性（采用比例－微分反馈控制）：

（1）建立该系统的状态方程，建议选状态变量 $\lambda_1=\theta,\lambda_2=\dfrac{\mathrm{d}\theta}{\mathrm{d}t}$；

（2）利用 A 矩阵求特征矢量和特征值 α_1、α_2；

（3）为使系统稳定，K_1、K_2 应满足什么条件？（其结果应与习题 11-11 之答案相同。）

解　（1）由习题 11-11 可知倒立摆系统的微分方程为

$$L\frac{\mathrm{d}^2\theta(t)}{\mathrm{d}t^2}=g[\theta(t)]-a(t)+Lx(t)$$

采用比例-微分反馈控制时：　$a(t)=K_1\theta(t)+K_2\dfrac{\mathrm{d}\theta(t)}{\mathrm{d}t}$

此时系统方程为　　$L\dfrac{\mathrm{d}^2\theta(t)}{\mathrm{d}t^2}=-K_2\dfrac{\mathrm{d}\theta(t)}{\mathrm{d}t}+(g-K_1)\theta(t)+Lx(t)$

设状态变量　　$\lambda_1(t)=\theta(t)$,　$\lambda_2(t)=\dfrac{\mathrm{d}\theta(t)}{\mathrm{d}t}$,则有

$\lambda_1'(t)=\lambda_2(t)$,　$L\lambda_2'(t)=-K_2\lambda_2(t)+(g-K_1)\lambda_1(t)+Lx(t)$

即状态方程为
$$\begin{cases}\lambda_1'(t)=\lambda_2(t)\\ \lambda_2'(t)=\dfrac{g-K_1}{L}\lambda_1(t)-\dfrac{K_2}{L}\lambda_2(t)+x(t)\end{cases}$$

输出方程为　　　　　　　　$\theta(t)=\lambda_1(t)$

（2）系统状态模型的各系数矩阵为

$$A=\begin{bmatrix}0 & 1\\ \dfrac{g-K_1}{L} & -\dfrac{K_2}{L}\end{bmatrix},\quad B=\begin{bmatrix}0\\ 1\end{bmatrix},\quad C=[1\ \ 0],\quad D=0$$

系统特征方程为

$$|\alpha I-A|=\begin{vmatrix}\alpha & -1\\ -\dfrac{g-K_1}{L} & \alpha+\dfrac{K_2}{L}\end{vmatrix}=\alpha^2+\dfrac{K_2}{L}\alpha-\dfrac{g-K_1}{L}=0$$

特征根为　　　　$\alpha_1=\dfrac{-K_2+\sqrt{K_2^2+4L(g-K_1)}}{2L}$

$$\alpha_2=\dfrac{-K_2-\sqrt{K_2^2+4L(g-K_1)}}{2L}$$

按特征矢量 $\boldsymbol\xi$ 的定义有 $A\boldsymbol\xi=\alpha\boldsymbol\xi$,即由此求特征矢量。令属于 α_1 的特征矢量为

$$\boldsymbol\xi_1=\begin{bmatrix}C_{11}\\ C_{21}\end{bmatrix}$$

则有　　　　$[\alpha_1 I-A]\boldsymbol\xi_1=\begin{bmatrix}\alpha_1 & -1\\ -\dfrac{g-K_1}{L} & \alpha_1+\dfrac{K_2}{L}\end{bmatrix}\begin{bmatrix}C_{11}\\ C_{21}\end{bmatrix}=0$

或
$$\begin{cases}\alpha_1 C_{11}-C_{21}=0\\ -\dfrac{g-K_1}{L}C_{11}+\left(\alpha_1+\dfrac{K_2}{L}\right)C_{21}=0\end{cases}\Rightarrow\begin{cases}C_{21}=\alpha_1 C_{11}\\ -\dfrac{g-K_1}{L}C_{11}+\dfrac{g-K_1}{L}C_{11}=0\end{cases}$$

属于 α_1 的特征矢量是多解的,其中之一可表示为

$$\boldsymbol\xi_1=\begin{bmatrix}1\\ \alpha_1\end{bmatrix}=\begin{bmatrix}1\\ \dfrac{-K_2+\sqrt{K_2^2+4L(g-K_1)}}{2L}\end{bmatrix}$$

再令属于 α_2 的特征矢量为

$$\xi_2 = \begin{bmatrix} C_{12} \\ C_{22} \end{bmatrix}$$

则有

$$[\alpha_2 \boldsymbol{I} - \boldsymbol{A}]\xi_2 = \begin{bmatrix} \alpha_2 & -1 \\ -\dfrac{g-K_1}{L} & \alpha_2 + \dfrac{K_2}{L} \end{bmatrix} \begin{bmatrix} C_{12} \\ C_{22} \end{bmatrix} = 0$$

或

$$\begin{cases} \alpha_2 C_{12} - C_{22} = 0 \\ -\dfrac{g-K_1}{L}C_{12} + \left(\alpha_2 + \dfrac{K_2}{L}\right)C_{22} = 0 \end{cases} \Rightarrow \begin{cases} C_{22} = \alpha_2 C_{12} \\ -\dfrac{g-K_1}{L}C_{12} + \dfrac{g-K_1}{L}C_{12} = 0 \end{cases}$$

同样，属于 α_2 的特征矢量也是多解的，其中之一可表示为

$$\xi_2 = \begin{bmatrix} 1 \\ \alpha_2 \end{bmatrix} = \begin{bmatrix} 1 \\ \dfrac{-K_2 - \sqrt{K_2^2 + 4L(g - K_1)}}{2L} \end{bmatrix}$$

（3）为使系统稳定，系统极点应全部位于左半 s 平面。因为系统特征根就是系统的极点，所以要求 α_1 和 α_2 都应具有负的实部。而当

$$\begin{cases} K_2 > 0 \\ \sqrt{K_2^2 + 4L(g - K_1)} - K_2 < 0 \end{cases} \Rightarrow \begin{cases} K_2 > 0 \\ K_1 > g \end{cases}$$

时，可满足要求。